अल्पउपयोगी सब्जियाँ
(Underutilized Vegetables)

"मानव पोषण हेतु अनन्य वनस्पतियों की श्रृंखला में वृद्धि, दोहन एवं सृजन में सामंजस्य के लिए समर्पित"

_____________ लेखक

अल्पउपयोगी सब्जियाँ

(Underutilized Vegetables)

डा. ए.के. पाण्डेय

भारतीय सब्जी अनुसंधान संस्थान

वाराणसी - 221 005 (उ0प्र0)

SATISH SERIAL PUBLISHING HOUSE

403, Express Tower, Commercial Complex, Azadpur, Delhi - 110033 (INDIA)

Phone : 011-27672852 Fax : 91-11-27672046

E-mail : info@satishserial.com, hkjain1975@yahoo.com

Website : www.satishserial.com

Published by :

SATISH SERIAL PUBLISHING HOUSE
403, Express Tower, Commercial Complex, Azadpur, Delhi - 110033 (INDIA)
Phone : 011-27672852 Fax : 91-11-27672046
E-mail : info@satishserial.com, hkjain1975@yahoo.com

ISBN 81-89304-32-1

Printed at
SALASAR IMAGING SYSTEMS, DELHI-35

प्राक्कथन

सब्जियाँ विविध सूक्ष्म तत्वों एवं पोषण की दृष्टि से आवश्यक खनिज, विटामिन्स, पादप रसायनों एवं एण्टी आक्सीडेन्ट्स से भरपूर होने के कारण कुपोषण एवं विशेषकर सूक्ष्म तत्व जनित कुपोषण को दूर करने के लिए काफी कारगर हैं। भारत जैसे देश में जहाँ 50 प्रतिशत से अधिक बच्चे कुपोषण एवं 80 प्रतिशत से अधिक महिलाएँ रक्ताल्पता की शिकार हैं, वहाँ सब्जियों की महत्ता और अधिक बढ़ जाती है।

भारत एक प्रमुख सब्जी उत्पादक देश है। यहाँ लगभग 6.76 मिलियन हेक्टेयर क्षेत्रफल में सब्जियों की खेती की जाती है, जिसका सकल उत्पादन 101.42 मिलियन टन है। इस प्रकार प्रति व्यक्ति प्रतिदिन सब्जी की उपलब्धता 225 ग्राम है, जो निर्धारित मात्रा (300 ग्राम/व्यक्ति प्रतिदिन) से बहुत कम है। हमारे देश में 200 से अधिक सब्जियाँ उगाई जाती हैं, जिसमें से 80 सब्जियों को प्रमुखता से उगाया जाता है। प्रमुख सब्जियों के अतिरिक्त हमारे देश में बड़ी संख्या में अल्पउपयोगी/उपेक्षित सब्जियाँ पाई जाती हैं, जिनका देश के विभिन्न अंचलों में प्रयोग किया जाता है। भारत का विशालतम भौगोलिक क्षेत्रफल (32, 87, 263 वर्ग किमी.) जो हिमालय की हिमाच्छादित चोटियों से लेकर दक्षिण के उष्ण कटिबन्धीय सघन वनों तक फैला है, इसमें उष्ण से लेकर उत्तर ध्रुवीय तक विभिन्न प्रकार के जलवायु के कारण अनेक प्रकार की वनस्पतियाँ पाई जाती हैं। भारत को 8 वनस्पति क्षेत्रों में बाँटा गया है और वन सम्पदा की दृष्टि से भारत विश्व का दसवां और एशिया का चौथा महत्वपूर्ण देश है। अब तक वनस्पतविदों ने 47 हजार वनस्पतियों का विधिवत अध्ययन किया है, जिसमें से 35 प्रतिशत ऐसी वनस्पतियाँ हैं, जो विश्व में भारत के अतिरिक्त अन्यत्र कहीं नहीं पाई जाती हैं। हमारे देश में उपलब्ध 20 हजार एंजियोस्पर्म वनस्पतियों की 600 प्रजातियों को पूर्ण/आंशिक रूप से सब्जी के रूप में उपयोग में लाया जाता है।

विगत वर्षों में इन अल्पउपयोगी/उपेक्षित/जंगली सब्जियों ने पादप अभिजनकों को जैविक एवं अजैविक दबाओं के प्रति अवरोधी किस्में विकसित करने के लिए काफी ध्यान आकर्षित किया है। कद्दूवर्गीय सब्जियों में विषाणु रोगों के प्रति अवरोधी किस्में विकसित करने में कुकुमिस कैलोसस, आलू की पिछेती अंगमारी एवं विषाणु रोगों के प्रति अवरोधी किस्में विकसित करने में सोलेनम डेमिसम, सोलेनम एकोले, सोलेनम स्पेगैजिनी एवं सोलेनम स्टोलेनीफेरम का प्रमुख योगदान रहा है। वर्तमान में जैव प्रौद्योगिकी की विभिन्न तकनीक का प्रयोग करके इन अल्पउपयोगी/उपेक्षित सब्जियों का और अधिक दोहन किया जा सकता है। इसके लिए आवश्यक है इनके एकत्रीकरण, संरक्षण एवं मूल्यांकन पर विशेष पहल की जाय। अल्पउपयोगी सब्जियों के जैविक-अजैविक दबाओं के प्रति पूरी तरह से अनुकूलित होने एवं प्रमुख पोषक तत्वों के अतिरिक्त सूक्ष्म तत्वों से भरपूर होने के कारण इनका विशेष महत्व है। पुन: आर्थिक दृष्टि से कमजोर एवं आदिवासी समुदाय के लोगों की पोषण की दृष्टि से ये वनस्पतियाँ काफी महत्वपूर्ण हैं। सहिजन, कुंदरू, ककरोल, ककोड़ा, बथुआ, कुल्फा आदि इसके कुछ प्रमुख उदाहरण है।

डा. ए.के. पाण्डेय द्वारा इस दिशा में **अल्पउपयोगी सब्जियाँ** पुस्तक लिखने का प्रयास अत्यन्त प्रशंसनीय है। मुझे दृढ़ विश्वास है कि यह पुस्तक अल्पउपयोगी सब्जियों से जुड़े अनुसंधानकर्ताओं, उद्यानविदों, पादप अभिजनकों एवं पादप जननद्रव्य संरक्षण से जुड़ी संस्थाओं के साथ औषधीविदों एवं विद्यार्थियों सभी के लिए उपयोगी सिद्ध होगी।

प्रो0 गौतम कल्लू
उप महानिदेशक (उद्यान एवं फसल विज्ञान)
भारतीय कृषि अनुसंधान परिषद, नई दिल्ली

नई दिल्ली
28 सितम्बर, 2006

प्रस्तावना

मानव पोषण हेतु निरंतर उपयोग में लाई जाने वाली सब्जियों के अंतर्गत फसलों की एक लम्बी श्रृंखला आती है जिसमें विशेषकर टमाटर, बैंगन, मिर्च, फूलगोभी, पत्तागोभी, भिण्डी, प्याज, सब्जी मटर कुछ प्रमुख कद्दू वर्गीय एवं पत्ती वाली सब्जियों को समाहित किया जाता है। इन प्रमुख सब्जियों के अतिरिक्त कुछ अल्पउपयोगी एवं उपेक्षित सब्जियाँ- ककरोल, ककोड़ा, सहिजन, किवाच, पंखिया सेम, स्वोर्ड बीन, जैक बीन, सांगरी आदि को बहुत सीमित स्तर पर उगाया जाता है। हमारे देश के विभिन्न क्षेत्रों में जलवायु आदि में विभिन्नता होने के कारण प्राकृतिक वनस्पतियों की विशाल संपदा है, जिसका मानव आहार के रूप में स्थानीय लोगों/आदिवासी समूहों द्वारा उपयोग किया जाता है। इन अल्पउपयोगी/उपेक्षित सब्जियों की अत्यधिक पोषण एवं औषधीय महत्व होने के कारण इनके मांग में उत्तरोत्तर वृद्धि हो रही है। विगत वर्षों में ककरोल, ककोड़ा, सहिजन, करी पत्ती, बाकला की बाजार में ऊँची कीमतों ने उपभोक्ताओं, उत्पादकों एवं उद्यानविदों का विशेष ध्यान आकर्षित किया है। इसके लिए आवश्यक है कि इन फसलों को भी अनुसंधान की प्राथमिकता के क्रम में प्रेषित किया जाय। दुर्भाग्यवश हमारे यहाँ इन अल्पउपयोगी एवं उपेक्षित सब्जियों के पोषण एवं औषधीय महत्व की परख के लिए विशेष पहल नही की गयी है, जिसके कारण उनके एकत्रीकरण, मूल्यांकन एवं संरक्षण कार्य को भी अधिक बल नहीं मिल सका है। पुन: मानवीय हस्तक्षेप से पारिस्थितिकी तंत्र में अनियमित परिवर्तन एवं स्वार्थपूर्ण दोहन के कारण इन अमूल्य वनस्पतियों के मूल अस्तित्व को खतरा उत्पन्न हो गया है।

हमारे देश में 150 मिलियन हेक्टेयर से अधिक जमीन किसी न किसी रूप में उपेक्षित है, जहाँ पर अत्यधिक अजैविक दबाव की परिस्थिति होने के कारण सामान्य तौर पर उगाई जाने वाली बहु उपयोगी सब्जियों को उगाना आर्थिक दृष्टिकोण से लाभप्रद नहीं हैं। ऐसी दशा में इन उपेक्षित/बंजर/बीहड़ भूमियों में सदियों से अनुकूलित अल्पउपयोगी/जंगली सब्जियों की खेती बहुत लाभप्रद सिद्ध हो सकती है, क्योंकि इन सब्जियों में अजैविक दबाओं को सहन करने की अनन्य क्षमता निहित होती है। इस प्रकार की विशेष पहल से मानव उपयोग में लाई जाने वाली सब्जियों की शृंखला में विस्तार करके आहार में विविधता लाई जा सकती है तथा दिन प्रतिदिन विकट होती जा रही कुपोषण एवं विशेषकर सूक्ष्म तत्व जनित कुपोषण की समस्या पर कारगर अंकुश लगाया जा सकता है। इस प्रकार के सार्थक आयाम से सब्जियों के बहु उपयोगी जननद्रव्यों के संरक्षण एवं स्थानीय/आदिवासी समूहों के आर्थिक स्थिति को सुदृढ़ करने में प्रत्यक्ष एवं परोक्ष रूप में बहुत मदद मिलेगी।

उपर्युक्त तथ्यों को ध्यान में रखकर प्रस्तुत पुस्तक **'अल्पउपयोगी सब्जियाँ'** लिखी गयी है। इस पुस्तक के प्रथम अध्याय में अल्पउपयोगी सब्जियों का प्राथमिक परिचय देते हुए उनके पोषण एवं औषधीय महत्व पर विशेष रूप से प्रकाश डाला गया है। यह सूचनाएं उपभोक्ता एवं औषधीविदों के लिए काफी लाभप्रद है। अल्पउपयोगी/जंगली सब्जियों के परंपरागत ज्ञान को वैज्ञानिक रूप से संरक्षित एवं पेटेन्ट के लिए टी.के.डी.एल. (ट्रेडिशनल नालेज डिजिटल लाइब्रेरी) का उल्लेख किया गया है। वर्तमान में जैव प्रौद्योगिकी की विभिन्न तकनीकों, मालीकुलर मार्कर एवं जीन मैप आधारित क्लोनिंग के जरिए अल्पउपयोगी एवं उपेक्षित सब्जियों का आनुवंशिक सुधार कार्यक्रम में वांछित गुण प्राप्त करने में प्रयोग किया जा सकता है। पुस्तक के प्रथम अध्याय में जैव प्रौद्योगिकी से जुड़े इन महत्वपूर्ण आयामों को अल्पउपयोगी एवं उपेक्षित

सब्जियों के उपयोग की पृष्ठभूमि में जोड़ने का प्रयास किया गया है। साथ ही अल्प उपयोगी/जंगली वनस्पतियों का अजैविक दशा में मूलवृंत के रूप में प्रयोग जिसका जापान जैसे विकसित देश आधुनिक रोबोटिक उपकरणों के जरिए बड़े पैमाने पर कर रहे हैं। उसके बारे में सूचनाए दी गयी हैं। आशा है यह सूचनाएं इन सब्जियों के उन्नयन में तथा उच्च प्रौद्योगिकी विकसित करने में काफी कारगर सिद्ध होगी।

पुस्तक के विभिन्न अध्यायों के अंतर्गत अल्पउपयोगी कद्दू वर्गीय, टमाटर वर्गीय, दलहनी एवं पत्ती वाली सब्जियों के बारे में विस्तार से जानकारी दी गयी है। इसके अतिरिक्त कुछ विशेष जलीय सब्जियों जैसे कमल, सिंघाड़ा, मखाना, कलमी साग आदि के बारे में सूचनायें दी गयी हैं। यह सूचनायें इस दिशा में कार्यरत अनुसंधानकर्ताओं, विद्यार्थियों, उत्पादकों एवं उपभोक्ताओं सभी के लिए काफी उपयोगी सिद्ध होगी।

वानस्पतिक जगत में अब तक उच्च पौधों की 2 लाख 70 हजार से अधिक प्रजातियों का विधिवत अध्ययन किया गया है, जिसमें से मात्र 20 वानस्पतिक प्रजातियों को विश्व की 80 प्रतिशत खाद्य आवश्यकता को पूर्ण करने के लिए उपयोग में लाया जाता है। यह इस तथ्य को इंगित करता है कि मानव उपयोग में लाई जाने वाली वनस्पतियों के विस्तार की अभी अनन्य संभावनायें हैं। अत: पाठकों से अनुरोध है कि इस पुस्तक को अंतिम शब्द के रूप में नहीं लेगें। पुस्तक के अगले संस्करण में इन अल्पउपयोगी सब्जियों की सूची में विस्तार करके हम अन्य शोध सूचनाओं को समाहित करने का प्रयास करेगें। इस संदर्भ में पाठकों के सुझावों की बराबर प्रतीक्षा रहेगी।

प्रो. गौतम कल्लू, उप महानिदेशक (उद्यान एवं फसल विज्ञान), भारतीय कृषि अनुसंधान परिषद, नई दिल्ली का विशेष रूप में आभारी हूँ, जिन्होंने इस पुस्तक को लिखने के लिए मुझे प्रेरित किया तथा पुस्तक की वैज्ञानिक पृष्ठभूमि को सुदृढ़ बनाने के लिए अपने अमूल्य उपयोगी सुझाव दिये।

डा. कीर्ति सिंह, पूर्वअध्यक्ष, कृषि वैज्ञानिक चयन मण्डल, नई दिल्ली का आभारी हूँ, जिन्होंने पुस्तक लेखन के इस कार्य को करने के लिए बराबर उत्साह वर्धन किया।

डा. मथुरा राय निदेशक, भारतीय सब्जी अनुसंधान संस्थान, वाराणसी के प्रति आभार व्यक्त करता हूँ, जिन्होंने इस पुस्तक को लिखने के लिए अपने उपयोगी सुझाव दिए।

मैं इस पुस्तक की पाण्डुलिपि तैयार करने के लिए अपने मित्र डा. पी.एम. सिंह, डा.मेजर सिंह, डा. डी. राम एवं डा. सुधाकर पाण्डेय को धन्यवाद देता हूँ, जिन्होंने अपना अमूल्य सुझाव एवं परामर्श देकर पुस्तक की विषय वस्तु को सुदृढ़ किया।

श्री एच.के. जैन, सतीश सीरियल पब्लिशिंग हाऊस, नई दिल्ली, का मैं विशेषरूप से आभारी हूँ जिन्होंने इस पुस्तक के प्रकाशन के लिए बहुत ही सहज रूप में अपनी सहमति प्रदान की और पुस्तक को इस रूप में लाने में अपना महत्वपूर्ण योगदान दिया। मैं इस पुस्तक की पाण्डुलिपि तैयार करने के लिए श्री दीपक कुमार विश्वकर्मा को धन्यवाद देता हूँ, जिन्होंने इस कार्य को बहुत परिश्रम और लगन से किया।

वाराणसी **ए.के. पाण्डेय**

दिनांक : 16 अगस्त, 2006

विषय-सूची

1. अल्पउपयोगी सब्जियाँ : परिचय, महत्व तथा अनुसंधान की प्राथमिकतायें
(Underutilized Vegetable Crops : Introduction, importance and research priorities)

अल्पउपयोगी सब्जियों के अंतर्गत आंशिक रूप से उपयोग में लाई जाने वाली वनस्पतियाँ, उगाई जाने वाली सब्जियों के जंगली विभेद (wild forms) तथा सम्बन्धित वंशक्रम (related taxa)/स्थानीय भूमि प्रभेद (local land races), पारिस्थितिक जंगली प्रारूप (wild ecotypes) आदि आते हैं, जिनका अभी तक पूर्ण रूप से दोहन नहीं हुआ है। हमारे देश में 200 से अधिक ऐसी जंगली वनस्पतियाँ पाई जाती हैं, जिनका सब्जी के रूप में देश के विभिन्न भागों/आदिवासी क्षेत्रों में उपयोग में लाया जाता है। इनमें से कुछ सब्जियाँ वर्तमान में उपयोग में लाई जाने वाली सब्जियों के पूर्वज रूप (ancestral forms) या सीधे सम्बन्धित प्रजातियाँ (closely related species) हैं जो बहुत ही सीमित क्षेत्रों में उगती हैं (कल्लू एवं पाण्डेय, 1997)। वर्तमान में इन अल्पउपयोगी सब्जियों के अस्तित्व के लिए प्राकृतिक रहन-सहन में परिवर्तन, जनसंख्या दबाव, कृषि एवं वानिकी की एकांकी पद्धति तथा औद्योगिक एवं औषधीय उपयोग के लिए अत्याधिक दोहन से इन सब्जियों के लुप्त होने का खतरा उत्पन्न हो गया है।

अंतर्राष्ट्रीय पादप आनुवंशिक अनुसंधान संस्थान (International Plant Genetic Research Institute, IPGRI) रोम, इटली के अनुसार अल्प उपयोगी सब्जियों को पहले बहुत अधिक विस्तृत स्तर पर उगाया जाता था, लेकिन सस्य, आनुवंशिक, आर्थिक एवं सांस्कृतिक आदि कारणों से इन सब्जियों के उपयोग में कमी आयी। उत्पादक एवं उपभोक्ता दोनों इनका उपयोग कम कर रहे हैं, क्योंकि अन्य बहुउपयोगी सब्जियों की तुलना में समान कृषि वातावरण में ये अल्पउपयोगी सब्जियाँ प्रतिस्पर्द्धात्मक (competitive) नहीं रही। इस प्रकार की परिस्थिति उनके विस्तार क्षेत्र को सीमित कर उनके आनुवंशिक आधार (genetic base) को कम कर सकता है जिसके कारण इन अल्प उपयोगी सब्जियों के विशेष वांछित गुण एवं विषम परिस्थिति में उगने के गुण को भविष्य में हम दोहन से वंचित रह सकते हैं।

अल्पउपयोगी सब्जियों की भाँति उपेक्षित सब्जियाँ (neglected vegetables) वे है, जिन्हें सर्वप्रथम उनके उद्भव या विविधता के क्षेत्र में परंपरागत रूप से उगाया जाता रहा और स्थान विशेष में आज भी उनकी महत्ता है। इनमें से कुछ ऐसी सब्जियाँ भी हो सकती है जिनका वितरण भूमण्डलीय स्तर पर है, लेकिन क्षेत्र विशेष में ही इनका उत्पादन एवं उपभोग बड़े स्तर पर होता है। इन उपेक्षित सब्जियों को स्थानीय समुदायों द्वारा पसन्द किया जाता है, लेकिन उनके ऊपर अभी तक बहुत अधिक शोध एवं संरक्षण कार्य पर बल नहीं दिया गया है।

आई.पी.जी.आर.आई. अल्पउपयोगी एवं उपेक्षित सब्जियों के लिए गौड़ (minor) शब्द के प्रयोग के पक्ष में नहीं है, क्योंकि गौड़ शब्द से सीमित उत्पादन एवं सीमित क्षेत्रफल दोनों से संबंध हो सकता है, जिससे भ्रम पैदा होता है।

1.1 अल्पउपयोगी सब्जियों का पोषण महत्व

अल्पउपयोगी सब्जियाँ कार्बोहाइड्रेट्स, प्रोटीन, खनिज एवं विटामिन्स का महत्वपूर्ण स्रोत हैं। अल्पउपयोगी कन्द वाली सब्जियाँ स्टार्च का प्रमुख स्रोत होती है और जहाँ पर उगाई जाती हैं वहाँ के स्थानीय लोगों/आदिवासियों की यह सब्जियाँ स्टार्च का प्रमुख स्रोत होती हैं। हमारे देश में 70 से अधिक अल्पउपयोगी सब्जियाँ पाई जाती हैं जिनके कन्द खाने योग्य होते हैं। इसमें एरेसी (Araceae) एवं डाइआसकोरिएसी (Dioscoreaceae) कुल के सब्जियों के कन्द बहुत बड़े होते हैं जबकि साइपेरेसी (Cyperaceae), एस्लेपिएडेसी (Ascelepiadaceae) एवं पैपिलिओनेसी (Papilionaceae) कुल की अल्पप्रचलित सब्जियों के कंद छोटे होते हैं। निलम्बोनेसी (Nelumbonaceae) और एलिसमैसी (Alismaceae) कुल की सब्जियों के कन्द में रेशे अधिक होते हैं।

अल्पउपयोगी सब्जियों का एक बहुत बड़ा वर्ग दलहनी सब्जियों के अंतर्गत आता है। ये अल्पउपयोगी दलहनी सब्जियाँ क्षेत्र विशेष के लोगों द्वारा प्रोटीन के प्रमुख स्रोत के रूप में ग्रहण की जाती हैं और वहाँ के स्कूली बच्चों में प्रोटीन जनित कुपोषण को दूर करने में इनका महत्वपूर्ण योगदान होता है। उत्तर पूर्वीय पर्वतीय क्षेत्र के राज्यों में उगने वाली वृक्षीय सेम (*Parkia roxburghii*) यहाँ के आदिवासियों के लिए प्रमुख पादप प्रोटीन का स्रोत है। इसी प्रकार उत्तर प्रदेश, बिहार एवं झारखण्ड में केंवाच (velvet bean. *Mucuna pruriens*) एक प्रमुख दलहनी सब्जी है, जिसका बहुत अधिक पोषण एवं औषधीय महत्व है। पोषण की दृष्टि से पत्ती वाली सब्जियों का विशेष महत्व है और हमारे देश के विभिन्न भागों में पत्ती वाली सब्जियों के स्रोत के रूप में अनेकानेक वनस्पतियाँ हैं, जिनमें पर्याप्त मात्रा में खनिज, रेशा एवं अन्य महत्वपूर्ण पादप रसायन पाये जाते हैं (पाण्डेय, 2005)। एमेरेंथस पालीगैमस (*Amaranthus polygamous*) और फैगोपाइरम इस्कुलेटम (*Fagopyrum esculentum*) के विश्लेषण से पता चलता है कि इसमें पर्याप्त मात्रा में अनिवार्य एमीनों अम्ल (लाइसिन) पाया जाता है। गुरेज घाटी में लेमियम एलबम (*Lamium album*) को पत्ती वाली सब्जी के रूप में प्रयोग किया जाता है। इसमें 20.4 प्रतिशत खनिज लवण एवं 26 प्रतिशत प्रोटीन पाया जाता है। कलमीसाग (*Ipomoea aquatica*) एवं एमेरेंथस गंगेटिकस (*Amaranthus gangeticus*) की पत्तियों में कैरोटीन की मात्रा बहुत अधिक होती है। आक्सेलिस एसीटोसेल्ला (*Oxalis acetosella*), मेडिकागो हिस्पीडा (*Medicago hispida*) और क्लीओम आइकोसेन्ड्रा (*Cleome icosandra*) में विटामिन सी बहुत अधिक पाई जाती है। अत्यधिक पोषण महत्व के साथ इन अल्पउपयोगी एवं उपेक्षित सब्जियों के उगाने पर भी विशेष ध्यान देने की आवश्यकता नहीं पड़ती है, क्योंकि ये सब्जियाँ स्थान विशेष में परंपरागत रूप से उगती हैं। अल्पउपयोगी सब्जियों के अंतर्गत प्रयोग में आने वाली कुछ फल एवं फूल वाली सब्जियों की भण्डारण क्षमता भी बहुत अधिक है। इस प्रकार ये सब्जियाँ देश की कुपोषण एवं विशेषकर सूक्ष्म तत्व जनित कुपोषण को दूर करने में महत्वपूर्ण योगदान दे सकती हैं।

सब्जियों में शुष्क पदार्थ की सीमित मात्रा एवं कम ऊर्जा मूल्य के साथ प्रतिरक्षात्मक पोषक तत्वों विशेषकर विटामिन एवं खनिज से भरपूर होना इनकी महत्वपूर्ण विशेषता है। सब्जियाँ विटामिन ए (कैरोटीन) की प्रमुख स्रोत हैं जिसकी विश्व के उन सभी क्षेत्रों में व्यापक स्तर पर कमी है जहाँ कि कृषि व्यवस्था चावल पर आधारित (rice based) है

जिसके कारण प्रतिवर्ष हजारों बच्चे अन्धेपन का शिकार हो जाते हैं। यद्यपि विकसित देशों में सब्जियों का प्रोटीन के स्रोत के रूप में कोई विशेष महत्व नहीं है, लेकिन इनका विकासशील देशों में बहुत अधिक महत्व है जहाँ कि अधिकांश जनसंख्या में प्रोटीन जनित कुपोषण की समस्या है। प्रोटीन के अतिरिक्त सब्जियों का प्रतिरक्षात्मक रसायनों के स्रोत के रूप में महत्वपूर्ण भूमिका है जिसके बारे में आज का उपभोक्ता अधिक जिज्ञासु एवं संवेदनशील है। अल्पउपयोगी सब्जियाँ खाद्य रेशा की प्रमुख स्रोत होती है। खाद्य रेशा के उपयोग के प्रति हर वर्ग के उपभोक्ता में काफी आकर्षण है क्योंकि इनमें कैंसर प्रतिरोधी एवं रक्त के कोलेस्टराल को कम करने का महत्वपूर्ण गुण होता है।

अल्पउपयोगी एवं उपेक्षित सब्जियाँ फोलिक अम्ल जिसे हम सामान्य तौर पर फोलेट कहते हैं, की प्रमुख स्रोत होती हैं। फोलिक अम्ल का कोशिका के संवर्धन में विशेष भूमिका है। फोलिक अम्ल की कमी से विभिन्न प्रकार की एनीमिया (रक्त अल्पता) हो जाती है और यह समस्या बच्चों एवं गर्भवती महिलाओं में बहुत अधिक है। आधुनिक अनुसंधानों से ज्ञात होता है कि फोलिक अम्ल का कार्डियो वैस्कुलर रोगों को दूर करने में भी महत्वपूर्ण भूमिका है। फोलिक अम्ल की भरपूर आपूर्ति होने से कोलन कैंसर की समस्या नहीं होती है। फोलिक अम्ल का गर्भावस्था के प्रारम्भिक चरणों एवं भ्रूण के विकास में भी महत्वपूर्ण योगदान होता है। इसीलिए पोषण विशेषज्ञों द्वारा गर्भवती महिलाओं को प्रतिदिन आहार में 400 माइक्रोग्राम फोलिक अम्ल लेने की अनुशंसा की जाती है। कुछ प्रमुख अल्प उपयोगी सब्जियों में फोलिक अम्ल की मात्रा को सारिणी (1.1) में दिया गया है।

सारिणी (1.1) अल्पउपयोगी सब्जियों में फोलिक अम्ल की मात्रा

अल्पउपयोगी सब्जियाँ	फोलिक अम्ल (माइक्रोग्राम/100 ग्राम) स्वतंत्र	पूर्ण
ग्वार (cluster bean)	50.0	144.0
कुंदरू (ivy gourd)	18.0	55.0
करी पत्ती (curry leaf)	23.0	93.0
चिचिंडा (snake gourd)	7.5	15.5
चु का (sorrel)	40.0	125.0
स्पिनाच (spinach)	51.0	123.0
याम (yam)	0.6	17.5

1.2 खनिज तत्व

स्वस्थ मानव शरीर के निर्माण के लिए विभिन्न प्रकार के खनिज तत्वों की आवश्यकता होती है। अस्थियाँ एवं दाँत मुख्य रूप से कैल्शियम, मैग्नीशियम एवं फास्फोरस से बने होते हैं, जबकि आयरन रक्त का प्रमुख घटक है। आयोडीन, थाइराक्जिन हार्मोन के संश्लेषण के लिए आवश्यक होता है। जिंक, मालीब्डेनम, मैगनीज विभिन्न इंजाइमों के घटक होते हैं या उनको क्रियाशील बनाने में योगदान करते हैं। सोडियम एवं पोटैशियम क्रमश: कोशिकाओं के वाह्य एवं आंतरिक द्रव के प्रमुख अवयव होते हैं और इनके साथ क्लोराइड, कार्बोनेट एवं बाई कार्बोनेट शरीर में जल एवं अम्ल समतुल्यांक को संतुलित करते हैं। साधारणतया प्रतिदिन एक मनुष्य उत्सर्जी पदार्थ के रूप में अपने शरीर से 20-30 ग्राम खनिज पदार्थ जिसमें मुख्य रूप से क्लोराइड, सल्फेट (सोडियम एवं पोटैशियम), पोटैशियम,मैग्नीशियम एवं कैल्शियम होता है, को बाहर निकालता है, जिसकी आपूर्ति सुनिश्चित करना आवश्यक है। एक बढ़ने वाले बच्चे के लिए विभिन्न खनिज तत्वों की अलग से आपूर्ति सुनिश्चित करना आवश्यक है जिससे वृद्धि पर कोई प्रतिकूल प्रभाव न पड़े। अल्पउपयोगी एवं उपेक्षित सब्जियाँ विभिन्न प्रकार के खनिज तत्वों में काफी धनी होती है। कुछ प्रमुख अल्पउपयोगी

सारिणी (1.2) कुछ प्रमुख अल्पउपयोगी सब्जियों का पोषक मूल्य

सब्जी	नमीं	कार्बोहाइड्रेट	प्रोटीन	वसा	बीटा कैरोटीन	विटामिन बी (मिग्रा.)		विटामिन सी	खनिज (मिग्रा.)		ऊर्जा
	(%)	(%)	(g)	(g)	µg	थाईमिन	राइबोफ्लेविन	(मिग्रा.)	कैल्शियम	आयरन	कि.कै.
चौलाई	85.7	6.1	4.4	0.5	55.20	0.03	0.30	99	395	25.5	45
बथुआ	89.6	2.9	3.7	0.4	1740	0.01	0.14	35	150	4.2	30
पेठा	96.7	1.9	0.4	0.1	0	0.06	0.01	1	30	0.8	10
ककोड़ा	84.1	7.7	3.1	1.0	1620	0.05	0.18	-	33	4.6	52
ककरोल	90.4	6.4	0.6	0.1	-	-	-	-	27	0	29
चोचो	92.5	5.7	0.7	0.1	00	00	0.04	4.0	140	0.6	27
बाकला	85.4	7.2	4.5	0.1	9	0.08	-	12	50	1.4	48
सेम	86.1	6.7	3.8	0.7	312अइ	0.1	0.06	9	210	1.7	48
सहिजन	86.9	3.7	2.5	0.1	110	0.05	0.07	120	30	0.18	26
करीपत्ती	63.8	18.7	6.1	1.0	7560	0.08	0.21	4.0	830	0.93	108
पोई	90.8	4.2	2.8	0.4	7440	0.03	0.16	87	200	10.	32
नागफनी	95.0	5.0	1.5	0.4	31.0	0.14	0.6	22.0	110	1.95	-
बम्बू शूट	88.8	5.7	3.9	0.5	0.0	0.08	0.19	5.0	20.0	0.1	43
क्वीन्सलैण्ड एरोरूट	73.0	24.0	1.1	0.4	-	0.06	0.06	5.0	20	0.8	104
सब्जी केला	83.2	14.0	1.4	0.2	30.0	0.05	0.02	21.0	10.0	6.27	64
जंगली खीरा	94.1	4.0	0.6	0.1	-	0.04	0.04	-	14.0	0.8	17

सारिणी (1.3) विश्व के विषम परिस्थिति से प्रभावित क्षेत्र एवं उनका प्रतिशत

क्षेत्र	कुल क्षेत्र में प्रतिशत					
	सूखा दबाव	लवणीय पर्त	उथली	अत्यधिक जलभराव	पाला	संपूर्ण (प्रतिशत)
दक्षिण एशिया	43	5	23	11	-	82
उत्तर एवं मध्य एशिया	17	9	38	13	13	90
दक्षिण पूर्व एशिया	2	59	6	19	-	86
आस्ट्रेलिया	55	6	8	16	-	85
विश्व	28	23	22	10	6	89

स्रोत : रंधवा, 1988

सब्जियों के पोषक मूल्य को सारिणी (1.2) में दिया गया है।

1.3 अल्पउपयोगी सब्जियों की विषम परिस्थिति में उगने की क्षमता

अल्पउपयोगी एवं उपेक्षित सब्जियों में अनुपयोगी भूमियों, विषम मौसम एवं परिस्थितियों में उगने की असीम क्षमता होती है। एफ.ए.ओ./ यूनेस्को द्वारा तैयार विश्व मानचित्र में डेन्ट (1980) ने विश्व के विभिन्न भागों में जहाँ इस तरह की असमान्य स्थिति है उसका आँकलन किया है। इनके अनुसार दक्षिण एशिया के 88 प्रतिशत क्षेत्रफल किसी न किसी प्रकार की विषम परिस्थिति से प्रभावित है और मात्र 12 प्रतिशत क्षेत्रफल ही सामान्य वर्ग के अंतर्गत है। इनमें से कुछ भू-भाग मृदा निर्माण के उन स्वत: प्राकृतिक कारणों से उत्पन्न हुआ है और कुछ के लिए मानव जनित गतिविधियाँ जैसे झूम खेती (shifting cultivation) आदि जिम्मेदार हैं, जिसके कारण मृदा अत्यधिक लवणता-क्षारीयता, जल मग्न, मृदाक्षरण आदि जैसे कुप्रभावों से ग्रस्त है। मृदा में विभिन्न तत्वों की न्यूनता या विषाक्तता जैसी परिस्थितियाँ भी स्वत: मृदा निर्माण की प्रक्रिया के साथ मानवीय क्रियाओं से भी सम्बंधित है। इन विषम परिस्थिति वाले क्षेत्रों के लिए आवश्यक है कि हम ऐसी सब्जियों का चुनाव करें जो इन क्षेत्रों में उगने में समर्थ हो सकें। विश्व के विभिन्न विषम परिस्थितियों से प्रभावित क्षेत्र को सारिणी (1.3) में दिया गया है।

अल्पउपयोगी एवं उपेक्षित सब्जियाँ इन विषम क्षेत्रों में उगाने के लिए काफी उपयोगी पाई गयी है। जैसे कसावा को कम उर्वर भूमि में सफलतापूर्वक उगाया जा सकता है और यह कैल्शियम, सोडियम तथा पोटैशियम के प्रति सहिष्णु है। इस प्रकार कसावा की सहीष्णुता अन्य फसलों की तुलनामें अम्लीय/अनुपजाऊ भूमियों में उगाने के लिए काफी उपयोगी है। इसी प्रकार शकरकन्द एल्यूमिनियम एवं मैगनीज के प्रति सहिष्णु है, लेकिन मृदा अम्लता के प्रति कम सहिष्णु है। रतालू भी मृदा अम्लता के प्रति कम सहिष्णु है।

1.4 क्षारीय मृदाओं के लिए अल्पउपयोगी सब्जियाँ

अल्पउपयोगी एवं उपेक्षित सब्जियों की एक बहुत लम्बी श्रृंखला है जिनको अनुपयोगी क्षारीय मृदाओं में उगाया जा सकता है। इस प्रकार उन

भूमियों को उपयोगी बनाया जा सकता है जो बेकार पड़ी रहती हैं। इस प्रकार की भूमियों में बहुत सी पौष्टिक एवं औषधीय गुणों से भरपूर सब्जियों को उगाकर वहाँ के लोगों को उनकी आमदनी के सीमित दायरे में सब्जियों की आपूर्ति करके कुपोषण की समस्या को दूर किया जा सकता है। इन क्षेत्रों के लिए अल्पउपयोगी एवं उपेक्षित सब्जियों को सारिणी (1.4) में दिया गया है।

सारिणी (1.4) क्षारीय भूमियों के लिए अल्पउपयोगी सब्जियाँ

सामान्य नाम	वानस्पतिक नाम	कुल
अगाथी	*Sesbania grandiflora*	पैपिलिओनेसी
चौलाई	*Amaranthus* sp.	एमरेंथेसी
सहिजन	*Moringa oleifera*	मोरिंगेसी
पंखिया सेम	*Psophocarpus tetragonolobus*	पेपिलिओनेसी

1.5 बाढ़ग्रस्त क्षेत्रों के लिए अल्पउपयोगी सब्जियाँ

सामान्य रूप से उगाई जाने वाली सब्जियाँ बाढ़ या अत्यधिक नमीं की दशा में उगने में पूरी तरह से असमर्थ होती है। इसके विपरीत बहुत सी ऐसी अल्पउपयोगी एवं उपेक्षित सब्जियाँ हैं जो इन क्षेत्रों में उगाने के लिए काफी अनुकूलित होती है। पश्चिम बंगाल, बिहार, उड़ीसा राज्यों में बरसात के मौसम में जब अधिकांश भू-भाग जलमग्न रहता है उस अवस्था में कलमी साग (*Ipomoea aquatica*), वाटरक्रेस (*Nasturtium officinale*), एन्हाइड्रा सांचीफोलिया (*Enhydra sonchifolia*) ऐसी पत्ती वाली सब्जियाँ है जिनको उपयोग में लाया जा सकता है। बाढ़ग्रस्त क्षेत्रों के लिए उपयोगी उपेक्षित एवं अल्पउपयोगी सब्जियों को सारिणी (1.5) में दिया गया है।

1.6 लेहलद्दाख एवं शीत मरू क्षेत्र के लिए अल्पउपयोगी सब्जियाँ

शीत मरू क्षेत्र हिमालय के उत्तर में स्थित है। लद्दाख जिसे हम पृथ्वी एवं आकाश के मध्य की धरा कहते हैं, एक अत्यन्त ही सूदुरवर्ती एवं दुर्गम घाटी है जहाँ कृषि योग्य मौसम का काल अत्यन्त सीमित होता है। इस क्षेत्र का 50 प्रतिशत से अधिक हिस्सा समुद्र तट से 165000-125000 फीट की ऊँचाई पर स्थित है। इस प्रकार यह कहा जा सकता है कि यह स्थान मानव एवं वनस्पति दोनों के उत्तरजीवी बने रहने के लिए अत्यन्त दुष्कर है फिर भी इन क्षेत्रों में कुछ वनस्पतियाँ है जिनको सब्जी के रूप में प्रयोग किया जा सकता है। चौरसिया एवं सहयोगी (2000) ने लेह लद्दाख क्षेत्र में उगने वाली कुछ पत्ती वाली सब्जियों का विस्तृत अध्ययन करके उनको सूचीवद्ध करने का प्रयास किया है। स्थानीय लोग इन स्थानीय पत्तीवाली सब्जियों को अप्रैल से लेकर जून तक प्रयोग करते हैं जबकि अन्य ताजी सब्जियों का वहाँ बहुत ही अभाव रहता है। इसके अतिरिक्त कुछ सब्जियों को सूर्य के प्रकाश में सूखाकर जाड़े में प्रयोग करते हैं। सिंह एवं गुप्ता (1988) के अनुसार एलियम स्फीरोसीफेलम (*Allium sphaerocephalum*), ए. लेप्टोफाइलम (*A. leptophyllum*), एकोनिटम हेटेरोफाइलम (*Aconitum heterophyllum*), पालीगोनम विविपेरम (*Polygonum viviparum*), सेडियम रोडिओला (*Sedium rhodiola*), एस. टीबेटिकम (*S. tibeticum*), स्कारजोनेरा मोलिस (*Scorzonera mollis*) को लद्दाख एवं लाहौल वासियों द्वारा सलाद एवं पकाकर खाया जाता है। इस क्षेत्र के लिए अनुकूलित अल्पउपयोगी सब्जियों को सारिणी (1.6) में दिया गया है-

सारिणी (1.5) बाढ़ ग्रस्त क्षेत्र के लिए अल्पउपयोगी सब्जियाँ

सब्जियाँ	कुल	सब्जी योग्य भाग
एचीरेन्थस एक्वाटिका	एमरेथेसी	पत्तियाँ
Achyranthes aquatica	Amaranthaceae	
एल्टरनैन्थेरा फाइलोजीरायड्स	एमरेथेसी	पत्तियाँ
Alternanthera philoxeroides	Amaranthaceae	
एपोनो जीटान एचिनेटम	एपोनोजिटोनेसी	पत्तियाँ
Aponogeton echinatum	Aponogetonaceae	
एपोनोजीटान क्रिसपम	एपोनोजिटोनेसी	पत्तियाँ
Aponogeton crispum	Aponogetonaceae	
एपोनोजीटान नैटेन्स	एपोनोजिटोनेसी	पत्तियाँ
Aponogeton natans	Aponogetonaceae	
कोलोकेसिया	एरेसी	कंद
Colocasia sp.	Araceae	
एन्हाइड्रा फ्लकटुएन्स	एस्टेरेसी	पत्तियाँ
Enhydra fluctuans	Asteraceae	
यूरेल फीरक्स	निम्फीऐसी	पत्तियाँ एवं लावा
Euryale ferox	Nymphaeaceaeq	
आइपोमिया एक्वाटिका	कानवालवुलेसी	पत्ती
Ipomoea aquatica	Convolvulaceae	
म्यूसा प्रजाति	म्युसेसी	पुष्प क्रम
Musa sp.	Musaceae	
निलम्बो न्यूसीफेरा	निलम्बोनेसा	राइजोम
Nelumbo nucifera	Nelumbonaceae	
निम्फिया नौचेली	निम्फीएसी	राइजोम
Nymphaea nouchali	Nymphaeaceae	
निम्फायड्स क्रिस्टेटा	मेनिएन्थेसी	तना, फल एवं पत्तियाँ
Nymphoides cristata	Menyanthaceae	
ओटेलिया एलिसमायड्स	हाइड्रोकैरीटेसी	तना एवं पत्तियाँ
Ottelia alismoides	Hydrocharitaceae	
सोनेरेटिया कैसीओलेरिस	सोनेरेटिएसी	कच्चे फल
Sonneratia caseolaris	Sonneratiaceae	
ट्रैपा बाईस्पीनोजा	ट्रैपेसी	गुदी
Trapa bispinosa	Trapaceae	
ट्राइफा अंगस्टाटा	टाइफेसी	राइजोम
Typha angustata	Typhaceae	

सारिणी (1.6) लेहलद्दाख क्षेत्र के लिए अल्पउपयोगी सब्जियाँ

सामान्य/स्थानीय नाम	उपज प्रति कटिंग (किग्रा./वर्गमी.)
बकव्हीट/डयाट (*Fagopyrum esculentum*)	0.730
डिटन्डर/सगसो (*Lepidium latifolium*)	0.720
खाला (*Lactuca dolichophylla*)	1.350
माउन्टेन सारल/लमाचु (*Oxyria digyna*)	0.6850
सगानी (*Chenopodium botrys)*	0.805
शोम (*Rumex patiens* ssp. tibeticus)	0.915
जकाउट (*Urtica hyperborea*)	0.875

1.7 शुष्क एवं रूक्ष क्षेत्रों के लिए अल्प उपयोगी सब्जियाँ

देश के रूक्ष क्षेत्र के अंतर्गत 317000 वर्ग किमी. का क्षेत्रफल है, जो संपूर्ण देश के क्षेत्रफल का 12 प्रतिशत हिस्सा है। इस क्षेत्र के अंतर्गत राजस्थान, गुजरात, आन्ध्रप्रदेश, पंजाब हरियाणा, कर्नाटक एवं महाराष्ट्र राज्यों के भूभाग आते हैं। इस रूक्ष क्षेत्र के अंतर्गत 20 मिलियन से अधिक आदमी एवं 23 मिलियम से अधिक पशुधन जीवन निर्वाह करता है। विभिन्न राज्यों के अंतर्गत रूक्ष क्षेत्रफल एवं संपूर्ण रूक्ष क्षेत्रफल से उसके प्रतिशत को सारिणी (1.7) में दिया गया है।

सारिणी (1.7) विभिन्न राज्यों के अंतर्गत रूक्ष क्षेत्र का क्षेत्रफल

राज्य	रूक्ष क्षेत्र का क्षेत्रफल (वर्ग किमी.)	भारत के संपूर्ण रूक्ष क्षेत्र में प्रतिशत
राजस्थान	1,96,150	62
गुजरात	62,180	20
पंजाब	14,510	5
हरियाणा	12,840	4
कर्नाटक	8,570	3
आन्ध्र प्रदेश	21,550	7
सम्पूर्ण	**3,17,090**	**100**

स्रोत : चुन्दावत, 1990

ये शुष्क एवं रूक्ष क्षेत्र अपनी विशिष्ट जलवायु के लिए जाने जाते हैं। ये विशेषतायें निम्न प्रकार हैं

1. इन गर्म रूक्ष क्षेत्रों में वर्षा बहुत कम होती है और वर्षा का समय जुलाई-सितम्बर माह में 19-21 दिन तक पूरे वर्षा काल (12-31 दिन) का पूरा हो जाता है जिसके कारण वर्षा के पश्चात मृदा जल दबाव एवं वायुमण्डलीय जल दबाव का बहुत अधिक प्रभाव पड़ता है। अप्रैल माह के बाद वाष्प दबाव (vapour pressure) 24 एम बी (mb) से अधिक हो जाता है और मई तक 30 एम बी को पार कर जाता है। इसके साथ ही वायु गति की तीव्रता स्थिति को और अधिक विषम बना देती है।

2. अधिक सौर विकिरण की दर (450-500 कैलरी/सेमी^{2}/ दिन) एवं अधिक वायु गति की सीमा (20 किमी. प्रति घण्टा) के कारण, वाष्पोत्सर्जन की दर बहुत अधिक (6 मिमी/दिन) हो जाती है तथा अधिकतम औसत रूक्षता सूचकांक (aridity index) 74-78 प्रतिशत तक पहुँच जाता है।

3. इन रूक्ष क्षेत्रों की भूमि की निम्न गुणवत्ता, कम उर्वरता एवं कम जल संचय करना (25-28 प्रतिशत) तथा अत्यधिक जल प्रवेशन (Infiltration) (9 सेमी./घण्टा) विशिष्ट विशेषतायें हैं। वास्तव में पूरे रूक्ष क्षेत्र की मृदा का अंश मात्र भी प्रथम एवं द्वितीय श्रेणी के वर्ग में नहीं आता है। पूरे मृदा की सतह भी काफी उथली है।

4. मृदा जल का स्तर बहुत कम है और 40-50 मीटर के नीचे उपलब्ध है। उपलब्ध जल भी खारे प्रकृति का है।

इन शुष्क एवं रूक्ष क्षेत्रों की विषम जलवायु की परिस्थिति होने के कारण पूरा क्षेत्र आदिकाल से अकाल जैसे विभिषकाओं से ग्रस्त रहा है। अकाल एक प्राकृतिक अभिशाप है जो मानवीय सभ्यता को समय-समय पर विश्व के विभिन्न क्षेत्रों में अपने कुप्रभाव से पीड़ित किया है। हमारे देश का संपूर्ण शुष्क थार का मरू क्षेत्र इस

सारिणी (1.8) शुष्क एवं रूक्ष क्षेत्र के लिए अल्पउपयोगी सब्जियाँ

सब्जियाँ	वानस्पतिक नाम	कुल
पत्ती वाली		
चन्दलाई	*Amaranthus gracilis*	एमरेंथेसी
लाल चौलाई	*A. hybridus*	एमरेंथेसी
उंडा केटा	*Achyranthes aspera*	एमरेंथेसी
खोकटे	*Acalypha indica*	यूफारबियेसी
जंगली कुल्फा	*Portulaca oleracea*	पार्चुलेकेसी
बालू का साग	*Gisekia pharnacioides*	ऐजोएसी
मुर्गा कल्गीं	*Celosia argentea*	एमरेंथेसी
मोरांग	*Digera muricata*	एमरेथेंसी
लुनी या लुकी	*Portulaca quadrifida*	पार्चुलेकेसी
बागरे	*Cleome viscosa*	क्लीओमैसी
बाकना	*Commelina benghalensis*	कोमेलिनेसी
कासिरा	*Commelina forskalii*	कोमेलिनेसी
केसुडे	*Cassia occidentalis*	सिजलपिनेसी
गोमा	*Leucas aspera*	लैबिटी
हलखुरा	*Leucas cephalotes*	लैबिटी
बापची	*Ocimum americanum*	लैबिटी
वन तुलसी	*Ocimum basilicum*	लैबिटी
थार	*Euphorbia caducifolia*	यूफारबियेसी
अर्ग	*Securinega leucopyrus*	यूफारबियेसी
बथुआ	*Chenopodium album*	चीनोपोडिएसी
गोलिया	*Chenopodium murale*	चीनोपोडिएसी
पीलवान	*Cocculus pendulus*	मेनिसपरमेसी
कोफुटी	*Cardiospermum helicacabum*	सेपिनडेसी
साटा	*Boerhaaivia difusa*	निकटेजिनेसी
मोटासाटा	*Boerhaavia verticillata*	निकटेजिनेसी
फल युक्त		
कैर	*Capparis decidua*	कैपेरिडेसी
गुलर	*Ficus glomerata*	मोरेसी
लासोडा	*Cordia myxa*	बोरेजिनेसी
सहिजन	*Moringa oleifera*	मोरिंगेसी
काचरी	*Cucuamis callosus*	कुकुरबिटेसी
मतीरा	*Citrullus* sp.	कुकुरबिटेसी
बनकरेला	*Momordica* sp.	कुकुरबिटेसी
दलहनी		
बकारिओ	*Indigofera* sp.	पेपिलिओनेसी
अरक मोठ	*Vigna trilobata*	पेपिलिओनेसी
खेजरी	*Prosopis cineraria*	माइसोसेसी.
जड़ एवं कन्द		
ठाक	*Butea monosperma*	पेपिलिओनेसी
सेमल	*Bombax ceiba*	बाम्बेकेसी
खंडुला	*Ceropegia tuberosa*	एरोलेपिडेसी
गोथा	*Cyperus* sp.	साइपेरेसी
सतावर	*Asparagus racemosus*	लिलिएसी
कैना एडुलिस	*Canna edulis*	कैनेसी
पुष्प एवं कलिकायें		
लसोड़ा	*Cordia myxa*	बोरैजिनेसी
सहिजन	*Moringa oleifera*	मोरिंगेसी
फाग	*Calligonum polygonoides*	पालीगोनेसी
खेजरी	*Prosopis cineraria*	माइमोसेसी

विभिषिका का शिकार होता रहा है। इसी लिए यहाँ के स्थानीय लोगों ने अकाल को 3 वर्गों में परिभाषित किया है- (i) अन्न काल (खाद्यान्न का अकाल) (ii) जल काल (पानी का अकाल) एवं (iii) चारा काल (पशुओं हेतु चारे का अभाव) और जब तीनों का दुष्चक्र एक साथ आता है तो उसे त्रिकाल कहते हैं। राजस्थान में जैसलमेर, जोधपुर एवं नागपुर बराबर इस तरह की त्राशदी के चपेट में रहते हैं। इसीलिए यहाँ के लोग स्थानीय वनस्पतियों का चुनाव करके उनके उपयोग एवं संरक्षण में अपना महत्वपूर्ण सहयोग दिया है। इस क्षेत्र की वनस्पतियों के संरक्षण के लिए किग (1869), ब्रान्डिस (1874) एवं लिसोब (1896), भण्डारी (1974, 1978), पूरी एवं सहयोगी (1964) ने उपयुक्त पौधों के चुनाव उनके उपयोग एवं निरन्तर उत्तरजीविता के संदर्भ में सराहनीय कार्य किया है। इन शुष्क एवं रूक्ष क्षेत्रों में उगने वाली अल्प उपयोगी एवं उपेक्षित सब्जियों को सारिणी (1.8) में दिया गया है, जिसका चुनाव करके इस क्षेत्र में सब्जियों की आपूर्ति की जा सकती है।

1.8. अल्पउपयोगी सब्जियों की जैव विविधता एवं आनुवंशिक स्त्रोत

आज की जैव विविधता लगभग 3.5 बिलियन वर्ष के विकास, परिवर्तन, सृजन, विसर्जन एवं वर्तमान सभ्यता के परस्पर अस्तित्व के संघर्ष का प्रतिफल है। एक अनुमान के अनुसार कुल 17-20 मिलियन प्रजातियाँ हैं, जिसमें से वास्तविक आंकलन 13-14 मिलियन के आस-पास पहुँचता है। वस्तुस्थिति यह है कि आज तक मात्र 1.75 मिलियम प्रजातियों का ही सिर्फ वैज्ञानिक ढंग से अध्ययन किया गया है जिसमें से मानवोपयोगी प्रजातियों (Domesticated species) का आँकलन किया जाय तो यह विशाल प्रकृति प्रदत्त प्रजातियों का अंश मात्र ही है। एक अनुमान के अनुसार 32,000 वैस्फुलर पादप प्रजातियों में से मात्र 25 प्रतिशत ही खाने योग्य हैं लेकिन केवल 3000 प्रजातियों को ही अबतक खाद्य प्रयोजन के रूप में सम्मिलित किया गया है। इसके अतिरिक्त 2500-5000 प्रजातियों को परंपरागत प्रयोजन के अंतर्गत रखा गया है। (वाटसन एवं हेउड, 1995)।

कृषि विविधता (agrobiodiversity) जैव विविधता (bio-diversity) से निकली एक अग्रिम विकास की पंक्ति है जो कृषि पारिस्थितिकी तंत्र, कृषि से सम्वद्ध, पादप एव ं जंतु आनुवंशिक स्त्रोतों; मृदा सूक्ष्म जीवों, कीटों एवं अन्य सूक्ष्म जन्तुओं, वनस्पतियों एवं अन्य तत्व जो खाद्यान्न उत्पादन शृंखला से जुड़े हैं; सभी इसके अंतर्गत आते हैं।

कृषि विविधता का बहुत अधिक सामाजिक एवं आर्थिक महत्व है, जो संतुलित एवं टिकाऊ विकास के लिए अनिवार्य है। कृषि विविधता कृषि पद्धति (Farming system) को जन्म देती है। जिससे पोषक तत्वों का एक संतुलित चक्र बनता है, कीड़ों-मकोड़ों, रोग-व्याधियों का दबाव न्यूनतम रहता है, खरपतवार का जीवन-चक्र प्राकृतिक प्रबंधन से संतुलित अवस्था में बना रहता है, मृदा एवं जल के पारस्परिक संतुलन की स्थिति अच्छी रहती है और समग्र तंत्र पर जलवायु के उथल-पुथल का प्रभाव आशिंक रहता है। इस प्रकार से विकसित कृषि पद्धति (Farming system) संपूर्ण मानव जीवन एवं पारिस्थितिकी तंत्र की उत्तर जीविता के लिए संजिवनी के रूप में कार्य करती है (ग्रेन, 1994)।

1.9. भारतीय परिदृश्य

भारतीय उपमहाद्वीप कृषि एवं कृषि औद्यानिक फसलों की उत्पत्ति एवं विविधता का

महत्वपूर्ण केन्द्र है। लगभग 18,000 पुष्पीय पौधों का यह उद्भव स्थल है, जिसमें से 160 प्रजातियाँ आर्थिक दृष्टि से अत्यन्त महत्वपूर्ण की है, 920 प्रजातियाँ अन्य महत्वपूर्ण फसलों से अत्यन्त नजदीक सम्वन्ध वाली या या उगाई जाने वाली जातियों के जंगली पूर्वज के रूप में और 800 अन्य प्रजातियाँ जिनका कहीं न कहीं मानवीय प्रयोजन है। भारतीय उप महाद्वीप अल्पउपयोगी एवं उपेक्षित सब्जियों की विविधता से भरपूर हैं। अध्ययन की सुविधा के लिए एवं जलवायु क्षेत्र की अनुकूलता के अनुसार देश के प्रमुख 6 जलवायु क्षेत्र में पाई जाने वाली अल्पउपयोगी/उपेक्षित सब्जियों की विविधता को आगे वर्णित किया गया है-

I. उत्तर पश्चिमी एवं पूर्वी हिमालय क्षेत्र (North Western and Eastern Himalayan Region)

इस क्षेत्र के अंतर्गत मुख्य रूप से शीतोष्ण प्रकृति की अल्पउपयोगी एवं उपेक्षित सब्जियाँ आती हैं। इस क्षेत्र के अंतर्गत एलिएम (*Allium*) प्रजाति की लीक, शैलट एवं अन्य एलियम प्रजातियों में काफी विभिन्नता देखने को मिलती है। इसके अतिरिक्त इस क्षेत्र में एस्पेरागस, स्पीनाच, चिनोपाड, एमरेंथ, हार्सरैडिस, आर्टीचोक, कोलोकेसिया, पार्सले, चो-चो तथा जंगली खीरा (*Cyclanthera pedata*) में अधिक विविधता दिखाई पड़ती है। इस क्षेत्र में पाई जाने वाली अल्पउपयोगी सब्जियाँ निम्न प्रकार हैं-

अ. पत्ती वाली सब्जियाँ

एजुगा प्रजाति (*Ajuga* sp), एल्बीजिया ओडोरेटिसिमा (*Albizia odoratissima*), एलियम वालिची (*Allium wallichii*), ए. स्फीरोसीफैलम (*A. sphaerocephallum*), एल्थीया आफीसीनेलिस (*Althaea officinalis*), आरनेरिया होल्टोटिआयड्स (*Arenaria holoteoides*), एरिस्टोलोकिया सैकेटा (*Aristolochia saccata*), आर्टेमिसिया पार्वीफ्लोरा (*Artemisisa parviflora*), एस्पैरागस एडसेन्डेन्स (*Asparagus adscendens*), एट्रीप्लेक्स क्रैसीफोलिया (*Atriplex crassifolia*), ए. हार्टेन्सिस (*A. hortensis*), कैम्पैनुला कैशमिरियाना (*Campanula cashmiriana*), कैम्पेनूमोइया पार्वीफ्लोरा (*Campanumoea parviflora*), कैपेरिस स्पाईनोसा (*Capparis spinosa*), कार्डेमाइन हर्सुटा (*Cardamine hirsuta*), कैसिया नोडोसा (*Cassia nodosa*), चीनोपोडियम ब्लीटम (*Chenopodium blitum*), क्लोरोफाइटम प्रजाति (*Chlorophytum* sp.), साइसर सूनगैरिकम (*Cicer soongaricum*), सिचोरियम इन्टाइबस (*Cichorium intybus*), सिसस डिसकलर (*Cissus discolor*), क्रैम्बी कार्डीफोलिया (*Crambe cordifolia*), डेन्ड्रोकैल्मस हैमिलटोनाई (*Dendrocalamus hamiltonii*), डिप्सैकस इनर्मिस (*Dipsacus inermis*), एरीमूरस हिमैलैकस (*Eremurus himalaicus*), ई. स्पेक्टेबिलिस (*E. spectabilis*), एरूका सटाइवा (*Eruca sativa*), यूरेल फीरक्स (*Euryale ferox*), फैगोपाइरम साइमोसम (*Fagopyrum cymosum*), एफ. टेटैरिकम (*F. tataricum*), फाइकस हिस्पीडा (*Ficus hispida*), हेडिचियम प्रजाति (*Hedychium* sp.), होटुनिया कार्डेटा (*Houttuynia cordata*), हाइड्रेंजीया एस्परा (*Hydrangea aspera*), ओलेक्स एक्यूमिनेटा (*Olex acuminata*), इंडीगोफेरा पल्चेला (*Indigofera pulchella*), लैक्टुका स्कैरीओला (*Lactuca scariola*), लैमिनम एल्बम (*Laminum album*), लैपोर्टीया टर्मिनेलिस (*Laportea terminalis*), लिसीमैचिया कैन्डिडा (*Lysimachia candida*), मिसिया चिसिया (*Maesa chisia*), मालवा रोटन्डीफोलिया (*Malva rotundifolia*), एम.

सिल्वेस्ट्रिस (*M. sylvestris*), मेडिकागो हिस्पीडा (*Medicago hispida*), मेलिओस्मा पिनेटा (*Meliosma pinnata*), मेंथा लॉंगीफोलिया (*Mentha longifolia*), ओएन्थे जैवेनिका (*Oenanthe javanica*), आक्जेलिस एसोटोसेल्ला (*Oxalis acetosella*), पीओनिया इमोडी (*Paeonia emodi*), पिम्पीनेल्ला डाइवर्सीफोलिया (*Pimpinella diversifolia*), पालीगोनम मल्टीफोरम (*Polygonum multiflorum*), पालीगोनम एल्पीनम (*Polygonum alpinum*), पी. एवीकुलेर (*P. aviculare*), पी. बिस्टार्टा (*P. bistorta*), पी. माइनस (*P. minus*), पी. मोले (*P. molle*), पी. नेपालेन्स (*P. nepalense*), पी. पालीस्टैचियम (*P. polystachyum*), पी. सिब्रिकम (*P. sibiricum*), पी. वीवीपेरम (*P. viviparum*), पोटेंटिल्ला एन्सेरिना (*Potentilla anserina*), पाउजोल्जिया विमिनिया (*Pouzolzia viminea*), रियम इमोडी (*Rheum emodi*), आर. मूक्रोफ्टियनम (*R. moorcroftianum*), आर. नोबिले (*R. nobile*), रोरिप्पा इस्लैंडिका (*Rorippa islandica*), रोजा ब्रूनोनी (*Rosa brunonii*), रूमेक्स एसीटोसा (*Rumex acetosa*), आर. एसीटोसेल्ला (*R. acetosella*), आर. डेन्टेटस (*R. dentatus*), आर. हेस्टेटस (*R. hastatus*), आर. नेपालेन्सिस (*R. nepalensis*), आर. पेंटेन्सिया (*R. patientia*), आर. स्कूटेटस (*R. scutatus*), साम्बूकस हूकेरी (*Sambucus hookeri*), सारोपस एन्ड्रोगाइनस (*Sauropus androgynus*), स्कारजोनेरा डाइवेरीकेटा (*Scorzonera divaricata*), स्कुटेलेरिया लिनिएरिस (*Scutellaria linearis*), सीडम रोजीया (*Sedum rosea*), एस. टीबेटिकम (*S. tibeticum*), स्कीमिया आरबोरीसेन्स (*Skimmia arborescens*), सांचस ओलेरेसियस (*Sonchus oleraceus*), टैराजैकम आफीसिनेल (*Taraxacum officinale*), टेलोस्टोमा प्रजाति (*Telosma* sp.), थ्लेस्पी आर्वेन्स (*Thlaspi arvense*), थाइमस सारपाइलम (*Thymus serpy-llum*), ट्रैगोपोगान ग्रेसीलिस (*Tragopogon gracilis*), टसीलैगो फारफेरा (*Tussilago farfara*), अर्टिका डाइओका (*Urtica dioica*), यू. हाइपरबोरिया (*U. hyperborea*), यू. पार्वीफ्लोरा (*U. parviflora*), वैसीनियम डोनियनम (*Vaccinium donianum*), विरोनिका सिनेरिया (*Veronica cinerea*).

ब. खाने योग्य कलिका एवं पुष्प

एक्टीनीडिया कैलोसा (*Actinidia callosa*), एस्ट्रागैलस मल्टीसेप्स (*Astragulus multiceps*), कैरागाना एम्बीगुआ (*Caragana ambigua*), करकुमा जीडोएरिया (*Curcuma zedoaria*), जाइनुरा नेपालेंसिस (*Gynura nepalensis*), इंडिगोफेरा डोसुआ (*Indigofera dosua*), आइपोमिया म्यूरीकाटा (*Ipomoea muricata*), लैपोर्टीया टर्मिनेलिस (*Laportea terminalis*), ओफिपोगान इण्टरमिडियस (*Ophipogon intermedius*), पेडिकुलेरिस पेक्टीनाटा (*Pedicularis pectinata*), पेरिला फ्रूटीसेन्स (*Perilla frutescens*), पालीगोनम कैपिटेटम (*Polygonum capitatum*), पी. रनसिनेटम (*P. runcinatum*), रियम इमोडी (*Rheum emodi*), रोडोडेन्ड्रान आरबोरियम (*Rhododendron arboreum*), टेलोस्मा कार्डेटा (*Telosma cordata*), ट्रैगोपोगान ग्रेसीलिस (*Tragopogon gracilis*).

स. जड़ एवं कन्द युक्त सब्जियाँ

एबेलमास्कस क्रीनीटस (*Abelmo-schus crinitus*), एलियम रुबेलम (*Allium rubellum*), ऐंजेलिक ग्लौका (*Angelica glauca*), एरीसीमा स्पेसीओसम (*Arisaema speciosum*), एस्पैरागस एडीसेन्डेन्स (*Asparagus adscendens*), बूनियम पर्सिकम (*Bunium persicum*), बी. फैलकेटम वार. मार्जिनेटम (*B. falcatum* var. *marginatum*), कैरम कर्वी (*Carum carvi*), कोडोनाप्सिस ओवेटा

(*Codonopsis ovata*), कोलियस फार्सकोहली (*Coleus forskohlii*), क्रैम्बी कार्डीफोलिया (*Crambe cordifolia*), करकुमा अंगस्टीफोलिया (*Curcuma angustifolia*), सी. जिडोएरिया (*C. zedoaria*), डाइओस्कोरिया बल्बीफेरा (*Dioscorea bulbifera*), डी. डेल्टाइडिया (*D. deltoidea*), डी. ग्लैबरा (*D. glabra*), डी. क्वीनेटा (*D. quinata*), ड्रैकोसीफैलम हेटेरोफाइलम (*Dracocephalum heterophyllum*), यूरेल फीरक्स (*Euryale ferox*), हेडिचियम स्पीकेटम (*Hedychium spicatum*), लिलियम टीग्रिनम (*Lilium tigrinum*), मोघेनिया वेस्टिटा (*Moghania vestita*), मोंरिगा ओलइफेरा (*Moringa oleifera*), ओनोस्मा हिस्पीडम (*Onosma hispidum*), आर्थोसिफान रूबीकुंडस (*Orthosiphon rubicundus*), फ्रैगमाइटेस कम्मुनिस (*Phragmites communis*), पालीगोनेटम मल्टीफोरम (*Polygonatum multiflorum*), पी. वर्टीसिलेटम (*P. verticillatum*), पालीगोनम बिस्टार्टा (*Polygonum bistorta*), पी. विविपेरम (*P. viviparum*), पोटेटिला फलजेंस (*Potentilia fulgens*), रूमेक्स पेटेंशिया (*Rumex patientia*), साइरपस लैक्सट्रिस (*Scirpus lacustris*), सिलीबम मैरिएनम (*Silybum marianum*), टैराजैकम आफीसीनेल (*Taraxacum officinale*), टुलिपा स्टेलाटा (*Tulipa stellata*), टाइफा इलीफैंटिना (*Typha elephantina*), विटिस लैनेटा (*Vitis lanata*)।

II. उत्तर पूर्वी क्षेत्र एवं असम (North-Eastern Region including Assam)

यह हिमालयन क्षेत्र का प्रमुख आर्द्र क्षेत्र है जिसके अंतर्गत सिक्किम, अरूणांचल प्रदेश, मिजोरम, नागालैंड, मणिपुर, त्रिपुरा, मेघालय एवं असम राज्य आते हैं। इसमें पाई जाने वाली वनस्पतियां मुख्य रूप से ऊँचाई वाले क्षेत्रों (Altitudinal zones) में बटी होती है उपोष्ण, शीतोष्ण एवं एल्पाइन। उपोष्ण कटिबंध में मुख्य रूप से वृक्षीय वनस्पतियाँ पाई जाती है और शीतोष्ण कटिबंध में कोनिफेरस वनस्पतियाँ पाई जाती हैं। अल्पाइन कटिबंध में मुख्य रूप से शाकीय वनस्पतियाँ पाई जाती हैं। पूरे क्षेत्र में सोलेनेसियस सब्जियाँ, पत्ती वाली सब्जियों एवं कन्द वर्गीय सब्जियों की सर्वाधिक विविधता देखने को मिलती है। इस क्षेत्र में बाँस की अनेकों प्रजातियाँ पाई जाती हैं जिसके मुलायम तने को सब्जी के रूप में प्रयोग किया जाता है। इस क्षेत्र में विभिन्न प्रकार की दलहनी सब्जियाँ जैसे बिंगडबीन (winged bean), जैक बीन (jack bean), स्वोर्ड बीन (sword bean) एवं वृक्षीय सेम (*Parkia roxburghii*) को उगाया जाता है। कद्दू वर्गीय सब्जियों में विशेषकर चो-चो, मीठा करेला (खेखसा), जंगली खीरा (*Cyclanthera pedata*) में काफी अधिक विविधता देखने को मिलती है। इस क्षेत्र में पाई जाने वाली अल्पउपयोगी एवं उपेक्षित सब्जियाँ निम्न प्रकार हैं-

अ. पत्ती वाली सब्जियाँ

एक्रोनिकिया पेंडनकुलेटा (*Acronychia pedunculata*), एलोकैसिया मैक्रोराइजा (*Alocasia macrorrhiza*), एलस्टोनिया स्कोलेरिस (*Alstonia scholaris*), एमोनम एरोमैटिकम (*Amonum aromaticum*), अर्डिसिया क्रीस्पा (*Ardisia crispa*), ए. पालीसिफेला (*A. polycephala*), बैलिओस्परमम कैलिसिनम (*Baliospermum calycinum*), बम्बूसा तुल्डा (*Bambusa tulda*), ब्लुमिया ग्लोमेराटा (*Blumea glomerata*), बोरहैविया डिफ्यूसा (*Boerhaavia diffusa*), कैलीकार्पा रूबेल्ला (*Callicarpa rubella*), कैसीएरिया एस्कुलेंटा (*Casearia esculenta*), सी ग्लोमेराटा (*C. glomerata*), चिनोपोडियम एम्ब्रोसिआयड्स (*Chenopodium ambrosioides*), सर्सियम लिपस्काइ

(*Cirsium lipskyi*), सिसस एडनेटा (*Cissus adnata*), सी. रिपेन्स (*C. repens*), क्लोसिना एक्सकैवेटा (*Clausena excavata*), सी. हेप्टाफाइला (*C. heptaphylla*), क्लेरोडेन्ड्रम कोलीब्रोकिएनम (*Clerodendrum colebrookianum*), सी. इंडिकम (*C. indicum*), कोलेकेसिया जिगैंटीया (*Colocasia gigantea*), कोमेलिना बेंगालेंसिस (*Commelina benghalensis*), सी. काम्मुनिस (*C. communis*), कंकोफैलस सुवावेलेंस (*Concophalus suaveolens), डेन्ड्रोकैल्मस हैमिलटोनाई (*Dendrocalamus hamiltonii*), डचीस्नीया इंडिका (*Duchesnea indica*), एलिओकारपस फ्लोरीबंडस (*Elaeocarpus floribundus*), एम्बेलिया गैम्बेलाई (*Embelia gamblei*), इ. नागुसिया (*E. nagushia*), इ. रिब्स (*E. ribes*), एन्हाइड्रा फ्लकचुएन्स (*Enhydra fluctuans*), एरिओग्लासम रूबिजिनोसम (*Erioglossum rubiginosum*), एरिंजियम फोइटिडम (*Eryngium foetidum*), हेडिओटिस एरिकुलेरिया (*Hedyotis auricularia*), एच. कैपीटेलेटा (*H. capitellata*), हेलिसिया रोबस्टा (*Helicia robusta*), हिबिस्कस रेडिएटस (*Hibiscus radiatus*), होटोनिया कार्डेटा (*Houtt-uynia cordata*), हाइड्रोलिया जिलेनिका (*Hydrolea zeylanica*), लिम्नोफिला एरोमैटिका (*Limnophila aromatica*), लिट्सीया मोनोपेटाला (*Litsea mo-nopetala*), लिसीमैचिया कैंडीडा (*Lysiamachia candida*), माल्वा वर्टीसिलेटा (*Malva verticillata*), मेडीनेल्ला रूबीकुन्डा (*Medinella rubicunda*), मेंथा अम्बेलाटा (*Mentha umbellata*), मोमार्डिका कोचीन-चाइनेमसिस (*Momordica cochinchine-nsis*), मुसेन्डा फ्रांडोसा (*Mussaenda frondosa*), एम. गलैब्रा (*M. glabra*), एम. राक्सबरघाई (*M. roxburghii*), निम्फीया टेट्रागोना (*Nymphaea tetragona*), ओस्बेकिया रोस्ट्रेटा (*Osbeckia rostrata*), पावेटा सबकैपीटाटा (*Pavetta subcapitata*), पीजिया निटिडा (*Pegia nitida*), पेरिल्ला फ्रूटिसेन्स (*Perilla frutescens*), फाइटोलैका एसीनोसा (*Phytolacca acinosa*), पालीगोनम बिस्टारटा (*Polygonum bistorta*), पी. माइक्रोसीफेलम (*P. microcephalum*), पी. ओरिएण्टेल (*P. orientale*), पी. परफोलिएटम (*P. perfoliatum*), पी. रूमिसीफोलियम (*P. rumicifolium*), पी. रन्सीनेटम (*P. runcinatum*), रिनोंकैंथस कलकरेटस (*Rhinacanthus calcaratus*), रस ग्रिफ्थी (*Rhus griffithii*), रिंचोटेकम एलिप्टिकम (*Rhynchotechum ellipticum*), रूमेक्स डेंडेटस (*Rumex dentatus*), सारकोचेल्मिस पल्चेरिमा (*Sarcochlamys pulcherrima*), सोलेनम नाइग्रम (*Solanum nigrum*), एस. स्पाइरेल (*S. spirale*), सांचस ओलेरेसियस (*Sonchus oleraceus*), टाडेलिया एसियाटिका (*Toddalia asiatica*), वैक्सिनियम डोनिएनम (*Vaccinium donianum*), वी. स्प्रेन्जिलाई (*V. sprengelii*), वैलिसनेरिया जिंगैटीया (*Vallisneria gigantea*), वूडफोर्डिया फ्रूटीकोसा (*Woodfordia fruticosa*), जैथियम स्ट्रूमेरियम (*Xanthium strumarium*)।

ब. कलिका एवं पुष्प

आर्डीसिया ग्रिफ्थी (*Ardisia griffithii*), बौहिनिया वराइगेटा (*Bauhinia variegata*), कैलीकार्पा आरबोरिया (*Callicarpa arborea*), कास्मोस्टिग्मा रेसीमोसा (*Cosmostigma racemosa*), यूजिनिया फार्मोसा (*Eugenia formosa*), ग्लोबा मैरेटिना (*Globba marantina*), म्यूसा बल्बीसियाना (*Musa bulbisiana*), निम्फीया टेट्रागोना (*Nymphaea tetragona*), पैलोक्विम पालीएंथम (*Palaquium polyanthum*), पेरिल्ला फ्रूटीसेंस (*Perilla frutescens*), रोडोडेंड्रान आरबोरियम (*Rhododendron arboreum*),

वैक्सीनम सिरेटम (*Vaccinium serratum*), वूडफोर्डिया फ्रूटीकोसा (*Woodfordia fruticosa*)।

स. जड़ एवं कंद

एलियम स्फीरोसीफेलम (*Allium sphaerocephalum*), एल्पीनिया गैलेंगा (*Alpinia galanga*), ए. जेरूम्बेट (*A. zerumbett*), एरीसीमा कांसेंगुनिएम (*Arisaema consanguineum*), कोलोकेसिया एस्कुलेंटा (*Colocasia esculenta*), होटुनिया कार्डेटा (*Houttuynia cordata*), मार्सडेनिया रायली (*Marsdenia roylei*), आक्जेलिस मैरीशियाना (*Oxalis maritiana*), पालीगोनम बिस्टार्टा (*Polygonum bistorta*), पोटैंटिल्ला फलजेन्स (*Potentilla fulgens*), प्यूरेरिया ट्यूबरोसा (*Pueraria tuberosa*), सेचियम एड्यूल (*Sechium edule*), सिनोबम्बूसा एलीगेंस (*Sinobambusa elegans*), स्माइलेक्स मेगाकार्पा (*Smilax megacarpa*), टैका लियान्टोपेटेलायड्स (*Tacca leontopetaloides*), टी. लेविस (*T. laevis*)।

III. उत्तर गंगा का मैदानी एवं तराई क्षेत्र (The Northern Plains/Gangetic plai-ns including Tarai Region)

इस क्षेत्र में अल्पउपयोगी एवं उपेक्षित सब्जियों की विविधता बहुत कम है क्योंकि इस क्षेत्र से प्रचलित सब्जियों की उन्नतशील एवं संकर किस्में उगाई जाती हैं। लेकिन इस क्षेत्र में कद्दूवर्गीय एवं पत्ती वाली सब्जियाँ विशेषकर जल में उगने वाली सब्जियों में काफी विविधता देखने को मिलती है। इस क्षेत्र में बहुत से उपोष्ण एवं समशीतोष्ण फल पायें जाते हैं जिन के फूल, कलिका एवं फल को सब्जी के रूप में प्रयोग किया जाता है। इस क्षेत्र में पायी जाने वाली अल्पउपयोगी एवं उपेक्षित सब्जियाँ निम्न प्रकार हैं-

अ. पत्ती वाली सब्जियाँ

एबूटिलान इंडिकम (*Abutilon indicum*), एन्टीडिस्मा डाइएन्ड्रम (*Antidesma diandrum*), एसिसटैसिया गंगेटिका (*Asystasia gangetica*), बैरिंगटोनिया एक्यूटैंगुला (*Barringtonia acutangula*), बी. रेसीमोसा (*B. racemosa*), बौहिनिया मालबेरिका (*Bauhinia malabarica*), बी. वराइगेटा (*B. variegata*), कैलीकार्पा आरबोरिया (*Callicarpa arborea*), सेड्रेला टूना (*Cedrela toona*), क्लेरोडेंड्रम इंडिकम (*Clerodendrum indicum*), कोलोकेसिया एस्कुलेंटा (*Colocasia esculenta*), कानवालवुलस एस्कुलेन्टा (*Convolvulus esculenta*), कानवालवुलस प्लूरिकौलिस (*Convolvulus pleuricaulis*), कार्डिया डिकोटोमा (*Cordia dichotoma*), डिब्रेजेसिया लोंगीफोलिया (*Debregeasia longifolia*), एन्हाइड्रा फ्लक्चुएन्स (*Enhydra fluctuans*), एरिंजियम फोटिडम (*Eryngium foetidum*), गारसिनिया लैंसिफोलिया (*Garcinia lanceaefolia*), गार्डेनिय कैम्पेनुलाटा (*Gardenia campanulata*), लैसिया स्पाइनोसा (*Lasia spinosa*), नैसटर्शियम आफीसिनेल (*Nasturtium officinale*), नैसटर्शिय हरपेक्टिकम (*Nasturtium herpecticum*), ओसिमम ग्रेटीसिमम (*Ocimum gratissimum*), प्रेमना लैटीफोलिया (*Premna latifolia*), पी. मुक्रोनेटा (*P. mucronata*), रूमेक्स मैरिटिमस (*Rumex maritimus*), सेसबैनिया ग्रैंडिफ्लोरा (*Sesbania grandiflora*), स्माइलैक्स परफोलिएटा (*Smilax perfoliata*), सोलेनम नाइग्रम (*Solanum nigrum*), टरैमनस लेबिएलिस (*Taramnus labialis*), टेट्रास्टिगमा लैंसीओलेरियम (*Tetrastigma lanceolarium*), ट्राइगोनेल्ला पालीसीरेटा (*Trigonella polycerata*)।

ब. खाने योग्य कलिका एवं पुष्प

एबुटिलान इंडिकम (*Abutilon indicum*), एल्पीनिया गेलेंगा (*Alpinia galanga*),

बौहिनिया परपुरिया (*Bauhinia purpurea*), कार्डेमाइन हर्सुटा (*Cardamine hirsuta*), कोरिफा उटान (*Corypha utan*), लैपोर्टिया क्रेनुलाटा (*Laportea crenulata*), मेरिंगा ओलइफेरा (*Moringa oleifera*), पावेटा इंडिका (*Pavetta indica*), फ्लोगैकैंथस थाइर्सीफ्लोरस (*Phlogacanthus thyrsiflorus*), प्लूचिया इंडिका (*Pluchea indica*)।

स. जड़ एवं कन्द

एलोकैसिया मैक्रोराइजा (*Alocasia macrorrhiza*), कुरकुमा अमदा (*Curcuma amada*), सी. ल्यूकोराइजा (*C. leucorhiza*), सी. रूबीसेंस (*C. rubescens*), लैसिया स्पाइनोसा (*Lasia spinosa*), निलम्बो न्यूसीफेरा (*Nelumbo nucifera*), निम्फिया नौचेली (*Nymphaea nouchali*), एन. स्टेलाटा (*N. stellata*), विग्ना वेक्सीलाटा (*Vigna vexillata*), जिंजिबर कैसुमुनार (*Zingiber cassumunar*)।

IV. उत्तर पश्चिमी एवं सिंधु का मैदानी क्षेत्र (The North-Western Indus Plains)

इस क्षेत्र की जलवायु सामानयरूप से शुष्क एवं मरू प्रकृति की है। अधिकांश वनस्पतियाँ शाकीय एवं झाड़ी प्रकृति की है। गर्मी के दिन में सभी वृक्षों एवं झाड़ियों की पत्तियाँ गिर जाती है। बरसात के समय केवल शाकीय पौधे उगते है। इस क्षेत्र में अल्पउपयोगी एवं उपेक्षित सब्जियों में कद्दूवर्गीय सब्जियाँ जैसे कोलोसिंथिस (*Colocynthis*), जंगली करेला (*Momordica balsamina*), फूट ककड़ी (Snapmelon), मतीरा (*Citrullus lanatus*) एवं सांगरी (*Prosopis cineraria*) आदि की विविधता मिलती है। इस क्षेत्र में पाई जाने वाली अल्पउपयोगी एवं उपेक्षित सब्जियाँ निम्न प्रकार हैं-

अ. पत्ती वाली सब्जियाँ

ब्लीफेरिस पर्सिका (*Blepharis persica*), सीरोपोजिया बलबोसा (*Ceropegia bulbosa*), क्लोरोफाइटम एरून्डिनेसियम (*Chlorophytum arundinaceum*), सिचोरियम इंटाइबस (*Cichorium intybus*), फारसेटिया जैक्वीमानटाई (*Farsetia jacquemontii*), पालीगेला एरिओप्टेरा (*Polygala erioptera*), प्रेमना लैटीफोलिया (*Premna latifolia*), सेकुरिनेगा ल्यूकोपाइरस (*Securinega leucopyrus*), सेनीसिओ प्रजाति (*Senecio* sp.), सुएडा फ्रूटीकोसा (*Suaeda fruticosa*), टेरैमनस लैबिएलिस (*Teramnus labialis*), ट्राइएन्थमा प्रजाति (*Trianthema* sp.), वीरोनिया राक्सबरघाई (*Veronia roxburghii*)।

ब. कलिका वं फूल

कैपेरिस स्पाइनोसा (*Capparis spinosa*), पेरिप्लोका एफाइला (*Periploca aphylla*)।

स. जड़ एवं कंद

एमारफोफैलस प्रजाति (*Amorpho-phallus* sp.), पेंटाट्रोपिस स्पाइरेलिस (*Pentatropis spiralis*)।

V. मध्य पठारी क्षेत्र (The Centrul Region/ Plateau)

इस क्षेत्र में कद्दूवर्गीय सब्जियों के अंतर्गत आने वाली अल्प उपयोगी सब्जियाँ जैसे टिंडा (round gourd), करेला (bitter gourd), परवल (pointed gourd), तोरी (ridge gourd), आदि की काफी विविधता मिलती है। इस क्षेत्र में पाई जाने वाली अल्पउपयोगी एवं उपेक्षित सब्जियाँ निम्न प्रकार हैं -

अ. पत्ती वाली सब्जियाँ

बौहीनिया वराइगेटा (*Bauhinia variegata*), कैसीएरिया ग्रेवीओलेनस (*Casearia graveolens*), सीरोपीजिया बल्बोसा (*Ceropegia *bulbosa*), सीरोपीजिया हर्सुटा (*Ceropegia hirsuta*), कानवालवुलस प्लूरीकौलिस (*Convolvulus pleuricaulis*), डेब्रीजिएसिया लांगीफोलिया (*Debregeasia longifolia*), एरिओग्लासम रूबीजिनोसम (*Eriogiossum rubiginosum*), एरिथ्रोजाइलान मोनोगाइनम (*Erythroxylon monogynum*), यूरेल फीराक्स (*Euryale ferox*), इवोडिया एंकन्डा (*Evodia ankenda*), हेडिओटिस ऐरीकुलेरिया (*Hedyotis auricularia*), हिबिस्कस फरकेटस (*Hibiscus furcatus*), हिबिस्कस सुराटेंसिस (*Hibiscus surattensis*), हिप्टिस सुवावीओलेंस (*Hyptis suaveolens*), इम्पैटिएन्स बालसेमिना (*Impatiens balsamina*), इम्पैटिएन्स लैटीफोलिया (*Impatiens latifolia*), आइपोमिया प्रजाति (*Ipomoea* sp.), केड्रोस्टिस रोस्ट्रेटा (*Kedrostis rostrata*), लैक्टुका इंडिका (*Lactuca indica*), लैनीया कोरोमन्डेलिका (*Lannea coromandelica*), लैपोर्टिया टरमिनेलिस (*Laportea terminalis*), लिया इंडिका (*Leea indica*), ल्यूकास प्रजाति (*Leucas* sp.), लिम्नोफिला एरोमैटिका (*Limnophila aromatica*), लिसीमेचिया कैन्डीडा (*Lysimachia candida*), मीसा चिसिया (*Maesa chisia*), मेरिमिया एमारजिनेटा (*Merremia emarginata*), मेरिमिया अम्बेलेटा (*Meremia umbellata*), मुसेन्डा फ्रन्डोसा (*Mussaenda frondosa*), ओसिमम ग्रेटीसिमम (*Ocimum gratissimum*), ओलेक्स एक्यूमिनेटा (*Olax acuminata*), ट्राइएन्थेमा डिकैंड्रा (*Trianthema decandra*)।

ब. खाने योग्य पुष्प एवं कलिका

इंडिगोफेरा पल्चेला (*Indigofera pulchella*),लैपोर्टिया टरमिनेलिस (*Laportea terminalis*), म्यूसा बल्बीसियाना (*Musa bulbisiana*), ओफीपोगान इंटरमीडियस (*Ophipogon intermedius*)।

स. जड़ एवं कंद

एस्पेरागस रेसीमोस (*Asparagus racemosus*), सीरोपीजिया प्यूसिला (*Ceropegia pusilla*), हेरेक्लीयम प्रजाति (*Heracleum* sp.), आर्थोसिफान रूबीकुंडस (*Orthosiphon rubicundus*), टैक्का लीआंटोपेटेलायड्स (*Tacca leontopetaloides*), जाइरिस प्रजाति (*Xyris* sp.)।

VI. पश्चिमी एवं पूर्वी पेनिनसुलर क्षेत्र (The western and Eastern Peninsular Region)

इस क्षेत्र की समुद्र के तटवर्ती मैदानी क्षेत्र से सीधे ऊँचाई वाले पश्चिमी घाट की शूरूआत होती है। पश्चिमी घाट का सर्वाधिक ऊँचाई वाला भाग दक्षिण में पड़ता है। यह क्षेत्र अल्पउपयोगी एवं उपेक्षित सब्जियों की दृष्टि से काफी घनी है। इस क्षेत्र के पश्चिमी भाग में चिचिंडा (*Trichosanthes anguina*) की विविध स्थानीय प्रभेद मिलते हैं जबकि पूर्वी क्षेत्र में लूफा प्रजाति (*Luffa* spp.) की विविधता दिखती है। इस क्षेत्र की अल्पउपयोगी एवं उपेक्षित सब्जियाँ निम्नवत हैं-

अ. पत्ती वाली सब्जियाँ

एन्टीडिस्मा डाइएन्ड्रम (*Antidesma diandrum*), आर्जिरिया नर्वोसा (*Argyreia nervosa*), एरिआप्सिस पेल्टाटा (*Ariopsis peltata*), एन्थ्रोक्नीमम इंडिकम (*Anthrocnemum indicum*), एसिस्टैसिया गंगेटिका (*Asystasia gangetica*), एट्रीप्लेक्स रिपेन्स (*Atriplex repens*), बम्बूसा एरूनडिनेसिया (*Bambusa arundinacea*), बैंरिगटोनिया एक्यूटैंगुला (*Barringtonia acutangula*), बैंरिगटोनिया रेसीमोसा (*Barringtonia racemosa*), बसेला एल्बा (*Basella alba*), बौहिनिया मालबेरिका (*Bauhinia malabarica*), कैलीकार्पा आरबोरिया (*Callicarpa arborea*), कैथियम

पार्वीफ्लोरम (*Canthium parviflorum*), कैरालुमा एडसेंडेन्स (*Caralluma adscendens*), कैरालुमा फिमब्रिएटा (*Caralluma fimbrita*), कैजीएरिया एस्कुलेटा (*Casearia esculenta*), कैजीएरिया ग्लोमेराटा (*Casearia glomerata*), चिनोपोडियम एम्बोसिआयड्स (*Chenopodium ambrosioides*), क्लोरोफाइटम ट्यूबरोसम (*Chlorophytum tuberosum*), सिसस एडनेटा (*Cissus adnata*), सिसस रीपेन्स (*Cissus repens*), क्लोसिना इंडिका (*Clausena indica*), क्लीओम आइकोसेंड्रा (*Cleomoe icosandra*), क्लेरोडेन्ड्रम इंडिकम (*Clerodendrum indicum*), साइनोटिस ट्यूबरोसा (*Cyanotis tuberosa*), डाइसकोरिया टोमेनटोसा (*Dioscorea tomentosa*), गार्डेनिया कैम्पेनुलेटा (*Gardenia campanulata*), जिम्नेमा सिल्वेस्ट्रिस (*Gymnema sylvestris*), हाइड्रोकोटाइल जैवानिका (*Hydrocotyle javanica*), लौनिया नयूडीकैलिस (*Launaea nudicaulis*), पीओनिया इमोडी (*Paevonia emodi*), पालिगेला प्रजाति (*Polygala* sp.), पालीगोनम ओरिएन्टल (*Polygonum orientale*),पालीगोनम पलक्रम (*Polygonum pulchrum*), पार्चुलेका ट्यूबरोआ (*Portulaca tuberosa*), प्रेम्ना आब्टूसिफोलिया (*Premna obtusifolia*), रोथिया इंडिका (*Rothia indica*), सेकुरिंगा ल्यूकोपाइरस (*Securinga leucopyrus*), स्पानडियास पिन्नटा (*Spondias pinnata*), स्टेलैरिया मीडिया (*Stellaria media*), सुएडा मैरीटिमा (*Suaeda maritima*), टेट्रास्टिगमा प्रजाति (*Tetrastigma* sp.), जैन्थोजाइलम लाइमोनेल्ला (*Zanthoxylum limonella*)।

ब. खाने योग्य पुष्प एवं कलिका

एल्पीनिया गेलेंगा (*Alpinia galanga*), बौहिनिया वराइगेटा (*Bauhinia variegata*), बाम्बेक्स सिबा (*Bombax ceiba*), कैलीकार्पा आरबोरिया (*Callicarpa arborea*), कैरिओटा यूरेन्स (*Caryota urens*), कैसिया सिएमीया (*Cassia siamea*), कास्मोस्टिग्मा रेसीमोसम (*Cosmostigma racemosum*), करकुमा जीओडोरिया (*Curcuma zedoaria*), मधुका इंडिका (*Madhuca indica*), रोडोडेन्ड्रान आरबोरियम (*Rhododendron arboreum*), रिवीया आरनेटा (*Rivea ornata*), स्पानडियास पिन्नेटा (*Spondias pinnata*), उडफोर्डिया फ्रूटीकोसा (*Woodfordia fruticosa*)।

स. खाने योग्य जड़ एवं कंद

एल्पीनिया गेलेंगा (*Alpinia galanga*), बोरेसस फ्लैबेलिफेर (*Borassus flabellifer*), सीरोपीजिया बल्बोसा (*Ceropegia bulbosa*), सी. हर्सुटा (*Ceropegia hirsuta*), सीरोपीजिया ट्यूबरोसा (*Ceropegia tuberosa*), करकुमा आमदा (*Curcuma amada*), करकुमा मान्टाना (*C. montana*), , सी. स्यूडोमानटाना (*C. pseudomontana*), सी. जियोडोरिया (*C. zedoaria*), साइप्रस बलबोसस (*Cyperus bulbosus*), साइप्रस एस्कुलेंटस (*Cyperus esculentus*), डीकैलेप्सिस हैमिलटोनाई (*Decalepsis hamiltonii*), डाइसकोरिया अपोजिटिफोलिया (*Dioscorea oppositifolia*), यूरेल फीरक्स (*Eurylae ferox*), गैस्ट्रोचिलस पांडुरेटा (*Gastrochilus pandurata*), हिटचेनिया कौलिना (*Hitchenia caulina*), लेप्टाडेनिया पाइरोटेक्निका (*Leptadenia pyrotechnica*), मेरिमा रिनकाराइजा (*Merremia rhyncorhiza*), आरथोसिफान रूबिनकुंडस (*Orthosiphon rubicundus*), प्यूसीडैनम धाना (*Peucedanum dhana*), स्टरकुलिया यूरेंस (*Sterculia urens*), टैक्का लियान्टोपेटेलायड्स (*Tacca leontopetaloides*), टाइफोनियम बल्बीफेरम (*Typhonium bulbiferum*), टाइफोनियम ट्राइलोबेटम (*Typhonium trilobatum*), विग्ना वेक्सीलाटा (*Vigna vexillata*), विटिस लैनेटा (*Vitis lanata*)।

1.10 अल्पउपयोगी एवं उपेक्षित सब्जियों के उत्पादन एवं दोहन के लिए प्राथमिकतायें

अल्पउपयोगी एवं उपेक्षित सब्जियों में महत्वपूर्ण पोषण एवं औषधीय गुण होने के साथ उनमें जैविक एवं अजैविक दबाओं (biotic and abiotic pressure) को सहन करने की असीम क्षमता होती है। इन अल्पउपयोगी सब्ज्यिों को सीधे उपयोग में लाया जा सकता है और इनका सब्जियों के आनुवंशिक सुधार (genetic improvement) कार्यक्रम में प्रयोग करके नई किस्में विकसित की जा सकती है। इनके दोहन के लिए प्राथमिकतायें निम्न प्रकार तय की जा सकती है (घोष एवं कल्लू, 2000)

1. पारम्परिक विधि (Traditional approaches) इसके अंतर्गत निम्न कार्यक्रम आरम्भ किये जा सकते हैं।

i. विभिन्न स्थानों पर परीक्षण एवं वर्गीकरण (Multilocation testing and characterization)

अल्पउपयोगी एवं उपेक्षित सब्जियाँ स्थान विशेष में पाई जाती है जबकि जैविक एवं अजैविक दबाओं की परिस्थितियाँ विभिन्न स्थानों पर भिन्न प्रकार की होती है। इसके लिए यह आवश्यक है कि स्थान विशेष की जलवायु में इन जंगली सब्जियों का परीक्षण हो और ये किस प्रकार के गुणों का प्रदर्शन करती हैं उससे सम्बन्धित आकड़े एकत्र किये जाय। इसके बाद इनका आनुवंशिक परीक्षण करके उनको सुधार कार्यक्रमों के प्रयोग में लाया जाय।

ii. अल्पउपयोगी एवं उपेक्षित सब्जियों से प्राथमिक वंशक्रमों को प्राप्त करना (Pre breeding lines from under utilized and neglected vegetables)

प्रजनन कार्यक्रम में अल्पउपयोगी/उपेक्षित/जंगली विभेदों (wild taxa) का चुनाव उनके संकरण क्षमता (crossability) और पुन: संयोजन क्षमता (recombination) पर कम निर्भर करता है। इसमें सबसे महत्वपूर्ण बात यह होती है कि उसमें अवाँछनीय गुण (undersirable traits) कितने हैं। पुन: ऐसे जंगली विभेदों के उपयोग में लाने में बहुत अधिक समय लग सकती है और इसके लिए आधुनिक उपकरणों की आवश्यकता होती है जिसके उपयोग से दो प्रजातियों के मध्य संकरण अवरोध (crossing barrier) को तोड़ा जा सके। इस दिशा में प्राथमिक प्रजनन वंशक्रम (pre breeding lines)/अग्रज वंशक्रम (advanced lines) या विशेष प्रकार के कोशिकाद्रव्यक वंशक्रम (cytogenetic stocks) को उगाई जाने वाली वांछित वंशक्रम के बीच संकरण कराकर प्राप्त किया जा सकता है। इस प्रकार प्राप्त वंशक्रमों को सीधे प्रजनन के कार्यक्रम में प्रयोग में लाया जा सकता है।

बहुत सी सब्जियों में अंतरावंशीय संकरण (intraspecific crosses) के द्वारा प्राथमिक वंशक्रमों को प्राप्त किया जा सकता है। उदाहरण स्वरूप लोबिया में विभिन्न रोगों के लिए अवरोधी वंशक्रम की दो प्रजातियाँ विगना सेस्क्वीपेडंलिस (*Vigna sesquipedalis*) तथा विगना अंग्यूकुलेटा प्रजाति बाइफ्लोरा (*Vigna unguiculata* sp. biflora) के बीच संकरण कराकर विकसित किया जा सकता है।

iv. जीन हस्तांतरण

बहुस्थानीय परीक्षण तथा प्राथमिक

वंशक्रमों को प्राप्त करने का मुख्य उद्देश्य उपयोगी जीन को वांछित किस्म में हस्तांतरण करना होता है। बैंगन में सोलेनम मैक्रोस्परमा (*Solanum macrosperma*) एवं सोलेनम इंटेग्रीफोलीयम (*Solanum integrifolium*) क्रमश: फोमोप्सिस राट (*Phomopsis* rot) और सूखे के प्रति अवरोधी एवं सहनशील होते हैं। इन गुणों को बड़े आशानीपूर्वक पारम्परिक प्रजनन विधि के जरिए वांछित किस्म में हस्तांतरित किया जा सकता है क्योंकि इन प्रजातियों के मध्य कोई संकरण अवरोध नहीं होता है। इसी प्रकार बैंगन की सोलेनम सिसम्ब्रीफोलियम (*Solanum sisimbrifolium*) एवं सोलेनम खासिएनम (*Solanum khasianum*) प्रजातियाँ मूल ग्रंथि सूत्रकृमि (root knot nematode), तना एवं फल छेदक (shoot and fruit borer) तथा जीवाणु मुर्झान (bacterial wilt) के प्रति अवरोधी होती है, लेकिन इन गुणों को उगाई जाने वाली किस्मों में हस्तांतरित नहीं किया जा सकता है क्योंकि ये प्रजातियाँ संकरण योग्य नहीं है। भिण्डी में एबलमास्कस मैनिहाट (*Ablemoschus man-ihot*) की बहुत अधिक उपयोगिता है। इस प्रजाति को भिण्डी की पीत शिरा विषाणु मोजेक (Yellow vein mosaic) रोग प्रतिरोधी किस्मों को विकसित करने में उपयोग में लाया जाता है। इस प्रजाति से प्राथमिक वंशक्रम कई शोध सस्थानों पर तैयार किये गये हैं। आवश्यकता इस बात की है कि ए. मैनिहाट (*A. manihot*) के अतिरिक्त ए. टेट्राफाइलस (*A. tetraphyllus*) को पीत शिरा मोजेक विषाणु रोग अवरोधी किस्म विकसित करने में प्रयोग में लाया जाय। क्योंकि बराबर एक ही स्रोत को प्रयोग करने से ऐसी संभावना रहती है कि रोग कारक विषाणु का नया प्रभेद (new strain of virus) उत्पन्न हो जाय। अन्य जैविक दबाओं के प्रति भी इसकी अन्य जंगली प्रजातियां जैसे ए. कैली (*A. caillei*), ए. ट्यूबर कुलेटस (*A. tuberculatus*) को भी उपयोग में लाया जाय। ए. कैली फल वेधक, माइक्रोफोमिना, जैसिट और सर्कोस्पोरा (*Cercospora*) के प्रति अवरोधी पाई गयी हैं।

कद्दूवर्गीय सब्जियों में आपस में संकरण कराने के लिए कुकुमिस मेलो (*Cucumis melo*) सी. कैलोसस (*C. calosus*), सी. सटाइवस (*C. sativus*), सी. एफ्रीकैनस (*C. africanus*), सी. मेटुलिफेरस (*C. metuliferus*) पर विशेष अनुसंधान की आवश्यकता है। कुकुमिस हार्डविकाई (*Cucumis hardwickii*) में कई उपयोगी जीन पाये जाते हैं जिनके दोहन की आवश्यकता है। कुकुमिस मेलो प्रजाति मोमार्डिका (*Cucumis melo* sp. momordica) डाउनी मिल्डयू के प्रति अवरोधी है। इसके जननद्रव्यों को डाउनीमिल्यू रोग अवरोधी किस्में विकसित करने में उपयोग में लाया जा सकता है। इस दिशा से भारतीय और अमेरिकी वैज्ञानिकों के सहयोग से जननद्रव्यों के एकत्रीकरण का कार्य बहुत वृहत स्तर पर किया गया है। इसी प्रकार काचरी [*Cucumis callosus* (Pottl.) Cogn.] में फलमक्खी (fruit fly) एवं पत्ती खाने वाले कैटर पिलर (leaf eating caterpillar) के प्रति अवरोधी जीन होने के कारण इसकी खरबूजे के प्रजनन में बहुत अधिक महत्ता है (सम्बंदम एवं चेलियाह, 1972)। इसी प्रकार कुकुरबिटा समूह में कुकुरबिटा लुण्डेलियाना (*Cucurbita lundelliana*) चूर्णी फफूद रोग (powdery mildew) के प्रति अवरोधी है और यह कुकुरबिटा मास्चेटा (*C. moschata*), सी. मैक्जिमा (*C. maxima*), सी. फीसीफोलिया (*C. ficifolia*) तथा सी. पेपो (*C. pepo*) से संकरण योग्य है सारिणी (1.9 एवं 1.10)।

1.11 अल्पउपयोगी एवं उपेक्षित

सारिणी (1.9) कुकुरबिटा (***Cucurbita***) वंश की विभिन्न प्रजाति के बीच संकरण की संभावनायें

	सी. मास्वेटा (*C. moschata*)	सी. पेपो (*C. pepo*)	सी. मिक्सटा (*C. mixta*)	सी. मैक्सिना (*C. maxima*)	.सी फीसीफोलिया (*C. ficifolia*)	सी. लुण्डेलियाना (*C. lundelliana*)
सी. मास्वेटा (*C. moschata*)	SC	****	-	*	***	CC (*)
सी. पेपो (*C. pepo*)	****	SC	****	*	-	CC+
सी. मिक्स्टा (*C. mixta*)	-	****	SC	*	***	CC+
सी. मैक्सिमा (*C. maxima*)	*	*	+	SC	**	CC(×)
सी. फीसीफोलिया (*C. ficifolia*)	-	**	***	**	SC	CC (×)
सी. लुण्डेलियाना (*C. lundelliana*)	cc(×)	CC+	CC+	CC(×)	CC(×)	SC

SC. स्वनिषेचन योग्य, CC. परस्पर संकरण योग्य, *f_1 जनन क्षम्य लेकिन स्ववंध्य, ** f_1 में कुछ जननयोग्य बीज, कम जोर f_1 पोधे, *** f_1 बहुत कम जनन योग्य एवं वंध्य (भ्रूण संवर्धन किया जा सकता है), **** फल बनता है, लेकिन बीज नहीं, + छोटे f_1 बीज, पौध बहुत कमजोर एवं अस्मर्थ, (*) f_1 स्व जनन क्षम्य।

सारिणी (1.10) कुकुमिस की विभिन्न उगाई एवं जंगली प्रजातियों के बीच संकरण की संभावनायें

मादा/ नर	सी. सटाइव्स	सी. अंगुरिया	सी. हार्डविकाई	सी. मेटुलिफेरस	सी. प्रोफेटेरियम	सी. डिप्सैसियस	सी. फिसीफोलियस	सी. एकुलियेटस	सी. जेहरी	सी. फिगेरे	सी. अफ्रीकैनस	सी. माइक्रोकारपस	सी. लेप्टोडरमिस
1. सी. मेलो	—	–	–	—*	–	–	–	–	–	–	–		
2. सी. सटाइवस	–	–	—	–	–	–	–	–	–	–	–		
3. सी. अफ्रीकैनस	–	–	–	–	++	++*	++		++	–	–	—*	
4. सी. डिप्सैसीयस	–	–	–	++*	++*	–	++	++	++*	–	++		
5. सी. अंगुरिया	–	–	–	–	++	++*	–	++	—	–	++*		
6. सी. माइरिओकारपस	–	–	–	–	++		–	++	++	++	—*		—
7. सी. जेहरी	–	–	–	–	++	++*	–	++*		–			
8. सी. फिसीफोलियस	–	–	–	–	++*		–		++	–	–		
9. सी. प्रोफेटेरियम	–	–	–	–	–	–	–	++*	++*	++	–		
10. सी. एकुलियेटस	–	–	–	–	–	–	–		++*	–	–		
11. सी. लेप्टोडर्मिस	–	—	–	–	–	–	–	—	–	–	++	—*	
12. सी. मेटुलिफेरस	–	–	–	–	–	–	–	–	–	–	++*		
13. सी. फिगरै	–	–	–	–	–	–	–	–	–	–	++		
14.सी. मेम्ब्रेनीफोलियस	–	–	–	–	–	–	–	–	–	–	–		
15. सी. डेन्टेरी	–	–	–	–	–	–	–	–	–	–	–		
16. सी. सैजीटेटस	–		–	–	–	–	–	–	–	–	–		

संकेत:——— संकरण f_2 में जनन क्षम्य बीज, ++ संकरण योग्य f1 में जनन क्षम्य बीज ++ * नर या मादा किसीको पितृ के रूप में प्रयोग किया जा सकता है।

सब्जियों के दोहन एवं संरक्षण में जैव प्रौद्योगिकी का प्रयोग

अल्पउपयोगी सब्जियों के जननद्रव्यों के संरक्षण के लिए मालीकुलर मार्कर (molecular marker) तकनीक काफी कारगर है और इसके अंतर्गत बहुत सी विधियां अपनाई जाती हैं जिसमें मुख्यतया आर. एफ. एल.पी. (Restriction Fragment Length Polymorphism) बहुत उपयोगी सबित हुई है जोकि सर्दन हाइब्रिडाइजेशन तकनीक (Southern hybridization technique) पर आधारित है। इसके अतिरिक्त आर.ए.पी.डी. (Random Amplified Polymorphic DNA) तथा एस.एस.आर. (simple sequence repeats- SSR) भी काफी उपयोगी है। ये विधियाँ पी.सी.आर. (Polymerase Chain Reaction) तकनीक पर आधारित है एवं कम समय लेती हैं। मालीकुलर तकनीक से लिन्केज (linkage) को तोड़ने में काफी मदद मिलती है। जब अल्पउपयोगी/जंगली प्रजातियों को डोनर पितृ (donar parent) के रूप में प्रयोग किया जाता है तो वांछित गुणों के साथ अवांछनीय गुणों के लिन्क्ड (linked) होने के कारण वे भी उगाई जाने वाले किस्मों में आ जाते हैं। ऐसी परिस्थितियों में मार्कर तकनीक से ऐसे लिंकड क्रोमोजोम सेगमेंट (linked chromosome segment) की पहचान करके कम किया जा सकता है। एक अध्ययन में टमाटर की किस्म क्रैजेला में पाया गया कि 11 पश्च संकरण (back crossing) कराने के बाद भी उसमें 50 सी.एम. (50cM- centi morgan) डी.एन.ए. था जिसे आर.एफ.एल. पी. के जरिए पहली पीढ़ी में ही 7 सी.एम. लाने में सफलता मिली। इसी प्रकार खीरे की यू.एस.डी.ए. द्वारा एकत्रित जननद्रव्यों एवं व्यवसायिक किस्मों की आइसोजाइम, आर.एफ. एल.पी. एवं आर.ए.पी.डी. अध्ययन में पाया गया कि इसके आनुवंशिक विभिन्नता मात्र 3-8 प्रतिशत थी, जबकि अन्य कुकुमिस की पर निसेचित प्रजातियों (cross fertilized species) में आनुवंशिक विभिन्नता 10-25 प्रतिशत थी। परवल में मादा लिंग आर.ए.पी.डी. मार्कर ओ.पी.सी.-07564 ($OPCO7_{564}$) की पहचान की गयी (राय एवं सहयोगी, 2005)। तरबूज में पहला जनेटिक लिंकेज मैप को इसकी जंगली प्रजाति सीट्रूलस कोलोसिन्थिस (*Citrullus colocynthis*) एवं तरबूज की किस्म मिलाई (Millai) के संकरण से प्राप्त संतति से तैयार किया गया। यह मैप तरबूज में 19 प्रोटीन कोडिंग जीन्स के लिंकेज सम्बन्धों को दर्शाता है।

i. अल्पउपयोगी एवं उपेक्षित सब्जियों के मात्रात्मक गुणों का परीक्षण

मात्रात्मक लक्षण जैसे उपज, गुण, पौधों की लम्बाई, फूल-फल आने की अवस्था सम्बन्धी, गुण बहुत से जीन (polygenic) से नियंत्रित होते हैं और उन पर वातावरण का भी प्रभाव पड़ता है। इस गुण को नियंत्रित करने वाले जीन को क्वांटिटेटिव ट्रैट लोकाई (Quantitative Trait Loci - QTL) कहते हैं। अब क्यू.टी.एल. मैपिंग तथा प्रभाव का अध्ययन उत्तरोत्तर पीढ़ी में संभव है। क्यू.टी.एल. की मैपिंग के लिए एफ-2, आर.आई.एल. (Recombinant Inbred Lines- RIL), डी.एच. (Double Haploid) समष्टियों को प्रयोग में लाया जाता है। इससे आसानी से संकरण योग्य प्रजातियों का चुनाव करने में मदद मिल सकती है। टमाटर में रिल (RIL) समाष्टि विकसित करने के लिए लाइकोपर्सिकान एस्कुलेंटम (*Lycopersicon esculentum*) और लाइकोपर्सिकान पिम्पीनेलिफोलियम (*Lycopersicon pimpinellifolium*) को प्रयोग में लाया जा सकता है जिनका उपयोग मैपिंग पापुलेशन (Mapping population) के रूप में भी जंगली प्रजातियों को अपनाकर रिल (RIL) विकसित करने में मदद मिल सकती है।

ii. अल्प उपयोगी एवं उपेक्षित सब्जियों की जीन मैप पर आधारित क्लोनिंग (Gene map based cloning of underutilized and neglected vegetables)

आजकल आर्थिक महत्व के जीन को डी.एन.ए. लेवल पर मैपिंग करना संभव है। आर्थिक महत्व के जीन का क्रोमोसोम विशेष पर निर्धारण और उससे जीन को क्रोमोसोम वाकिग प्रक्रिया के तहत अलग करन संभव हो सका है। इस विधि को टाप डाउन (Top down) प्रक्रिया भी कहते हैं। यह आशा व्यक्त की जाती है कि भविष्य में मालीकुलर लिंकेज मैप (Molecular Linkage Map) के जरिए बहुत सी आर्थिक गुण के महत्व वाले लक्षण जैसे रोग प्रतिरोधिता, वृद्धि, फलों का पकना आदि गुणों की क्लोनिंग की जा सकती है।

1.12 अल्पउपयोगी एवं उपेक्षित सब्जियों का मूलवृंत के रूप में प्रयोग (Use of underutilized and negleted vegetables for rootstocks)

ग्रेफ्टिंग वानस्पतिक रूप से प्रसारण की एक महत्वपूर्ण तकनीक है जिसमें वांछित मूलवृंत (root stock) का चुनाव करके पौधें के ओज, उपज, जैविक एवं अजैविक दबाओं के प्रति सहनशीलता एवं गुणवत्ता आदि में वृद्धि की जा सकती है (पाण्डेय एवं राय, 2003)। ग्रेफ्टिंग तकनीक बहुवर्षीय फलवृक्षों में काफी प्रचलित है, लेकिन सब्जियों में सर्वप्रथम 1920 के दशक में ग्रेफ्टिंग द्वारा तरबूज के पौधें तैयार किये गये (ली., 1994)। बैंगन को इसकी जंगली प्रजाति सोलेनम इंटेग्रीफोलियम (*Solanum integrifolium*) पर 1950 में ग्रेफ्टिंग किया गया और काफी सफलता मिली। इसके पश्चात ग्रेफ्टिंग से तैयार किये गये पौधें के क्षेत्रफल में काफी वृद्धि हुई। वर्ष 1960 तक जापान में ग्रेफ्टिंग से उगाये गये तरबूज, खीरे,खरबूज, टमाटर, बैंगन के अंतर्गत कुल क्षेत्रफल का 57 प्रतिशत था जो 1990 में बढ़कर 90 प्रतिशत तक पहुँच गया। (ओडा, 1993)। वर्तमान में जापान, कोरिया एवं ताईवान के 95 प्रतिशत तरबूज एवं खरबूजे का क्षेत्रफल ग्रेफ्टिंग के अंतर्गत है। एक अनुमान के अनुसार कोरिया में लगभग 450 मिलियन जबकि जापान में 750 मिलियन ग्रेफ्टिंग किये गये पौधों का हर वर्ष रोपण किया जाता है (ली एवं सहयोगी, 1998)

ग्रेफ्टिंग तकनीक का सबसे बड़ा लाभ है मृदा जन्य रोगों से बचाव। उदाहरण स्वरूप कद्दूवर्गीय सब्जियों में फ्यूजेरियम मुर्झान तथा सोलेनेसी कुल की सब्जियों में बैक्टीरियल मुर्झान (bacterial wilt) की समस्या आती है। इन रोगों से बचाव के लिए अत्यधिक मात्रा में रसायनों का प्रयोग किया जाता है। रोग प्रतिरोधी मूलवृतों का चुनाव कर इस प्रकार के रसायानों के प्रयोग से बचा जा सकता है और यह कार्बनिक खेती की दिशा में एक अच्छी पहल हो सकती है। इसके अतिरिक्त नियंत्रित दशा में जैसे पालीहाउस आदि में निरंतर फसल उगाने से मृदा जन्य रोगों में काफी वृद्धि हो जाती है और उपज में कमी आने लगती है। ताकाहासी (1984) के अनुसार नियंत्रित दशा में पालीहाउस में पौधें के उगाने से मृदा जन्य रोगों के प्रकोप से 68 प्रतिशत तक उपज में कमी पाई गयी। रोगों के अतिरिक्त निमेटोड के प्रभाव से बचने के लिए भी अल्पउपयोगी एवं उपेक्षित सब्जियों का मूल वृंत के रूप में उपयोग काफी लाभप्रद है। इस दिशा में सिसिआस एन्गुलेटस (*Sicyos angulatus*) एवं कद्दू को खीरे में निमेटोड से बचाव के लिए मूलवृंत

सारिणी (1.11) विभिन्न सब्जियों के लिए अल्प उपयोगी एवं अन्य प्रजातियों का मूलवृंत के रूप में प्रयोग

सांकुर (Scion)	मूलवृंत (Rootstocks)
1. खीरा	कुकुरबिटा मास्चेटा (*Cucurbita moschata*), कुकुरबिटा फिसीफोलिया (*Cucurbita ficifolia*), कुकुरबिटा मैक्जिमा (*Cucurbita maxima*), सिसिआस अन्गुलेटस (*Sycyos angulatus*)
2. खरबूज (सामान्य खेती के लिए)	कुकुरबिटा प्रजाति (*Cucurbita* sp.)
	कुकुरबिटा मास्चेटा × सी. मैक्जिमा (*C. moschata* × *C. maxima*)
	कुकुमिस मेलो (*Cucumis melo*)
3. खरबूज (पालीहाउस)	कुकुमिस मेलो (*Cucumis melo*)
	बेनिनकासा हिस्पीडा (*Benincasa hispida*)
	कुकुरबिटा प्रजाति (*Cucurbita* sp.)
4. तरबूज	सी. मास्चेटा × सी. मैक्सिमा (*C. moschata* × *C. maxima*)
	सिट्रूलस लैनेटस (*Citrullus lanatus*)
	कुकुरबिटा मास्चेटा (*C. moschata*)
	कुकुरबिटा मेक्जिमा (*C. maxima*)
	सी. मास्चेटा × सी. मैक्जिमा (*C. moschata* × *C. maxima*)
	लैजीनेरिया सिसेरिया (*Lagenaria siceraria*)
5. करेला	कुकुरबिटा मास्चेटा (*C. moschata*), लैजीनेरिया सिसेरिया (*Lagenaria siceraria*), लूफा इजिप्टिका (*Luffa aegyptica*)
6. टमाटर	1. लाइकोपर्सिकान पिम्पीनेलिफोलियम (*Lycopersicon pimpinellifolium*)
	2. एल. एसकुलेटम (*L. esculentum*)
	3. सोलेनम नाइग्राम (*Solanum nigrum*)
7. बैंगन	1. सोलेनम टारवम (*Solanum torvum*)
	2. सोलेनम इंटेग्रीफोलियम (*Solanum integrifolium*)
	3. सोलेनम मेलानजीन (*Solanum melongena*)
	4. सोलेनम नाइग्राम (*Solanum nigrum*)

स्रोत : पाण्डेय एवं पंडिता, 2002

के रूप में उपयोग काफी कारगर है (लियू एवं सहयोगी 1998; अफेलेन, 1982)। टमाटर में मकोय (*Solanum nigrum*) का प्रयोग करके निमेटोड के प्रकोप के विरूद्ध प्रभावी नियंत्रण पाया गया (सत्पथी एवं प्रधान, 1996)

जैविक दबाओं के अतिरिक्त अजैविक दबाओं के प्रति भी अल्प उपयोगी एवं उपेक्षित/जंगली सब्जियों का मूलवृंत के रूप में प्रयोग प्रभावी पाया गया है। उदाहरण स्वरूप कम तापक्रम के प्रति कुकुरबिटा फीसीफोलिया (*Cucurbita ficifolia*) का खीरे के मूलवृंत के रूप में प्रयोग किया जा सकता है। खीरे को पालीहाउस में सी. फीसीफोलिया के मूलवृंत पर ग्रेफ्टिंग करके उगाया गया और तापक्रम 23/22 की जगह 20/12 डिग्री सेग्रेड पर अच्छी उपज मिली। सी. फीसीफोलिया पर ग्रेफ्ट किये गये पौधे 10 डिग्री सेग्रेड तापक्रम को भी सहन करने में सक्षम पाये गये (निज्स, 1983, लिबिंग, 1985, गाओं एवं सहयोगी, 1968; सैमबंकिस, 1984)

सब्जियों में गुणवत्ता के सुधार के लिए भी अल्पउपयोगी एवं उपेक्षित सब्जियों का मूलवृंत के रूप में उपयोग किया जा सकता है। चुंग एवं सहयोगी (1997) ने पाया कि ग्रेफ्टिंग विधि से तैयार टमाटर में लाइकोपीन वर्णक की मात्रा अधिक थी। विभिन्न अल्पउपयोगी कद्दूवर्गीय सब्जियों का मूलवृंत के रूप में प्रयोग करके वांछित लिंग परिवर्तन भी किया जा सकता है, जिसका उपज से सीधा सम्बन्ध हैं। खीरे की जंगली प्रजाति कुकुमिस हार्डविकाई (*Cucumis hardwickii*) का उभयलिंगी/जायंगी (monoecious/gynoecious) किस्मों पर ग्रेफ्टिंग करने से संपूर्ण एवं मादा पुष्पों की संख्या में काफी वृद्धि हुई (निनहुइस एवं सहयोगी, 1979)। इस दिशा में और अधिक शोध की आवश्यकता हैं। विभिन्नन सब्जियों में वांछित मूलवृंत को सारिणी (1.11) में दिया गया है।

1.13 अल्पउपयोगी सब्जियाँ एवं आदिवासी समुदाय

हमारे देश में जितनी भी वनस्पतियाँ पाई जाती है, उसका 3/4 से भी अधिक (83 प्रतिशत) आदिवासि क्षेत्रों में पाई जाती हैं। इन वनस्पतियों का 55 प्रतिशत दवा के रूप में तथा 28 प्रतिशत खाने के रूप में प्रयोग किया जाता है। आदिवासी समुदाय के लोगों का वहाँ के जंगली वनस्पतियों के बीच एक सहजिविता का सम्बन्ध होता है। आदिवासी लोगों को जंगली वनस्पतियों के सम्बन्ध में गहरा ज्ञान होता है। ये लोग वनस्पतियों और वहाँ के पारिस्थितिक तन्त्र में होने वाले परिवर्तनों से भली-भाँति प्ररिचित होते हैं (कुरूप, 2000)।

आदिवासी समुदाय और उनकी राज्यवार स्थिति

हमारे देश में लगभग 6.7 करोड़ आदिवसी लोग हैं यह संख्या पूरे देश की आबादी की लगभग 8.08 प्रतिशत है। ये आदिवासी लोग लगभग देश के 63.3 मिलियन हेक्टेयर क्षेत्र पर फैले हैं। इन आदिवासी समुदायों की संख्या 550 से अधिक है। जिसमें 427 सरकार द्वारा विधिवत निर्धारित की गई है। ये आदिवासी लोग मुख्य रूप से वनों में रहते हैं और कुछ को छोड़ कर अधिकांश घूमक्कड़ प्रवृत्ति के होते है (रामजी एवं भटनागर, 2000)। इनका मुख्य निवास मध्य में विन्ध्य क्षेत्र से प्रारम्भ होकर पूर्व तथा पश्चिम की ओर फैला है। सामान्यतया उत्तरी भारत, पश्चिमी भारत तथा पूर्वोत्तर घाट, मध्य और पूर्वी भारत में कुल आदिवासी की 55 प्रतिशत, पश्चिमी क्षेत्र में 28 प्रतिशत तथा पश्चिमी भारत में 12 प्रतिशत निवास करते हैं और शेष दक्षिण भारत तथा उप हिमालयन क्षेत्र में बसते हैं। मूख्य आदिवासी समुह और उनके

क्षेत्र को सारिणी (1.12) में दिया गया है।

सारिणी 1.12 मुख्य आदिवासी समूह एवं उनका क्षेत्र

आदिवासी	क्षेत्र
भील, भीलाला समूह	गुजरात, राजस्थान और मध्य भारत
गोंड और उनके अन्य आदिवासी समूह	मध्य प्रदेश, महाराष्ट्र तथा उड़ीसा
मीना	राजस्थान बिहार, प. बंगाल और
संथाल	बिहार, पश्चिम बंगाल और उड़ीसा
ओरेंस, हो तथा मुण्डा	बिहार, झरखण्ड
नागा	नागालैण्ड
खासी	मेघालय
सुगाली या लम्बादा	आन्ध्र प्रदेश

हमारे देश के मिजोरम, नागालैण्ड तथा मेघालय में 80 प्रतिशत से अधिक आबादी आदिवासी समुदाय की है जबकि दक्षिण भारत में इनकी सर्वाधिक संख्या महाराष्ट्र में है। राज्यवार आदिवासी जनसंख्या का प्रतिशत नीचे सारिणी (1.13) में दिया गया है।

सारिणी (1.13) राज्यवार आदिवासी जनसंख्या प्रतिशत (1991 जनगणना)

राज्य	आदिवासी जनसंख्या (%)
मिजोरम	94.75
नागालैण्ड	87.70
मेघालय	85.53
अरूणांचल प्रदेश	63.66
मणिपुर	34.41
त्रिपुरा	30.95
मध्य प्रदेश	30.95
उड़ीसा	22.21
गुजरात	14.92
असम	12.82
राजस्थान	12.44
महाराष्ट्र	9.27
बिहार	7.66
आन्ध्र प्रदेश	6.31
प. बंगाल	5.59

देश की पूरी जनसंख्या जो गरीबी रेखा के नीचे है उसकी 40 प्रतिशत हिस्सा ये आदिवासी तथा अनुसूचित जाति के लोगों की हैं। जिनमें कुपोषण तथा सूक्ष्म तत्व जनित कुपोषण की गम्भी समस्या है। इन आदिवासी क्षेत्रों में अल्पउपयोगी सब्जियों की विशेष महत्ता है।

1.14 अल्पउपयोगी सब्जियों के परंपरगत ज्ञान एवं पेटेन्ट के लिए टी.के.डी.एल. (TKDL for the patent of traditional knowledge of underutilized vegetables)

भारत प्राकृतिक संपदाओं से आच्छादित राष्ट्र है। विभिन्न कृषि जलवायु क्षेत्रों, वानस्पतिक क्षेत्रों तथा जैवीय प्रांतों से सुसज्जित भारत में अनेक प्रकार की सब्जियाँ शुष्क शीत क्षेत्र से लेकर उपोष्ण आर्द्र क्षेत्र तक उगाई जाती हैं। प्रसिद्ध रसियन पादप गवेषक (plant explorer) एवं आनुवंशिक विद् निकोकाई आई. वेविलोव ने विश्व में व्याप्त आनुवंशिक विभिन्नता की सर्वप्रथम पहचान की और अपने भौगोलिक सर्वेक्षण के आधार पर पौधों के उद्भव स्थल को 8 प्रमुख एवं दो उपकेन्द्रों में विभक्त किया। ये केन्द्र हैं- चाइनिज-जापानीज, इण्डो-चाइनीज, हिन्दुस्तानी सेन्टर, सेन्ट्रल एशिया, नियर ईस्ट, मेडिटेरियन, अफ्रीकन, यूरोपीयन-साइबेरियन, सेन्ट्रल अमेरिका एवं मेक्सिकन क्षेत्र, दक्षिणी अमेरिकी क्षेत्र एवं उत्तरी अमेरिका। इण्डियन जीन सेन्टर में बहुत सी सब्जियों के प्रारम्भिक आनुवंशिक प्रारूप पाये जाने के कारण यह क्षेत्र काफी धनी माना जाता है। हमारे देश में इन सब्जियों का प्रयोग पोषण के अतिरिक्त

विभिन्न प्रकार के औषधीय प्रयोजन में भी किया जाता है। भारत में परंपरागत ज्ञान के आधार पर ही यहाँ के आयुर्वेद विशेषज्ञों ने इन अपार प्राकृतिक संपदाओं के गुणों का प्रयोग मानव और अन्य प्राणियों के कल्याणार्थ करते रहे, लेकिन इस परंपरागत ज्ञान का सबसे निराशाजनक पहलू यह रहा कि इसका समुचित रूप से लिपिबद्ध नहीं किया गया और एक पीढ़ी से दूसरे पीढ़ी तक ज्ञान बिना किसी प्रमाण के स्वभाविक तौर पर प्रयोग होता रहा। व्यापारिक वैश्वीकरण के इस युग में नये पेटेन्ट कानून की आड़ लेकर पश्चिमी देशों ने भारत की विभिन्न प्राकृतिक संपदाओं पर अपना अधिकार जताने की चेष्टा की। विगत वर्षों में हल्दी, नीम, बासमती चावल आदि के पेटेन्ट विवाद इसके प्रमुख उदाहरण हैं। ऐसी परिस्थिति में भारत जैसे देश के प्राकृतिक सम्पदा से धनी एवं विकासशील राष्ट्र के लिए आवश्यक है कि वह अपनी जैव सम्पदा एवं परम्परागत ज्ञान को संरक्षित रखने के लिए वैज्ञानिक पहल करे (शर्मा, 2003)।

परंपरागत ज्ञान के व्यवसायिक रूप से प्रलेखन की आवश्यकता ने जन्म दिया टेड्रिशनल नालेज डिजिटल लाइब्रेरी (Traditional Knowledge Digital Library) तैयार करने की योजना। टी.के.डी.एल. परंपरागत ज्ञान को संरक्षित करने की एक ऐसी परियोजना है जो परंपरागत ज्ञान संपदा वर्गीकरण (Traditional Knowledge Resource Classification TKRC) पर आधारित है। यह नवीन है और यूनीकोड तथा मेटाडाटा प्रौद्योगिकी है, जिसका उपयोग विभिन्न अन्तर्राष्ट्रीय भाषाओं में सूचना पुन: प्राप्ति के लिए किया गया है। सूचनाओं के अंतर्राष्ट्रीय पेटेन्ट वर्गीकरण के अनुसार खण्ड, वर्ग, उपवर्ग, समूह तथा उपसमूह में संरचित किया गया है, जिससे कि पेटेन्ट निरीक्षक न केवल ज्ञान के स्रोत और हमारे ज्ञान की पहचान करने योग्य होगें बल्कि उसे समझने में भी समर्थ होगें।

फरवरी, 2001 विश्व बौद्धिक संपदा संगठन (WIPO. World Intellectual Property Organization) के आई.पी.सी. यूनियन के 30वें सम्मेलन में ट्रेडिशनल नालेज रिसोर्स क्लासिफिकेशन (Traditional Knowledge Resource Classification) ने इस संकल्पना का समर्थन किया जिसमें यू.एस. पी.टी.ओ., चीन, जापान तथा भारत सम्मिलित थे।

इस प्रकार टी.के.डी.एल. एक डिजिटल डेटा बेस है और यह लिप्यंतरण, निष्कर्षण और पुर्नप्राप्ति के लिए विकसित टेड्रीशनल रिसोर्स क्लासिफिकेशन के नाम से ज्ञात वर्गीकरण का उपयोग करता है। विशिष्ट की वर्ड्स द्वारा अंतर्राष्ट्रीय पेटेन्ट वर्गीकरण पर टी.के.आर.सी. के आधार पर टी.के.डी.एल. पुन: प्रापर्णीय है। इसे मूल रूप से सूचनाओं के प्राचीन ज्ञान की खोज के लिए पेटेंट निरीक्षण की आवश्यकता पर व्यवस्थित किया गया है। टी.के.डी.एल. स्थानीय नामों और वानस्पतिक नामों के बीच सम्बन्ध भी स्थापित करता है। उदाहरण के लिए गुडुची टी. कार्डीफोलिया है।

टी.के.डी.एल. डाटा बेस के प्राथमिक उद्देश्य हैं- भारतीय पारम्परिक ज्ञान और पेटेन्ट निरीक्षकों द्वारा परिक्षण के दुर्विनियोग को रोकना जिससे कि वैश्विक स्तर पर पेटेन्ट निरीक्षकों के लिए पब्लिक डोमेन में मौजूद सूचना की सुलभता और समझ की कमी के कारण, भारतीय पारंपरिक ज्ञान, विशेष रूप से आयुर्वेद पर पेटेन्ट की स्वीकृति न दी जाय। इसे उन्नत अनुसंधान के लिए एक साधन के रूप में भी प्रयोग किया जा सकता है।

टी.के.डी.एल. के लक्षित उपभोक्ता है राष्ट्रीय और अंतर्राष्ट्रीय स्तर पर पेटेन्ट निरीक्षक अर्थात कंट्रोलर जनरल ऑफ पेटेन्ट्स आफ

इण्डिया के आफिस, डिजाइन एण्ड ट्रेडमार्क्स ऑफ इण्डिया, इन्टरनेशनल सर्च अथारटीज अन्डर पेटेन्ट कोआपरेशन ट्रीटी, अंतर्राष्ट्रीय स्तर के बौद्धिक संपदा आफिस, संगठन, शोध संस्थान, अनुसंधान प्रयोगशालायें, फार्मास्यूटिकल फर्म, राष्ट्रीय एवं अंतर्राष्ट्रीय स्तर के बहुराष्ट्रीय कार्पोरेशन, भारतीय विश्वविद्यालय और कालेज, विशेष रूप से चिकित्सा संस्थायें आदि।

1.15 अल्पउपयोगी सब्जियों की जैव विविधता का क्षरण (The depletion of biodiversity of underutilized vegetable crops)

मानवीय गतिविधियाँ पारिस्थितिकी तंत्र को अनियमित करने के लिए सीधे जिम्मेदार हैं। यह संभव है कि हमारे क्रिया-कलापों से ऊपरी तौर पर संपूर्ण वानस्पतिक परिधि में कोई विशेष परिवर्तन नहीं आया हो, लेकिन यह पूरी तरह से निश्चित है कि हमारी विविध क्रियाओं जैसे प्राकृतिक संसाधनों के अत्यधिक दोहन, नई प्रजातियों/संकर किस्मों के बिना अध्ययन के नये पारिस्थितिक तंत्र में प्रवेश कराना इत्यादि से वास्तविक एवं मूल वानस्पतिक प्रजाति संरचना में काफी बदलाव आया है। उदाहरण स्वरूप बहुत सी स्थानीय एवं पारम्परिक रूप से उगने वाली घासों की प्रजातियाँ उन स्थानों पर नहीं दिखती हैं जहाँ उनका प्रादुर्भाव हुआ था क्योंकि वहाँ पर मवेशियों एवं भेड़ों आदि के पालने का कार्य आरम्भ कर दिया गया। उत्तरी अमेरिका एवं यूरोप के शीतोष्ण वन का अत्यधिक दोहन करने एवं नये सिरे से पौधों के समायोजन करने से पिछले शताब्दी में इसमें बहुत अधिक परिवर्तन हुआ। जंगल, एवं अन्य वन क्षेत्र विश्व के कुल क्षेत्रफल का 15 प्रतिशत अनुमानित है। 1960 के दशक में उपोष्ण आर्द्र वनों में 10 मिलियन हेक्टेयर क्षेत्र की कमी आई और विश्वस्तर पर 1 प्रतिशत की कमी दर्ज की गयी। यद्यपि पिछले वर्षों में मध्य एवं दक्षिणी अमेरिका के वन भूमियों के स्वरूप से कम छेड़-छाड़ की गयी अन्यथा शुष्क उपोष्ण वनों के क्षेत्रफल में और अधिक कमी आती। वर्ष 1700 की तुलना में यह अनुमान लगाया जाता है कि शस्य क्षेत्रफल में 5 गुना की वृद्धि हुई है और इसी प्रकार वर्ष 1800 की तुलना में सिंचित शस्य क्षेत्रफल में 24 गुना की वृद्धि हुई है। जिसके कारण समुद्र तट की भूमियों एवं सम्बंधित वानस्पतिक स्वरूप ने बहुत अधिक बदलाव आया है। उदाहरणार्थ मध्य अमेरिका प्रशांत तट के शुष्क उपोष्ण वन जो 5,50,000 वर्ग किमी. क्षेत्र पर फैले थे उनमें से मात्र 2 प्रतिशत ही वास्तविक मूल रूप में पड़े हैं। संयुक्त राज्य अमेरिका की जलमग्न भूमियों में 54 प्रतिशत, थाइलैण्ड के 50 प्रतिशत मैनग्रूव जंगल, ब्राजील का अटलांटिक वन जो 1मिलियन वर्ग क्षेत्र में फैला था वह आज अपने प्रारम्भिक स्वरूप की तुलना में मात्र 10 प्रतिशत ही शेष रह गया है (वाटसन एवं हेउड, 1995)। विश्व स्तर पर प्रारम्भिक संसाधनों के विभिन्न स्वरूपों में जो परिवर्तन आया है उसे सारिणी (1.14) में प्रदर्शित किया गया है-

सारिणी (1.14) मानव द्वारा पारिस्थितिक तंत्र में परिवर्तन का आंकलन

विवरण	समय/तिथि	क्षेत्र ($X10^6$ वर्ग किमी.)
सस्य फसलों के अंतर्गत क्षेत्रफल	1700	2.7
	1900	14.4 (+530)
सिंचित सस्य क्षेत्रफल	1800	0.1
	1989	2.0 (+2000)
संरक्षित वन	कृषि काल से पूर्व	46.3
	1983	39.3
जंगल एवं अन्य वन क्षेत्र	कृषिकाल से पूर्व	61.5
	1983	52.4
चारागाह	1700	68.9
	1980	67.9

स्रोत : वाटसन एवं हेउड, 1995

एफ.ए.ओ. के एक अध्ययन के अनुसार सस्य आनुवंशिक संसाधनों (crop genetic resource) प्रतिवर्ष 1.2 प्रतिशत की दर से विलुप्त हो रहे हैं, उष्ण जंगल प्रतिवर्ष 1 प्रतिशत अर्थात 29 हेक्टेयर प्रति मिनट की दर से समाप्त हो रहे हैं। यदि 1980-90 वर्ष के दौरान समाप्त हुए जंगल क्षेत्र का आंकलन करे तो वह एक्वाडोर एवं पेरू के सम्मिलित क्षेत्रफल के बराबर आता है। अल्पउपयोगी एवं उपेक्षित सब्जियों की विधिवत खेती नहीं की जाती है और ये विभिन्न प्रकार के पारिस्थितिक तंत्र जैसे जंगल, झील, तालाब, घाटियों, पर्वतों आदि में पारंपरिक रूप से उगती हैं। इन क्षेत्रों में मानवीय गतिविधियों से उनके सामर्थ्य एवं जैव शृंखला आदि में काफी क्षरण होने लगता है। जिसके कारण उनके अस्तित्व एवं उत्तर जीवित (survival) के लिए संकट उत्पन्न हो जाता है। इसके साथ ही बहुत अधिक मात्रा में आयातित वनस्पतियाँ/किस्में जिनसे हम शीघ्र लाभ के लिए प्रसार करते हैं उनसे पारंपरिक जैव-विवधता को बहुत अधिक क्षति पहुँचती है।

जैव-विविधता वर्तमान में विकसित व्यवसायिक जैव तकनीक का मूल है और विकासशील देशों में पाई जाने वाली वनस्पतियाँ, पशुधन, सूक्ष्म जीव का जीन भविष्य के भोजन, औषधी एवं अन्य औद्योगिक उत्पादों को विकसित करने के लिए अमूल्य पूर्वगामी साधन (raw material)। इस प्रकार हम कह सकते हैं कि ये अल्पउपयोगी एवं उपेक्षित पड़ी सब्जियाँ हमारे भविष्य की अमूल्य धरोहर है जिनसे नई किस्में/नये उत्पाद एवं बहुमूल्य औषधी प्राप्त करने में बहुत अधिक मदद मलेगी।

1.16 अल्पउपयोगी सब्जियों का विपणन एवं निर्यात

अल्पउपयोगी एवं उपेक्षित सब्जियाँ निश्चित रूप से स्थान/क्षेत्र विशेष में अनुकूलित होने के कारण उनका उत्पादन सीमित स्तर पर है तथा उनकी पहुँच सामान्य उपभोक्ता से काफी दूर है। यद्यपि ये सब्जियाँ जहाँ उगती है वहाँ के लोगों के पोषण का मुख्य अंश है और इनका बहुत अधिक औषधीय महत्व है। सुदूर क्षेत्रों में उत्पादन होने के कारण इनके विपणन की बहुत अधिक समस्या है। अभी तक इनके भण्डारण क्षमता, पैकेजिंग एवं प्रसंस्करण पर भी बहुत ध्यान नहीं केन्द्रित किया गया है (जेनिक, 2006)। इनके महत्वपूर्ण पोषण एवं औषधीय मूल्यों को ध्यान में रखकर व्यापार विस्तार के लिए अंतर्राष्ट्रीय पादप आनुवंशिक अनुसंधान संस्थान (International Plant Genetic Research Institute), सी.जी.आई. ए.आर. (C.G.I.A.R.) के अंतर्गत कार्यरत विभिन्न संस्थाओं एवं एफ.ए.ओ., अतर्राष्ट्रीय अल्पउपयोगी सस्य केन्द्र (International Centre for Underutilized Crops ICUC) के सहयोग से इस दिशा में निम्न प्रयास किये जा रहे हैं।

1. अल्पउपयोगी एवं उपेक्षित सब्जियों की प्रसंस्करण एवं मूल्य संवर्धन की संभावनाओं की तलाश
2. उत्पादक एवं उपभोक्ता के मध्य सूचनाओं का आदान-प्रदान करके वितरण को सरल करना
3. कम उपयोगी एवं उपेक्षित सब्जियों से नये उत्पाद तैयार कर विपणन को बढ़ाना
4. अल्प उपयोगी एवं उपेक्षित सब्जियों में पाये जाने वाले प्रमुख पोषण एवं औषधीय महत्व के तत्व को राष्ट्रीय महत्व के स्वास्थ्य कार्यक्रम में समाहित करना
5. स्थानीय, राष्ट्रीय एवं अंतर्राष्ट्रीय स्तर पर उपभोक्ता के अंतर्गत जागरूकता उत्पन्न करने

के लिए पहल करना।

1.17 अल्पउपयोगी फसलों के संरक्षण के लिए अंतर्राष्ट्रीय पहल

मानव सभ्यता के प्रादुर्भाव के समय से ही जैव विविधता मानव समाज की भोजन, स्वास्थ्य एवं अन्य जीवनोपयोगी साधनों का प्रमुख स्रोत रही है। जीवित जगत एवं मानव समाज के अंतरंग सम्बन्धों से प्रारम्भ हुआ पशुओं का नियमित रूप से पालन एवं फसलों की खेती। मानव बस्तियों की संख्या में निरंतर वृद्धि एवं कृषि कार्य में बढ़ती गहनता के कारण 20वीं शताब्दी में जैव-विविधता का क्षरण होना प्रारम्भ हुआ और मानव के भोजन के विभिन्न स्रोतों में संकीर्णता आयी। जैव-विविधता के क्षरण एवं उसके उत्तरोत्तर परिणामों को उस संदर्भ में देखना होगा जबकि जैविक एवं अजैविक दबाव बढ़ रहे हैं और प्रति व्यक्ति औसत जोत घट रही है, अन्य प्राकृतिक संसाधन विशेषकर मीठे पानी की समस्या बढ़ रही है और जलवायु एवं पारिस्थितिकी तंत्र के विविध घटकों जैसे वर्षा, तापक्रम, अल्ट्रावाइलेट विकिरण, समुद्री जल स्तर में उछाल आदि में प्रतिकूल परिवर्तन के संकेत मिल रहे हैं। इस विषम परिस्थिति में अपने किसी मित्र प्रजाति (friendly species) एवं जीन संपदा (genetic wealth) को खो देने का तात्पर्य प्रकृति प्रदत्त उपहार को मानव कल्याण से वंचित कर देना (स्वामीनाथन, 2000)। जैविक विविधता की महत्ता को ध्यान में रखकर आज विश्वस्तर पर प्रयास किये जा रहे हैं। अंतर्राष्ट्रीय पादप आनुवंशिक शोध संस्थान (International Plant Genetic Research Institute), सी.जी.आई.ए.आर. (Consultative Group of International Agriculture Research) की संस्था है जिसका कार्य इन प्रमुख पादप वनस्पतियों का एकत्रीकरण, संरक्षण, अभिलेखन, मूल्यांकन एवं मानव समुदाय के कल्याण के लिए उपयोग में लाना है। आई.पी.जी.आर.आई. इस महत्वपूर्ण कार्य को विश्वभर में सी.जी.आई.ए.आर. से जुड़े संस्थाओं, अन्य सरकारी एवं गैरसरकारी संगठनों के साथ मिलकर कार्य करती है। विगत वर्षों में इस संस्था ने नई किस्मों/संकर किस्मों के आने से जो परंपरागत किस्में (traditional varieties) उत्पादन की कड़ी से बाहर हो गयी थीं उनके संरक्षण पर विशेष कार्यक्रम चलाया और अब अल्पउपयोगी, जंगली एवं उपेक्षित वनस्पतियों के संरक्षण पर अपना ध्यान केन्द्रित कर रही है और इस कार्य के लिए कामन वेल्थ साइंस कौंसिल (Common Wealth Science Council) एवं आई.पी.जी. आर.आई. के बीच एक समझौता (memorandum of understanding) पर सहमति हुई (स्टोलेन, 1988)

अभी हाल में स्थापित इंटरनेशन सेन्टर फार अन्डरयूटिलाइज्ड क्राप्स (International Centre for Underutilized Crops. ICUC) का मुख्य उद्देश्य इन अल्पउपयोगी फसलों की क्षेत्रीय समुदाय आधारित प्राथमिकता तय कर उस पर शोध, विकास एवं प्रसार आदि कार्यों की प्राथमिकतायें तय करना है, जिससे यह वनस्पतियाँ प्रमुख उपयोग की श्रेणी में आ जाय।

अंतर्राष्ट्रीय पादप आनुवंशिकी शोध संस्थान के एशिया पैसिफिक ग्रुप तथा दक्षिण एवं दक्षिण पूर्वी एशिया के सौजन्य से इम्प्रूव्ड कन्जरवेशन एण्ड यूज आफ अण्डरयूटिलाइज्ड क्राप्स आफ रिजनल एण्ड लोकल इम्पारटेन्स (Improved conservation and use of underutilized crops of regional and local importance) नाम की एक महत्वपूर्ण परियोजना आरम्भ की गयी है। जैव-विविधता के संरक्षण के लिए संयुक्त राष्ट्र संघ द्वारा 1992 में आयोजित कान्फ्रेन्स आन इनविरानमेंट एण्ड डेवलपमेन्ट के

दौरान ग्लोबल कानवेशन आन वायो-डाइवर्सिटी (Global Convention on Bio-diversity) पर सहमति बनी और यह वर्ष 1993 से कार्यरत है तथा अब तक इसे 170 देश अपनी सहमति दे चुके हैं। सी.बी.डी. (Convention on Bio-diversity) विश्व स्तर पर एक प्रमुख सहमति है जिसमें आपसी सहयोग एवं भागीदारी के आधार पर जैव-विविधता के संरक्षण को बढ़ावा देने के लिए प्रयास किया जा रहा है। सी.बी.डी. के विकसित होने से जैव-विविधता के संरक्षण के लिए सरकारी, गैरसरकारी एवं प्रेस-मीडिया आदि की भूमिका में वृद्धि हुई है। विभिन्न देशों में जैव-विविधता के संरक्षण के लिए अपने देश के संविधान में परिवर्तन किये गये हैं। आई.पी. जी.आर.आई. के अतिरिक्त विश्व स्तर पर अनेक संस्थायें जैव-विविधता के संरक्षण के लिए कार्य कर रही है जिनका संक्षिप्त वर्णन निम्न प्रकार है।

(i) एफ.ए.ओ. (FAO) यह यू.एन.ओ. की संस्था है जो नान ऊड फारेस्ट प्रोडक्ट (non wood forest product) के विकास के लिए कार्य करता है। इसके अंतर्गत इन्टरनेशनल नेटवर्क आन कैक्टस पीयर (International Network on cactus pear), दि एन्डीयन नेटवर्क आन प्लान्ट जेनेटिक रिसोर्सेज (The Andean Network on Plant Genetic Resources), दि मेडिटेरियन सेलेक्टेड फ्रूट इण्टरकंट्री नेटवर्क (The Mediterranean Selected Fruit Intercountry Network-MESFIN), दि अण्डरयूटिलाइज्ड ट्रापिकल फ्रूट्स इन एशिया नेटवर्क (The Underutilized Tropical Fruits in Asia Network-UTFA-NET), दि एफ.ए.ओ./आई.सी. यू.सी. सदर्न एण्ड इस्टर अफ्रीका नेटवर्क आन अन्डरयूटिलाइज्ड क्राप्स (The FAO/ICUC Southern and Easter Africa Network on Underutilized Crops. SEAN UC) आरम्भ किया गया है।

(ii) आई.ए.इ.ए./एफ.ए.ओ. ऊर्जा आयोग द्वारा अल्पउपयोगी फसलों के संरक्षण के लिए विकिरण तकनीक के प्रयोग पर अनुसंधान एवं विकास का कार्य किया जा रहा है।

(iii) आई.सी.यू.सी. (International Centre for Underutilized Crops) इस संस्थान की स्थापना 1998 में यू.के. में की गयी जिसका मुख्य उद्देश्य अल्पउपयोगी फसलों के पोषण, औषधीय प्रयोजन, औद्योगिक उपयोग में वृद्धि के साथ संरक्षण करना है।

(iv) सी.आई.एच.इ.एम. (Centre International de Hautes Etudes Agronom-ique Mediterrnneennes) यह मेडिटेरियन क्षेत्र की जंगली वनस्पतियों की पहचान, संरक्षण एवं उपयोग के लिए कार्य करता है।

(V) यूकार्पिया (European Association for Research in Plant Breeding) इस संस्था ने 1988 में अल्पउपयोगी फसलों पर अनुसंधान कार्य को बढ़ावा देने के लिए विशेष पहल की।

(VI) इटा (The International Institute of Tropical Agriculture, Ibadan, Nigeria) यह संस्थान अल्पउपयोगी फसल बाम्बारा ग्राउंडनट (bambara groundnut) पर अनुसंधान कार्य प्रारम्भ किया है।

उपर्यक्त संस्थाओं के अतिरिक्त ट्रापीजेन (The Tropical Regional Genetic Resources Network), रिमरफाई (The Mesoamerican Plant Genetic Resources Network), दि प्रासीया फाउण्डेशन (Plant Genetic Resources of South East Asia), बामनेट (The Bambara International Network), ई.सी.पी./जी.आर. (European Co-operative Programme for Genetic Resources Network), कैक्टसीन जी.आर. (The Central Asia and Transcaucasus Network on Plant Genetic Resources, वैनेट (The West Asia and North Africa Network for Plant Genetic Resources), ऐरिनिना (Association of Agriculture Research Institutes in the Near East and North Africa) एवं दि इंटरनेशनल लेथाइरस वर्क (The International Lathyrus Work) कार्यकर रही हैं।

सरकारी संस्थाओं के अतिरिक्त गैर-सरकारी संस्थायें (NGOs) भी जैव-विविधता को संरक्षित करने के लिए काम कर रही हैं। इसमें फ्रांस की पेज प्रोवेन्स (Patrimonie genetique, bidiversite et savoir populaires de la region provence alpes cote d Azur), यू.के. की दि हेनरी डबलडे रिसर्च एशोसिएशन (The Henry Doubleday Research Association), इटली की आर्कीलोजिया आरबोरिया (Archeologia Arborea), स्पेन की विडावर्डे (VIDA-VERDE) एवं आयरलैण्ड की दि आइरिस सीड सेवर्स एशोसिएशन (The Irish Seed Savers Association) प्रमुख हैं।

1. ककरोल
(Kakrol)

स्थानीय नाम : अंग्रेजी- जायण्ट स्पान गर्ड, इलीफेन्ट बिटर गर्ड

ककरोल एक अल्प प्रचलित कद्दूवर्गीय सब्जी है जिसके फल को सब्जी के रूप में प्रयोग किया जाता है। पाचन की दृष्टि से यह काफी महत्वपूर्ण है। यह आँत को शीतलता पहुँचाता है। फल मीठा, चिकनाई लिए एवं रेचक (laxative) होता है। यह कफ और बात को रोकता है। इसके फल को अल्सर, बवासीर, कटने एवं यकृत सम्बन्धी विकारों को दूर करने के लिए प्रयोग किया जाता है। फल के अतिरिक्त इसके बीज का सेवन कफ एवं छाती के दर्द को दूर करने के लिए किया जाता है। इसका उपयोग मूत्र सम्बन्धी रोगों को दूर करने में काफी लाभप्रद है। इसके जड़ों में ट्राइटर पिनायड सैपोनिन (triterpenoid saponin) पाया जाता है। ककरोल की जड़ से दो नये सैपोनिन निकाले गये हैं जिनकी पहचान 3 बीटा (ओ बीटा-डी, जाइलोपाइरेनोसिल-ओ बीटा-डी, जाइलो पाइरेनोसिल नोसिल-ओबीटा-डी, ग्लूको पाइरेनोसिल) आक्सी - ओलीन-12 इनइ 28 ओ आई सी एसिड एवं मोमार्डिन आई डी-28- बीटा-डी- ग्लूकोपाइरेनोसिल एस्टर (β beta - (O-beta-D-xylopyranosyl- O-beta- D- xylapyr-anosyl- O- beta.D- glucopy-ranuronosyl) Oxy-Olean-12-ene- 28 oic acid and momordin id- 28-beta - D- glucopyran-osyl ester) के रूप में की गयी है (क्वामुरा एवं सहयोगी, 1988)। ककरोल के पोषक मूल्य को सारिणी (1.1) में दिया गया है-

सारिणी (1.1) ककरोल का पोषक मूल्य (प्रति 100 ग्राम खाने योग्य भाग में)

पोषक तत्व	मात्रा
खाने योग्य भाग	100 प्रतिशत
नमीं	90.0 ग्राम
प्रोटीन	0.6 ग्राम
वसा	0.1 ग्राम
खनिज	0.9 ग्राम
रेशा	1.6 ग्राम
कार्बोहाइड्रेट्स	6.4 ग्राम
ऊर्जा	29 कि. कौलोरी
कैल्शियम	27 मिग्रा.
फास्फोरस	38 मिग्रा.

पोषण के अतिरिक्त ककरोल का औषधीय महत्व भी बहुत अधिक है। चीन में इसकी जड़ों को सूजन, मोटापे, अल्सर एवं अन्य विसंगतियों को दूर करने में प्रयोग किया जाता है। इसकी कंदिल जड़ों में हिमोलिटिक (haemolytic) सैपोनिन घटक होता है, (एन जी एवं सहयोगी, 1986)।

उद्भव एवं वितरण

ककरोल का उद्भव एशिया महाद्वीप में माना जाता है। इसके पौधे जंगली एवं पोषित दोनों रूप में भारत, जापान एवं मलेशिया में पाये जाते हैं। हमारे देश में इसे असम, मेघालय की गारो की पहाड़ियों, पश्चिम बंगाल, दक्षिणी भारत और अण्डमान आइलैण्ड में देखा जा सकता है।

वानस्पतिक विवरण

ककरोल का वंश मोमार्डिका (*Momordica*) तथा प्रजाति कोचीनचाइनेनसिस (*Cochinchinensis* (Loureiro) Sprengel)

है। इसकी सौमेटिक क्रोमोजोम संख्या (2 एन.) 28 है। कैरियोटाईप विश्लेषण में अत्यधिक समांगता (homogeneity) मालूम पड़ती है। ककरोल एक पृथक लिंगी (dioecious), बहुवर्षीय एवं लतायुक्त पौधा हैं। इसकी वृद्धि कंदिल जड़ों से आरम्भ होती है। तना बढ़वार लिए धारीयुक्त होता है। टेन्ड्रिल साधारण, पत्तियाँ सामान्य एवं हस्ताकार, शिराये युक्त पर्ण विन्यास, पर्णवृंत्त 5-10 सेमी. लम्बा मध्य में 2-5 ग्रंथियाँ, पत्तियाँ हृदयाकार, किनारा नुकीला। पुष्प कक्षीय, 8 सेमी व्यास के, पीले रंग के, आधार में काले रंग के धब्बे, फल गोलाकार, हरे रंग के और उन पर कड़े रोयें निकलते हैं। प्रत्येक फल का औसत वजन 50 ग्राम। बीज 2.5×2×0.5 मिमी. आकार के एवं भूरे रंग के होते हैं।

जलवायु एवं भूमि

ककरोल के लिए उष्ण एवं आर्द्र जलवायु की आवश्यकता होती है। पौधों की बढ़वार के लिए 25-35 डिग्री सेंग्रेड तापक्रम अनुकूल होता है। ऐसे क्षेत्र जहाँ वर्षा का औसत 1500-2000 मिमी. है, वहाँ इसे सफलतापूर्वक उगाया जा सकता है। ककरोल के पौधे जाड़ें में जब तापक्रम 10 डिग्री सेंग्रेड से नीचे एवं मृदा का तापक्रम 1^0 सेंग्रेट से अधिक होता है उस अवस्था में जीवित रहता है (राम एवं सहयोगी, 2002)।

ककरोल को विभिन्न प्रकार की भूमियों में उगाया जा सकता है, लेकिन कार्बनिक पदार्थ से भरपूर बलुई दोमट भूमि में इसके पौधे अच्छी तरह से वृद्धि करते हैं। पौधों के उपयुक्त विकास के लिए मृदा का पी.एच. मान 6.0-7.0 के मध्य होना चाहिए।

प्रसारण

ककरोल का प्रसारण बीज, कंदिल जड़े (tuber) या तने की कलम द्वारा किया जा सकता है। बीज में बहुत लम्बी अवधि तक सुषुप्ता अवस्था बनी रहती है और अंकुरण कम (50 प्रतिशत के लगभग) होता है। बीज द्वारा उगाये गये पौधे से 3-4 वर्ष के अंतराल के बाद ही फलत आरम्भ होती है। इसी लिए कंदिल जड़ों एवं तने से तैयार कलमों को प्रसारण के लिए अधिक उपयुक्त माना जाता है।

कंदिल जड़ों द्वारा प्रसारण

इस प्रकार से प्रसारण के लिए भूमिगत कंदिल जड़ों का प्रयोग किया जाता है। इसके लिए ऐसे पौधे जो 2-3 वर्ष की अवधि के हो जाते हैं उनमें कंदिल जड़े विकसित होती है। पृथक लिंगी प्रकृति होने के कारण नर और मादा अलग-अलग पौधों से कंदिल जड़ें एकत्र करना आवश्यक होता है। ककरोल के लिए जड़ों का वजन 25-50 ग्राम के मध्य होना अच्छा माना जाता है। अत्यधिक बड़े भूभाग में रोपण के लिए कंदिल जड़ों के छोटे-छोटे टुकड़े बनाये जा सकते हैं, लेकिन प्रत्येक टुकड़े में कम से कम 2 पर्व अवश्य होना चाहिए। कटे हुए टुकड़ों को मैंकोजेब के 0.2 प्रतिशत घोल से उपचारित करना चाहिए। टुकड़े के आकार और नये पौधे के प्रस्फुटन पर किये गये अध्ययन में राम एवं सहयोगी (2002) ने ज्ञात किया कि 40 ग्राम से अधिक वजन के कंदिल जड़ों के टुकड़ों में स्फुटन में 12-15 दिन का समय लगता है (सारिणी 1.2)

सारिणी (1.2) कंदिल जड़ों के आकार एवं वजन का प्रस्फुटन एवं बढ़वार पर प्रभाव

कंद का आकार	वजन (ग्राम)	प्रस्फुटन अवधि (दिन)	बढ़वार प्रकृति
कम आकार	35 ग्राम	19-22	कमजोर लतायें
मध्यम आकार	36-40 ग्राम	16-18	औसत बढ़वार
बड़ा आकार	41 ग्राम से अधिक	12-15	अच्छी बढ़वार

ट्यूबर लगाने की समय एवं विधि

ट्यूबर लगाने के लिए ऐसी भूमि का चुनाव करना चाहिए जो जमीन की सतह से ऊँची हो और उसमें जलनिकास की उचित सुविधा हो। इसके लगाने का उचित समय सिंचित अवस्था में उत्तर भारत के मैदानी क्षेत्रों में फरवरी का महीना एवं असिंचित अवस्था में मानसून का समय अच्छा होता है। कंदिल जड़ों को पालीथिन की थैलियों में (6"×4") 1:1:1 मिट्टी : बालू एवं गोबर की खाद भरकर तैयार कर लिया जाता है। इस प्रकार से तैयार की गयी थैलियों में कंदिल जड़ों के लगाने से 40-50 दिन में इनमें फुटाव हो जाता है और जब पौधे में 4-5 पत्तीयुक्त लतायें निकल जाती हैं, तब उनका मुख्य क्षेत्र में रोपण कर दिया जाता है। एक हेक्टेयर क्षेत्र में रोपण के लिए 3000-5000 कंदिल जड़ों की आवश्यकता होती है। कंदिल जड़ों को सीधे खेत में रोपण के लिए 45×45 सेमी. आकार के गड्ढे तैयार कर लिए जाते हैं और प्रत्येक गड्ढे में 5 किग्रा. लीफ मोल्ड कम्पोस्ट, 150 ग्राम सिंगल सुपरफास्फेट और 50 ग्राम म्युरेट आफ पोटाश भर दिया जाता है (मिश्रा एवं सहयोगी, 1988)। गड्ढे में लगाने के बाद सिंचाई कर दी जाती है, जिससे जड़े प्रस्फुटित हो जाती हैं।

कलम द्वारा प्रसारण

कलम द्वारा प्रसारण के लिए दो पर्व वाली कलमें तैयार की जाती है। कलमों को आई.बी.ए. जैसे वृद्धि नियामकों के 200-500 पी.पी.एम. सांद्रण वाले घोल से उपचारित करना अच्छा होता है। इससे स्फुटन शीघ्र होता है एवं जड़े भी अधिक संख्या में निकलती है। उत्तर भारत के मैदानी क्षेत्रों में जुलाई-अगस्त का महीना कलम तैयार करने के लिए काफी उपयुक्त होता है। जब कलमों में 4-5 पत्तियाँ आ जाती है तब उनका मुख्य खेत में रोपण किया जाता है।

खाद एवं उर्वरक

ककरोल एक बहु वर्षीय पौधा है। अतः जिस खेत में उसका रोपण किया जाय उस खेत में पर्याप्त मात्रा में कार्बनिक पदार्थ होना चाहिए। इसके लिए आवश्यक है कि खेत की तैयारी के समय 10-12 टन प्रति हेक्टेयर की दर से सड़ी हुई गोबर की खाद मिला देनी चाहिए। इसके अतिरिक्त प्रतिवर्ष 100-120 किग्रा. नत्रजन, 60 किग्रा. फास्फोरस एवं 50 किग्रा. पोटाश तत्व के रूप में देना चाहिए। नत्रजन का दो बार प्रयोग टापड्रेसिंग के रूप में किया जा सकता है। गड्ढे में लगायें गये पौधों को 30 दिन बाद जब वह पूर्ण रूप से स्थापित हो जाते हैं और उनमें 4-5 पत्तियाँ निकल आती हैं उस समय प्रत्येक पौधे के गड्ढे में 15 ग्राम यूरिया की टापड्रेसिंग करनी चाहिए।

पौधे को सहारा देना

ककरोल के पौधों को सहारा देने की आवश्यकता पड़ती है। इसके लिए बाँस की लकड़ी या तार के जरिये मचान तैयार कर लिया जाता है और उसी मचान पर इसकी बेलों को चढ़ा दिया जाता है। सहारा देने से फलत अच्छी मिलती है और उसकी गुणवत्ता भी अच्छी होती है।

पुष्पन एवं फलत

विजय एवं सहयोगी (1977) ने ज्ञात किया कि गर्म एवं आर्द्र जलवायु में ककरोल की नर पुष्प कलिका के निकलने एवं पूर्ण पुष्पन की अवस्था में पहुँचने में 22-24 दिन का समय लगता है जबकि मादा पुष्पों में यह अवधि 19-22 दिन की होती है। परागोदवन (anthesis) की क्रिया सुबह 5.50 बजे मादा पुष्पों में एवं नर पुष्पों में 6.20 बजे हुई। परागकोष का स्फुटन 22.45 प्रारम्भ होकर रात्रि 11:00 बजे तक था। वर्तिकाग्र की ग्राह्यता परागोदवन से पूर्व एवं पश्चात 18 घण्टे तक थी,

लेकिन ग्राह्यता की उच्च दर मात्र 12 घण्टे तक थी।

एक परीक्षण में पाया गया कि ककरोल के मुख्य तनों पर 9-28 पर्व (node) एवं द्वितीयक शाखाओं पर 1-13 पर्व एवं तृतीयक शाखाओं के पहले पर्व पर फूल आये तथा नर : मादा लिंग अनुपात 1:1 का पाया गया। अगस्त के अंतिम सप्ताह एवं सितम्बर के प्रथम सप्ताह में पुष्पन की क्रिया सर्वाधिक हुई। मादा पौधों में लगाने के 39 दिन बाद जबकि नर पौधों में लगाने के 43 दिन बाद फूल आये। मादा फूलों की कलिका के बनने एवं पुष्पन तक की अवधि 13 दिन तक की थी। कलियों के स्फूटन एवं पूर्ण पुष्प खुलने में क्रमश: मादा एवं नर पुष्पों में 36 एवं 33 मिनट का समय लगा। एन्थेसिस सुबह 6:30 से 8-9 बजे के मध्य हुई। फल धारण का औसत 14.72 प्रतिशत रहा और मध्य अगस्त में सर्वाधिक फल धारण (22.89 प्रतिशत) रहा।

फलों की तुड़ाई एवं उपज

ककरोल में पूर्ण रूप से विकसित फलों की तुड़ाई की जाती है। प्राय: एक विकसित पौधे से 3-4 किग्रा. फलत मिलती है और एक हेक्टेयर क्षेत्र से 160-180 किग्रा. उपज प्राप्त होती है।

फल संरक्षण एवं प्रसंस्करण

ककरोल के फल संरक्षित करने के लिए इसके फलों को टुकड़ों में काट लिया जाता है और 1 किग्रा. टुकड़े को 3 लीटर लैक्टिक अम्ल के घोल में 3.5 पी.एच. पर 4 मिनट में 82 डिग्री सेग्रेड पर ब्लान्च कर लिया जाता है। इस अवस्था पर इसमें विटामिन सी की क्षति अधिक नहीं होती है। इन टुकड़ों को धूप में सुखाकर भविष्य में प्रयोग के लिए रख लिया जाता है (मिश्रा एवं सहयोगी, 1988)।

प्रमुख रोग

1. एन्थ्रेकनोज (Anthracnose) इस रोग से प्रभावित पौधों की पत्तियों, पुष्प एवं फल पर धब्बे बनते हैं।

नियंत्रण- बचाव के लिए कार्बेन्डाजिम 0.1 प्रतिशत घोल का 10 दिन के अंतराल पर छिड़काव किया जाय

2. डाउनी मिल्ड्यू (Downy mildew) इस रोग से संक्रमित पौधों की पत्तियों पर दो शिराओं के बीच में पीले रंग का धब्बा बनता है। बाद में पत्तियाँ पीली पड़कर सूख जाती हैं।

नियंत्रण- मैंकोजेब दवा के 0.25 प्रतिशत घोल का छिड़काव किया जाय।

3. पाउडरी मिल्ड्यू (Powdery mildew) इस रोग का प्रकोप पहली बार नागालैण्ड में ओइडियम प्रजाति के कवक द्वारा देखा गया। रोग ग्रस्त पौधों की पत्तियों पर सफेद रंग के चूर्ण जैसी पर्त जनती है (सिंह एवं वावरा, 1988)।

नियंत्रण (1) मैंकोजेव दवा के 0.2 प्रतिशत घोल का छिड़काव किया जाय। या **(2)** घुलनाशील गंधक के पावडर का छिड़काव किया जाय।

प्रमुख कीट

(1) एपिलैकना बीटल (Epilachna beetle) इसके प्रौढ़ एवं लार्वा दोनों पत्तियों को खाकर क्षति पहुँचाते हैं। कभी-कभी लार्वा पौधों की जड़ों को भी क्षति पहुँचाता है।

नियंत्रण- (1) 5 किग्रा. कार्बेरिल 5 डी+ 5 किग्रा. राख को मिलाकर प्रति एकड़ की दर से बुरकाव किया जाय। (2) कार्बेरिल 50 प्रतिशत घुलनशील पावडर की 100 ग्राम मात्रा को 100 लीटर की दर से मिलाकर 15 दिन के अंतराल पर छिड़काव किया जाय।

(2) फ्रूट फ्लाई (Fruit fly)- फल मक्खी ककरोल फलों के गूदे में अण्डे देती है और अण्डे से लार्वा निकलकर फल के गूदे को खाकर क्षति पहुँचाते हैं।

नियंत्रण- (1) इकोथियान या फोलिथियान के 50 ई.सी. घोल का छिड़काव किया जाय। (2) कार्बेरिल के 50 प्रतिशत घुलनशील पावडर की 50 ग्राम मात्रा को 250 लीटर पानी में घोलकर और 1.25 क्रिग्रा. सीरा मिलाकर पौधे पर छिड़काव किया जाय।

जननद्रव्य संग्रह एवं सुधार

बरूआ एवं सहयोगी (1993) ने ककरोल के जननद्रव्यों का असम के विभिन्न भागों से संग्रह किया। सर्वाधिक उपज आनुवंशिक प्रारूप सी. 8 में पाई गयी जबकि सी. 20 में अगेतीपन का गुण था और इसमें मादा फूल अधिक आये और उपज में सी. 8 के समकक्ष थी। परीक्षण में इन्होंने ज्ञात किया कि प्रति पौध पत्तियों की संख्या, फलभित्त की मोटाई के प्रति जिनिक एवं कायिकी गुणांक जीनोंटिपिक एवं फीनोटिपिक कोफिसियन्ट आफ वेरिए-बिलिटी, वंशानुगतित्व एवं आनुवंशिक प्रसार (genetic advance) अधिक था। ककरोल के जननद्रव्यों को योजन बद्ध तरीके से एकत्र करके सुधार लाने की आवश्यकता है। भारतीय सब्जी अनुसंधान संस्थान, वाराणसी में इसके जननद्रव्यों को एकत्र करके परीक्षण का कार्य आरम्भ किया गया है।

2. ककोड़ा
(Kakoda)

ककोड़ा एक छोटे गोल आकार का मीठा करेला है जो प्राकृतिक रूप से बिहार के पहाड़ी क्षेत्रों, बंगाल के जंगलों, महाराष्ट्र के नम पहाड़ी क्षेत्रों तथा दक्षिण भारत में पाया जाता है। इसके फल की अच्छी स्वादिष्ट सब्जी बनती है। इसके फल उत्तर भारत के मैदानी क्षेत्रों में जून-जुलाई से लेकर सितम्बर-अक्टूबर तक उपलब्ध रहते हैं। फल की बहुत अधिक पोषण महत्ता है। इसके फल मधुमेह रोगियों के लिए काफी लाभ प्रद है। ककोड़ा के जड़ (कन्द) मस्सों का रक्त रोकने तथा मूत्र सम्बन्धी रोगों में काफी लाभप्रद है। इसके बीज से तेल निकाला जाता है जिसको रंग एवं वार्निश उद्योग में प्रयोग किया जाता है।

ककोड़ा के फल में स्टेराल प्लूचिआल (sterol pleuchiol) के साथ दो नये एलीफेटिक यौगिक (i) 6-मिथाईल-ट्राई ट्राईएकान्ट-5-ओएन-28-ओएल (6-methyl-tri triacont - 5 - 0n - 28 = 0l) एवं (ii) 8-मिथाईल .हेन्ट्रिएकान्ट - 3- ऐन (8- methyl - hentriacont - 3 - ene) पाये गये। इसके बीज में मोमाडिका-रसिनाल पेंटासाडक्लिक ट्राईटरपीन (momodi-caursenol pentacyclic triterpene) पाया जाता है। (अली एवं श्री वास्तव, 1998)। ककोड़ा का फल में प्रोटीन एवं आयरन की काफी मात्रा पाई जाती है। ककोड़ा के फल में एस्कार्बिक अम्ल की काफी मात्रा (275.10 मिग्रा./100 ग्राम) पाई जाती है और इसमें आयोडीन (0.70 मिग्रा./100 ग्राम) भी पाया जाता है। इसके फल में पाये जाने वाले पोषक तत्व को सारिणी (2.1) में दर्शाया गया है-

सारिणी (2.1) ककोड़ा का पोषक मूल्य (प्रति 100 ग्राम खाने योग्य भाग में)

पोषक तत्व	मात्रा
नमीं	84.1 ग्राम
प्रोटीन	3.1 ग्राम
वसा	1.0 ग्राम
खनिज	1.1 ग्राम
रेशा	3.0 ग्राम
कार्बोहाइड्रेट्स	7.7 ग्राम
ऊर्जा	52 कि. कैलोरी
कैल्शियम	33 मिग्रा
फास्फोरस	42 मिग्रा
आयरन	4.6 मिग्रा
कैरोटीन	1620 माइक्रोग्राम
थाइमिन	0.05 मिग्रा
राइबोफ्लेविन	0.18 मिग्रा
नियासिन	0.6 मिग्रा

स्रोत : गोपालन एवं सहयोगी, 1999

उद्भव एवं वितरण

ककोड़ा मूल रूप से भारत का देशज माना जाता है। इसके पौधे हमारे देश में 1500 मीटर की ऊँचाई वाले हिमालय क्षेत्र से कन्याकुमारी तक पाये जाते हैं। यह बिहार के पहाड़ी क्षेत्रों, राज महल, हजारी बाग व राजगीर तथा महाराष्ट्र के नम पहाड़ी, असम व बंगाल के जंगलों में प्राकृतिक रूप से उगा हुआ पाया जाता है (राठी एवं सहयोगी, 2002)।

वानस्पतिक विवरण

ककोड़ा का वानस्पतिक नाम मोमार्डिका डाइओका *Momordica dioica* Roxb. है। इसकी गुणसूत्र संख्या (2 एन.) 28 है। यह एक अर्ध-बहुवर्षीय लता है। यह पृथकलिंगी (dioecious) पौधा है इसमें नर तथा मादा फूल अलग-अलग पौधों पर आते हैं। इसके फूल सायंकाल 4:30-6:00 बजे खिलते हैं। फूल खिलने में 7-22 मिनट तक का समय लगता है। परागकण (pollengrains) 36 घण्टे तक जीवित रहते हैं और वर्तिकाग्र (stigma) की ग्राह्यता (receptivity) परागोदवन के 18 घण्टे बाद तक बनी रहती है (महराना एवं सहयोगी, 1995)। फल छोटे आकार के गोल या अण्डाकार होते हैं। प्रत्येक फल का औसत वजन 10-15 ग्राम होता है, फल का दोनों सिरा नुकीला तथा लम्बा होता है।

जलवायु एवं भूमि

ककोड़ा उष्ण जलवायु क्षेत्र का पौधा है। इसके पौधें की बढ़वार के लिए अत्यधिक आर्द्रता † ĩã25-30^0 सेग्रेड तापक्रम की आवश्यकता होती है। ऐसे क्षेत्र जहाँ की वर्षा का औसत 150-250 सेमी. है वहाँ पर इसे सफलतापूर्वक उगाया जा सकता है। इसके पौधे जाड़े के मौसम में सुषुप्ता अवस्था में चले जाते हैं। ककोड़ा को सभी प्रकार की भूमियों में उगाया जा सकता है, लेकिन इसकी अच्छी उपज के लिए बलुई-दोमट भूमि जिसमें जलनिकास की उचित सुविधा रहती है, अच्छी मानी जाती है। इसकी खेती के लिए 6-7 पी.एच. मान वाली मृदायें अच्छी पायी गयी हैं। खेत में लगाने से पूर्व-भूमि की 3-4 बार गहरी जुताई करते हैं। बाद में एक या दो जुताई हैरो चलाकर करते हैं जिससे घास आदि के टुकड़े बाहर निकल जाते हैं।

प्रसारण- ककोड़ा का प्रसारण बीज एवं वानस्पतिक दोनों विधियों द्वारा किया जाता है। वानस्पतिक प्रसारण के लिए इसके कंद एवं तने की कलम का प्रयोग किया जाता है।

i. बीज द्वारा

ककोड़ा के बीजों में सुषुप्ता अवस्था होती है। अत: ताजे बीजों को 5-6 माह तक नहीं उगाया जा सकता। बीज के अंकुरण के लिए 30 डिग्री सेग्रेड तापक्रम की आवश्यकता होती है। बीज को बुआई से पूर्व 24 घण्टे तक पानी में भिगोने से अंकुरण शीघ्र होता है। अली एवं सहयोगी (1991) ने ज्ञात किया कि जिब्रेलिक अम्ल से बीज का उपचार करने पर कोई प्रभाव नहीं पड़ता है। बीज द्वारा प्रसारण की सबसे बड़ी समस्या यह है कि इसमें लगभग 50:50 प्रतिशत नर व मादा पौधे निकलते हैं। जबकि अच्छी तरह से फलत के लिए नर और मादा पौधे का अनुपात 1:10 होना चाहिए। दूसरी बड़ी समस्या बीज द्वारा तैयार पौधों की देर से फलत में आने की होती है।

ii. जड़-कंद द्वारा

इसकी कंदीय जड़े सुषुप्ता अवस्था से मुक्त होती है। कंद द्वारा तैयार पौधे काफी स्वस्थ होते हैं। इसके लिए 2-3 वर्ष पुराने पौधे जिनकी कंदिल जड़े काफी विकसित हो जाती है उससे 80-120 ग्राम का टुकड़ा बना लेते हैं और इसका प्रसारण के लिए प्रयोग करते हैं। प्रत्येक टुकड़े पर कम से कम दो कलिकायें (buds) होनी चाहिए। बुआई से पूर्व इन कन्द के टुकड़ों को 0.2 प्रतिशत मैंकोजेब दवा से उपचारित किया जाता है। पंडा एवं सहयोगी (1994) ने ज्ञात किया कि इसके कन्दों के टुकड़ों को जिब्रेलिक और काइनेटिन के क्रमश: 10, 25, 50 पी.पी.एम. या 0.5, 1.0 एवं 1.5 प्रतिशत थायोयूरिया या पोटैशियम नाइट्रेट के 12 घण्टे उपचारित करने पर सर्वाधिक अंकुरित जड़ों का प्रतिशत (87.5) 1.0 प्रतिशत थायोयूरिया के उपचार से मिला जबकि अनुपचारित अवस्था में स्फूटन मात्र 18.3 प्रतिशत था।

iii. कलम द्वारा

कलम तैयार करने के लिए लताओं के

ऊपरी हिस्से से 2-3 पर्व वाली कलमें तैयार की जाती है। यद्यपि साहू एवं सहयोगी (1995) के अनुसार आधारीय या शीर्ष भाग से तैयार कलमों में विशेष कोई अंतर नहीं था, लेकिन कलमों पर पर्व संख्या (node number) का कलमों के फुटाव (sprouting), जड़ों के ताजे एवं शुष्क भार तथा जड़ों की लम्बाई और मोटाई पर सार्थक प्रभाव था। इसके विपरीत त्रिपाठी एवं सहयेागी (1993) ने पाया कि शीर्ष भाग से तैयार कलमें आधारीय कलमों की अपेक्षा प्रति पौध अधिक प्ररोह एवं पत्तियाँ विकसित की और 2 पर्व वाली कलमें 3 पर्व वाली कलमों की अपेक्षा अधिक प्रभावी थीं। कलमों को वृद्धिनियामकों से उपचारित करने पर अच्छे परिणाम मिलते हैं। अहमद एवं सहयोगी (1992) ने ज्ञात किया कि एक पर्व (node) से तैयार कलमों को 1500 पी.पी.एम. इण्डोल ब्यूटायरिक अम्ल (Indole butyric acid) से उपचारित करके 1:2:1 मिट्टी, बालू एवं कम्पोस्ट के मिश्रण में लगाने से 93 प्रतिशत जड़े विकसित हुई।

जापान एवं कोरिया में कद्दू वर्गीय सब्जियों की ग्रेफ्टिंग की जाती है और इसके बहुत अच्छे परिणाम मिलते हैं। ककोड़ा को कुम्हड़ (*Cucurbita moschata*), कुकुरबिटा फिसी-फोलिया (*C. ficifolia*) या सी. मैक्सिमा एवं सी मास्चेटा (*C. maxima & C. moschata*) से प्राप्त एफ-1 के मूलवृंत पर ग्रेफ्टिंग करके पाया गया कि मूलवृंत का प्ररोह पर काफी अधिक प्रभाव था और सी. मैक्सिमा एवं सी मास्चेटा से प्राप्त एफ-1 संकर का मूलवृत्त के रूप में प्रयोग करने से प्रकाश संश्लेषण की दर, कुल शुष्क पदार्थ के निर्माण एवं पुष्पन के समय पर सार्थक प्रभाव पड़ा (मियान एवं सहयोगी, 1992)।

खाद एवं उर्वरक

ककोड़ा में खाद एवं उर्वरक की आवश्यकता समबन्धी विशेष परीक्षण नहीं किये गये हैं। साधारणतया 200-250 कुन्तल गोबर की सड़ी खाद प्रति हेक्टेयर की दर से खेत की तैयारी के समय मिलाई जाती है। बाद में मार्च के अंतिम या अप्रैल के प्रथम सप्ताह में 20-30 ग्राम यूरिया प्रति पौध दिया जाता है। फल बनने के समय पुन: 20-30 ग्राम यूरिया प्रति पौध दी जाती है (सिंह एवं जोशी, 1993)। त्रिपाठी एवं सहयोगी (1993) ने ककोड़ा की फसल में नत्रजन, फास्फोरस एवं पोटाश प्रत्येक की 30 किग्रा मात्रा प्रति हेक्टेयर की दर से देकर प्रति पौध सर्वाधिक उपज एवं बड़े आकार के फल प्राप्त किये। जोरहट (असम) में उर्वरक सम्बन्धी किये गये एक परीक्षण में गोस्वामी एवं शर्मा (1997) ने ज्ञात किया कि फास्फोरस की मात्रा 0, 20, 40 और 60 किग्रा तथा पोटाश की 0, 25, 50 एवं 75 किग्रा. प्रति हेक्टेयर की दर से देने से जैसे-2 मात्रा में वृद्धि की गयी उसी अनुपात में फल के उपज में वृद्धि हुई लेकिन फास्फोरस एवं पोटाश के बीच कोई सार्थक सम्बन्ध नहीं था। फास्फोरस की 40 किग्रा. मात्रा प्रति हेक्टेयर की दर से देने पर फलों में सर्वाधिक एस्कार्बिक अम्ल की मात्रा पायी गयी।

लिंग परिवर्तन

ककोड़ा में लिंग (sex) का निर्धारण एकल कारक (single factor) से नियंत्रित होता है और इसमें नर हेटेरोजाइगस जबकि मादा रिसेसिव होमोजाइगस। हुसेन एवं सहयोगी (1996) ने पाया कि 200-800 मिग्रा प्रति लीटर की दर से सिल्वर नाइट्रेट का मादा पौधों पर प्रयोग करने से द्विलिंगी (hermaphrodite) पुष्पों में वृद्धि हुई तथा द्विलिंगी पुष्पों में परागकणों की अंकुरण क्षमता सामान्य नर पुष्पों की तुलना में अधिक थी। इस

प्रकार से इंड्यूस्ड हरमाफ्रोडाइट पुष्पों के परागकणों से जब विभिन्न मादा वंशानुक्रमों (female genotypes) का संकरण कराया गया तो फल और बीज बनें। मादा और सामान्य नर से संकरण कराने पर नर और मादा बराबर अनुपात में मिले जबकि मादा×मादा से केवल मादा पौधे मिले।

प्रजनन

मिश्रा एवं साहू (1983) ने ज्ञात किया कि ककोड़ा के जंगली प्रभेद (wild form) जो बिहार, महाराष्ट्र एवं राजस्थान में पाये जाते हैं वे द्विगुणित (diploid) हैं और इनकी गुणसूत्र संख्या (2 एन.) 28 है। इसका वह प्रभेद जो असम में उगता है वह चतुर्गुणित (tetraploid) है और इसकी गुणसूत्र संख्या 56 है। द्विगुणित की तुलना में चतुर्गुणित की पत्तियाँ, पुष्प एवं फल बड़े होते हैं। चतुर्गुणित किस्मों में पुष्प सुबह के वक्त खिलते हैं जबकि द्विगुणित किस्मों में रात्रि को। झा एवं राय (1989) ने ज्ञात किया कि चतुर्गुणित मादा और द्विगुणित नर के बीच संकरण कराने से प्राप्ति संतति में एक मौसम में केवल नर पुष्प आये जबकि अगले मौसम में इसमें बहुत से मादा पुष्प आये और लिंग का प्रदर्शन पृथक लिंगी (dioecious) से उभयलिंगाश्रयी (monoecious) हो गया। इसके द्विलिंगी (hermaphrodite) पुष्पों में कोई फल नहीं लगा और परागकण बंध्य (sterile) थे।

मोहन्ती एवं सहयोगी (1994) ने ज्ञात किया कि मोमार्डिका डायओका में अन्तराप्रजातीय संकरण (Intraspecific hybridization) द्वारा अधिक अनुपात में फल धारण किये जबकि एम. डाइओका एवं एम. कोचिंनचाइनेन्सिस के बीच अन्तःप्रजातीय संकरण (Intrespecific hybridization) कम फल धारण किये और इसमें जब एम. डाइओका को पराग पितृ (Pollen parent) के रूप में प्रयोग किया तो व्युत्पन्न संकरण (reciprocal cross) की तुलना में फलों के आकार में 60 प्रतिशत की कमीं पायी गयी और उनका व्यास तथा छिलके की मोटाई भी कम थी। एम. कोचिनचाइनेन्सिस×कोचिनचाइनेन्सिस एवं एम. डाइओका ×एम. कोचिनचाइनेन्सिस की अपेक्षा मोमार्डिका डाइओका×एम. कोचिनचाइनेन्सिस में अगेती फलत प्राप्त हुई। इसी प्रकार कोचीन× डाइओका में प्रतिफल बीज की संख्या में कोचीन×कोचीन की तुलना 30 प्रतिशत कमी पायी गयी लेकिन डाइओका × डाइओका एवं डाइओका × कोचीन में यह कमीं नहीं पायी गयी।

सिंह (1978) ने ककोड़ा में पार्थिनोकार्पिक (parthenocarpic) दर्ज की है। कोशानुवंशिकी अध्ययन (cytological studies) में अग्रवाल एवं राय (1976) ने पाया कि ककोड़ा के त्रिगुणित नर पौधे त्रिगुणित एवं चतुर्गुणित के मध्य थे। इसमें अर्द्धसूत्री विभाजन (meiosis) की प्रक्रिया अनियमित हुई जिससे ट्राइवैलेन्ट (trivalents) एवं यूनीवैलेन्ट (univalents) बने। द्विगुणित से संकरण कराने पर कुछ फल और बीज प्राप्त हुए।

फल की तुड़ाई एवं उपज

ककोड़ा का फल, फूल आने के 15-20 दिन के पश्चात तैयार हो जाता है। यदि फल को उपयुक्त समय पर नहीं तोड़ा जाता है तो फल पीले रंग का होकर पक जाता है जिससे वह सब्जी के लिए उपयुक्त नहीं रहता। इस तरह तैयार फसल से एक पौधे से कुल 42-60 फल प्राप्त होते हैं। इसके एक हेक्टेयर फसल से 75-100 कुन्तल उत्पादन मिलता है।

3. परवल
(Pointed Gourd)

परवल का कद्दूवर्गीय सब्जियों में एक महत्वपूर्ण स्थान है। इसके कच्चे एवं मुलायम फलों को सब्जी के लिए प्रयोग किया जाता है। इसके अतिरिक्त इसकी मुलायम शाखाओं एवं पत्तियों का उपयोग सूप बनाने में किया जाता है। देश के कुछ भागों में इसकी मिठाई तैयार की जाती है। पोषण की दृष्टि से इसका बहुत अधिक महत्व है। इसमें पर्याप्त मात्रा में खनिज एवं आयरन पाया जाता है। इसका औषधीय महत्व भी है। इसका सेवन मूत्र एवं हृदय रोगों में लाभकारी है तथा यह सुपाच्य एवं रेचक (laxative) होता है। इसमें पाये जाने वाले पोषक तत्वों को सारिणी (3.1) में दिया गया है।

सारिणी (3.1) परवल का पोषक मूल्य (प्रति 100 ग्राम खाने योग्य भाग में)

पोषक तत्व	मात्रा
नमीं	92.0 ग्राम
प्रोटीन	0.7 ग्राम
वसा	0.2 ग्राम
खनिज	0.5 ग्राम
रेशा	3.0 ग्राम
कार्बोहाइड्रेट्स	2.2 ग्राम
ऊर्जा	20 कि. कैलोरी
कैल्शियम	30 मिग्रा.
फास्फोरस	40 मिग्रा.
आयरन	1.7 मिग्रा.
कैरोटीन	153 माइक्रो ग्राम
थाइमिन	0.05 मिग्रा.
राइबोफ्लेविन	0.06 मिग्रा.
नियासिन	0.5 मिग्रा.
विटामिन सी	29 मिग्रा.

उद्भव एवं वितरण

परवल भारतीय मूल का पौधा है और बंगाल संभवत: इसका उद्भव स्थल है। हमारे देश में इसको पश्चिम बंगाल, उड़ीसा, असम, बिहार, झारखण्ड एवं उत्तर प्रदेश में बहुतायत से उगाया जाता है।

वानस्पतिक विवरण

परवल का वंश ट्राइकोसेन्थस (*Trichosanthes*) एवं प्रजाति डाइवोका (*dioica* L.) है। इसकी नजदीकी प्रजातियाँ हैं ट्राइको-सेन्थस एन्गूइना (*Trichosanthes anguina* Syn. *T. cucumerina*), टी. जैपोनिका (*T. japonica*) एवं टी. मल्टीलोबा (*T. multiloba* C.B. Clarke.) हमारे देश में टी. डाइओका एवं टी. कुकुमेरिना को प्रमुखता से उगाया जाता है। परवल की गुणसूत्र 2एन.=2 एक्स=22 है। इसमें विशेष प्रकार का हेटेरोक्रोमोजोम (hetero choromosome) होता है। परवल नरहेटेरोगैमेटिक (male heterogametic) xx टाइप (20 + xy) होता है।

परवल का पौधा बहुवर्षीय लता होता है। पत्तियाँ हृदयाकार, लम्बी एवं आधार पर सकरी होती है। पत्तियों के कक्ष से तंतु (tendril) निकलते हैं। परवल में फूल सुबह खिलते हैं। यह एक लिंगाश्रयी (dioecious) पौधा है अर्थात इसमें नर एवं मादा पुष्प अलग-अलग पौधे पर आते हैं। नर पुष्प शीघ्र आना प्रारम्भ करते हैं जबकि मादा पुष्प देर से आते हैं। अच्छी फलत के लिए नर एवं मादा पौधों का अनुपात 1:10 रखा जाता है। मादा पुष्प में खिलने के 8-10 घण्टे पूर्व से लेकर 48-50 घण्टे पश्चात तक वर्तिकाग्र सुग्राह्य बना रहता है। फल गोलाकार या दोनो किनारों पर नुकीले (pointed) और लम्बे होते हैं। फल पेपो (pepo) होता है। फल का गूदा सफेद

या क्रिमी सफेद होता है जो पकने पर पीले रंग का हो जाता है। गूदे में सख्त बीज बनते हैं तथा बीज काले रंग के होते हैं।

जलवायु एवं भूमि

परवल की खेती के लिए आर्द्र एवं गर्म जलवायु की आवश्यकता होती है। ऐसे क्षेत्र जहाँ 1500-2000 मिमी. वर्षा होती है वहाँ इसके पौधे अच्छी वृद्धि करते हैं। पौधों की अच्छी बढ़वार के लिए 21-27 डिग्री सेंग्रेड तापक्रम एवं फलत के 21-24 डिग्री सेंग्रेड तापक्रम उपयुक्त होता है।

इसकी खेती विभिन्न प्रकार की भूमियों में की जा सकती है, लेकिन अच्छी उपज के लिए बलुई दोमट भूमि जिसमें जल निकास का उचित प्रबन्ध हो अच्छी मानी जाती है। परवल के पौधे जलमग्न अवस्था के प्रति बहुत ही संवेदनशील होते हैं।

प्रसारण- परवल का प्रसारण बीज एवं वानस्पतिक दोनों विधियों द्वारा किया जाता है।

i. बीज द्वारा

बीज की बुआई जून-जुलाई के महीने में की जाती है। एक हेक्टेयर क्षेत्र में बुआई के लिए 20-25 किग्रा. बीज की आवश्यकता होती है। बीज द्वारा प्रसारण की सबसे बड़ी असुविधा यह है कि इसमें 50 प्रतिशत पौधे नर आते हैं तथा पुष्पन एवं फलत की क्रिया देर से आरम्भ होती है।

ii. वानस्पतिक

वानस्पतिक प्रसारण विधि में पौधों की लताओं से कलम तैयार की जाती है। लता से कलम तैयार करने के लिए 1-1.5 मीटर लम्बे टुकड़े काटकर इस प्रकार मोड़ा जाता है कि टुकड़ों का आकार अंग्रेजी के (8) की तरह लिच्छी का रूप ले। इस प्रकार से तैयार की गयी लिच्छियों को पहले से तैयार थाले में इस ढंग से रोपाई की जाती है कि लिच्छियों के दोनों सिरे खुले रहें। इस प्रकार से रोपण करने के लिए बहुत अधिक मात्रा लताओं की आवश्यकता होती है। उत्तर भारत के मैदानी क्षेत्रों सितम्बर-अक्टूबर के महीने में जब फलत समाप्त हो जाती उसी समय पौधों की छटाई की जाती है और छटाई से प्राप्त लताओं को प्रसारण के लिए उपयोग में लाया जाता है।

iii. छोटी कलमों का वृद्धिनियामकों के साथ

जहाँ पर परवल की लताओं का काफी मात्रा में मिलना संभव नहीं होता है अथवा किसी प्रमुख किस्म के प्रसारण सामग्री की बहुत अधिक संख्या में आवश्यकता होती है। उस अवस्था में उसकी 4 पर्व वाली कलमें बनाकर 100 पी.पी.एम. इण्डोब्यूटाइरिक अम्ल के घोल से उपचारित करके लगाने से अच्छा परिणाम मिलते हैं (पाण्डेय एवं राम, 2000)। इस प्रकार से उपचारित की गयी कलमों को पालीथिन की थैलियों में 1 भाग मिट्टी : 1 भाग बालू और : 1 भाग सड़ी हुई गोबर खाद मिलाकर छायादार स्थानों में रखकर तैयार किया जाता है। पाण्डेय एवं राम (2000) ने एक परीक्षण इस तरह से तैयार कलमों से 61.13 प्रतिशत सफलता प्राप्त की (सारिणी 3.2)

रोपण विधि एवं अतंराल

परवल की कलमों का रोपण मुख्य रूप से दो विधियों द्वारा किया जाता है।

1) सीधी लता विधि इस विधि में लगभग 30 सेमी. गहरी नालियाँ बनाई जाती है और नाली में पर्याप्त मात्रा में खाद मिला दिया जाता है। इन्हीं नालियों में 2 मीटर के अंतराल पर भूमि की सतह से 15 सेमी. की गहराई पर लम्बाई में फैलाकर कलमें रोप दी जाती हैं।

सारिणी (3.2) परवल की विभिन्न पर्व वाली कलमों पर आई.बी.ए. एवं एन.ए.ए. वृद्धिनियामकों का प्रभाव

वृद्धि नियामक सांद्रण	कलमों के प्रस्फुटन का प्रतिशत	प्ररोह वृद्धि		जड़ संबन्धित तथ्य			कलमों को प्रतिरोपण प्रतिशत
		लता की लम्बाई(मी.)	प्रति पौध शाखायें	प्रतिशत जड़ विकास	संख्या	जड़ की लम्बाई	
एन.ए.ए 50 पीपीएम	57.89	2.40	4.06	52.17	4.74	15.48	50.33
100 पीपीएम	62.25	2.66	4.29	56.50	4.98	15.90	55.46
150 पीपीएम	57.68	2.52	3.65	51.17	4.87	15.99	51.84
आई.बी.ए 50 पीपीएम	60.19	2.55	4.33	56.58	4.96	17.18	55.64
100 पीपीएम	66.29	2.85	5.18	62.42	5.31	18.08	61.13
150 पीपीएम	62.31	2.59	4.15	55.50	5.15	18.23	55.16
नियंत्रण	50.67	2.26	3.97	16.00	4.64	14.21	44.17
क्रांतिक स्तर 5%	4.81	0.20	0.82	4.36	0.41	2.31	9.83
पर्व संख्या							
एक	40.26	2.15	3.41	35.14	4.42	14.15	33.19
दो	49.91	2.49	3.88	45.71	4.82	15.13	44.79
तीन	69.91	2.64	4.37	64.90	5.04	17.11	62.51
चार	79.09	2.91	5.27	71.57	5.52	19.36	73.56
क्रांतिक स्तर 5 प्रतिशत	1.62	0.15	0.31	3.29	0.31	1.04	3.35

स्रोत : पाण्डेय एवं राम, 2000

2) थाला विधि इस विधि से रोपाई के लिए 2-2 मीटर के अंतराल पर ऊँचें उठे हुए थाले बनायें जाते हैं। कलमों की लिच्छी बनाकर इन्हीं थालों में रोपाई की जाती है।

रोपण के समय कलमों का चुनाव करते समय यह ध्यान रखना चाहिए कि नर : मादा का अनुपात 1:10 का अवश्य हो।

खाद एवं उर्वरक

खेत की तैयारी के समय 10-15 टन सड़ी हुई गोबर की खाद मिला दी जाती है। इसके अतिरिक्त प्रत्येक पौधे को 2 किग्रा. सड़ी हुई गोबर की खाद 50 ग्राम यूरिया और 150 ग्राम सुपर फास्फेट का मिश्रण देना चाहिए (सिंह एवं जोशी, 1993)। उर्वरक मिश्रण का प्रयोग फरवरी-मार्च के महीने में किया जाता है।

सिंचाई एवं अन्तः सस्य क्रियायें

रोपण के पश्चात हल्की सिंचाई की आवश्यकता होती है, जिससे कलमें सूखने से बची रहे एवं स्थापित हो जाय। बरसात के मौसम में नियमित वर्षा होने की अवस्था में सिंचाई की विशेष रूप से आवश्यकता नहीं होती है। प्रारम्भिक अवस्था में जब पौधे छोटे रहते हैं उस अवस्था में पौधों की लताओं के सुचार रूप से बढ़ने के लिए आवश्यक है कि खेत की निकाई-गुड़ाई की जाय। खरपतवार को कम करने की दिशा में ब्लैक पालीथिन की मल्चिंग लाभदायक होती है।

सहारा देना

परवल की लताओं को बाँस, लकड़ी या मचान पर चढ़ाने से फलत अच्छी होती है एवं फलों की तुड़ाई में भी काफी सुविधा मिलती है। इसके लिए जब बेलें 30 सेमी. की बढ़वार की हो जाय उस समय रस्सी के सहारे मचान पर चढ़ा देना चाहिए।

कटाई-छटाई

जाड़े में परवल की बेले सूखने लगती हैं

और पौधा सुषुप्ता अवस्था में चला जाता है। इसीलिए लताओं की कटाई अक्टूबर-नवम्बर माह में मुख्य तने के पास 10-15 सेमी. भाग को छोड़कर काट दिया जाता है। तने के आस-पास गोबर की सड़ी हुई खाद को चारो तरफ से फैलाकर पुआल से ढक दिया जाता है। बसंत ऋतु के प्रारम्भ होते ही इन तनों से गाँसे निकलना आरम्भ हो जाते हैं।

फलत एवं तुड़ाई

परवल के पौधे जो पहली बार अक्टूबर-नवम्बर माह में लगाये जाते हैं वे अप्रैल-मई के महीने में फलत में आ जाते हैं और सितम्बर-अक्टूबर तक फलते रहते हैं। परवल में फलों की तुड़ाई मुलायम अवस्था में करनी चाहिए। एक बार लगाये गये पौधे आगामी 2-3 वर्ष तक अच्छी फलत देते हैं। परवल की औसत उपज 150-200 कुन्तल प्रति हेक्टेयर है।

परवल की तुड़ाई करके छायादार स्थान में रखने एवं पानी के छिड़काव करते रहने से सामान्य तापक्रम पर 3-4 दिन तक सुरक्षित रखा जा सकता है। प्रशीतन गृहों में 7 डिग्री सेग्रेड तापक्रम एवं 80 प्रतिशत आपेक्षिक आर्द्रता पर 12-15 दिन तक सुरक्षित रखा जा सकता है।

जननद्रव्य संग्रह एवं सुधार

परवल के जननद्रव्यों के संग्रह एवं मूल्यांकन पर बहुत अधिक ध्यान नहीं केन्द्रित किया गया है। भारतीय सब्जी अनुसंधान संस्थान, वाराणसी उत्तर प्रदेश, बिहार, झारखण्ड, पश्चिम बंगाल एवं असम से 210 जननद्रव्यों का संग्रह करके मूल्यांकन का कार्य किया जा रहा है। अत्यधिक परपरागित फसल होने के कारण एवं क्लोनल प्रसारण (Clonal propagation), की सुविधा होने के कारण ब्रीडर्स को इसके अच्छे गुणों वाली लाइनों के चुनाव एवं उन्हें संरक्षित करने में सुविधा होती है। परवल में अगेतीपन, फलों के उपज, प्रति पौध फल उपज के प्रति विभिन्नता पाई जाती है। इसमें सुधार के लिए एकल पौध चयन विधि (single plant selection method) काफी उपयोगी है। परवल में चूकि बराबर वांछित चयन एवं वानस्पतिक प्रसारण (vegetative propagation) का कार्य किया जाता है इससे विविधता संकीर्ण हो जाती है। इसके लिए संकरण (hybridization) के द्वारा रिकम्बिनैन्ट्स (recombinants) एवं ट्रांसग्रेसिव सेग्रीगेन्ट्स (transgressive segregants) विकसित करने पर बल देना चाहिए (पीटर, 1998)।

4. कुंदरू
(IVY Gourd)

कुंदरू के अपरिपक्व फलों को सब्जी के रूप में प्रयोग किया जाता है। इसके मुलायम पत्तियों एवं टहनियों को भी सब्जी के रूप में प्रयोग किया जाता है। थाइलैण्ड इसकी पत्तियों एवं टहनियों का सूप एवं सब्जी बनाकर चावल के साथ खाने का अत्यधिक प्रचलन है। इसके पके फलों को भी कुछ जगह खाने का प्रचलन है। इसके गूदे का किण्डवन (fermentation) एवं निजर्लित चिप्स (dehydrated chips) बनाकर लम्बे समय तक भण्डारण किया जा सकता है। इसके फल का विविध औषधीय प्रयोजन है। ज्वर एवं चोट आदि लगने पर इसका प्रयोग किया जाता है। इसका सेवन मधुमेह रोगियों के लिए काफी लाभप्रद है। कुंदरू के फल के पोषक मूल्य को सारिणी (4.1) में दिया गया है-

सारिणी (4.1) कुंदरू के फल का पोषक मूल्य (प्रति 100 ग्राम खाने योग्य भाग में)

पोषक तत्व	मात्रा
नमी	93.5 ग्राम
प्रोटीन	1.2 ग्राम
वसा	0.1 ग्राम
खनिज	0.5 ग्राम
रेशा	1.6 ग्राम
कार्बोहाइड्रेट्स	3.1 ग्राम
ऊर्जा	18 कि. कैलोरी
कैल्शियम	40 मिग्रा.
फास्फोरस	30 मिग्रा.
आयरन	0.38 मिग्रा.
कैरोटीन	156 माइक्रो ग्राम
थाइमिन	0.07 मिग्रा.
राइबोफ्लेविन	0.08 मिग्रा.
नियासिन	0.7 मिग्रा.
फोलिक अम्ल	18 माइक्रो ग्राम
विटामिन सी	15 मिग्रा.

स्रोत : न्यूट्रिटिव वैल्यू ऑफ इण्डियन फूड्स, 1999

फल के अतिरिक्त इसकी पत्तियों में प्रति 100 ग्राम 3.3-4.9 ग्राम प्रोटीन पाया जाता है। यह खनिज एवं विटामिन की भी अच्छी स्रोत है और इसमें 800-18000 अ.इ. विटामिन ए पाई जाती है (बुन्कर्ड एवं सहयोगी, 1993)।

उद्भव एवं वितरण

कुंदरू का उद्भव स्थल भारत है। इसके पौधों को म्यांमार, पाकिस्तान तथा पूरे दक्षिण एशियाई देशों में देखा जा सकता है। कुंदरू के पौधे उपोष्ण अफ्रीका (Tropical Africa) में पाये जाते हैं। हमारे देश में बिहार, उत्तर प्रदेश, पश्चिम बंगाल, उड़ीसा, झारखण्ड एवं छत्तीसगढ़ में इसकी खेती की जाती है।

वानस्पतिक विवरण

कुंदरू का वंश काक्सीनिया (*Coccinia*) एवं प्रजाति कार्डीफोलिया (*cordi-folia* Cogn. (Syn. *C. indica* Wight & Arn. *Cephandra indica* Naud. *Coccinia grandis* (L) Voigt) है। वंश काक्सीनिया के अंतर्गत 35 प्रजातियाँ पाई जाती हैं जो अफ्रीका एवं एशिया में फैली हुई हैं। इससे सम्बंधित नजदीकी प्रजातियाँ सी. इण्डिका (*C. indica*), सी. हिस्टेला (*C. histella*) एवं सी. सेसलीफोलिया (*C. sessilifolia*) है। इसकी गुणसूत्र संख्या (2 एन.) 24 है। त्रिगुणित किस्में (2 एन.) 36 भी पाई गयी हैं (पीटर, 1998)। नर पौधा लिंग गुणसूत्र के लिए हेटरोमार्फिक (heteromorphic) 22 A + xy होता है जबकि मादा पौधे में 22 A + xx गुणसूत्र होता है और यह प्रमुख रूप से वंध्य होता है (पीटर,

1998)। नर त्रिगुणित जिसमें 33 A + xxy गुणसूत्र होता है, भी पाया जाता है।

कुंदरू का पौधा बहुवर्षीय लता युक्त तना खाचेदार, गहरे हरे रंग का, शाखाओं युक्त। पत्तियाँ हृदयाकार, 3-5 पिण्डों वाली। पुष्प पृथक लिंगी (नर एवं मादा पुष्प अलग-अलग पौधों पर आते हैं), वाह्यदलपुंज घंटाकार, हरा, अरोमिल। दलपुंज घंटाकार, सफेद रोम एवं पीली हरी शिरा वाले। मादा पुष्प में वर्तिकाग्र 3 खण्डों वाला। नरपुष्प में 3-5 पुंकेसर, पराग कोष सहजात (connate), अण्डाशय (ovary) अधोवर्ती (inferior), फल बेलनाकार, हरे रंग के, पकने पर लाल रंग के हो जाते हैं। इसमें फूल प्राय: तड़के सुबह खिलते हैं। मादा पुष्प की अपेक्षा नर पुष्प पहले निकलना आरम्भ करते हैं। वर्तिकाग्र फूल खिलने के 8-10 घण्टे पूर्व से लेकर 35-40 घण्टे पश्चात तक ग्राह्य बना रहता है।

जलवायु एवं भूमि

कुंदरू के पौधे प्राकृतिक रूप से घास के मैदानों, पौधों के सहारे एवं बाउन्ड्री वाल के किनारे उगे हुए समुद्र तट से 1500 मीटर की ऊँचाई वाले स्थानों पर देखे जा सकते हैं। इसके पौधे उन स्थानों पर अच्छी तरह उगते हैं जहाँ वर्षा का वितरण एक समान होता है तथा आर्द्रता अच्छी बनी रहती है, लेकिन पौधे जलभराव के प्रति बहुत ही संवेदनशील होते हैं। अत: जल निकास की उचित व्यवस्था होनी चाहिए। पौधों की वृद्धि के लिए अनुकूल तापक्रम 35-38 डिग्री सेंग्रेड के मध्य होना चाहिए।

प्रसारण- कुंदरू का प्रसारण बीज एवं वानस्पतिक दोनों विधि द्वारा किया जा सकता है।

i. बीज द्वारा

बीज द्वारा प्रसारण व्यवसायिक दृष्टि से लाभप्रद नहीं है, क्योंकि इसमें 50 प्रतिशत नर पौधे निकलने की संभावना रहती है। जबकि अच्छी फलत के लिए नर: मादा पौधों का अनुपात 1:10 का होना चाहिए। बीज द्वारा प्रसारण करने से पौधे देर से फलत में आते हैं।

ii. वानस्पतिक

वानस्पतिक रूप से प्रसारण के लिए 4-5 माह पुरानी शाखाओं से 10-15 सेमी. लम्बी एवं आधा सेमी. मोटी कलमें बनाई जाती हैं। इन कलमों को अच्छी तरह से तैयार क्यारियों में लगा दिया जाता है। रोपण के 60-70 दिन बाद इनमें से जड़े निकल आती है। इस तरह तैयार पौधें को मिट्टी सहित उठाकर उचित स्थान पर लगा दिया जाता है।

खाद एवं उर्वरक

खेत की तैयारी के समय गोबर की सड़ी हुई खाद 15-20 टन प्रति हेक्टेयर की दर से दी जाती है। रोपण के समय 25-30 किग्रा. नत्रजन, 40 किग्रा. फास्फोरस एवं 40 किग्रा. पोटाश की आवश्यकता होती है। एक वर्ष का लगाया गया कुंदरू का पौधा 2-3 वर्ष तक चलता रहता है। इसकी लतायें जाड़े के दिन में सुषुप्ता अवस्था में चली जाती हैं और फरवरी-मार्च के महीने में इनसे नई शाखायें प्रस्फुटित होती हैं। इस समय प्रति थाला 2 किग्रा. सड़ी हुई गोबर की खाद, 50 ग्राम यूरिया, 150 ग्राम सिंगल सुपर फास्फेट और 25 ग्राम म्युरेट ऑफ पोटाश का मिश्रण बनाकर थाले के मिट्टी में अच्छी तरह से मिला देना चाहिए (पाण्डेय, 2003)।

रोपण विधि एवं अंतराल

उत्तर भारत के मैदानी क्षेत्रों में सितम्बर-अक्टूबर के महीने में इसके कलमों के रोपण का कार्य किया जाता है। इसके लिए पहले से तैयार की गयी कलमों को 2×2 मीटर के अंतराल पर 20×20×20 सेमी. आकार के तैयार गड्ढे में रोपण किया जाता है।

सिंचाई एवं अन्तः सस्य क्रियायें

कलमों की रोपाई करने के पश्चात सिंचाई की आवश्यकता पड़ती है जिससे कलमें अच्छी तरह से स्थापित हो जाय। गर्मी के दिनों में 5-6 दिन के अंतराल पर सिंचाई की जानी चाहिए। बरसात के दिन में पौधों के अधिक देर तक पानी नहीं लगना चाहिए, अन्यथा पौधों में सड़न आरम्भ हो जाती है। जब पौधे स्थापित हो जाते हैं और उनसे नई शाखायें निकलना आरम्भ हो जाती हैं उस अवस्था में पौधों के आस-पास उगे खरपतवार को निकालकर पौधों के पास मिट्टी चढ़ा देने से पौधों की वृद्धि पर अनुकूल प्रभाव पड़ता है।

लताओं को सहारा देना

कुंदरू से अच्छी फलत प्राप्त करने के लिए उसे सहारा देने की आवश्यकता होती है। इसके लिए 1-1.5 मीटर की ऊँचाई पर लकड़ी या तार के सहारे मचान तैयार किया जाता है। मचान पर चढ़ा देने से फलों की तुड़ाई में सुविधा होती है और फल की गुणवत्ता भी अच्छी होती है।

लताओं की कटाई-छटाई

जाड़े के दिन में कुंदरू की लतायें सुषुप्तावस्था में चली जाती हैं। इस समय पौधों की मुख्य तना से 20-25 सेमी. भाग को छोड़कर ऊपर के भाग को काट कर अलग कर लिया जाता है। बसंत ऋतु के आरम्भ के साथ ही पौधे के निचले भाग से नई शाखायें प्रस्फुटित होती हैं। इन्हीं नई बेलों पर फूल-फल लगता है।

फल की तुड़ाई एवं उपज

पहले वर्ष में लगाये गये पौधों में मार्च-अप्रैल के महीने में फल आना प्रारम्भ होता है और मई से लेकर अक्टूबर तक फलत होती रहती है। कुंदरू के पूर्ण रूप से विकसित परन्तु कच्ची अवस्था में फलों से तुड़ाई करना चाहिए अन्यथा देर से तुड़ाई करने पर फल सख्त हो जाते हैं और अंदर का गूदा लाल हो जाता है जो सब्जी के लिए उपयुक्त नहीं होता है। एक पौधे से 10 किग्रा. उपज प्राप्त होती है। इस प्रकार एक हेक्टेयर क्षेत्र से 250-300 कुन्तल उपज मिलती है। फलों की भण्डारण क्षमता कम होती है और कमरे के तापक्रम पर 3-4 दिन से अधिक नहीं रखा जा सकता हैं। प्रशीतनगृहों में 7-8 डिग्री सेग्रेड तापक्रम एवं 80 प्रतिशत आपेक्षिक आर्द्रता पर फलों को 12-15 दिन तक सुरक्षित रखा जा सकता है।

किस्में

कुंदरू की किस्मों को आकार क आधार पर निम्न समूहों में वर्गीकृत किया जाता है

(अ) गोल या अण्डाकार फल वाली किस्में इस किस्म के फल अण्डाकार तथा एपल हल्के हरे एवं पीले रंग के होते हैं।

(ब) लम्बे आकार की फल वाली किस्में इस किस्म के फल आकार में अपेक्षाकृत गहरे हरे एवं लम्बे होते हैं।

भारतीय सब्जी अनुसंधान संस्थान, वाराणसी द्वारा एकत्रित कुंदरू के जननद्रव्यों का मूल्यांकन कर 5 प्रजातियों का चयन किया गया है जो अधिक उपज के साथ आकार एवं गुणों में अच्छी है (राम एवं पाण्डेय, 1998)। ये किस्में निम्न हैं।

1) वी.आर.के. 20

यह किस्म काफी अगेती है। फल की लम्बाई 6-8 सेमी. तथा मोटाई 2.7 सेमी. होती है। प्रत्येक फल का औसत वजन 20 ग्राम है। इसकी औसत उपज क्षमता 300-350 कुन्तल प्रति हेक्टेयर है।

2) वी.आर.के. 31

इसके फल थोड़ा मोटाई लिए होते हैं

और फलों का ऊपरी सिरा पतला होता है। प्रत्येक फल का वजन 25-30 ग्राम है। औसत उपज 325-350 कुन्तल प्रति हेक्टेयर होता है।

3) वी.आर.के. 35

इसमें फलत बहुत अधिक होती है। फलों का आकार मध्यम होता है तथा उनकी सतह पर हल्के एवं सफेद रंग के धब्बे पाए जाते हैं। प्रत्येक फल का वजन 15-18 ग्राम होता है। फलों की लम्बाई 6 सेमी. होती है। औसत उपज 250 कुन्तल है।

4) वी.आर.के. 37

इस किस्म के फल गोलाकार होते हैं। फलों की मोटाई 1.9 सेमी. व प्रत्येक फल का औसत वजन 16 ग्राम है। इस किस्म का औसत उपज 350-400 कुन्तल प्रति हेक्टेयर है।

जननद्रव्य संग्रह एवं सुधार

कुंदरू के जननद्रव्यों के संग्रह पर अभी तक विशेष बल नहीं दिया गया है। इसके जननद्रव्य बिहार, कर्नाटक, पश्चिम बंगाल, उड़ीसा, झारखण्ड एवं छत्तीसगढ़ में उपलब्ध है। स्थानीय जननद्रव्यों को एकत्र करके भारतीय सब्जी अनुसंधान संस्थान वाराणसी पर इसके कुछ प्रभावी किस्मों का चुनाव किया गया है (राम एवं पाण्डेय, 1998)। कुंदरू में सुधार के लिए एकल पौध चयन (single plant selection), समूह चयन (mass selection), वंशावली विधि (pedigree method) के साथ हेटेरोसिस ब्रीडिग (heterosis breeding) का प्रयोग किया जा सकता है। अन्त: प्रजातीय संकरण (interspecific crosses) सी. इण्डिका (*C. indica* 2n=24) और लूफा सिंलिड्रिका (*Luffa cylindrica* (L) M.J. Roem 2n=36) के बीच किया गया। प्राप्त एफ 1 संकर सी. इण्डिका के मादा पौधों के सदृश्य थे। एक दूसरे अन्त: प्रजातीय संकरण में सी. इण्डिका x ब्राइनाप्सिस लेसीनिओसा (*C. indica* x *Brynopsis laciniosa* (L.) Naud.) के बीच किया गया। प्राप्त एफ 1 पौधे सी. इण्डिका पौधे सदृश्य, बहुवर्षीय, पृथक लिंगी एवं पुष्पन में बहुत अधिक समानता थी (पीटर, 1998)।

5. बनकुनरी
(Melothria)

बनकुनरी एक अल्प प्रचलित कद्दूवर्गीय सब्जी है, जिसके हरे फलों की सब्जी बनती है। फल के अतिरिक्त कोमल पत्तियों एवं टहनियों को भी सब्जी एवं सूप के रूप में प्रयोग किया जाता है। यह एक पृथक लिंगी सब्जी है जिसमें नर एवं मादा फूल अलग-अलग पौधों पर आते हैं। इसके पौधों के भूमिगत्त भाग में कंद बनते हैं जिसका अन्य कन्द वाली सब्जियों की भाँति प्रयोग किया जा सकता है। इसके फल का अत्यधिक पोषक महत्व है और इसमें पर्याप्त मात्रा में कैल्शियम एवं अन्य खनिज तत्व पाये जाते हैं। इसके फल के पोषक मूल्य को सारिणी (5.1) तथा कंद के पोषक मूल्य को सारिणी (5.2) में दिया गया है।

सारिणी (5.1) बनकुनरी के फल का पोषक मूल्य

विश्लेषण मानक	मात्रा/प्रतिशत
कुल विलेय ठोस (TSS)	6.37 प्रतिशत
पी.एच. (p^H)	5.95
अम्लता (प्रतिशत मैलिक अम्ल)	0.01
कुल शर्करा	7.22 ग्राम
रिड्यूशिंग शर्करा	4.62 ग्राम
नान रिड्यूशिंग शर्करा	2.58 ग्राम

स्रोत: भारती एवं सहयोगी, 2006

सारिणी (5.2) बनकुनरी के कन्द का पोषक मूल्य (प्रति 100 ग्राम खाने योग्य भाग में)

पोषक तत्व	मात्रा
नमीं	66.5 ग्राम
प्रोटीन	6.7 ग्राम
वसा	0.4 ग्राम
खनिज	0.9 ग्राम
रेशा	1.6 ग्राम
कार्बोहाइड्रेट्स	29.9 ग्राम
ऊर्जा	126 कि. कैलोरी
कैल्शियम	200 मिग्रा
फास्फोरस	40 मिग्रा
आयरन	—

स्रोत : गोपालन एवं सहयोगी, 1999

बनकुनरी के विविध औषधीय प्रयोजन भी हैं। इसके पौधों का रस चोट, घाव आदि पर लगाने पर आराम होता है। इसका सेवन मधुमेह रोगियों के लिए भी लाभप्रद है (मिश्र, 1994)। इसके कंद का चूर्ण दूध के साथ सेवन करने से धातु रोगियों को लाभ मिलता है।

उद्भव एवं वितरण

बनकुनरी प्रमुख रूप से भारतीय मूल का पौधा है। इसके पौधे भारत से लेकर चीन एवं आस्ट्रेलिया एवं पूरे दक्षिण पूर्वी एशियाई देशों में मिलते हैं, लेकिन इसके पौधे फिलीपीन्स में नहीं पाये जाते हैं (सिम्नोसमा एवं पिलुएक, 1993)। हमारे देश में इसके पौधे बिहार के संथाल परगना प्रमंडल के राजमहल पहाड़ियों में, ललमटिया के पास सिमरा डाक बंगला में, चान्दना (सुन्दर पहाड़ी) में और टिकीगोरा की पहाड़ियों पर पाये जाते हैं। इसके पौधे प. बंगाल के पूर्णिया जिले में देखे जा सकते हैं। इसके अतिरिक्त इसके पौधों का वितरण उत्तर पूर्वी पर्वतीय क्षेत्र के राज्य त्रिपुरा, खासी पहाड़ियों एवं दक्षिण में डेकन, केरल, विशाखापट्टनम की भटगोल पहाड़ियों तथा नैनिताल और कूमायूं के पहाड़ी क्षेत्र में है।

वानस्पतिक विवरण

बनकुनरी का वानस्पतिक नाम सोलेना एम्लेक्सीकोलिस (*Solena amplexicaulis*

(Lamk.) Gandhi) (पर्याय मेलोथ्रिया हेटेरोफाइला (*Melothria heterophylla* Lour) Cogn, सोलेना हेटेरोफाइला *Solena heterophylla* Lour) है। वंश सोलेना के अंतर्गत विश्व में 88 प्रजातियाँ पाई जाती है जिसमें से 12 प्रजातियाँ हमारे देश में पाई जाती हैं (अम्बस्ट, 2000)। इसकी सभी प्रजातियों से भिन्न बनुकुनरी में बहुत अधिक विभिन्नता पाई जाती है। पौधा मुख्य रुप से पहाड़ियों पर उगता है और विषम परिस्थिति के लिए अनुकूलित होता है (हूकर, 1885)। इसकी गुण सूत्र संख्या (2 एन.) है। बनकुनरी के पौधे लतायुक्त 1-3 मीटर लम्बे होते हैं, पत्तिया 3-4 पिण्डों युक्त, 4-10×3-9 सेमी. आकार की। टेन्ड्रिल लम्बे एवं सामान्य प्रकार के होते हैं। इसके नर एवं मादा पुष्प अलग-अलग पौधों पर (dioecious) आते हैं। नर पुष्प में पुष्प वृंत 2.8 मिमी. लम्बी; वाह्यदल पुंज का आधार 5 मिमी. लम्बा एवं 3 मिमी. मोटा होता है, पंखुड़िया पीली, पुंकेसर 3; मादा पुष्प कक्षीय, क्रीमी सफेद से पीले रंग के, पेडिसिल 5-10 मिमी. लम्बी, अण्डाशय अण्डाकार (2.5-3.5 मिमी.), वर्तिकाग्र 3 खण्डों में विभाजित, फल हरे रंग के, अपरिपक्व अवस्था में गूदे का रंग सफेद जबकि परिपक्व अवस्था में पीले से गहरे लाल रंग के। प्रथम मादा पुष्प 7-9 वे पर्व पर; परागोदवन (anthesis) शाम को 3-4:30 बजे। नर पुष्प खिलने के 24 घण्टे बाद गिर जाते हैं। पृथक लिंगी होने के कारण हाथ द्वारा परागण करने से फल धारण (fruit setting) अच्छे ढंग से होती है। शाम के समय परागण करने से फल धारण अच्छा होता है। परागण की क्रिया सम्पन्न होने के 15 दिन बाद फल तुड़ाई योग्य तैयार हो जाते हैं (भारती एवं सहयोगी, 2006)।

जलवायु एवं भूमि

बनकुनरी की पौधों की अच्छी बढ़वार के लिए अत्यधिक आर्द्रता एवं उच्च तापमान की आवश्यकता होती है। रानीखेत में जहाँ जून का तापक्रम 35 डिग्री सेल्सियस हो जाता है, वहाँ इसके पौधे अच्छी प्रकार चलते हैं। बनकुनरी के पौधों को उन सभी भूमियों में अच्छी प्रकार से उगाया जा सकता है जिसमें जलनिकास की अच्छी सुविधा हो तथा भूमि में पर्याप्त मात्रा में कार्बनिक पदार्थ हो। मिट्टी कुछ अम्लीय, जिसका पी.एच. मान 5.5-6.8 के मध्य हो इसकी खेती के लिए उपयुक्त है। ऐसे क्षेत्र जहाँ के वर्षा का औसत 900-1250 मिमी. है वहाँ इसके पौधे अच्छी प्रकार से वृद्धि करते हैं।

प्रसारण- बनकुनरी के पौधों का प्रसारण बीज एवं वानस्पतिक विधि (कन्द एवं कलम) के द्वारा किया जाता है।

i. बीज द्वारा

बीज द्वारा प्रसारण करने के लिए इसके पके फलों से बीज एकत्रित करके उन्हें पालीथिन की थैलियों में खाद एवं मिट्टी को 1:1 के अनुपात में भर कर उगाया जाता है। सामान्यतया बीज का अंकुरण कम होता है। (लगभग 20 प्रतिशत)। बीज द्वारा पौधों में 50 प्रतिशत नर पौधों के होने की संभावना होती है।

ii. तना द्वारा

तने द्वारा प्रसारण के लिए बरसात के मौसम में 3-4 महीने पुरानी लताओं से 5-7 सेमी. लम्बे जिसमें एक पत्ती और एक टहनी निकलने वाला पर्व हो काटकर वृद्धि नियामक जैसे आई.बी.ए. के 5000 पी.पी.एम. से उपचारित करके पालीथिन के थैलों में उपयुक्त माध्यम भर कर लगा दिया जाता है। कलमों को छायादार स्थान पर रखने एवं नियमित देखभाल करने से 15 दिन में नई पत्तियाँ निकल आती हैं। जब इन कलमों में पूरी तरह से जड़े विकसित हो जाती है तब उनका मुख्य खेत में रोपण किया जाता है।

iii. कन्द द्वारा

बनकुनरी के पौधे अक्टूबर-नवम्बर माह में जब सुषुप्ता अवस्था में चले जाते हैं तब इनके कन्दों की खुदाई करके 20-30 ग्राम के वजन वाले टुकड़ों में काट लिया जाता है। इन कटे कन्दों को नम एवं छायादार स्थान पर लगाकर नियमित रूप से सिंचाई करते हैं। लगाने के 1-1.5 महीने बाद इन कन्दों से नये पौधे निकलते हैं।

रोपण

पौधों को रोपाई हेतु 1.5 मीटर की दूरी 30 सेमी. ऊँची तथा 30 सेमी. चौड़े मेढ़े तैयार की जाती हैं। इन्हीं मेढ़ों पर 50 सेमी. की दूरी पर 30×30 सेमी. में थाला बनाकर रोपण का कार्य किया जाता है। प्रत्येक थाले में 2 किग्रा. सड़ी हुई गोबर की खाद, 25 ग्राम सिंगल सुपर फास्फेट और 5 ग्राम ट्राईकोडर्मा का प्रयोग करना चाहिए।

सिंचाई एवं देख-भाल

रोपण के पश्चात एक हल्की सिंचाई करने से पौधे अच्छी तरह स्थापित होते हैं। प्रारम्भिक अवस्था में पौधों के आस-पास उगे खर पतवार को निकाल कर मिट्टी चढ़ा देना चाहिए। नियमित रूप से बरसात होने की अवस्था विशेष सिंचाई की आवश्यकता नहीं होती अन्यथा 5-6 दिन के अंतराल पर सिंचाई की जानी चाहिए।

लताओं को सहारा देना

लताओं को लकड़ी या तार के सहारे चढ़ा देने से पौधों की वृद्धि पर अनकूल प्रभाव पड़ता है और फलत भी अच्छी होती है। इससे फलों की तुड़ाई में भी सुविधा मिलती है।

फल की तुड़ाई एवं उपज

बनकुनरी के फल जून-जुलाई से लेकर सितम्बर-अक्टूबर तक उपलब्ध रहते हैं। इसकी एक लता से पहले वर्ष में 2-5 किग्रा फल प्राप्त होता है। एक हेक्टेयर क्षेत्र से 150-200 कुन्तल उपज प्राप्त होती है। फलों की तुड़ाई उस अवस्था में की जाती है जब फल पूर्णरूप से विकसित हो जायें लेकिन पकने की अवस्था में न हों। पकने पर फल का गूदा लाल हो जाता है और सब्जी के योग्य नहीं रह जाता है।

जननद्रव्य संग्रह एवं सुधार

बनकुनरी के जननद्रव्यों का इसके प्राथमिक विविधता वाले क्षेत्रों से एकत्र करने की आवश्यकता है। इसके जननद्रव्य को बिहार, उड़ीसा, प. बंगाल एवं उत्तर पूर्वी पर्वतीय क्षेत्रों के जंगलों से एकत्र किया जा सकता है। राम एवं सहयोगी (2003) से बनकुनरी के 25 जननद्रव्यों को राजमहल, हजारीबाग टिकीगोरा हिल (संथाल परगना), लालमटिया आदि जगहों से एकत्र करके भारतीय सब्जी अनुसंधान संस्थान पर परीक्षण किया और पाया कि बेलों की लम्बाई, फल के वजन (6-12 ग्राम), प्रति पौध उपज (168-444 ग्राम) उपज में काफी विभिन्नता है। इसके फलों की पोषण महत्व के साथ विविध औषधीय उपयोग है जिसके लिए गुणवत्तायुक्त जननद्रव्यों का परीक्षण करके उनका सुधार कार्य में प्रयोग किया जा सकता है।

6. चिचिंडा
(Snake Gourd)

कद्दू वर्गीय सब्जियों में चिचिंडा एक गौड़ (minor) सब्जी के रूप में उगाया जाता है। उन्नसवीं शताब्दी के प्रारम्भ तक इसके फल को जंगली फल समझकर उपयोग में नहीं लाया जाता था (सिंह एवं जोशी, 1993)। इसके कच्चे फलों को सब्जी के रूप में प्रयोग किया जाता है। इसके फलों से अचार भी तैयार किया जाता है। पश्चिमी अफ्रीका में इसके पके फल के लाल गूदे को टमाटर के पेस्ट के रूप में प्रयोग किया जाता है। इसके फल का औषधी महत्व भी है जिसे पेट की कब्ज दूर करने एवं कृमिनाशक के रूप में प्रयोग किया जाता है। चिचिंडा की सभी प्रजातियों के फल में ग्लूकोसाइड इलेटेरिन (elaterin) पाया जाता है जो फल पकने के साथ बढ़ता है। इसके बीज के तेल में प्यूनिसिक अम्ल (punicic acid) पाया जाता है। इसके फल से सिरप भी तैयार किया जाता है। चिचिंडा के फल के पोषक मूल्य को सारिणी (6.1) में दिया गया है-

सारिणी (6.1) चिचिंडा के फल का पोषक मूल्य
(प्रति 100 ग्राम खाने योग्य भाग में)

पोषक तत्व	मात्रा
नमीं	96.4 ग्राम
प्रोटीन	0.5 ग्राम
वसा	0.3 ग्राम
खनिज	0.5 ग्राम
रेशा	0.8 ग्राम
कार्बोहाइड्रेट्स	3.3 ग्राम
ऊर्जा	18 कि. कैलोरी
कैल्शियम	26 मिग्रा
फास्फोरस	20 मिग्रा
आयरन	1.51 मिग्रा
कैरोटीन	96 माइक्रोग्राम
थाइमिन	0.04 मिग्रा
राइबोफ्लेविन	0.06 मिग्रा
नियासिन	0.3 मिग्रा
फोलिक अम्ल	7.5 माइक्रोग्राम

स्रोत : गोपालन एवंसहयोगी, 1999

उद्भव एवं वितरण

वंश ट्राइकोसेन्थस (*Tricho-santhes*) दक्षिण एवं पूर्वी एशिया, दक्षिणी पूर्वी एशिया, आस्ट्रेलिया एवं पश्चिमी प्रशांत का देशज माना जाता है। वंश ट्राइकोसेन्थस के वानस्पतिक वर्गीकरण का विस्तृत अध्ययन नहीं किया गया है। ट्राइकोसेन्थस के अंतर्गत 40 प्रजातियाँ पाई जाती हैं, जिसमें 15 प्रजातियाँ दक्षिण पूर्व एशिया में पाई जाती हैं (जिल्डेमेकर एवं सहयोगी, 1993)। इसकी कुछ प्रमुख प्रजातियों के वितरण एवं उपयोग को सारिणी (6.2) में दिया गया है-

वानस्पतिक विवरण

चिचिंडा को अलग प्रजाति ट्राइकोसेन्थस एन्गूइना के अंतर्गत रखा गया था, लेकिन वर्तमान में यह समझा जाता है कि यह टी. कुकुमेरिना (*T. cucumerina*) की उगाई जाने वाली प्रभेद (eg. cv. group snake gourd) है। इसकी गुण सूत्र संख्या एक्स (x)=11 एवं 2 एन. (2n)=22 है। ट्राइकोसेन्थस की विभिन्न प्रजातियों की गुण सूत्र संख्या को सारिणी (6.3) में दिया गया है।

चिचिंडा का पौधा उभयलिंगाश्रयी (monoecious) एक वर्षीय, 5 कोण वाले, धारीदार, पतला एवं लता युक्त होता है। तंतु (tendril) 2-3 शाखाओं में विभाजित, पत्तियाँ साधारण, 5-7 पिण्डवाली, 7-25×8.20 सेमी. आकार की, आधार हृदयाकार,

सारिणी (6.2) वंश ट्राइकोसेन्थस की प्रमुख प्रजातियों का वितरण एवं उपयोग

प्रजाति	वितरण क्षेत्र	उपयोग
टी. से लेबिका (*T. celebica*)	यह एक जंगली प्रजाति है। जिसके पौधे मलेशिया एवं सुलावेसी प्रायद्वीप में पाये जाते हैं।	इसकी पत्तियों को सब्जी की तरह पकाकर प्रयोग किया जाता है।
टी. कुकुमेरिना (*T. cucumerina*)	इस प्रजाति को सर्वप्रथम भारत में उगाना प्रारम्भ किया गया। वर्तमान में भारत के अतिरिक्त यह विश्व के कुछ अन्य उष्ण एवं उपोष्ण क्षेत्रों में उगाई जाती है।	सब्जी के लिए प्रयोग की जाती है।
टी. ओवीजेरा (*T. ovigera*)	यह जंगली प्रजाति है जिसके पौधे चीन एवं जापान में पाये जाते हैं। इसे सीमित स्तर पर उगाया भी जाता है।	इसको चावल के साथ उबाल कर खाया जाता है। चीन एवं जापान में इसके कंद से स्टार्च निकाला जाता है।
टी. विलोसा (*T. villosa*)	इसके पौधे फिलीपीन्स, थाइलैण्ड एवं इण्डो चाइना क्षेत में पाये जाते हैं।	इसके ताजे फलों को उबालकर सब्जी के लिए प्रयोग किया जाता है। इसकी पत्तियों के रस को पेचिस आदि में प्रयोग किया जाताहै। पत्तियों को पीस कर ज्वर में शरीर पर लेप किया जाता है एवं पैर के दर्द को दूर करने के लिए प्रयोग किया जाता है।

सारिणी (6.3) ट्राइकोसेन्थास की विभिन्न प्रजातियों की गूण सूत्र संख्या

प्रजाति	गुण सूत्र संख्या		
	एन (n)	2 एन. (2n)	स्रोत
1. टी. ए.गुंइना (*T. anguina* L.)	11	22	**दत्ता एवं बसु** (1978)
2. टी. कुकुमेरिना (*T. cucumerina* L.)	11	22	**दत्ता एवं बसु** (1978)
3. टी. लोबेटा (*T. lobata*)	11	22	वर्घीस (1973)
4. टी. पालमेटा (*T. palmata*) नर	11	22	वर्घीस (1973)
मादा	11	22	वर्घीस (1973)
नर	22	44	वर्घीस (1973)
5. टी. डाइओका (*T. dioica* Roxb.)	11	22	सेन (1976)
6. टी. ब्रैक्टीएटा (*T. bracteata* (Lam.) Voigt)	22	44	ठाकुर (1973)
टी. कुकुमेरायड्स (*T. cucumeroides*)	22 (XY)	-	नाकजिमा (1937)
टी. जैपोनिका (*T. japonica*)	11 (XY)	-	नाकजिमा (1937)
टी. मल्टी लोबा (*T. multiloba* C.B. Clarke)	22(XX,XY	-	कुरिथा (1939)
टी. शिकोकियाना (*T. shikokiana*)	-	22	कुरिथा (1939)

स्रोत : मीनीराज एवं सहयोगी, 1993

किनारा दंताकार (dentate), चिकनी, पर्णवृंत 2-10 सेमी. लम्बा, खाचेदार, रसीला होता है। नर पुष्प 10.30 सेमी. लम्बे, पुष्प गुच्छ में, मादा पुष्प वृंत रहित (sessile), फल लम्बा, बेलनाकार, मुड़ा हुआ, 30-180 सेमी. लम्बा, 2-10 सेमी. मोटा, सफेद हरे रंग के (अपरिपक्व अवस्था में), पकने पर लाल रंग के, बीज मोटे 1-1.5 सेमी. लम्बे, भूरे रंग के। चिचिंडा में परागोदवन (anthesis) शाम को 5.15 से लेकर रात्रि 9.30 बजे तक होती है। पुष्प खिलने के पूर्व पराग कोष प्रस्फुटित हो जाता है। परागकण स्फुटन से 10 घण्टे पूर्व से लेकर 46-49 घण्टे पश्चात तक जीवन क्षम्य रहते हैं। वर्तिकाग्र पुष्प खुलने के 7 घण्टे पूर्व से लेकर 51 घण्टे पश्चात तक ग्राह्य रहता है। पौधे में नर : मादा पुष्प का अनुपात 31.38:1 से 225.23:1 के बीच होता है। बुआई के 36-45 दिन बाद प्रथम नर पुष्प एवं बुआई के 45-51 दिन बाद प्रथम मादा पुष्प आता है (देश पाण्डे एवं सहयोगी, 1980)।

जलवायु एवं भूमि

चिचिंडा को गर्म एवं आर्द्र जलवायु की आवश्यकता होती है। ग्रीष्म काल में पौधों की वृद्धि कम होती है तथा फल का आकार भी छोटा होता है। इसके बीज के अंकुरण के लिए 30-35 डिग्री सेंग्रेड तापक्रम की तथा पौधों की बढ़वार के लिए 31-37 डिग्री सेंग्रेड तापक्रम की आवश्यकता होती है।

चिचिंडा को विभिन्न प्रकार की भूमियों में उगाया जा सकता है, लेकिन अच्छी उपज के लिए 6-7 पी.एच. मान वाली दोमट भूमि जिसमें पर्याप्त मात्रा में जीवांश होता है, अच्छी मानी जाती है। इसका पौधा अधिक नमीं के प्रति बहुत ही संवेदनशील होता है। अत: खेत में जलनिकास की अच्छी सुविधा होनी चाहिए।

बुआई का समय एवं बीजदर

चिचिंडा की मुख्य रूप से दो फसल- जायद एवं बरसात की ली जाती है। जायद की फसल की बुआई फरवरी-मार्च के महीने में की जाती है। पालीहाउस की सुविधा होने पर दिसम्बर-जनवरी के महीने में इसकी पालीथिन की थैलियों में पौध तैयार की जा सकती है। बरसात की फसल के लिए जून-जुलाई के महीने में बुआई की जाती है। पर्वतीय क्षेत्रों में इसकी बुआई मार्च से मई के महीने में की जाती है। एक हेक्टेयर क्षेत्र की बुआई के लिए खरीफ की फसल के लिए 3-4 किग्रा जबकि जायद की फसल के लिए 4-5 किग्रा. बीज की आवश्यकता होती है।

बुआई की विधि

चिचिंडा की बुआई नाली एवं मेढ़ बनाकर मेढ़ों के ऊपर की जाती है। थाले बनाकर बुआई का भी प्रचलन है। ग्रीष्म ऋतु की फसल के लिए 1.5×1.0 मीटर का अंतराल जबकि खरीफ की फसल के लिए 1.5×1.5 मीटर का अंतराल रखा जाता है। साधारणतया एक स्थान पर 2-3 बीजों की बुआई की जाती है। बुआई से पूर्व बीज को 12-14 घण्टे पानी में भिगोने से अंकुरण अच्छा होता है।

खाद एवं उर्वरक

खेत की तैयारी करते समय 15-20 टन सड़ी हुई गोबर की खाद मिला दी जाती है। इसके अतिरिक्त बुआई के समय 30 किग्रा. नत्रजन, 75 किग्रा. फास्फोरस और 50 किग्रा. पोटाश की आवश्यकता होती है। जब पौधे 30-35 दिन के हो जाते हैं तो 15 किग्रा. नत्रजन को प्रति हेक्टेयर की दर से देकर टापड्रेसिंग की जानी चाहिए और एक बार पुन: इतनी ही मात्रा जब पौधे 50-55 दिन के हो जाय तब दिया जाय।

सिंचाई एवं जल निकास

बरसात की फसल को विशेष सिंचाई की आवश्यकता नहीं होती है, लेकिन बरसात के दिन में सिंचाई से अधिक महत्व जल निकास की व्यवस्था का होता है। जायद की फसल में मौसम गर्म होने के कारण 5-6 दिन के अंतराल पर बराबर सिंचाई की जाती है।

अंत:सस्य क्रियायें एवं लताओं को सहारा देना

जब पौधे छोटे होते हैं उस अवस्था में पौधे के आस-पास से खरपतवार निकालकर मिट्टी चढ़ा देने से पौधे की वृद्धि पर अनुकूल प्रभाव पड़ता है। जायद की फसल में 2-3 बार निकाई की आवश्यकता पड़ती है, जबकि बरसात की फसल के लिए 4-5 बार निकाई की जाती है। रासायनिक रूप से खरपतवार नियंत्रण के लिए पेन्डिमेथेलिन का प्रीइमरजेन्स के रूप में 1.0 किग्रा. सक्रिय तत्व का प्रति हेक्टेयर की दर से प्रयोग किया जा सकता है। प्रारम्भिक अवस्था में दो पंक्तियों के बीच ग्रेमेक्जोन

(0.2 प्रतिशत) का प्रयोग किया जा सकता है लेकिन दवा का पौधों के ऊपर प्रभाव नहीं पड़ना चाहिए।

चिचिंडा की बेलों को सहारा देने की आवश्यकता होती है। इसके लिए लकड़ी या तार के सहारे मचान तैयार किया जाता है और उसी पर इसकी बेलों को चढ़ा दिया जाता है। मचान पर चढ़ाने से फल एक समान आकार के होते हैं और उनकी तुड़ाई में भी सुविधा होती है।

फलों की तुड़ाई एवं उपज

जब फल मुलायम अवस्था में एवं हरे रंग के होते हैं तभी उनको सब्जी के लिए तुड़ाई की जाती है। यह अवस्था फल धारण करने के 12-20 दिन बाद आती है। फल का औसत वजन 0.5-1.0 किग्रा. होता है। एक अच्छी किस्म की लता पर 40-50 फल लगते हैं। इस प्रकार इसकी औसत उपज 70-80 कुन्तल प्रति हेक्टेयर प्राप्त होती है।

भण्डारण

चिचिंडा के फल काफी मुलायम होते हैं और उनको अधिक दिन तक सामान्य तापक्रम पर सुरक्षित नहीं रखा जा सकता है। यद्यपि भण्डारण गृहों में 16-17 डिग्री सेंग्रेड तापक्रम एवं 85-90 प्रतिशत आपेक्षिक आर्द्रता पर 10-14 दिन तक रखा जा सकता है।

जननद्रव्य संग्रह एवं सुधार

चिचिंडा के जननद्रव्यों का संग्रह एन.पी.जी.आर.एल., आई.पी.बी. (N.P.G.R.L., I.P.B.) लासबनास, फिलीपिन्स में; नाइजेरिया में एन.ए.सी.जी.आर.ए.बी. (N.A.C.G.R.A.B.), इबादान, वेवीलोव इस्टिट्यूट आफ प्लान्ट इंडस्ट्रीज (Vavilov Institute of Plant Industries) पीटर्सबर्ग, रूस; डिपार्टमेनट आफ हर्टिकल्चरल साइंसेज (Deptt. of Horticultural Sciences) कर्नल यूनिवर्सिटी, न्यूयार्क, यू.एस.ए. तथा हमारे देश में भारतीय सब्जी अनुसंधान संस्थान, वाराणसी; केरल कृषि विश्वविद्यालय, त्रिचूर एवं भारतीय बागवानी अनुसंधान संस्थान, बंगलौर में एकत्र किया गया है। अत्यधिक पर परागित फसल होने के कारण इसमें प्रजनन सुधार के लिए पुंज चयन (mass selection), पेडिग्री मेथड एवं बल्क पापुलेशन मेथड (pedigree method and bulk population method) का प्रयोग किया जाता है। फल की उपज एवं संघटन (composition) के प्रति अत्यधिक विभिन्नता मिलती है।

तमिलनाडु कृषि विश्वविद्यालय, कोयम्बटूर से इसकी सी.ओ. 1 एवं सी.ओ. 2 किस्मों को तथा केरल कृषि विश्वविद्यालय, वेल्लानीकारा से टी.ए. 19 किस्म को एकल पौध चयन विधि (single plant selection) से विकसित किया गया है। इसमें अन्त: प्रजातीय संकरण से प्राप्त एफ-1 अपने पितृ की तुलना में ओज एवं फलों की संख्या, आकार-प्रकार के प्रति बेहतर प्रदर्शन किये (प्रकाश, 1953)। नटराजन एवं सहयोगी (1985) ने पानी पुडल एवं सेल 1 के मध्य संकरण कराकर एम.डी.यू. 1 संकर किस्म को विकसित किया है। बसु एवं दत्ता (1977) ने चिचिंडा के परागकणों पर एक्स रे विकिरण उपचार के अध्ययन में पाया कि उपचार की गहनता के अनुसार परागकणों की वंध्यता में वृद्धि हुई। पिल्लई एवं सहयोगी, (1975) ने चिचिंडा की किस्म एच. 375 के बीज को गामा विकिरण के 10, 20, 40 एवं 50 के राड से उपचार किया। इसमें 20 के राड से उपचारित म्युटेन्ट्स पी.के.एम. 1 का चुनाव किया गया। पी.के.एम. 1 किस्म के पौधे काफी ओजस्वी होते हैं और इसमें 65 दिन में पहली फलत की तुड़ाई कर ली जाती है। फल गहरे हरे रंग के एवं

सफेद पट्टी वाले होते हैं और प्रत्येक फल का वजन 600-800 ग्राम होता है।

हमारे देश के वाइनाड एवं पश्चिमी घाट के जंगलों में चिचिंडा की काफी विविधता मिलती है। इसके जननद्रव्यों के संग्रह की आवश्यकता है। उभयलिंगाश्रयी (monoecious) फसल होने के कारण इसमें संकरण ओज दोहन की प्रबल संभावना है (पीटर, 1998)।

7. पेठा
(Ash Gourd)

स्थानीय नाम : बंग्ला- चल कुमरा; गुजराती- भारू कोहलू; हिन्दी- कुम्हरा, पानी कुहरा, पेठा; कन्नड- बूद कुम्बाला काई; मलयालम- इलवान, कुम्बालम; मराठी- कोहाला; संस्कृत- कुष्माण्ड; तमिल- कराना पुशनी, पुश्नी काई; तेलगू- बुडिडा- गुमाडी

पेठा की खेती इसके अविकसित एवं विकसित दोनों प्रकार के फलों के लिए की जाती है। इसके फलों को सब्जी एवं अन्य विविध प्रकार की कढ़ी आदि बनाने में प्रयोग किया जाता है। इण्डोनेशिया में इसके फल की सतह को छीलकर हरे गूदे को निकालकर उसको छोटे-छोटे टुकड़े में काटकर सीधे सब्जी के रूप में प्रयोग किया जाता है। चीन में इसकी सब्जी बम्बूशूट (bamboo shoot), मशरूम, मांस, कमल के बीज आदि के साथ मिलाकर तैयार की जाती है। पेठे के फल का 75 प्रतिशत भाग खाने योग्य होता है।

इसके फल से पेठा जो एक प्रचलित मिठाई है, तैयार किया जाता है। आगरे का पेठा काफी प्रसिद्ध है और आगरा के आस-पास के क्षेत्रों में इसकी व्यापक स्तर पर खेती की जाती है। इसके फल का बहुत अधिक पोषक महत्व है। इसके फल में 0.007 मिग्रा. प्रति 100 ग्राम कापर एवं शुष्क पदार्थ में 0.38 पीपीएम आयोडीन, 3.5 पीपीएम फ्लूओरिन (fluorine) पाया जाता है। इसके फल में बहुत से स्वतंत्र एमीनों अम्ल के साथ गामा एमीनों ब्यूटाइरिक अम्ल (gamma amino butyric acid GABA) पाया जाता है। फल में ग्लूकोज, रेमनोज, मैनीटाल (mannitol), एन-ट्राइकोन्टेनाल (N-tricont-anol), ल्यूपीआल (lupeol) एवं बीटा सिस्टोस्टेराल (β. sistosterol) पाया जाता है। इसके फल के पोषक मूल्य को सारिणी (7.1) में दिया गया है-

सारिणी (7.1) पेठा के फल का पोषक मूल्य (प्रति 100 ग्राम खाने योग्य भाग में)

पोषक तत्व	मात्रा
नमीं	90.5 ग्राम
प्रोटीन	0.4 ग्राम
खनिज	0.3 ग्राम
वसा	0.1 ग्राम
रेशा	0.8 ग्राम
ऊर्जा	10 कि. कैलोरी
अन्य कार्बोहाइड्रेट्स	1.9 ग्राम
कैल्शियम	30 मिग्रा.
आयरन	0.8 मिग्रा.
थाइमिन	0.06 मिग्रा.
निकोटिनिक अम्ल	0.4 मिग्रा
फास्फोरस	20 मिग्रा.
विटामिन ए	-
राइबोफ्लेविन	0.1 मिग्रा.
विटामिन सी	1 मिग्रा.

पेठे के फल में 0.8 प्रतिशत रेशा पाया जाता है जो टमाटर (0.4 प्रतिशत) की अपेक्षा काफी अधिक है। जिसके कारण इसे टमाटर केचप में मिलावट के रूप में प्रयोग किया जाता है। पेठे के बीज को भूनकर खाया जाता है और यह प्रोटीन एवं तेल का भी अच्छा स्रोत है। बीज में 53.3 प्रतिशत हिस्सा इसके आवरण पर्त का होता है और शेष हिस्सा गिरि (kernel) का होता है। गिरि वसा अम्ल में काफी धनी होती है। इसके तेल के वसा अम्ल के संघटन को सारिणी (7.2) में दिया गया है-

सारिणी (7.2) पेठा के तेल में बसा अम्ल का संघटन

बसा अम्ल	प्रतिशत
पाल्मीटिक (palmitic)	10.6
स्टीएरिक (stearic)	5.8
आर्चीडिक (archidic)	0.3
ओलिक (oleic)	20.0
लिनोलिक (linoleic)	62.4
लिनोलेनिक (linolenic)	1.0

स्रोत : उब्ल्यू. ओ. आई, 1969

इसके फल का बहुत अधिक औषधीय महत्व है। फल की तासीर ठंडी होती है। इसके फल के काढ़े को अपच दूर करने एवं मूत्र रोगों में दिया जाता है। इसके अतिरिक्त इसके फल का उपयोग अपच, बवासीर, मधुमेह आदि रोगों में किया जाता है।

उद्भव एवं वितरण

पेठा का उत्पत्ति स्थान जापान एवं जावा माना जाता है। (नाथ एवं सहयोगी, 1996)। भारत, चीन का क्षेत्र इसके विविधता के क्षेत्र है, लेकिन इसकी जंगली प्रजाति नहीं उपलब्ध है। कुछ प्रमाणों से पता चलता है कि चीन में इसकी खेती 500 वर्ष पूर्व से की जा रही है। वर्तमान में इसकी खेती पूरे उपोष्ण एशिया में की जाती है साथ ही विश्व के समशीतोष्ण एवं शीतोष्ण प्रदेश के गर्म क्षेत्रों जैसे कैरीबियन में भी की जाती है। मैक्सिको में 7000-5500 ई. पूर्व की गुफाओं में इसके अवशेष मिले हैं।

वानस्पतिक विवरण

पेठा का वंश बेनिनकासा (*Benincasa*) और प्रजाति हिस्पीडा (*hispida* (Thunb.) Cogn.) है। वंश बेनिनकासा एक मोनोटिपिक वंशज (monotypic genus) है। इसकी गुणसूत्र संख्या (2 एन.) 24 है। पेठा की उपलब्ध किस्मों को 4 वर्गों में वर्गीकृत किया गया है (रिफाई एवं रेयीज, 1993)।

1. धारीरहित विन्टर मेलन समूह (Unridged winter melon group) इस समूह के फल के बीज पर धारियाँ नहीं होती है। फल लम्बवत, कभी-कभी लम्बे, फल परागण के 3 महीने बाद तैयार होते हैं, छिलका गहरे हरें रंग का और उन पर कोई पर्त नहीं होती है।

2. धारीयुक्त विन्टर मेलन समूह (Ridged winter melon group) बीज पर धारियां और सभी लक्षण प्रथम समूह के समान।

3. फजी गर्ड समूह (Fuzzy gourd group) बीज पर धारियां, फल लम्बवत, 20-25 सेमी. लम्बे, परागण के 2 महीने बाद फल तैयार हो जाते हैं। फल पर हरी धारियां, पर्तरहित और सफेद रोये।

4. वैक्स गर्ड समूह (Wax gourd group) बीज पर धारियां, फल गोल से लेकर लम्बोत्तर, 10-60 सेमी. व्यास, फल परागण के 2 महीने बाद तैयार और फल के ऊपर सफेद मोम जैसी पर्त।

पेठा का पौधा एक वर्षीय, लता युक्त, तना मोटा, चौकोर जिस पर रोयें होते हैं।पत्तियों के पार्श्व भाग से तंतु (tendril) निकलते हैं जो 2-3 भागों में विभाजित होते हैं, तंतु 10-35 सेमी. लम्बे, पत्तियाँ साधारण, डंठल 5-20 सेमी. लम्बा, पत्तियाँ चौड़ी 10-25×10-20 सेमी., शिरा नुकीला, पत्तियाँ दोनों सतहों पर रोयें से ढकी होती हैं। पुष्प पत्ती के कक्ष से निकलते है, नर पुष्प लम्बे तथा मादा पुष्प छोटे, पुष्प वृंत पर। नर पुष्प में 5 पुंकेसर जिसमें 4 जोड़े में; मादा पुष्प में 3 वर्तिकाग्र। फल लम्बवत, पेपो, विभिन्न आकार में। फल के ऊपर सफेद मोमपर्त। बीज बहुत अधिक संख्या में, 10-15×5-7×1-2 मिमी. आकार के, पीले, भूरे रंग के, कभी-कभी धारी युक्त, 1000 बीज का वजन 70 ग्राम।

रंधवा एवं सहयोगी (1983) ने पेठे के फ्लोरल बायोलाजी (floral biology) का विस्तृत अध्ययन किया है। इसकी किसम व्हाइट विन्टर (White Winter) में उभयलिंगी (monoecious) पुष्प आते हैं। नर एवं मादा पुष्प का अनुपात 34:1 होता है। परागोदवन (anthesis) सुबह 4:30-7:30 बजे होती है जबकि परागकण का स्फूटन (dehiscence) 3:00-5:00 बजे होता है। परागोदवन के 8 घण्टे पूर्व से लेकर 18 घण्टे पश्चात तक वर्तिकाग्र ग्राह्य (receptive) रहता है। हाथ द्वारा परागण करने पर 65-70 प्रतिशत फल धारण किये। परागोदवन के समय परागण कण की जननक्षमता (fertility) 95 प्रतिशत थी। विभिन्न माध्यमों के प्रयोग में पाया गया कि माध्यम जिसमें 15 प्रतिशत सुक्रोज, 0.02 प्रतिशत बोरिक अम्ल था उसमें परागकण की जनन क्षमता (88 प्रतिशत) एवं पालेन ट्यूब की लम्बाई (390 μm) सर्वाधिक थी।

जलवायु एवं भूमि

पेठे की खेती पूरे देश भर में की जाती है। इसे गर्म जलवायु की आवश्यकता होती है। पौधों में सूखा सहन करने की भी क्षमता होती है। इसे दक्षिण पूर्वी एशियाई क्षेत्र में 1000 मीटर की ऊँचाई वाले क्षेत्रों में सफलतापूर्वक उगाया जा सकता हैं। बीज के अंकुरण के लिए अपेक्षाकृत अधिक तापक्रम (15.5-18.0 डिग्री सेंग्रेड) की आवश्यकता होती है। पौधों की वृद्धि के लिए 23-28 डिग्री सेंग्रेड तापक्रम अनुकूल होता है।

पेठा को विभिन्न प्रकार की भूमियों में सफलतापूर्वक उगाया जा सकता है। इसके पौधे नमीं के प्रति बहुत संवेदनशील होते हैं। अत: खेत में जलनिकास का उचित प्रबन्ध होना चाहिए। बुआई से पूर्व खेत की 3-4 बार अच्छी तरह से जुताई करके खेत को तैयार कर लिया जाता है।

बुआई का समय एवं बीज दर

उत्तरी भारत के मैदानी क्षेत्रों में इसकी मुख्य फसल की बुआई जून-जुलाई के महीने में की जाती है। यद्यपि सिंचाई की सुविधा होने पर इसकी अगेती फसल की बुआई फरवरी-मार्च में की जा सकती है।

एक हेक्टेयर क्षेत्र में बुआई के लिए 5-6 किग्रा. बीज की आवश्यकता होती है। बीज की बुआई ऊँचे उठे थालों या मेढ़ों पर की जाती है। इसके लिए पंक्ति से पंक्ति की दूरी 1.8-2.5 मीटर एवं पौध अन्तराल 60-120 सेमी. रखा जाता है। बीज को थाले में 2.5-3.0 सेमी. गहरी बुआई करते हैं। सामान्यतया एक स्थान पर 2-3 बीज लगाते हैं और अंकुरण के पश्चात एक स्वस्थ पौधे को छोड़ कर शेष को उखाड़ दिया जाता है।

खाद एवं उर्वरक

नाथ एवं सहयोगी (1996) ने पेंठे की खेती के लिए 220-230 कुन्तल सड़ी हुई गोबर की खाद के साथ 50 किग्रा. प्रति हेक्टेयर की दर से नत्रजन देने की संस्तुति की है। सिंह एवं जोशी (1993) ने खेत की तैयारी के समय 150-175 कुन्तल सड़ी हुई गोबर की खाद प्रति हेक्टेयर की दर से खेत की तैयारी के समय मिलाने एवं 40 किग्रा. फास्फोरस तथा 30 किग्रा. पोटाश बुआई के समय एवं बुआई के 40 दिन बाद 25 किग्रा. नत्रजन की टापड़ेसिंग करने की संस्तुति की है।

सिंचाई एवं अन्तः सस्य क्रियायें

हल्की भूमि में बुआई के पश्चात एक हल्की सिंचाई की आवश्यकता होती है, जिससे अंकुरण अच्छी तरह से हो जाय। इनके पश्चात 8-10 दिन के अंतराल पर सिंचाई की जाती है। बरसात के समय जलभराव की स्थिति नहीं उत्पन्न होने देना चाहिए। इसके लिए समुचित जलनिकास आवश्यक

है। प्रारम्भिक अवस्था में पौधें के आस-पास से खरपतवार को निकाल कर पौधों के पास मिट्टी चढ़ा देने से बढ़वार पर अनुकूल प्रभाव पड़ता है, जब लतायें पूर्ण रूप से विकसित हो जाती हैं तब निराई-गुड़ाई की आवश्यकता नहीं पड़ती है।

पौधों को सहारा देना

सामान्यतया पेठे को मचान बनाकर चढ़ाने की आवश्यकता नही पड़ती है, लेकिन ऐसी भूमि जिसमें नमीं अधिक होती है वहाँ पर बेलों को चढ़ा देने से फल की गुणवत्ता अच्छी बनी रहती है।

फलों की तुड़ाई एवं उपज

यदि पेठे को सब्जी के प्रयोग में लाना है तो अविकसित फलों की तुड़ाई की जाती है। पेठा बनाने के लिए पूर्ण रूप से विकसित फल जब उनके रंग सफेद हो जाते हैं तब की जाती है। सामान्यतया एक हेक्टेयर क्षेत्र से 250-300 कुन्तल उपज प्राप्त होती है। जून-जुलाई में बुआई की गयी फसल के फल अक्टूबर-नवम्बर में तुड़ाई के लिए तैयार हो जाते हैं। पूर्ण रूप से पके फलों को सामान्य तापक्रम पर जाड़े के मौसम में 4-6 माह तक भण्डारित किया जा सकता है। भण्डारगृह में अधिक आपेक्षिक आर्द्रता नहीं होनी चाहिए अन्यथा फल सड़ने लगते हैं।

प्रमुख किस्में

1. काशी धवल (Kashi Dhaval)

इस किस्म को भारतीय सब्जी अनुसंधान संस्थान वाराणसी से स्थानीय जननद्रव्यों को एकत्र करके चयन द्वारा विकसित किया गया है। इसके फल बेलनाकार, गूदा सफेद, गूदे की औसत मोटाई 8.5 सेमी. एवं प्रति फल औसत वजन 12 किग्रा. होता है। फल का लम्बवत आकार 90 सेमी. एवं मोटाई 80 सेमी. तक होती जाती है। एक पौधे में 2-3 फल लगते हैं जिनकी तुड़ाई 100-105 दिन में की जा सकती है। इस प्रजाति के लता की लम्बाई 7-8 सेमी. होती है एवं प्रथम मादा फूल 22-24 पर्व पर लगते हैं। फल को 4-5 महीने तक भण्डारीत किया जा सकता है। फल में गूदे की मात्रा अधिक होने के कारण यह पेठा बनाने के लिए काफी उपयुक्त हैं। इसकी औसत उपज 60 टन प्रति हेक्टेयर है। यह प्रजाति उत्तर प्रदेश, पंजाब एवं बिहार में उगाने के लिए काफी उपयुक्त हैं।

2. काशी उज्जवल (आई.वी.एजी. 90)

इस प्रजाति को भी चयन विधि द्वारा विकसित किया गया है। इसके फल गोल,गूदे की औसत मोटाई 7 सेमी. एवं फल का वजन 10-12 किग्रा. होता है। एक पौधे में 3-4 फल लगते हैं। यह प्रजाति पेठा एवं बरी बनाने हेतु उपयुक्त है। इसकी उत्पादन क्षमता 55-60 टन/हेक्टेयर है। फल को सामान्य तापक्रम पर 4-5 महीने तक शुष्क एवं छायादार स्थान पर भण्डारित किया जा सकता है। इस प्रजाति को अखिल भारतीय समन्वित सब्जी विकास परियोजना द्वारा कृषि जलवायु क्षेत्र IV एवं VIII में उगाने के लिए अनुमोदित किया गया है।

3. कोयम्बटूर (Coimbatore. 1)

इस किस्म को तमिलनाडु कृषि विश्वविद्यालय, कोयम्बटूर से विकसित किया गया है। इसकी एक बेल पर 6-8 फल लगते हैं। फल गोलाकार होता है और प्रत्येक फल का औसत वजन 5-6 किग्रा. होता है। यह मध्यम अवधि की किस्म है जिसमें बुआई के 140 दिन बाद फल तैयार हो जाते हैं।

4. कोयम्बटूर .2 (Coimbator. 2)

इस किस्म को भी तमिलनाडु कृषि विश्वविद्यालय, कोयम्बटूर से विकसित किया गया हे। यह एक अगेती किस्म है, जिसमें फल बुआई के 120 दिन बाद तैयार हो जाते हैं। फल गोलाकार और

प्रत्येक फल का औसत वजन 2-3 किग्रा. होता है। इसके गूदे का रंग हल्का हरा होता है और फल में 200-300 बीज होते हैं। इसकी उपज क्षमता कोयम्बटूर-1 से अधिक है।

5. एस-1 (S. 1)

इस किस्म के फल मध्यम आकार क होते हैं। पंजाब में उगाने के लिए इसको अनुमोदित किया गया है।

6. मुदलियार (Mudliar)

इस किस्म को तमिलनाडु में उगाने के लिए संस्तुत किया गया है। इसके फल बड़े एवं हल्के हरे रंग के होते हैं।

जापान में ओकिनावा नं0 1 (Okinawa No. 1) एवं कुरोकावा अर्ली (Kurokawa Early) प्रचलित है (पीटर, 1998)।

जननद्रव्य संग्रह एवं सुधार

पेठा के जननद्रव्यों का संग्रह इस्टिट्यूट आफ प्लान्ट ब्रीडिंग (Institute of Plant Breeding) दि फिलीपिन्स; वेवीलोव इस्टिट्यूट आफ प्लान्ट इंडस्ट्री (Vavilov Institute of Plant Industry), पीटर्स वर्ग; सादर्न रिजनल प्लान्ट इंट्रोडक्शन स्टेशन (Southern Regional Plant Introduction Station), जार्जिया, कर्नल यूनिवर्सिटी, न्यूयार्क और हमारे देश में भारतीय सब्जी अनुसंधान सस्थान, वाराणसी एवं केरल कृषि विश्वविद्यालय, वेलान्नीकारा में किया गया है।

पेठे की आनुवंशिकी एवं सुधार पर बहुत कम ध्यान केन्द्रित किया गया है। गुणवत्ता युक्त फल, अत्यधिक भण्डारण क्षमता, बीमारी एवं कीट के प्रति अवरोधिता एवं मूलवृंत (root stock) के लिए वांछित गुण का होना आदि इसके प्रजनन की प्राथमिकतायें हैं। इसके फल की गुणवत्ता उसमें पाये जाने वाले शुष्क पदार्थ (dry matter) एवं कुल विलय ठोस पदार्थ (total soluble solids) पर निर्भर करती हे। परपरागित फसल होने के कारण इसमें सुधार के लिए पुंज चयन (mass selection), वंशावली विधि (pedigree method) एवं प्रपुंज समष्टि विधि (bulk population method) अपनाई जाती है। प्रति पौध फल की उपज का लता की लम्बाई, प्रति पौध मादा फूलों की संख्या, औसत फल वजन एवं प्रथम पूर्ण विकसित फल के वजन के बीच सीधा सम्बन्ध पाया गया (पीटर, 1998)। पेठे के नर एवं मादा पुष्पों के एमीनोअम्ल के संघटन में अंतर होता है। मादा पुष्पों में नर पुष्पों की तुलना में आर्जीनिन, एस्पार्टिक अम्ल, ग्लूटामिक अम्ल एवं लाइसिन की मात्रा अधिक होती है जबकि एलेनिन एवं ल्यूसिन की मात्रा नर पुष्प की अपेक्षा कम थी।

8. चो-चो
(Chow-Chow)

अन्य नाम : चेयोटो (Chayote), चेओटली (Chaotli), चौ चोटे (Chow-choute), चो-चो (Cho-Cho), चु चु (Chu-Chu), चोको (Choko), चैओटा (Chaiota), मिरलिटान (Mirliton), क्रिस्टोफिन (Christophine) (पेपीनेल्ला (Pipinella); तमिल-सीमेकटिरिकाई; कन्नड़-सीमेबैडेन

चो-चो कद्दू वर्ग के अन्तर्गत आने वाली एक अल्प उपयोगी सब्जी है, जिसे बहुत सीमित क्षेत्रफल में हमारे देश के उत्तर पूर्वी पर्वतीय क्षेत्रों के राज्यों मेघालय, मिजोरम, सिक्किम, अरूणांचल प्रदेश, मणिपुर तथा दक्षिण भारत के तमिलनाडु के मदुराई एवं नील गिरि क्षेत्र में 850-1700 मीटर की ऊँचाई वाले स्थानों, कर्नाटक के कुछ भागों तथा महाराष्ट्र के पूणे क्षेत्र में उगाया जाता है। चो चो के ताजे फलों को सब्जी के लिए एवं कच्चे फल को सलाद के रूप में प्रयोग किया जाता है। चो-चो बहुत ही उपयोगी पौधा है। इसके फल के अतिरिक्त इसकी मुलायम पत्तियों एवं टहनियों को भी सब्जी एवं सूप के रूप में प्रयोग किया जाता है। इसकी पत्तियाँ विटामिन ए, सी एवं बी विटामिन्स के साथ कैल्शियम एवं आयरन की अच्छी स्रोत होती हैं। इसके 2-3 वर्ष पुराने पौधों में कंदिल जड़े बनती हैं जिनको शंकरकंद की तरह प्रयोग किया जाता है। चो-चो के फल तथा पत्ती के पोषक मूल्य को क्रमश: सारिणी (8.1) एवं सारिणी (8.2) में दिया गया है।

सारिणी (8.1) चो-चो के फल का पोषक मूल्य प्रति (100 ग्राम खाने योग्य भाग में)

पोषक तत्व	मात्रा
नमीं	92.5 ग्राम
प्रोटीन	0.7 ग्राम
वसा	0.1 ग्राम
खनिज	0.4 ग्राम
रेशा	0.6 ग्राम
कार्बोहाइड्रेट्स	5.7 ग्राम
ऊर्जा	27 कि. कैलोरी
कैल्शियम	140 मिग्रा.
फास्फोरस	30 मिग्रा.
आयरन	0.6 मिग्रा.
कैरोटीन	0
थाइमिन	0
राइबोफ्लेविन	0.04 मिग्रा.
नियासिन	0.4 मिग्रा.
विटामिन सी	4.0 मिग्रा.

स्रोत : गोपालन एवं सहयोगी, 1992

सारिणी (8.2) चो-चो की मुलायम पत्तियों का पोषक मूल्य प्रति (100 ग्राम खाने योग्य भाग में)

पोषक तत्व	मात्रा
नमीं	92.6 ग्राम
वसा	0.2 ग्राम
रेशा	0.8 ग्राम
ऐश	0.8 ग्राम
कैल्शियम	66 मिग्रा.
फास्फोरस	47 मिग्रा.
आयरन	0.3 मिग्रा.
सोडियम	1.4 मिग्रा.
पोटैशियम	310 मिग्रा.
थाइमिन	0.07 मिग्रा.
राइबोफ्लेविन	0.08 मिग्रा.
नियासिन	0.8 मिग्रा.
एस्कार्बिक अम्ल	33 मिग्रा.
विटामिन ए	2025 अ.ई.

स्रोत : डब्ल्यू.ओ.आई., 1969

मानव पोषण के अतिरिक्त इसके फल एवं लताओं को सुअर, मुर्गी एवं जानवरों के चारे के रूप में प्रयोग किया जाता है। इसके तने के रेशे से

हैट एवं बास्केट आदि तैयार की जाती है। जावा में इसकी लताओं को मछली के तालाब में छाया के लिए प्रयोग किया जाता है। फिलीपीन्स में इसे मृदा क्षरण को रोकने के लिए अवरोधी पौधे के रूप में प्रयोग किया जाता है (ऐजिल्स एवं जेफ्री, 1993)।

उद्भव एवं वितरण

चो-चो का जन्म स्थान मेक्सिको तथा मध्य अमेरिका माना जाता है। स्पेनियों द्वारा मैक्सिकों पर विजय से पूर्व चो चो को वहाँ के आदिवासी अजटेकों द्वारा उगाया जाता था। आज इसकी खेती विश्व के सभी उपोष्ण एवं अर्द्ध उपोष्ण क्षेत्रों में की जाती है। हमारे देश के उत्तर पूर्वी पर्वतीय क्षेत्रों एवं दक्षिण भारत में नील गिरि क्षेत्र में एवं कर्नाटक में यह प्रमुखता से उगाई जाती है। ब्राजील की यह 5वीं मुख्य फसल है। यहाँ पर इसका उत्पादन 170,000 टन से अधिक है। मैक्सिकों में इसका उत्पादन 12,000 टन से अधिक है। कोस्टारिका द्वारा इसका निर्यात यू.एस.ए. को किया जाता है।

वानस्पतिक विवरण

चो-चो कुकुरबिटेसी (Cucurbitaceae) कुल का पौधा है। इसका वानस्पतिक नाम सेचियम एड्यूल (*Sechium edule* (Jacq.) Swartz) है। इसकी गुण सूत्र संख्या (2 एन.) 24, 26 या 28 है। पौधा बहुवर्षीय, लतायुक्त एवं उभलिंगी (monoecious) होता है। इसमें कंदिल जड़े बनती हैं। तना चढ़ने वाला लम्बवत खाँचे युक्त, 10-15 मीटर लम्बा, तंतु (tendril) बड़े, 2.5 शाखाओं वाले, पत्तियाँ साधारण, तने पर चारों ओर निकलती हैं, पर्णवृंत 2-25 सेमी लम्बा, पत्तियों का आधार चौड़ा, 3-7 पिण्डवाली, शिर्ष नुकुला, पुष्पक्रम कक्षीय, रेशीम, वाह्यदलपुंज घण्टाकार, 5 भागों में विभक्त, हल्के हरे रंग के, दलपुंज रोमिल, 5, आधार पर जुड़े हुए। पुंकेसर 5, पुंकेसर तंतु जुड़े हुए। मादा पुष्प एकल एवं छोटे पुष्प वृंत पर, सामान्यतया नर एवं मादा पुष्प एक ही कक्ष से निकलते हैं। अण्डाशय अधोवर्ती (inferior), अण्डाकार या गुर्दे के आकार के, वर्तिका एक, वर्तिकाग्र 2-3, फल मात्र एक बीज लिए बेरी, फल नाशपाती के आकार का, गूदा सफेद या हरा सफेद, बीज मात्र एक, 3-4 सेमी. लम्बा एवं 2-2.5 सेमी. चौड़ा, बीज जब फल पौधे लगे रहते हैं तभी अंकुरित हो जाते है। इस स्थिति को विविपेरी (vivipary) कहते हैं।

वंश सेचियम (*Sechium*) को बहुत दिन तक मोनोटिपिक (monotypic) माना जाता था, लेकिन 1970 में इसके अंतर्गत 3-9 प्रजातियाँ निर्धारित की गयी। ये सभी प्रजातियाँ मध्य अमेरिका में पाई जाती है। इसमें से सी. कम्पोजिटम (*C. compositum* Donn. Smith) एवं सी. जेफ्री (*C. jeffery*) दक्षिणी मैक्सिकों एवं ग्वाटेमाला में पाई जाती है और इसे एस. एड्यूल की सबसे नजदीकी प्रजाति माना जाता है। इसके फल कड़ुवे होते हैं और फल पर 5-10 धारियाँ होती हैं।

जलवायु एवं भूमि

चो-चो के लिए अत्यधिक आपेक्षिक आर्द्रता (80-85 प्रतिशत) एवं बरसात 1500-2000 मिमी. की आवश्यकता होती है। पौधों की बढ़वार के लिए 20-25 डिग्री सेंग्रेड तापक्रम की आवश्यकता होती है। चो-चो में पुष्पन के लिए 12 घण्टे से अधिक दिन की अवधि (day length) की आवश्यकता होती है। चो-चो की बेले पाले के प्रति संवेदनशील होती है।

चो-चो को विभिन्न प्रकार की भूमि में उगाया जा सकता है, लेकिन जीवांश से भरपूर बलुई-दोमट भूमि जिसमें जलनिकास की अच्छी

सुविधा होती है, इसकी खेती के लिए अच्छी मानी जाती है। हमारे देश में इसके पौधे उत्तर पूर्वी पर्वतीय क्षेत्रों में पहाड़ियों के ढलान पर बहुत अच्छी तरह उगते हैं।

प्रसारण

चो-चो का प्रसारण इसके पूर्ण फल को लगाकर किया जाता है। फल के अन्दर अंकुरित बीज से नये पौधे निकलते हैं। इसकी लताओं का कलम तैयार करके भी प्रसारण का कार्य किया जा सकता है (शन्मुगावेलु, 1985)। दक्षिणी फ्लोरिडा में इसके पके फल वसंत के मौसम में लगाये जाते हैं (बेली एवं बेली, 1969)। रोपण के लिए पंक्ति से पंक्ति की दूरी 1.5 मीटर एवं पौध से पौध की दूरी 1 मीटर रखी जाती है।

खाद-उर्वरक तथा अन्य सस्य क्रियायें

चो-चो का पौधा बहुवर्षीय प्रकृति का होता है फिर भी एक स्थान पर 3 वर्ष से अधिक नहीं रखना चाहिए अन्यथा फलत में कमी आ जाती है। खाद एवं उर्वरकों के प्रयोग से पौधों की बढ़वार एवं उपज पर अनुकूल प्रभाव पड़ता है। थाम्पसन एवं केली (1957) ने 50-75 किग्रा. नत्रजन, 100-150 किग्रा. फास्फोरस एवं इतनी ही मात्रा पोटाश की प्रति हेक्टेयर की दर से देने की संस्तुति की है। महाराष्ट्र में पुष्पन से पूर्व प्रति बेल 950 ग्राम अमोनियम सल्फेट एवं 450 ग्राम सुपर फास्फेट को दो बार में देने की संस्तुति की गयी है (पटनायक, 1967)।

वृद्धि नियामकों का प्रयोग

बीज रहित (parthenocarpy) फल विकसित करने के लिए जिब्रेलिक अम्ल (जी.ए. 3 एवं जी. ए. 47 के 100 पी.पी.एम.) का मादा पुष्पों पर प्रयोग करके प्राप्त किया जा सकता है (यामागुच्ची, 1983)।

सिंचाई

उत्तर पूर्वी पर्वतीय क्षेत्रों में जहाँ वर्षा का औसत बहुत अधिक है, इसे वर्षा आधारित फसल के रूप में उगाया जाता है। यद्यपि चो-चो की पानीं की आवश्यकता बहुत अधिक होती है।

बेलों को सहारा देना

चो-चो की फसल से अच्छी उपज के लिए इसकी बेलों को मचान बनाकर चढ़ाने की आवश्यकता होती है। मचान पर चढ़ाने से जहाँ बेलों की बढ़वार अच्छी होती हैं वहीं फलों की तुड़ाई में भी काफी सुविधा मिलती है।

तुड़ाई एवं उपज

चो-चो के पौधे लगाने के 3-5 महीने पश्चात फलत में आ जाते हैं। परागण के 4-6 सप्ताह पश्चात फल तुड़ाई योग्य तैयार हो जाते हैं। सामान्यतया एक फल का औसत वजन 0.5 किग्रा. होता है। एक बेल से 25-30 किग्रा. उपज प्राप्त होती है और एक हेक्टेयर क्षेत्र से 30-35 टन उपज प्राप्त होती है। हमारे देश में मिजोरम राज्य की उत्पादकता काफी अधिक है (पाण्डेय एवं शुक्ला, 1993)।

फल की भण्डारण क्षमता बहुत अच्छी होती है और इसे कमरे के तापक्रम पर 2-4 महीने तक रखा जा सकता है।

प्रमुख किस्में

चो-चो की किस्मों को उनके आकार के आधार पर पहचाना जाता है। इसकी कुछ किस्में निम्न प्रकार हैं।

1. गोल सफेद- इसके फल गोल आकार के, छोटे, चिकने तथा सफेद रंग के होते हैं।

2. लम्बा सफेद- इसके फल वृत्ताकार से नाशपाती के आकार के होते हैं। फलों के ऊपर लम्बी धारियाँ होती हैं, जिस पर सफेद रोयें होते हैं।

3. नुकीला हरा- इस किस्म के फल छोटे, गहरे हरे रंग के चिकने या दानेदार सतह वाले होते हैं।

4. चौड़ा हरा- इस किस्म के फल बड़े, गहरे हरे रंग के होते हैं। फलों के ऊपर सख्त रोयें पाये जाते हैं।

जननद्रव्य संग्रह एवं सुधार

अभी हाल में मध्य अमेरिका में चो-चो की 8 जंगली प्रजातियों को एकत्रित किया गया है। इस क्षेत्र में इसकी अधिक आनुवंशिक विभिन्नता मिलती है (दत्ता, 1994)। हमारे देश में मेघालय, सिक्किम एवं मिजोरम में फलों के वजन (105-768 ग्राम) आकार (गोल से लेकर नाशपाती की तरह), फलों की लम्बाई (6.63-10.88 सेमी.), मोटाई (5.23-10.88 सेमी.), फलों के रंग (गहरे हरे रंग से लेकर सफेद रंग के), फल पर रोयें एवं चिकनी सतह आदि आकारिकीय एवं गुणात्मक लक्षणों जैसे कुल विलेय ठोस की मात्रा (2.4-6.2 प्रतिशत), अम्लता (0.06-1.66 प्रतिशत) एवं एस्कार्बिक अम्ल की मात्रा (9.36-24.68 मिग्रा./100 ग्राम) के प्रति विभिन्नता पाई जाती है। इसके जननद्रव्यों के एकत्रीकरण एवं मूल्यांकन की आवश्यकता है। भारतीय कृषि अनुसंधान परिषद के अंतर्गत चलाई जा रही नेटवर्क प्रोजेक्ट (Improvement of Underutilized Vegetable Crops) के अंतर्गत इसकी जननद्रव्यों के संकलन का कार्य भारतीय कृषि अनुसंधान परिषद के उत्तर पूर्वीय पर्वतीय क्षेत्र, बारापानी, मेघालय एवं भारतीय बागवानी अनुसंधान संस्थान, बंगलौर पर किया जा रहा है। चो चो के बीज को एक महीने से अधिक समय तक सुरक्षित नहीं रखा जा सकता है क्योंकि यह विविपेरस होता है। बीज में सुषुप्तावस्था (dormancy) नहीं होती है, इस लिए वह फल में ही अंकुरित हो जाता है। अत: इसके लम्बी अवधि तक संरक्षण के लिए ऊतक संवर्धन के जरिए किया जा सकता है। अंतर्राष्ट्रीय स्तर पर इसके जननद्रव्यों का संग्रह सी.ए.टी.आई.ई. टुरिलाबा, कोस्टारिका, चेपिंगो रिजनल केन्द्र (Chapingo Regional Centre) हुआटुस्को वेराक्रुज मैक्सिको; आई.एन.आई.ए. (INIA), मैक्सिकों एवं ब्राजील में ईम्ब्रापा (EMBRAPA) में किया गया है।

9. फिग-लीफ गर्ड
(Fig-Leaf Gourd)

फिग-लीफ गर्ड कद्दू वर्गीय पौधा है, जो मुख्य रूप से शीतोष्ण क्षेत्रों के ऊँचाई वाले क्षेत्रों में होता है। इसकी अन्य कद्दू फलों की भाँति सब्जी के लिए प्रयोग किया जाता है। इसके गूदे को शर्करा के साथ प्रसंस्कृत करके कैंडी आदि भी तैयार की जाती है। इसको किण्डवित (ferment) करके एल्कोहलिक पेय भी तैयार किया जाता है। फल के अतिरिक्त टहनियों एवं पत्तियों को सब्जी के रूप में प्रयोग किया जाता है। नर फूल एवं कलिकाओं को सूप, स्टीव एवं सलाद में प्रयोग करने का भी प्रचलन है। इसके बीज को भी भूनकर प्रयोग किया जाता है। फिग-लीफ गर्ड का नाम के अनुरूप फाइकस (*Ficus carica*) जैसी बहुत अधिक पत्तियाँ आती है और बहुत अधिक फल लगते हैं जिससे पौधा बहुत सुन्दर लगता है और इसे लोग अलंकृत पौधे के रूप में भी उगाते हैं। इसके फल के पोषक मूल्य को सारिणी (9.1) में दिया गया है।

सारिणी (9.1) फिग-लीफ गर्ड के फल का पोषक मूल्य (प्रति 100 ग्राम खाने योग्य भाग में)

पोषक तत्व	मात्रा
नमीं	93.6 प्रतिशत
ऊर्जा	21 कि. क्लोरी
कार्बोहाइड्रेट्स	5.1 ग्राम
प्रोटीन	0.8 ग्राम
वसा	0.1 ग्राम
रेशा	0.40 ग्राम
ऐश	0.40 ग्राम
विटामिन ए	4000 अ.इ.
विटामिन सी	11मिग्रा.
विटामिन बी-2	0.03 मिग्रा.
नियासिन	0.3 मिग्रा.
कैल्शियम	15 मिग्रा.
फास्फोरस	19 मिग्रा.
आयरन	0.4 मिग्रा.

फिग-लीफ गर्ड के गूदे में प्रोटीओ-लिटिक इंजाइम (proteolytic enzyme) होता है जिसका प्रसंस्करण उद्योग में बहुत अधिक माँग है। बीज की भी काफी महत्ता है क्योंकि यह प्रोटीन एवं तेल में धनी होता है।

उद्भव एवं वितरण

फिग-लीफ गर्ड की उत्पत्ति मध्य मैक्सिको से हुई मानी जाती हैं और यहीं से यह मध्य अमेरिका के ऊँचाई वाले क्षेत्रों एवं चीली तक पहुँचा। यूरोप में इसका प्रवेश दक्षिणी अमेरिका से होते हुए भारत के मालाबार तट से 16-17वीं शताब्दी में हुआ। अन्य कद्दू वर्गीय फसलों से भिन्न फिग-लीफ गर्ड का वितरण ऊँचाई वाले क्षेत्रों तक ही सीमित है। दक्षिण पूर्व एशिया में यह फिलीपीन्स के लुजान में जो समुद्र तट से 1700 मीटर की ऊँचाई पर है, वहाँ यह बहुतायत से उगाया जाता है।

वानस्पतिक विवरण

फिग-लीफ गर्ड का वानस्पतिक नाम कुकुरबिटा फिसीफोलिया (*Cucurbita ficifolia* Bouche) है और यह कुकुरबिटेसी कुल का पौधा है। इसकी गुणसूत्र संख्या (2 एन.)= 40 है। फिग-लीफ गर्ड का पौधा एक वर्षीय, शाकीय एवं लता युक्त होता है। यह उभयलिंगाश्रयी (monoecious) होता है। इसकी मूसला जड़े (tap root) दो मीटर गहरी जाती है जबकि पार्श्व जड़े जमीन की ऊपरी सतह में फैली होती है। तना 10 मीटर लम्बा जिस पर चुभने वाले रोये होते हैं तथा 5 कोणीय

और इसके प्रत्येक पर्व से जड़े निकलती हैं। तने पर तंतु (tendril) काफी बड़े, शाखाओं में विभाजित; पत्तियाँ साधारण, एकांतर क्रम में, पत्ती गोलाकार 8-25 सेमी. व्यास की, किनारा नुकीला, पत्ती का बाहरी किनारा आरदार; पुष्प एकल, पीले रंग के, 7.5 सेमी. व्यास के, वाह्य दलपुंज एवं दलपुंज छोटी नलिका के रूप में नरपुष्प के तंतु में रोये (trichome) पाये जाते हैं फल पेपो, गोलाकार या बेलनाकार, 15-20 सेमी. लम्बा, सफेद से हरे रंग के जिस पर सफेद रंग के धब्बे पाये जाते हैं; छिलका चिकना, सख्त, फल का डंठल सख्त, बीज चपटे, लम्बोत्तर 1.5-2.5 सेमी. बड़े, काले रंग के। बीज की लम्बाई-चौड़ाई में 3:2 का अनुपात होता है। फिग-लीफ गर्ड की अलग पहचान इसके नर पुष्प में ट्राइकोम एवं बीज की लम्बाई-चौड़ाई में 3:2 के अनुपात से की जाती है। इसके 1000 बीज का वजन 180-250 ग्राम होता है।

जलवायु एवं भूमि

फिग-लीफ गर्ड जलवायु के प्रति काफी संवेदनशील है। यह ऊँचाई वाले क्षेत्रों में ही उगता है। हमारे देश में उत्तरांचल, हिमाचल प्रदेश एवं जम्मू-कश्मीर के ऊँचाई वाले क्षेत्रों में इसके पौधे मिलते हैं। इसे दक्षिणी एवं मध्य अमेरिका में समुद्र की सतह से 1000-2000 मीटर की ऊँचाई वाले क्षेत्रों में उगाया जाता है। फिग-लीफ गर्ड में पुष्पन के लिए छोटी प्रकाश अवधि (short photoperiod) की आवश्यकता होती है। इसको उगाने के लिए उपजाऊ, जल निकासयुक्त भूमि की आवश्यकता होती है। इसके लिए मृदा का उपयुक्त पी.एच.मान. 6.5-7.5 के मध्य होना चाहिए।

प्रसारण एवं अन्य सस्य क्रियायें

फिग-लीफ गर्ड का प्रसारण बीज के द्वारा किया जाता है। बीज के अंकुरण के लिए 15 डिग्री सेंग्रेड से अधिक तापक्रम की आवश्यकता होती है। बीज का अंकुरण 35 डिग्री सेंग्रेड पर सर्वाधिक होता है। एक हेक्टेयर क्षेत्र में लगाने के लिए 2-4 किग्रा. बीज की आवश्यकता होती है। बीज को 2-3 मीटर के अंतराल पर तैयार किये गये थाले में लगाते हैं। प्रायः एक स्थान पर 3 बीज लगाया जाता है और अंकुरण के पश्चात एक स्वस्थ पौधों को छोड़कर दो पौधों को निकाल दिया जाता है। बीज को सामान्यतया 2-5 सेमी. गहराई पर बुआई की जाती है। इसकी अच्छी फसल के लिए खेत की अंतिम तैयारी के समय 30 टन कार्बनिक खाद मिला देना चाहिए। इसके अतिरिक्त 110 किग्रा. नत्रजन, 40 किग्रा. फास्फोरस एवं 90 किग्रा. पोटाश प्रति हेक्टेयर की दर से देने की संस्तुति की गयी है। नत्रजन की एक तिहाई मात्रा बुआई के समय तथा शेष मात्रा को दो बराबर भागों में बाँटकर बुआई के 30 दिन एवं दूसरी बार 60 दिन बाद टापड्रेसिंग के रूप में देना चाहिए।

पुष्पन एवं फलत

फिग-लीफ गर्ड में अन्य कद्दूवर्गीय सब्जियों की तुलना में देर से फूल आता है। परागण का कार्य मधुमक्खियों द्वारा किया जाता है और विशेषकर पेपोनाप्सिस एट्रेटा (*Peponopsis atrata*) प्रजाति की बीज द्वारा किया जाता है। परागोदवन (anthesis) के 16 सप्ताह बाद फल में बीज परिपक्व हो जाते हैं।

फल की तुड़ाई एवं भण्डारण

पूर्ण रूप से विकसित फलों को 2-5 सेमी. डंठल के साथ काट लिया जाता है। एक हेक्टेयर क्षेत्र से लगभग 50 टन उपज प्राप्त होती है। इसके फल थोड़ा कटने या चोट लगने पर इसमें निकलने वाले स्त्राव (suberization) से ठीक हो जाता है। फलों को 27-30 डिग्री सेंग्रेड तापक्रम एवं

80 प्रतिशत आपेक्षिक आर्द्रता पर 10 दिन तक रखा जा सकता है। जबकि पूर्ण विकसित फलों को 15 डिग्री सेंग्रेड एवं 60 प्रतिशत आपेक्षिक आर्द्रता पर 6 महीने तक सुरक्षित भंडारित किया जा सकता है।

जननद्रव्य संग्रह एवं सुधार

फिग-लीफ गर्ड के जननद्रव्यों का संग्रह कैटि (Catie) टुरिएल्बा, कोस्टारिका; सैन कर्लास यूनिवर्सिटी (San Calos Univ.) ग्वाटेमाला, इनिफाप (INIFAP) सेलाया, मैक्सिको तथा यू.एस. में सर्दन प्लान्ट इंट्रोडक्शन स्टेशन (Southern Plant Introduction Station) जार्जिया, वेवीलोव इस्टिट्रयूट आफ प्लान्ट इंडस्ट्री (Vavilov Institute of Plant Industry), पीटरर्स वर्ग एवं दक्षिण पूर्व एशिया में फिलीपीन्स में इस्टिट्यूट आफ पलान्ट ब्रीडिंग (Institute of Plant Breeding) में किया गया है। फिग-लीफ गर्ड के उन्नयन के लिए कोई विशेष पहल नहीं की गयी है। सामान्यतया कुकुरबिटा प्रजातियों (*Cucurbita* sp.) में स्टेरिलिटी बैरियर होने के कारण जीन का प्रवाह नहीं होता है जबकि फिग-लीफ गर्ड इसका अपवाद है। यह कुकुरबिटा प्रजातियों में प्रजनन के प्रयोग के लिए काफी लाभप्रद है, क्योंकि इसमें विभिन्न प्रकार के विषाणु रोगों के प्रति अवरोधिता का गुण है। यह चुर्णी आसिता (powdery mildew) के प्रति सहनशील है। इसका ठंड एवं नम स्थान में उगने के गुण एवं फल की बहुत अधिक भण्डारण क्षमता के गुण को अन्य प्रजातियों में डाला जा सकता है। इसका भ्रूण संवर्धन (embryo cu-lture) के जरिए कुकुरबिटा की अन्य प्रजातियों के साथ संकरण कराया जा सकता है (रक्जास, 1993)।

10. बफैलो गर्ड
(Baffalo Gourd)

स्थानीय नाम : मिसौरी गर्ड (Missouri gourd), चिली कोयोटे (chilli-coyote), कला बाजिला लोका (Calabazilla loca) एवं फेटिड गर्ड (fitid gourd)।

बफैलो गर्ड कद्दूवर्गीय पौधा है जो राजस्थान के मरू एवं रूक्ष क्षेत्र में जंगली अवस्था में उगता है। इसके फल बहुत कडुवे होते हैं एवं बहुत अधिक उसमें बीज होता है। इसमें कंदिल जड़े भी बनती हैं। इसके बीज एवं कंदिल जड़ों का बहुत अधिक महत्व है। इसके महत्व के बारे में सर्वप्रथम लारेन्स सी. कर्टिस ने 1946 में विस्तृत जानकारी दी। आज बफैलो गर्ड की बहुत अधिक उपयोगिता मानी जाती है। इसके कच्चे फलों को सब्जी के रूप में प्रयोग किया जाता है। इसके बीज भूनकर एवं आटा तैयार करके अन्य धान्य पदार्थों के आटे के साथ मिलाकर प्रयोग किया जाता है। इसके बीज से तेल निकाला जाता है, जिसका गुण सोयबीन के तेल जैसा होता है। इसकी जड़ में स्टार्च पाया जाता है जिसे पीस लिया जाता है तथा स्थिरीकरण करके टैपिओका जैसा स्टार्च प्राप्त किया जाता है। इसके स्टार्च का अपघटन (hydrolysis) करके डेक्सट्रिन (dextrin), माल्टोज (maltose) एवं ग्लूकोज प्राप्त किया जाता है तथा इंजाइम तकनीक का प्रयोग करके फ्रक्टोज सिरप तैयार किया जाता है। बीज से प्राप्त तेल को खाने के अतिरिक्त विविध औद्योगिक प्रयोजन में प्रयोग किया जाता है। बीज के तेल से प्राप्त ओलिक अम्ल (oleic acid) को रासायनिक क्रिया करके पेलारगोनिक अम्ल (pelargonic acid) प्राप्त किया जाता है जिसे लुब्रीकेन्ट्स एवं हाइड्रोलिक फ्लूड्स (hydraulic fluids) के रूप में प्रयोग किया जाता है। इसके तेल को पेन्ट, वार्निश, पेपर कोटिंग एवं टेक्स्टाइल इंडस्ट्री में प्रयोग किया जाता है (सिंह, 1998)।

फल एवं बीज के अतिरिक्त इसकी कंदिल जड़ का काफी महत्व है। जड़ से प्राप्त स्टार्च को किण्डवित करके इथनॉल प्राप्त किया जाता है। इस प्रकार एक हेक्टेयर क्षेत्र से 3 हजार लीटर से अधिक एलकोहल प्राप्ति की जा सकती है। स्टार्च से बायोडिग्रेडेबुल प्लास्टिक एवं एडहेसिव आदि तैयार किया जा सकता है। बफैलो गर्ड का बहुत अधिक औषधीय महत्व है। इसके पूरे पौधों में कडुआपन कुकुरबिटैसिन (cucurbitacin) के कारण होता है जिसका प्रयोग कृमिनाशक, रेचक (laxative) एवं एन्टीट्यूमर दवा (anti tumour drug) बनाने में किया जा सकता है। इसके अतिरिक्त यह स्टेरायड (steroid) एवं हार्मोन्स का भी पूर्वग्रामी पदार्थ (precursor) है।

उद्भव एवं वितरण

बफैलो गर्ड का उद्भव स्थल उत्तरी अमेरिका एवं मैक्सिको का रूक्ष क्षेत्र (arid region) है। इसके पौधे रूक्ष जलवायु के प्रति पूरी तरह से अनुकूलित है। हमारे देश में यह राजस्थान के जोधपुर क्षेत्र में बहुतायत से पाया जाता है।

वानस्पतिक विवरण

बफैलो गर्ड कुकुरबिटेसी (Cucurbitaceae) कुल का पौधा है और इसका वानस्पतिक नाम कुकुरबिटा फोइटीडिस्मा (*Cucurbita foetidissima* H.B. & K.) है। बफैलो गर्ड का

पौध 6-8 मीटर लम्बा एवं लता युक्त होता है। तने का रंग भूरा होता है। पत्तियाँ ह्रदयाकार एवं खुरदुरी होती है। पत्तियों को तोड़कर मसलने पर दुर्गंध आती है। इसके तने से अत्यधिक शाखायें निकलती हैं और एक पौधा कम से कम 230 वर्ग मीटर क्षेत्र में फैलता है। फल पीले रंग के 5-7 सेमी. व्यास के होते हैं और प्रत्येक फल में 200-300 बीज बनते हैं। बीज में 30-40 प्रतिशत तेल एवं 30-35 प्रतिशत प्रोटीन पाया जाता है। इसके पौधे में काफी मोटी कंदिल जड़ विकसित होती हैं जिसमें 50-56 प्रतिशत स्टार्च पाया जाता है।

जलवायु एवं भूमि

बफैलो गर्ड उष्ण जलवायु का पौधा है और ऐसे क्षेत्र जहाँ की जलवायु शुष्क एवं रूक्ष प्रकृति की है तथा वार्षिक वर्षा का औसत 250 मिमी. है वहा इसके पौधे उगते हैं लेकिन फलत एवं अन्य उपज घटकों पर प्रतिकूल प्रभाव पड़ता है। इसको विभिन्न प्रकार की भूमियों में उगाया जा सकता है, लेकिन बलुई मिट्टी में जड़ अच्छी तरह से विकसित होती है।

प्रसारण एवं अन्य सस्य क्रियायें

बफैलो गर्ड का प्रसारण बीज एवं वानस्पतिक दोनों विधियों से किया जा सकता है। बीज द्वारा तैयार पौधे लगभग एक वर्ष तक वानस्पतिक अवस्था में रहते हैं और उनमें फूल-फल नहीं आता है। वानस्पतिक प्रसारण के लिए इसके तने के पर्व जहाँ से झकड़ा जड़े निकली रहती है, काट कर लगा दिया जाता है। व्यवसायिक स्तर पर उगाने के लिए नियमित रूप से दो पक्तियों के बीच में 3 मीटर एवं दो पौधो के बीच में 2 मीटर का अंतराल देना आवश्यक होता है। पौधों को लगाने के पश्चात हल्की सिंचाई करने से पौधे अच्छी तरहसे स्थापित होते हैं।

उपज

एक हेक्टेयर क्षेत्र में 1500-6000 पौधे आते है जिससे लगभग 30 कुन्तल बीज प्राप्त होता है और 30 कुन्तल बीज से लगभग 700-800 लीटर तेल प्राप्त होता है। इसी प्रकार एक हेक्टेयर क्षेत्र से 300-650 कुन्तल कंदिल जड़े प्राप्त होती है जिससे 65-70 कुन्तल स्टार्च मिलता है।

पौध संरक्षण

बफैलो गर्ड का पौधा जैविक एवं अजैविक दबाओं के प्रति बहुत सहनशील है। इस पर विशेष कीट व्याधियों का प्रकोप नहीं होता है। कभी-कभी जड़ गाँठ सूत्र कृमि (root knot nematode) की प्रजाति मेलाइडोगाइन जैवानिका (*Meloidogyne javanica*) का प्रकोप होता है। इसके अतिरिक्त कवक एवं जीवाणु दोनों के संयुक्त प्रभाव से जड़गलन की समस्या आती है इसके लिए फ्यूजेरियम सोलनी (*Fusarium solani*) एवं एरविनिया कैरोटोवोरा (*Erwinia carotovora*) जीवाणु जिम्मेदार होता है। इसके अतिरिक्त टेक्साज रूटराट (*Phymatotri-chum annivorum*) एवं स्क्वैश मोजेक विषाणु (squash *mosaic* virus) का प्रकोप होता है।

जननद्रव्य संग्रह एवं सुधार

बफैलो गर्ड की सब्जी के लिए कम लेकिन अन्य उत्पाद विशेषकर वैकल्पिक ऊर्जा के स्रोत के रूप में इसकी जड़ एवं बीज के तेल की बहुत अधिक महत्ता है। इसकी रूक्ष क्षेत्र में उगने की अद्भुत क्षमता को देखते हुए इस फसल पर और अधिक ध्यान देनें की आवश्यकता है। इसके जननद्रव्यों के संकलन एवं परीक्षण करके अत्यधिक तेल एवं स्टार्च युक्त प्रभेदों का चुनाव किया जा सकता है।

11. तुम्बा
(Colocynth)

स्थानीय नाम : बंगला एवं हिन्दी- इंद्रायम, मकाल; गुजराती- इंद्रक, इद्रावना, इंद्रायन; कन्नड़- पावामेकाकेई, टुमटिकाई; मलयालम- पेयकुमुटी; मराठी- इंद्रायन, कद्रदू विन्द्राबना; संस्कृत- चित्रफला, इन्द्रावरूणी, महेन्द्रावरूणी; तमिल- पेईकुमुटी; उर्दू- इंद्रायन; असम- महाकाल; बिहार- पेर; कश्मीर, पंजाब एवं राजस्थान- चोरूम्बा, कौरतुम्बा, तुम्बा

तुम्बा कद्दूवर्गीय फसल है जो विशेषकर राजस्थान के मरू एवं रूक्ष क्षेत्र से बहुतायत से उगता है। पीले रंग के गोल आकार के इसके फल खाने में कड़ुवे होते हैं, लेकिन इनके छिलके उतार कर सलाद, सब्जी एवं अन्य व्यंजन बनाने में प्रयोग किया जाता है। गर्म पानी में उबालकर इसके कड़ुवेपन को दूर करके इसका स्वादिष्ट अचार तैयार किया जाता है। इसका मुरब्बा भी तैयार किया जाता है। फल में गूदा 15 प्रतिशत, बीज 62 प्रतिशत एवं छिलका 23 प्रतिशत होता है। इसके गूदे में ताजे फल के आधार पर 1.3 प्रतिशत ग्लूकोज एवं अल्फा स्पीनेस्टेराल (α. spinasterol) का कुछ अंश पाया जाता है (डब्ल्यू ओ.आई. 1969)। एल्कोहल निष्कर्षण (alcoholic extraction) से प्राप्त पेक्टिनयुक्तागूदा में चिपकने (gelatinous) की अच्छी गुणवत्ता होती है। इसके फल के जूस में अल्फा एलेटेरिन (α. elaterin), सिट्रूलिन (citrullin), सिट्रुल्यून (citrulluene) एवं सिट्रुलिक अम्ल (citrullic acid) पाया जाता है। इसके सूखे एवं कच्चे फल में डाइहाइड्रिक एल्कोहल सिट्रुलाल (citrullol) एवं पी. हाइड्रोबेन्जाइल मिथाईल ईथर (p. hydrobenzyl methyl ether) पाया जाता है। इसके पके हुए फल के ताजे गूदे में सिट बिटाल (citbittol) पाया जाता है। इसके बीज को खाने एवं इसमें से निकाले गये तेल को खाने एवं अन्य औद्योगिक उपयोग में लाया जाता है। राजस्थान में इसके बीज को गूदे से निकालकर एवं साफ करके सूखा लिया जाता है, इससे इसका कड़ुवापन समाप्त हो जाता है। क्योंकि कड़ुवापन इसके गूदे में होता है। व्यवसायिक स्तर पर बीज को साफ करने के लिए गूदे को नमक एवं बालू के साथ मिलाकर कुछ समय के लिए छोड़ दिया जाता है और बाद में किण्डवित होने पर इसे साफ कर लिया जाता है। इसके बीज को सूखाकर आटा तैयार किया जाता है, जिसे ज्वार, बाजरे आदि के साथ मिलाकर प्रयोग में लाया जाता है। तुम्बा के बीज में 16.7 प्रतिशत तेल पाया जाता है। इसके तेल में लिनोलिक अम्ल की मात्रा काफी अधिक होती है। इसके तेल के संघटन को सारिणी (11.1) में दिया गया है-

सारिणी (11.1) तुम्बा के बीज से प्राप्त तेल का रासायनिक संघटन

वसा अम्ल	मात्रा
पालमिटिक अम्ल (Palmitic acid)	9.55 प्रतिाश्त
स्टीएरिक अम्ल (Stearic acid)	6.64 प्रतिशत
एरेसिडिक अम्ल (Arachidic acid)	1.90 प्रतिशत
ओलिक अम्ल (Oleic acid)	21.06 प्रतिशत
लिनोलिक अम्ल (Linoleic acid)	59.2 प्रतिशत
लिनोलेनिक अम्ल (Linolenic acid)	1.65 प्रतिशत

तुम्बा के तेल में हाइड्राक्सी कीटोटेट्रासाइक्लिक ट्राईटरपीन सिट्रुलोनाल

(hydroxyketotetracylic triterpene citrull-onol) भी पाया जाता है। इसके तेल को औद्योगिक उत्पाद जैसे साबुन एवं पेन्ट तैयार करने में प्रयोग किया जाता है।

सर्वप्रथम वाक्यूलिन (1818) द्वारा तुम्बा के छिलके एवं बीज को निकालकर गूदे में कोलोसिन्थिन (colocynthin) का निर्धारण किया गया। बाद में इसे और शुद्ध रूप में वाल्ज (1891) द्वारा निकाला गया। यह जल एवं एल्कोहल में विलेय है, लेकिन बेन्जाल, बेन्जीन, कार्बनडाई सल्फाइड एवं ईथर में अविलेय है। वाल्ज (1891) इसके एल्कोहलिक निष्कर्षण से ईथर विलेय क्रिस्टल युक्त एवं स्वादहीन तथा जल में अविलेय पदार्थ प्राप्त किया। इसके गूदे में ऐश की मात्रा 8.6-14 प्रतिशत होती है। (स्विवेरे, 1894) जबकि बीजमें 2.5 प्रतिशत ऐश होती है वाल्ज (1891)। तुम्बा का बहुत अधिक औषधीय महत्व है। इससे तैयार दवा को पित्त सम्बन्धी एवं पेट के विकारों को दूर करने में प्रयोग किया जाता है।

उद्भव एवं वितरण

यह विश्वास किया जाता है कि तुम्बा की उत्पत्ति रूक्ष क्षेत्र से हुई है। इसके पौधे उत्तरी अफ्रीका के पश्चिमी किनारे तट (सेनेगैम्बिया, मोरक्को, केप वर्डे आइसलैण्ड) से लेकर पूर्वी छोर सहारा इजिप्ट, अरेबिया, बलूचिस्तान से लेकर भारत तक फैला है। रेड सी के पास कोसिर में इसकी बहुत अधिक विभिन्नता देखने को मिलती है। हमारे देश के उत्तर पश्चिमी क्षेत्र बारमेड, बीकानेर, जैसलमेर एवं जोधपुर और गुजरात के उन क्षेत्रों में अधिकता से पाया जाता है जहाँ सतह पर बालू की पर्त है।

वानस्पतिक विवरण

तुम्बा तरबूज की काफी नजदीकी प्रजाति है। इसका वानस्पतिक नाम सिट्रुलस कोलोसिन्थिस [*Citrullus colocynthis* (Lin.) Schrad. Syn. *C. vulgaris Schard*] है। इसके पौधे बहुवर्षीय, लतायुक्त एवं उभयालिंगाश्रयी (monoecious) होते हैं। तना कोण युक्त, पत्तियाँ बिल्कुल तरबूज के पौधों जैसी खुरदुरी, अण्डाकार, त्रिगुणित (तीन पिण्डों में बटी हुई)। पुष्प पीले रंग के, नर एवं मादा पुष्प अलग-अलग स्थान से निकलते हैं। तुम्बा में एक महत्वपूर्ण अंतर यह होता है कि तरबूज के टेन्ड्रिल साधारण प्रकार के जबकि कोलोसिन्थ में विभाजित होते हैं। फल पीपो (pepo) 4-10 सेमी. व्यास के, चिकने, गोलाकार, हरे रंग के जिस पर पीले रंग के धब्बे पाये जाते हैं। गूदा कड़ुवा, बीज बहुत अधिक संख्या में सफेद या हल्के भूरे रंग के।

जलवायु एवं भूमि

तुम्बा शुष्क एवं रूक्ष क्षेत्र का पौधा है और इसके पौधों को समुद्र तट से 1500 मीटर की ऊँचाई वाले क्षेत्रों में देखा जा सकता है। यह मरू क्षेत्रों में अधिकता से उगता है। इसकी जड़े बहुत अंदर तक जाती है तथा शुष्क जलवायु में आसानी से उगने के कारण इसे मृदा क्षरण को रोकने के लिए प्रयोग किया जाता है। यद्यपि इसके फलों पर चूहों का बहुत अधिक प्रकोप होता है, इसलिए वृक्षरोपण के साथ इसे नहीं प्रयोग किया जाता है क्योंकि चूहे अन्य पौधों को क्षति भी पहुँचाने लगते हैं।

सस्य क्रियायें

तुम्बा का प्रसारण बीज द्वारा होता है। साधारणतया नियमित रूपसे इसकी खेती नहीं की जाती है। एक हेक्टेयर क्षेत्र के लिए 2.5-3.0 किग्रा. बीज की आवश्यकता होती है। इसकी जड़े काफी अंदर तक जाती है। अत: एक बार पौधे के विकसित हो जाने पर उसमें सूखा सहन करने की अद्भुत क्षमता विकसित हो जाती है। इसे विशेष

सिंचाई आदि की आवश्यकता नहीं होती है और ऐसे क्षेत्र जहाँ वर्षा का औसत 150-200 मिमी. प्रति वर्ष है। वहाँ भी इसे उगाया जा सकता है।

जननद्रव्य संग्रह एवं सुधार

तुम्बा का तरबूज के साथ संकरण संभव है। इसके फलों एवं गुणों के प्रति काफी विभिन्नता पाई जाती है। बीज के तेल का एवं फल का अत्यंत औषधीय महत्व होने के कारण इसके जननद्रव्यों के संग्रह एवं अन्य गुणवत्ता परीक्षण करने की आवश्यकता है। इसके अजैविक दबाओं के प्रति अवरोधी गुणों की प्रजनन में बहुत अधिक महत्ता है।

12. फूट ककड़ी
(Snap Melon)

फूट ककड़ी को मक्का के साथ उगाने का बहुत अधिक प्रचलन है। इसके कच्चे फल को ताजे, सलाद के रूप में एवं सब्जी के रूप में प्रयोग किया जाता है। कच्चे फलों से रायता भी तैयार किया जाता है। फल पकने पर स्वत: फट जाते हैं। इसके पके फल खाने में स्वादिष्ट होते हैं और इसकी सबसे अच्छी विशेषता यह है कि इसमें खरबूजे की तुलना में मीठास कम होता है। अत: जिनको अधिक मीठास से परहेज है उनके लिए यह काफी महत्वपूर्ण है। इसके बीज को साफ कर के सूखा लिया जाता है, जिसका मिठाई एवं अन्य व्यंजनों के तैयार करने में प्रयोग किया जाता है। फूट ककड़ी से जाम, मीठे जूस, स्क्वाश एवं वाइन भी तैयार की जाती है (पुष्पलता एवं सहयोगी, 2006) न जाम तैयार करने के लिए गूदे की बराबर मात्रा में शर्करा का प्रयोग किया जाता है। इसके फल के पोषक मूल्य को सारिणी (12.1) में दिया गया है।

सारिणी (12.1) फूट का पोषक मूल्य (प्रति 100 ग्राम खाने योग्य भाग में)

पोषक तत्व	मात्रा
जल	95.7 प्रतिशत
कार्बोहाइड्रेट्स	3.0 प्रतिशत
प्रोटीन	0.3 प्रतिशत
वसा	0.1 प्रतिशत
विटामिन ए	265 अ.इ.
खनिज पदार्थ	0.4 प्रतिशत

स्रोत : सिंह एवं जोशी, 1993

उद्भव एवं वितरण

फूट ककड़ी की उत्पत्ति संभवत: उष्ण कटिबंधीय अफ्रीका एवं एशियाई देशों से हुई मानी जाती है। यह रूक्ष (arid) क्षेत्र की बहुत ही प्रचलित फसल है। इसे हमारे देश के विभिन्न प्रांतों में मिश्रित फसल के रूप में उगाया जाता है। राजस्थान में इसे बहुतायत से उगाया जाता है।

वानस्पतिक विवरण

फूट कुकुरबिटेसी (Cucurbita-ceae) कुल का पौधा है। इसका वंश कुकुमिस (*Cucumis*) एवं प्रजाति मेले (*melo*) तथा किस्म मोमार्डिका (var. momordica) है। इसकी गुण सूत्र संख्या (2 एन.) = 24, 48 है। यह एक वर्षीय लतायुक्त, उभय लिंगाश्रयी (monoecious) पौधा है। पत्तियाँ डंठल युक्त एवं 3-4 पिण्डों वाली होती है। पत्तियों की सतह खुरदुरी होती है। फूल पीले रंग के होते हैं। प्रारम्भिक अवस्था में नर पुष्प आते हैं एवं बाद में मादा पुष्प आते हैं। परागण सुबह 5-8:30 बजे तक एवं सायंकाल होता है। मादा पुष्प में वर्तिकाग्र परागण के 36 घण्टे पूर्व से लेकर 48 घण्टे बाद तक ग्राह्य बनी रहती है। फलों के आकार में बहुत अधिक विभिन्नता पाई जाती है। कच्चे फल कड़ुवे होते हैं।

जलवायु एवं भूमि

फूट के लिए गर्म तथा आर्द्र जलवायु की आवश्यकता होती है। इसके बीज के अंकुरण के लिए 30-35 डिग्री सेंग्रेड तापक्रम की आवश्यकता होती है। पौधों की बढ़वार के लिए 32-37 डिग्री सेंग्रेड तापक्रम एवं अधिक आपेक्षिक आर्द्रता की आवश्यकता होती है। आर्द्रता कम होने पर फूल झड़ने लगते हैं और फलत अच्छी नहीं होती है। यदि

तापक्रम 35-40 डिग्री सेंग्रेड के मध्य रहता है तथा आर्द्रता कम रहती है उस अवस्था में फल अधिक लगते हैं लेकिन फल की वृद्धि के लिए अत्यधिक आर्द्रता की आवश्यकता होती है। फूट को विभिन्न प्रकार की भूमियों में उगाया जा सकता है लेकिन भूमि में जलनिकास की अधिक आवश्यकता होती है। इसके पौधों की बढ़वार के लिए जीवांश युक्त बलुई-दोमट भूमि अच्छी मानी जाती है। इसके लिए मृदा का उपयुक्त पी.एच.मान 7.0 है।

बुआई का समय एवं बीज दर

राजस्थान में इसकी दो फसल बरसात एवं ग्रीष्म ऋतु की ली जाती है। उत्तर भारत के मैदानी क्षेत्रों में सामान्यतया इसे खरीफ की फसल के रूप में उगाया जाता है। पर्वतीय क्षेत्रों में 15 मार्च से लेकर 15 मई तक बुआई की जाती है। एक हेक्टेयर क्षेत्र की बुआई के लिए ग्रीष्मकालीन फसल के लिए 4-5 किग्रा. बीज की आवश्यकता होती है। चूँकि बरसात के मौसम में इसकी बेलें काफी अधिक बढ़ती है अत: पंक्ति से पंक्ति एवं पौध से पौध 3 मीटर का अंतराल रखा जाता है जबकि ग्रीष्म ऋतु की फसल के लिए 2×2 मीटर का अंतराल पर्याप्त होता है। मिश्रित फसल के रूप में जब इसे मक्का या कपास के साथ उगाया जाता है तब 4-5 पंक्तियों के पश्चात एक पंक्ति में इसके बीज को डाल दिया जाता है। बीज के अंकुरण में 4-6 दिन का समय लगता है।

खाद एवं उर्वरक

जब इसे मिश्रित फसल के रूप में उगाया जाता है तब इसे मुख्य फसल के साथ दिये गये खाद एवं उर्वरक से ही उगा लिया जाता है। अलग से खाद एवं उर्वरक नहीं दिया जाता है। साधारणतया खेत की तैयारी के समय 15-20 टन सड़ी हुई गोबर की खाद मिला दी जाती है। इसके अतिरिक्त बुआई के समय 30 किग्रा नत्रजन, 50 किग्रा फास्फोरस तथा 50 किग्रा. पोटाश प्रति हेक्टेयर की से देने की संस्तुति की जाती है। बुआई के 30-40 दिन पश्चात एवं पुन: 45-60 दिन बाद 15 किग्रा. नत्रजन की प्रति हेक्टेयर की दर से दो बार टापड्रेसिंग करने से पौधों की बढ़वार पर अनुकूल प्रभाव पड़ता है एवं फलत अच्छी मिलती है (सिंह एवं जोशी, 1993)। डे एवं सहयोगी (2004) ने 80 किग्रा. नत्रजन, 40 किग्रा. फास्फोरस एवं 40 किग्रा पोटाश प्रति हेक्टेयर की दर से देने की संस्तुति की है।

सिंचाई एवं अंत: सस्य क्रियायें

बरसात की फसल के लिए किसी विशेष सिंचाई की आवश्यकता नहीं होती है। गर्मी की फसल के लिए 5-6 दिन के अंतराल पर सिंचाई करना आवश्यक होता है। बरसात की फसल में जलनिकास का उचित प्रबन्ध होना चाहिए अन्यथा पौधे सड़कर समाप्त हो जाते हैं। फलों की गुणवत्ता पर भी अधिक नमीं का प्रभाव पड़ता है। जब पौधे छोटी अवस्था में रहते हैं उस समय पौधों के आस-पास से खरपतवार निकालकर खेत को साफ रखना चाहिए। बाद में जब बेले बढ़ जाती हैं तब विशेष निकाई-गुड़ाई की आवश्यकता नहीं पड़ती है। पौधों को मचान बनाकर चढ़ाने से फलत अधिक मिलती है और फलों की तुड़ाई में भी काफी सुविधा मिलती है।

फलों की तुड़ाई एवं उपज

सब्जी एवं सलाद के लिए कच्चे फलों की तुड़ाई की जाती है। पके फलों को खाने के लिए जब वह पूरी तरह से पक कर पीले पड़ जाय लेकिन फटने से पूर्व उनकी तुड़ाई की जाय। इसकी उपज फसल के प्रकार एवं किस्म पर निर्भर करती है। बरसात की फसल से अधिक 250-300 कुन्तल उपज प्राप्त होती है जबकि गर्मी की फसल से 200-

250 कुन्तल उपज मिलती है। इसके पके फल की भण्डारण क्षमता बहुत अच्छी नहीं होती है। अत: तुड़ाई के शीघ्र पश्चात इसे उपयोग में लाना चाहिए। शीत गृह में 6-8 डिग्री सेंग्रेड तापक्रम पर 15-20 दिन तक भण्डारित किया जा सकता है।

किस्में

फूट की किस्मों के विकास पर विशेष बल नहीं दिया गया है। इसकी कुछ किस्मों का वर्णन निम्न प्रकार है-

1) ग्रीष्म बहार (Grism Bahar) यह किस्म ग्रीष्म काल के लिए काफी अच्छी है। इसके फल 30-40 सेमी. लम्बे एवं मोटे होते हैं। एक पौधे पर 4-5 फल लगते हैं। फल कच्ची अवस्था में हरे रंग के और पकने पर पीले रंग के हो जाते हैं।

2) क्वारी बहार (Kwari Bahar) यह किस्म खरीफ के मौसम में उगाने के लिए काफी उपयुक्त है। फल 25-30 सेमी. लम्बे होते हैं और उन पर हरे रंग की धारियाँ होती हैं। फल का गूदा हल्के बादामी रंग का होता है। एक पौधे पर 4-5 फल लगते हैं।

अभी हाल में केन्द्रीय रूक्ष उद्यान अनुसंधान केन्द्र, बीकानेर (राजस्थान) से इसकी दो किस्में चयनित की गयी हैं, जो निम्न प्रकार है-

ए.एच.एस. 1 (A.H.S. 1) यह एक अगेती किस्म है जिसे स्थानीय प्रभेद (land race) से चुनाव करके विकसित किया गया है। इसमें बुआई के 67-69 दिन बाद फल तैयार हो जाते हैं। इसके फल का औसत वजन 850-900 ग्राम होता है। फल का गूदा गुलाबी रंग का एवं गूदे की मोटाई 2.1-2.6 सेमी. होती है। फल में 4.5-5.6 प्रतिशत मीठास होता है। एक बेल पर 4-5 फल लगते हैं।

ए.एच.एस. 82 (A.H.S. 82) इसे राजस्थान के रूक्ष क्षेत्र से एकत्रित किये गये स्थानीय प्रभेदों से चुनाव करके विकसित किया गया है। इसकी बेलें काफी ओजस्वी होती हैं। प्रत्येक बेल पर 4.5-5.0 फल लगते हैं। फल का गूदा 2.21-2.41 सेमी. मोटा, फल की गुहा 5.4-6.4 सेमी. चौड़ी होती है। फल का गूदा हल्के लाल रंग का होता है। यह किस्म खरीफ में उगाने के लिए उपयुक्त है। इन दोनों किस्मों की तुलना सारिणी (12.2) में की गयी है

जननद्रव्य संग्रह एवं सुधार

हमारे देश में फूट की बहुत ही अधिक विभिन्नता पाई जाती है। फलों के आकार-प्रकार एवं गुणवत्ता में तथा जैविक एवं अजैविक दबाओं के प्रति भी काफी विभिन्नता देखने को मिलती है। इसके जननद्रव्यों के व्यवस्थित रूप से एकत्रीकरण, मूल्यांकन एवं संरक्षण की आवश्यकता है। केरल कृषि विश्व विद्यालय, त्रिचूर पर इसके 13 जननद्रव्यों को एकत्र करके विभिन्न गुणों के लिए परीक्षण किया गया जिसमें सर्वाधिक प्रतिफल वजन क्रमश: एसीसी नं. 5 (2930 ग्राम), एसीसी नं. 8 (2134 ग्राम) एवं एसीसी नं. 10 (1775 ग्राम) में पाया गया। इन जननद्रव्यों में गूदे की मात्रा भी अधिक थी तथा शर्करा का औसत विभिन्न जननद्रव्यों में 1.25-4.80 प्रतिशत पाया गया

सारिणी (12.2) फूट ककड़ी की किस्म ए.एच.एस. 1 एवं ए.एच.एस. 82 में तुलना

	पुष्प आने की अवधि (दिन में)		फल का आकार (सेमी. में)		वजन	टीएसएस	उपज कु/है
	नर	मादा	लम्बाई	मोटाई	(ग्राम)	(प्रतिशत)	
एएचएस-1	26	38	17-20	5.5-6.1	850-900	4.5-5.5	225-230
एएचएस-82	28	35	23-25	9-9.2	900-950	4.3-4.9	245-250

स्रोत : पारीक एवं समादिया (2002)

जबकि सर्वाधिक कार्बोहाइड्रेट्स की मात्रा (35.82%) एसीसी नं. 12 में पाई गयी (पुष्पलता एवं सहयोगी, 2006)।

13. काचरी
(Kachari)

स्थानीय नाम : कचारिया, पेठिया, सेंधा, गोराडी; संस्कृत- चित्रा, चित्रफल, मिग्राक्षी

काचरीं एक अत्यन्त ही उष्ण जलवायु के प्रति सहन शील पौधा है जिसे राजस्थान के रूक्ष क्षेत्र में उगाया जाता है। यह खरबूजे के नजदीकी प्रजाति मानी जाती है। इसके कच्चे फलों की सब्जी बनाई जाती है तथा चटनी, अचार, सलाद आदि में भी प्रयोग किया जाता है। इसके फलों के छिलके उतार कर सूखा लिया जाता है या पाउडर तैयार करके भी प्रयोग में लाया जाता है। इसके निर्जलित किये गये फल बाजार में 30-50 रुपये प्रति किलो की दर से बिकते हैं इसके पाउडर को कढ़ी आदि तैयार करने में प्रयोग किया जाता है। इसके फल का अत्यधिक औषधीय महत्व है। इसका सेवन मूत्र सम्बन्धी रोगों एवं पाचन सम्बन्धी विकारों को दूर करने में काफी लाभप्रद है।

उद्भव एवं वितरण

काचरी के पौधे जंगली अवस्था में राजस्थान के शुष्क क्षेत्र में पाये जाते हैं। इससे यह प्रतीत होता है कि भारत का शुष्क एवं आर्द्र क्षेत्र इसकी विविधता के प्रमुख केन्द्र हैं।

वानस्पतिक विवरण

काचरी खरबूज (*Cucumis melo*) की नजदीकी प्रजाति मानी जाती है और इसका वानस्पतिक नाम कुकुमिस कैलोसस (*Cucumis callosus*) है। कुकुमिस के टैक्जोनामिक पोजीशन (taxonomic position) के बारे में काफी विवाद है। इसके प्रजाति के लिए जो पर्याय दिया जाता है वह है सी. ट्राइगोनस (*C. trigonus*) (ब्राउन एवं सहयोगी, 1969) जिसमें 14 सोमैटिक क्रोमोजोम (somatic chromo some) होते हैं (डार्लिंगटन एवं वाइली, 1955; सिंह एवं राय, 1973)। प्रजनन सम्बन्धी किये गये परीक्षणों से पता चलता है कि सी. कैलोसस [*C. callosus* (Rottl.) Cogn.] एवं खरबूज (*C. melo*) के बीच सुगमतापूर्वक संकरण हो जाता है (नौडिन, 1918; वेवीलोव, 1931; सम्बंदम एवं चेलियाह, 1972)। इसके क्रोमोजोम संख्या एवं अन्य कुकुमिस प्रजातियों के मध्य सम्बन्ध के अध्ययन के लिए विस्तृत परीक्षण पार्थसारथी एवं सम्बंदम (2005) द्वारा किया गया। अध्ययन में पाया गया कि सी. कैलोसस की सोमैटिक क्रोमोजोम संख्या 24 है जो कि सिंह एवं राय (1973) द्वारा निर्धारित गुण सूत्र संख्या ((2एन) = 14) से भिन्न है। वास्तव में ब्राउन एवं सहयोगी (1969) द्वारा भारत की जिस प्रजाति को सी. ट्राइगोनस (*C. trygonus*) नाम दिया गया वह वास्तविक रूप में सी. हार्डविकाई (*C. hardwickii*) थी और सी. ट्रागोनस, सी. कैलोसस की पर्याय है (चक्रवर्ती, 1959)।

सी. कैलोसस से कुकुमिस की 7 प्रजातियों सी. मेटुलिफेरस (*C. metuliferus*) सी. अंगुरिया (*C. anguria*), सी. लोंगीपेस (*C. longipes*), सी. जेयहरी (*C. zeyheri*), सी. माइरिओकारपस (*C. myriocarpus*), सी. डिप्सैसीयस (*C dipsaceus*) एवं सी. मेलो (*C. melo*) के साथ संकरण (व्युत्पन्न संकरण भी) कराये गये। इसमें सी. कैलोसस का संकरण केवल

सी. मेलों से संभव हुआ (पार्थसारथी एवं सम्बंदम, 2005)।

जलवायु एवं भूमि

काचरी का पौधा अधिक तापक्रम के प्रति काफी सहनशील है। इसके पौधे राजस्थान के रूक्ष एवं मरु क्षेत्र में सुगमता पूर्वक उगते हैं। बीज के अंकुरण के लिए 25 डिग्री सेंग्रेड तापक्रम अनुकूल होता है जबकि पौधों की बढ़वार, पुष्पन एवं फलधारण के लिए 30-35 डिग्री सेंग्रेड तापक्रम की आवश्यकता होती है। अत्यधिक वर्षा वाले क्षेत्रों में अधिक आर्द्रता के कारण फलों के धारण एवं गुणवत्ता पर प्रतिकूल प्रभाव पड़ता है।

काचरी को विभिन्न प्रकार की भूमियों में उगाया जा सकता है, लेकिन अच्छी उपज के लिए उचित जलनिकास युक्त बलुई दोमट भूमि अच्छी मानी जाती है।

बुआई का समय एवं बीज दर

राजस्थान में काचरी की दो फसल ली जाती है। ग्रीष्म ऋतु की फसल की बुआई मार्च-अप्रैल के महीने में की जाती है जबकि बरसात की फसल की बुआई जुलाई-अगस्त के महीने में की जाती है। एक हेक्टेयर क्षेत्र के लिए 2.5-3.0 किग्रा. बीज की आवश्यकता होती है।

खाद-उर्वरक एवं अन्य सस्य क्रियायें

एक हेक्टेयर क्षेत्र के लिए 8-10 टन सड़ी गोबर की खाद खेत की अंतिम बार जुताई करते समय मिला देना चाहिए। इसके अतिरिक्त बुआई के समय 40 किग्रा. नत्रजन, 30 किग्रा. फास्फोरस तथा 30 किग्रा. पोटाश देना चाहिए। बुआई के 30-35 दिन बाद नत्रजन का 40 किग्रा. प्रति हेक्टेयर की दर से टापड्रेसिंग की जानी चाहिए। जब पौधे छोटी अवस्था में रहते हैं उस समय उसके पास खरपतवार को निकाल कर पौधों के पास मिट्टी चढ़ा देना चाहिए। इससे पौधों की बढ़वार पर अनुकूल प्रभाव पड़ता है। बरसात की फसल को सहारा देकर चढ़ा देने से फसल अच्छी होती है।

किस्में

काचरी की स्थानीय किस्में ही उगाई जाती हैं। अभी हाल में केन्द्रीय मरू उद्यान संस्थान, बीकानेर द्वारा इसकी दो सुधरी किस्में विकसित की गयी हैं (पारीक एवं समादिया, 2002)।

ए. एच. के. 119 (A.H.K.119)

इस किस्म को स्थानीय प्रभेदों से चुनाव करके विकसित किया गया है। यह एक अगेती एवं अधिक उपज वाली किस्म है। इसके फल निजर्लीकरण (dehydration) के लिए काफी उपयुक्त है। फल छोटे, अण्डाकार 5-6 सेमी.× 4.45 सेमी. आकार के एवं 50-60 ग्राम वजन के होते हैं। फल के छिलके की मोटाई 0.4 सेमी. तथा बीज भित्त 3.0 सेमी. मोटी होती है, जिसमें बड़ी संख्या में बीज लगे होते हैं। बीज छोटे एवं मुलायम होते हैं। इसमें नर पुष्प बुआई के 27-28 दिन बाद जबकि मादा पुष्प 38-40 दिन बाद आते हैं। बुआई के 68-70 दिन बाद फल तुड़ाई के लिए तैयार हो जाते हैं। इसकी एक बेल पर 20-22 फल लगते हैं। फल की औसत उपज 95-100 कुन्तल प्रति हेक्टेयर है।

ए.एच.के. 200 (A.H.K. 200)

इस किस्म का चुनाव भी स्थानीय प्रभेदों से किया गया है। इसके फल अपेक्षाकृत बड़े 7.5×5.1 सेमी. आकार के होते हैं। फल का औसत वजन 100-120 ग्राम होता है। इसका गूदा मीठा होता है। इसमें नर पुष्प बुआई के 26-27 दिन बाद जबकि मादा पुष्प 32-33 दिन बाद आते हैं। इसमें बुआई के 65-67 दिन बाद पहली तुड़ाई की जाती

है। एक बेल पर 20 फल लगते हैं। इसकी औसत उपज 115-120 कुन्तल प्रति हेक्टेयर है।

फलों की तुड़ाई एवं उपज

काचरी में बुआई के 65-70 दिन बाद फल तुड़ाई के योग्य हो जाते हैं। सब्जी के लिए कच्चे फलों की तुड़ाई की जाती है। फलों की भण्डारण क्षमता अच्छी होती है और इसे कमरे के तापक्रम पर 15-20 दिन तक रखा जा सकता है। इसकी औसत उपज 100-125 कुन्तल प्रति हेक्टेयर है।

जननद्रव्य एवं संग्रह एवं सुधार

काचरी के जननद्रव्यों में इसकी बेलों की बढ़वार, पुष्पन के क्रम, फलों के आकार-प्रकार के प्रति काफी विभिन्नता पाई जाती है। इसमें फल मक्खी (fruit fly) एवं पत्ती खाने वाले कैटरपिलर (leaf eating caterpillar) के प्रति अवरोधी जीन होने के कारण इसकी खरबूजे के प्रजनन में बहुत महत्ता है (सम्बंदम एवं चेलियाह, 1972)। उच्च तापक्रम एवं विषम परिस्थिति में उगने की इसमें अद्भुत क्षमता होती है, जिसका अजैविक दबाओं के प्रति अवरोधी किस्में विकसित करने में अत्यधिक उपायेग हैं। इसकी रोग अवरोधी एवं रूक्ष क्षेत्र में उपयोगिता को ध्यान में रखकर भारतीय कृषि अनुसंधान परिषद द्वारा इसके जननद्रव्यों के संकलन, मूल्यांकन एवं उपयोग के लिए एक प्रोजेक्ट महाराणा प्रताप कृषि विश्वविद्यालय, उदयपुर पर क्रियान्वित की गई है, जिसके अंतर्गत बड़ी संख्या में इसके जनन द्रव्यों को एकत्र करके परीक्षण का कार्य किया जा रहा है।

14. जंगली खीरा
(Wild Cucumber)

सामान्य नाम : कोरिला (Korilla), एकाक्चा Achoccha (अंग्रेजी)

जंगली खीरा खीरे की ही भाँति होता है। इसके ताजे फलों को कच्चे सलाद के रूप में या पकाकर सब्जी के रूप में प्रयोग किया जाता है। परिपक्व फलों से बीज निकालकर उसमें मसाले आदि भरकर (stuffing) विविध प्रकार की डिश तैयार की जाती है। इसका स्वाद खीरे की ही भाँति होता है। फल के अतिरिक्त इसकी पत्तियों एवं मुलायम टहनियों की सब्जी तैयार की जाती है। इसके फल में पाये जाने वाले पोषक तत्वों को सारिणी (14.1) में दिया गया है।

सारिणी (14.1) जंगली खीरे का पोषक मूल्य (प्रति 100 ग्राम खाने योग्य भाग में)

पोषक तत्व	मात्रा
नमीं	94.1 प्रतिशत
ऊर्जा	17 कि कैलोरी
कार्बोहाइड्रेट्स	4.0 ग्राम
प्रोटीन	0.6 ग्राम
वसा	0.10 ग्राम
रेशा	0.70 ग्राम
ऐश	0.70 ग्राम
विटामिन सी	14 मिग्रा.
विटामिन बी-1	0.04 मिग्रा.
बी-2	0.04 मिग्रा.
नियासिन	0.3 मिग्रा.
कैल्शियम	14 मिग्रा.
पोटैशियम	26 मिग्रा.
आयरन	0.8 मिग्रा.

स्रोत : यामागुच्ची, 1983

उद्भव एवं वितरण

जंगली खीरा की उत्पत्ति मुख्य रूप से लैटिन अमेरिका से हुई है। इसे मैक्सिको, पेरू एवं एक्वाडोर में उगाया जाता है। पुरानी दुनिया के देशों भारत के अतिरिक्त इसे मलेशिया, नेपाल एवं ताईवान में उगाया जाता है। हमारे देश में इसे उत्तर पूर्वी राज्यों में उगाया जाता है।

वानस्पतिक विवरण

जंगली-खीरा कुकुरबिटेसी (Cucurbitaceae) कुल का पौधा है। इसका वानस्पतिक नाम साइक्लेनथेरा पेडाटा (*Cyclanthera pedata* (L.) Schrader) है। इसकी गुणसूत्र संख्या (2 एन.) 32 है। इससे सम्बंधित एक अन्य प्रजाति सी. ब्रैचीस्टेचिया (*C. brachystachia* (Ser.) Cogn. Syn. *C. explodens* Naudin) है। इसकी उत्पत्ति भी लैटिन अमेरिकी देश से हुई है। इसके फल को भी खाने के काम में लाया जाता है।

जंगली खीरा का पौधा शाकीय, एक वर्षीय एवं लता युक्त पौधा होता है। पत्तियाँ अर्द्ध गोलाकार, 17.5×20 सेमी., 3-5 पिण्डो वाली; फल पेपो, फल पर मुलायम रोयें, बीज गुहा (seed cavity) आंशिक रूप से भरी हुई। बीज गुहा में काले भूरे रंग के बीज बनते हैं।

जलवायु एवं भूमि

जंगली खीरा के पौधे कम तापक्रम के प्रति सहनशील होते हैं। अत: इन्हें उपोष्ण क्षेत्रों के 2000 मीटर की ऊँचाई वाले क्षेत्रों में भी सफलतापूर्वक उगाया जा सकता है। इसको विभिन्न प्रकार की भूमियों में उगाया जा सकता है, लेकिन जीवांश युक्त दोमट भूमि में पौधों की बढ़वार अच्छी होती है। खेत में जलनिकास की उचित सुविधा होनी चाहिए।

प्रसारण एवं अन्य सस्य क्रियायें

जंगली खीरे का प्रसारण बीज द्वारा किया जाता है। इसके बीज को 90×90 सेमी. के अंतराल पर लगाया जाता है। एक हेक्टेयर क्षेत्र में लगाने के लिए 3-4 किग्रा. बीज की आवश्यकता होती है। जब पौधों की बेलें कम विकसित होती हैं उस अवस्था में पौधो की विशेष देख-भाल की आवश्यकता होती है। छोटे पौधों के आस-पास से खरपतवार को निकाल कर मिट्‌टी चढ़ा देने से बढ़वार अच्छी होती है। बेलों को मचान बनाकर चढ़ा देने से फलत अच्छी होती है तथा फल की गुणवत्ता भी बनी रहती है।

फल की तुड़ाई एवं उपज

जब फल मुलायम एवं कच्चे रहते हैं उसी अवस्था में इसकी तुड़ाई करके प्रयोग में लाया जाता है। एक हेक्टेयर क्षेत्र से 100-125 कुन्तल उपज प्राप्त होती है।

जननद्रव्य संग्रह एवं सुधार

जंगली खीरा के जननद्रव्यों के संकलन पर अभी कोई विशेष बल नहीं दिया गया है। पर-परागित फसल होने के कारण इसके फलों के आकार-प्रकार एवं फलों की गुणवत्ता के प्रति काफी विभिन्नता पाई जाती है। हमारे देश के उत्तर-पूर्वी पर्वतीय क्षेत्रों में इसकी काफी विभिन्नता देखने को मिलती है। कम तापक्रम के प्रति सहनशीलता एवं अन्य वांछित गुणों को प्रजनन के द्वारा अन्य सम्बंधित प्रजातियों में हस्तांतरण के लिए प्राथमिकतायें निश्चित की जा सकती हैं।

15. जंगली करेला
(Balsam Pear)

स्थानीय नाम : मिडजेट करेला, लालोइंट जी (अफ्रीका)

जंगली करेला के पौधे अर्द्ध जंगली अवस्था में हमारे देश के उत्तर पश्चिमी भागों में उगते हैं। इसके कच्चे ताजे फल को सब्जी एवं अचार बनाने में प्रयोग किया जाता है। इसकी पत्तियाँ भी विटामिन सी की अच्छी स्रोत होती है। वाट एवं ब्रेयर-वैंडविज्क (1962) के अनुसार पौधे में कडुआपन घटक मोमार्डिसिन (momordicin) पाया जाता है। इसका बहुत अधिक औषधीय महत्व है। इसको पीस करके कटे-जले भाग पर पुल्टिस के रूप में प्रयोग किया जाता है। हचिंग्स एवं सहयोगी (1996) के अनुसार जूलू के लोगों द्वारा इसके पौधे के जूस को पेट सम्बन्धी विकारों को दूर करने में किया जाता है। इसका सेवन मधुमेह रोगियों के लिए लाभप्रद है। इसके कच्चे फल में रेजिन एल्केलायड तथा सैपोनिन ग्लाइकोसाइड (saponin glycoside) होता है, जिसके कारण कच्चे फल को खाने पर उल्टी एवं डाइरिया की शिकायत होती है। पकाने पर इसका प्रभाव कम हो जाता है।

उद्भव एवं वितरण

बालसम पीयर उपोष्ण अफ्रीका का देशज माना जाता है। यूरोप में इसकी खेती 1800 ईसा से ही की जा रही है। इसके पौधे नाम्बिया, बोटसवाना, स्वाजीलैण्ड और दक्षिणी अफ्रीका के वेस्टर्न केप प्रांत को छोड़कर सभी जगह उगाए जाते हैं।

वानस्पतिक विवरण

बालसम पीयर का वंश मोमार्डिका (*Momordica*) है। वंश मोमार्डिका पुरानी दुनियाँ का देशज है जिसमें से अधिकांश का वितरण उपोष्ण अफ्रीका में है। मोमार्डिका की प्रजातियों की पहचान उनके लाल रंग के गूदे में बीज के चिपके होने तथा नरपुष्प में बड़े आकार के ब्रैक्ट्स से की जाती है।

बालसम पीयर की प्रजाति बालसेमिना (*M. balsamina* L.) है। इसका पौधा चिकना या रोयेंदार, बहुवर्षीय एवं शाकीय होता है। जड़ कंदिलनुमा, पूरे पौधे में धतुरा (*Datura stramonium*) के पौधे जैसी दुर्गंध आती है। और जब पौधे के किसी भाग को मसल दिया जाता है तब गंध और अधिक तेज हो जाती है। तना लतायुक्त, 5 मीटर लम्बा, टहनियों के काटने या तोड़ने पर सफेद द्रव निकलता है, तंतु (tendril) साधारण, पत्तियों पर मोम जैसी चिकनी पर्त, पत्तियों की निचली सतह हल्के हरे रंग की, 5-7 पिण्डों में विभक्त, 12 सेमी. लम्बी, किनारा दंताकार, पत्तियाँ डंढल युक्त, पुष्प कक्षीय, उभयलिंगाश्रयी (monoecious), नर पुष्प ब्रैक्टयुक्त, ब्रैक्ट अण्डाकार, 18 मिमी. लम्बा वाह्य दलपुंज हरा; पंखुड़िया सफेद से हल्के पीले रंग की जिस पर हरे रंग की शिरायें होती हैं। अंदर की तीन पंखुड़ियों पर काले रंग के धब्बे, पंखुड़ियाँ 10-20 मिमी. लम्बी; पुंकेसर पीले रंग के, मादा पुष्प में पंखुड़ियाँ नर पुष्प की तुलनामें छोटी, फल तकुये के आकार के, गहरे हरे रंग के जिस पर 9-10 अनियमित पंक्तियाँ, फल पकने पर चमकीले पीले रंग के या लाल रंग में बदल जाते हैं, फल 25-60 मिमी. लम्बा, फल पकने पर स्वत: या छूने पर 3-4 भागों में

विभक्त होकर अलग हो जातें हैं; बीज गहरे लाल रंग के गूदे से चिपके हुए, गूदा स्वाद में मीठा, बीज 11 मिमी. आकार के एवं भूरे रंग के (जेफ्री, 1978)।

जलवायु एवं भूमि

जंगली करेला उपोष्ण आर्द्र जलवायु का पौधा है। दक्षिण अफ्रीका में इसे समुद्र तट से 1465 मीटर की ऊँचाई वाले स्थानों में उगाया जाता है। इसको उन सभी क्षेत्रों में उगाया जा सकता है जहाँ वार्षिक वर्षा का औसत 200-1200 मिमी. है। इसके पौधे पाले के प्रति सहनशील होते हैं।

जंगली करेले को विभिन्न प्रकार की भूमियों में सफलतापूर्वक उगाया जा सकता है। इसके पौधे खुली या आंशिक छाया की स्थिति में अच्छि वृद्धि करतें हैं। इसके पौधों को घास के मैदानों, नदियों नालों एवं जंगलो में स्वत: उगते हुए जंगली अवस्था में देखा जा सकता है।

प्रसारण एवं सस्य क्रियायें

जंगली करेले का प्रसारण बीज द्वारा किया जाता है। बीज को 3 मीटर के अंतराल पर थाला बनाकर 2-5 सेमी. गहरा लगाया जाता है। जब पौधा छोटा रहता है, उस अवस्था में उसकी देख-भाल की आवश्यकता होती है। बेलों को सहारे की आवश्यकता होती है। इसके लिए लकड़ी का मचान बनाकर चढ़ाने से पौधों की बढ़वार तेज एवं शीघ्र होती है तथा फलत परभी अनुकूल प्रभाव पड़ता है।

फलों की तुड़ाई एव उपज

जब फल पूर्ण रूप से विकसित हो जाते हैं तभी उनकी तुड़ाई की जाती है। एक पौधे से 3-4 किग्रा. फल प्राप्त होता है। एक हेक्टेयर क्षेत्र से 100-150 कुन्तल उपज प्राप्त होती है।

जननद्रव्य संग्रह एवं सुधार

इसके जननद्रव्यों के संग्रह एवं सुधार पर भी कोई ध्यान नहीं केन्द्रित किया गया है। पौधें में विभिन्न अजैविक दबाओं जैसे पाले के प्रति सहनशीलता के गुण को आधुनिक प्रजनन तकनीक के जरिये इसकी अन्य प्रजातियों में हस्तान्तरण किया जा सकता है। इसके औषधीय महत्व के घटकों के गहन विश्लेषण की आवश्यकता है।

1. विंग्ड बीन
(Winged Bean)

विंग्ड बीन को मनिला बीन, गोआ बीन, प्रिसेज पी, एस्पैरागस पी एवं फोर एन्गिल्ड बीन (four angled bean) आदि नामों से जाना जाता है। यह एक बहुत उपयोगी बीन है जिसके जड़ एवं तने को छोड़कर फली, बीज एवं कदिल जड़ों को खाने के काम में लाया जाता है। यहाँ तक कि फूल एवं पत्तियाँ भी इसकी पौष्टिक मानी जाती है। इसे पापुआ न्यू गिनिया एवं दक्षिणी तथा दक्षिणी पूर्व एशिया में गृह वाटिका आदि में लगाने के लिए बहुत अधिक पसंद किया जाता है। इसकी फलियों को कच्चे, सलाद, सूप एवं उबालकर सब्जी के रूप में प्रयोग किया जाता है। इसकी फलियों में प्रोटीन की मात्रा लगभग 2.4 ग्राम प्रति 100 ग्राम होती है। फलियाँ खनिज एवं विटामिन की अच्छी स्रोत होती हैं। विंग्ड बीन के फली के पोषक मूल्य को सारिणी (1.1) में दिया गया है

सारिणी (1.1) विंग्ड बीन के फली का पोषक मूल्य (प्रति 100 ग्राम खाने योग्य भाग में)

पोषक तत्व	मात्रा
नमीं	76.93 (प्रतिशत)
वसा	0.1-3.4 ग्राम.
क्रूड प्रोटीन	1.9-3.0 ग्राम.
कार्बोहाइड्रेट्स	7.9 ग्राम.
रेसा	0.9-2.6 ग्राम.
ऐश	0.4-1.9 ग्राम.
कैल्शियम	53-236 मिग्रा.
फास्फोरस	26.60 मिग्रा.
सोडियम	3.0 मिग्रा.
पोटैशियम	205 मिग्रा.
आयरन	0.2-12.0 मिग्रा.
विटामिन ए	340-595 अ.इ.
विटामिन बी	0.06-0.24 मिग्रा.
नियासिन	05-12 मिग्रा.
एस्कार्बिक अम्ल	21-37 मिग्रा.

विंग्ड बीन के सूखे बीज का भी काफी महत्व है। इसके सूखे बीज में 30-42 प्रतिशत प्रोटीन पाया जाता है और इसके प्रोटीन में सभी लाभप्रद एमीनों अम्ल पाये जाते हैं। बीज में 15-20 प्रतिशत खाने योग्य तेल (edible oil) पाया जाता है। सोय बीन एवं मूँगफली को छोड़कर के विंग्ड बीन ही ऐसी फसल है जिसमें प्रोटीन एवं तेल का इस तरह का अच्छा स्रोत होता है। इसके बीज को उबालकर, भूनकर एवं आटे से दही एवं दूध तैयार कर प्रयोग में लाया जाता है। इसके बीज के उपयोग के लिए आवश्यक है कि इसे लगभग 12 घंटे पानी में भीगो दिया जाय। इससे अवांछनीय हाँनिकारक तत्व कम हो जाते हैं। यदि बीज को गर्म पानी में उबाल दिया जाय और उसमें 1 प्रतिशत बाई कार्बोनेट का प्रयोग कर दिया जाय तो बीज के छिलके सरलतापूर्वक अलग हो जाते हैं।

विंग्ड बीन के बीज प्रोटीन में पाये जाने वाले एमीनों अम्ल सोय बीन में पाये जाने वाले एमीनों अम्ल की भाँति ही होते हैं। इसमें सल्फरजन्य एमीनों अम्ल कम होता है और यह लाइसिन में काफी धनी होता है। अत: इसे ऐसे धान्य पदार्थों के साथ मिलाया जा सकता है जिसमें लाइसिन की मात्रा कम होती है। विंग्ड बीन की फलियों में पाये जाने वाले आवश्यक अम्ल को सारिणी (1.2) में दिया गया है।

सारिणी (1.2) विंग्ड बीन की फलियों में पाये जाने वाले आवश्यक एमीनों अम्ल

एमीनों अम्ल	मात्रा (मिग्रा./ग्रा. नत्रजन)
आइसो ल्यूसिन	156-266

ल्यूसिन	282-430
लाइसिन	219-416
मेथियोनिन	56-63
सिस्टीन	-
टोटल ऐस	272
फिनाइल एलेनिन	181-213
टाइरोसिन	118-125
टोटल एरोमैटिक	527
थ्रियोनिन	175-231
ट्रिप्टोफान	59
वैलीन	188-319

इसी प्रकार इसके बीज के वसा अम्ल के संघटन से पता चलता है कि यह सोय बीन एवं मूँगफली के तेल के समान ही है। पोषण की दृष्टि से इसका तेल सोय बीन की तुलना में अपेक्षाकृत कम उपयोगी है। इनके वसा अम्ल की श्रृंखला मूँगफली के तेल के समतूल्य होती है तथा इनमें संतृप्त वसा अम्ल (saturated fatty acid) की लम्बी श्रृंखला होती है। इसके अतिरिक्त इसमें 60 प्रकार के अन्य असंतृप्त वसा अम्ल (unsaturated fatty acid) पाये जाते हैं। इसके तेल में सोय बीन की तुलना में लिनो लीनिक अम्ल (linolenic acid) की मात्रा कम होती है जिससे इसके तेल में स्थिरता रहती है। विंग्ड बीन के तेल में बहुत अधिक मात्रा में टोकोफेराल (tocopherol) होता है जो एन्टी आक्सिडेन्ट (anti oxidant) का गुण रखता है।

विंग्ड बीन की कंदिल जड़े म्यांमार एवं पापुआ न्यू गिनिया के ऊँचाई वाले क्षेत्रों में काफी प्रचलित हैं। इसकी कंदिल जड़ों को उबालकर, पका कर एवं भूनकर प्रयोग किया जाता है। कंदो का छिलका सरलतापूर्वक उतार कर नीचे का सफेद गूदा प्रयोग में लाया जाता है। कंदिल जड़ों में बहुत अधिक प्रोटीन (8-20 प्रतिशत) शुष्क भर के आधार पर होती है जबकि इस तुलना में कसावा, आलू आदि के कन्दों में मात्र 1-5 प्रतिशत ही प्रोटीन की मात्रा होती है। प्रोटीन के अतिरिक्त इसके कंद में कार्बोहाइड्रेट की पर्याप्त मात्रा होती है जिससे पर्याप्त ऊर्जा मिलती है। विंग्ड बीन के कंद के पोषक मूल्य को क्रमश: सारिणी (1.3) में दिया गया है

सारिणी (1.3) विंग्ड बीन के कंदिल जड़ों का पोषक मूल्य (प्रति 100 ग्राम खाने योग्य भाग में)

पोषक तत्व	मात्रा
नर्मी	56.5 ग्राम
ऊर्जा	150 कि कैलोरी
वसा	0.4 ग्राम
क्रूड प्रोटीन	10.9 ग्राम
कार्बोहाइड्रेट्स	30.5 ग्राम
रेशा	1.6 ग्राम
ऐश	1.7 ग्राम
कैल्शियम	25.0 मिग्रा
फास्फोरस	30-0 मिग्रा
आयरन	0.5 मिग्रा
मैगनीज	10 मिग्रा
जिंक	1.3 मिग्रा

विंग्ड बीन की मुलायम पत्तियों एवं तने को भी सब्जी के रुप में प्रयोग किया जाता है। इसकी पत्तियों में लाइसिन की मात्रा कम होती है लेकिन ट्रिप्टोफान (tryptophan) आवश्यक एमीनों अम्ल की मात्रा बहुत अधिक होती है। इसकी पत्ती का सब्जी के रुप में प्रयोग करके ट्रिप्टोफान की कमी को पूरा किया जा सकता है। इसकी पत्तियों में अन्य खनिज तत्व एवं बीटा कैरोटीन की भी पर्याप्त मात्रा पाई जाती है। इसकी पत्तियों के प्रति 100 ग्राम खाने योग्य भाग में 20,000 अन्तर्राष्ट्रीय इकाई विटामिन ए होती है। ऐसे देश जहाँ विटामिन ए की आपूर्ति में कमी है वहाँ इसके पत्तियों की काफी उपयोगिता है।

उद्भव एवं वितरण

विंग्ड बीन साउथ पैसिफिक आइसलैण्ड, पापुआ न्यू गिनिया की वंशज मानी जाती है (खान, 1976)। थाइलैण्ड, मलेशिया, श्री लंका,

फिलीपिन्स, वियतनाम, दक्षिणी म्यांमार और दक्षिणी भारत (केरल एवं तमिलनाडु) इसके उद्भव के द्वितीयक क्षेत्र माने जाते हैं। बर्किल (1935) के अनुसार इसकी अफ्रीकी क्षेत्र उद्भव स्थल हो सकता है जहाँ इसकी 4-5 जंगली प्रजातियाँ पाई जाती हैं। मटजेका (1987) के अनुसार पापुआ न्यू गिनिया, दक्षिणी पूर्वी एशिया, ऊपरी म्यांमार इसके उद्भव स्थल हो सकते हैं। हारडर एवं सहयोगी (1990) के अनुसार विंग्ड बीन की 8-9 प्रजातियों की उत्पत्ति उपोष्ण अफ्रीका है। हक एवं स्मार्ट (1973) के अनुसार बंगला देश में इसकी खेती विगत् दो शताब्दी से हो रही है। वैलीसर एवं सहयोगी (1987) के अनुसार एशिया एवं अफ्रिका के कई देशों में जैसे भारत, म्यामार, थाइलैण्ड, वियतनाम, मलेशिया, इण्डोनेशिया, नाइजेरिया एवं श्री लंका में विंग्ड बीन उगाई जाती है। राजमोहन एवं सहयोगी (1982) के अनुसार दक्षिणी भारत संभवत: इसकी उत्पत्ति का द्वितीयक क्षेत्र है। मलेशिया में इसकी खेती कंदिल जड़ों के लिए की जाती है।

वानस्पतिक विवरण

विंग्ड बीन का वानस्पतिक नाम सोफोकारपस टेट्रागोनोलोबस (*Psophocarpus tetragonolobus* DC.) है और यह लेग्यूमिनोसी (Leguminosae) कुल का सदस्य है। इसकी गुण सूत्र संख्या (2एन) 26 है। पालीमार्फीजिम क्रोमोजोम (chromosome polymorphism) होने से इसकी बहुगुणिता (polyploidy) का पता चलता है। वंश सोफोकारपस के अंतर्गत 9 प्रजातियाँ पाई जाती है जिसमें पी. टेट्रागोनोलोबस को ही उगाया जाता है (वर्डकोर्ट एवं हैलिडी, 1978)। इसकी पी. पालुस्ट्रिस (*P. palustris*) अर्द्ध जंगली अवस्था में पाई जाती है जिसे पश्चिमी अफ्रीका में दुर्भिक्ष आदि के समय प्रयोग किया जाता है। इसकी अन्य सम्बन्धित प्रजाति पी. लांगेपेडन्कुलेटस (*P. longepedu-nculatus*) है। परीक्षणों में पाया गया कि उपर्युक्त तीनों प्रजातियों की उत्पत्ति एक ही पूर्वज से हुई है (पीटर, 1998)। इसकी प्रजातियों का वितरण निम्न प्रकार है-

i. पी. ग्रेन्डीफ्लोरस (*P. grandiflorus* Wilczek)

यह जैरे से लेकर उगाण्डा एवं इथोपिया तक पाई जाती है और इसे विंग्ड बीन की नजदीकी प्रजाति माना जाता है।

ii.पी.पालुस्ट्रिस (*P. palustris* Desv.)

प्राकृतिक रुप से यह प्रजाति सेनेगल से लेकर सुडान तक पाई जाती है। इस प्रजाति को हाल में अफ्रीका और एशिया में लाया गया। यह जैरे के कुछ आदिवासियों द्वारा परंपरागत भोजन के रुप में प्रयोग की जाती है। इसे कवर क्राप (cover crop) के रुप में भी प्रयोग किया जाता है।

iii. पी. स्कैन्डेन्स (*P. scandens* (Endl) Verdc)

इस प्रजाति का वितरण अफ्रीका के उपोष्ण भागों में सामान्य रुप से है। इसे कवर क्राप के रुप में प्रयोग किया जाता है। यह प्रजाति फाल्स रस्ट (false rust) के प्रति अवरोधी है।

विंग्ड बीन एक शाकीय, बहु वर्षीय, लतायुक्त 3-4 मीटर लम्बा पौधा है। तना सामान्यतया हरा होता है, लेकिन कुछ किस्मों के तने बैंगनी, गुलाबी या भूरे रंग के भी होते हैं। पुष्प सामान्यतया नीले, पीले, सफेद या बैंगनी रंग के होते हैं। फलियाँ 4 किनारों वाली एवं किनारे पर पंख होता है। फलियाँ 6-66 सेमी. लम्बी, हरे या गुलाबी रंग की होती है। प्रत्येक फली में 5-20 बीज होता है, बीज चमकदार, किस्म के अनुसार हरे, भूरे या काले रंग के होते हैं।

विंग्ड बीन मुख्य रुप से स्व परागित पौधा है, लेकिन कीट द्वारा 20 प्रतिशत तक पर परागण होता है। पुष्पों के खिलने का समय 10-12 बजे दिन में होता है। कीट द्वारा परागण होने से फलत अच्छी होती है। मुख्य रुप से जाइलोकार्पा डिफ्यूस (*Xylocarpa diffuse*) द्वारा परागण का कार्य किया जाता है। पुष्प खिलने के 24 घण्टे बाद तक वर्तिकाग्र (stigma) ग्राह्य (receptive) बना रहता है। परागकोष का स्फूटन (dehiscence) पुष्प खिलने के पहले हो जाता है। फलियां दो चरणों में विकसित होती हे। प्रथम चरण जिसमें 20 दिन का समय लगता है इस अवधि में फली में वृद्धि होती है और दुसरी अवधि 44 दिन की अवधि होती है जिसमें बीज बढ़कर सख्त हो जाता है तथा फलियाँ सिकुड़ने लगती हैं। फलियाँ पकने के बाद स्वत: टूट जाती हैं और बीज बिखर जाता है। यद्यपि स्वत: न टूटने वाली (non-shattering) किस्में भी उपलब्ध हैं।

जलवायु

विंग्ड बीन को पापुआ न्यू गिनियाँ में समुद्र तट से 2200 मीटर की ऊँचाई वाले स्थानों में सफलता पूर्वक उगाया जाता है। यद्यपि 1600 मीटर से अधिक ऊँचाई होने पर पौधों की बढ़वार पर प्रतिकूल असर पड़ता है और पुष्पन की क्रिया भी विलम्ब से आरम्भ होती है (स्टीफेन्सन, 1980) फसल की अच्छी बढ़वार के लिए एक समान वर्षा का वितरण अनुकूल प्रभाव डालता है। ऐसे क्षेत्र जहाँ वर्षा का औसत 700-4000 मिमी.का है वहाँ इसकी खेती सफलता पूर्वक की जाती है। ऐसे गर्म-आर्द्र क्षेत्र (hot humid areas) जहाँ वर्षा का औसत 2500 मिमी है वहाँ इसके पौधों की बढ़वार बहुत अच्छी होती है। विंग्ड बीन के अन्दर सूखा सहन करने की शक्ति होती है। थाईलैण्ड में 1575 के दौरान बहुत अधिक सूखा पड़ने के कारण मक्का की फसल समाप्त हो गयी थी लेकिन विंग्ड बीन की अच्छी पैदावार हुई (अनाम, 1981)।

भूमि

विंग्ड बीन को विभिन्न प्रकार की भूमियों में सफलतापूर्वक उगाया जा सकता है, लेकिन अच्छी जल निकास वाली बलुई चिकनी मिट्टी अच्छी मानी जाती है। मिट्टी का उपयुक्त पी.एच.मान 4.5 होता है। पौधों की अच्छी बढ़वार के लिए मृदा में पर्याप्त मात्रा में कार्बनिक पदार्थ का होना आवश्यक होता है।

बुआई का समय एवं बीज दर

देश के उत्तर-पूर्वी क्षेत्र में इसे फरवरी-मार्च के महीने में वर्षा आरम्भ होने के साथ ही बुआई की जाती है। दक्षिण भारत में इसकी जुलाई से अक्टूबर तक बुआई करते हैं। बुआई के 5-7 दिन बाद बीज में अंकुरण प्रारम्भ होता है। अंकुरण के लिए 25 डिग्री सेंग्रेड तापक्रम अनुकूल होता है। भूमध्यरेखीय अक्षांस वाले क्षेत्रों (equitorial latitude) में 2½ महीने के बाद पौधा पुष्पन में आ जाता है जबकि कुछ किस्मों में 5 महीनें का समय लगता है। फलियों की सर्वाधिक लम्बाई परागण के 20 दिन बाद एवं परिपक्वता 65 दिन बाद पाई गयी है (खान, 1975)।

साधारणतया एक हेक्टेयर में बुआई के लिए 20-30 किग्रा बीज की आवश्यकता होती है। बुआई 1 मीटर के अंतराल पर बनी पंक्तियों में 25-60 सेमी. की दूरी पर करते हैं। बीज को 2-3 सेमी. गहरा बोया जाता है।

खाद एवं उर्वरक

विंग्ड बीन की फसल को 40 किग्रा. नत्रजन, 100 किग्रा. फास्फोरस एवं 40 किग्रा. पोटाश की प्रति हेक्टेयर की दर से आवश्यकता पड़ती है। फास्फोरस एवं पोटास की पूरी मात्रा तथा

नाइट्रोजन की आधी मात्रा खेत में बुआई के समय प्रयोग करते हैं। नत्रजन की शेष आधी मात्रा पुष्पन के समय दी जाती है।

सिंचाई एवं अन्तः सस्य क्रियायें

प्रारम्भिक अवस्था में जब पौधे छोटे रहते हैं तब विंग्ड बीन की जड़े गहरी नहीं जाती हैं। अत: उनकी नियमित सिंचाई करना आवश्यक होता है। पौधों के बड़े होने पर सिंचाई की बहुत आवश्यकता नहीं पड़ती है। प्रारम्भ के एक महीने में खरपतवार नियंत्रण के लिए निकाई गुड़ाई करना आवश्यक होता है। प्राय: लताओं को 1.5 मीटर ऊँचे बांस या तार के पंडाल या मचान पर चढ़ाने की आवश्यकता होती है।

पुष्पन एवं फल धारण

विंग्ड बीन मात्रात्मक सीमित प्रकाश अवधि का पौधा (quantitive short day plant) है। प्रकाश अवधि का प्रभाव दिन की अवधि, आनुवंशिकी प्रारुप, तापक्रम एवं प्रकाश की गहनता पर निर्भर करता है। इसकी कंदिल जड़ों के निर्माण के लिए भी सीमित प्रकाश अवधि की आवश्यकता होती है। साधारण रुप से बुआई के 50-90 दिनों में फूल आने लगते हैं तथा इसके 15 दिन बाद फलियाँ तुड़ाई के लिए तैयार हो जाती हैं।

फलियों की तुड़ाई, उपज एवं भण्डारण

सामान्यतया जब फलियाँ अपनी पूरी बढ़वार का 4/5 भाग ग्रहण कर लेती हैं तब उनकी तुड़ाई की जाती है। प्रत्येक पौधे से लगभग 75 फलियाँ प्राप्त होती हैं। इसकी हरी फलियों की उपज 250-300 कुन्तल प्रति हेक्टेयर है। बीज की औसत उपज 20-40 कुन्तल। इसकी कंदिल जड़ों की खुदाई उस समय की जाती है जब पौधे की वानस्पतिक वृद्धि समाप्त हो जाती है और लतायें सूखने लगती हैं। इसके कंदिल जड़ों की उपज 8-11 टन प्रति हेक्टेयर है।

प्रमुख रोग

विंग्ड बीन के प्रमुख रोग निम्न प्रकार हैं-

(1) फाल्स रस्ट (False rust)

वह कवक जनित बीमारी है जिसका कारण सिंचीट्रियम सोफोकार्पी (*Synchytrium psophocarpi*) है (प्राइस, 1980)। रोग ग्रस्त पौधों की पत्तियों पर चमकीले नारंगी रंग के फफोले नई पत्तियों शिराओं के साथ तने पर बनते हैं, फलियों एवं फूलों पर भी धब्बे बनते हैं। इस रोग का प्रकोप बरसात के दिन में अधिक होता है। विंग्ड बीन की प्रजाति सोफोकारपस स्कैन्डेन्स (*Psophocarpus scandens*) इस रोग से मुक्त (immune) है।

(2) पर्णदाग (Leaf spot)

इस रोग का कारण स्यूडोसर्कोसपोरा सोफोकार्पी (*Pseudocercospora phosophocarpi*) कवक है। रोग का लक्षण पौधों के ऊपरी सतह पर पीले धब्बे के रुप में प्रकट होता है जबकि निचली सतह पर फूला हुआ सफेद भाग उभर जाता है जो बाद में भूरा एवं अंतत: काला पड़ जाता है। इस रोग का प्रकोप पापुआ न्यूगिनिया, फीलीपीन्स, मलेशिया और इण्डोनेशिया में देखा गया है। इस रोग का प्रकोप बरसात के मौसम में होता है और पी. स्कैण्डेन्स (*P. scandens*) प्रजाति इससे मुक्त है।

(3) कालर राट (Collar rot)

यह भी कवक जनित रोग है जो मैक्रोफोमिना फैजीओलिना (*Macrophomina phaseolina*), फ्यूजेरियम सेमीटेक्टम (*Fusarium semitectum*), फ्यूजेरियम इक्वीसेटी (*Fusarium equiseti*), एफ. मोनिलीफार्मी (*F. moniliforme*) एवं राइजोक्टोनिया सोलेनी

(*Rhizoctonia solani*) के कारण होता है। रोग का प्रभाव मृदा की प्रकृति, बीज बोने की गहराई एवं वानस्पतिक वृद्धि पर निर्भर करता है।

(4) जड़गाँठ सूत्रकृमि (Root knot nematode)

विंग्ड बीन के पौधो पर मेलाइडोगाडन इंकागनिता एवं मेलाइडोगाइन जैवानिका (*M. incognita* and *M. javanica*) का प्रकोप होता है। प्रभावित जड़ों पर गाँठ बन जाती है। इससे कंदिल जड़ों की उपज एवं फलियाँ दोनों प्रभावित होती हैं।

विंग्ड बीन के पोंधो पर विषाणु रोग का प्रकोप पापुआ न्यू गिनियां, इण्डोनेशिया, घाना, आइवरी कोस्ट, त्रिनिदाद एवं फिलीपीन्स में देखा गया है। प्रमुख विषाणु रोग हैं नेक्रोटिक मोजेक विषाणु (necrotic mosaic virus), सोफोकारपस रिंग स्पाट (*Phosophocarpus* ring spot), मोजेक विषाणु (mosaic virus), लीफ कर्ल (leaf curl) एवं लिटिल लीफ (little leaf) 1 रिग स्पाट मोजेक विषाणु का संचरण एफिस क्रैसीओरा (*Aphis craccivora*) के द्वारा होता है। सोफाकारपस नेक्रोटिक मोजेक विषाणु से प्रभावित पौधों की पत्तियाँ पीली पड़कर विकृत हो जाती है। सोफोकारपस रिंग स्पाट से प्रभावित पौधों की पत्तियों के हल्के हरे रंग के धब्बे बनते है, जबकि लीफ कर्ल से प्रभावित पत्तियाँ हरे रंग की होकर मोटी-छोटी होकर पीछे की तरफ मुड़ जाती हैं।

प्रमुख कीट

विंग्ड बीन की फसल पर फली बेधक कीट (bean pod borer- *Maruca testulalis*) का प्रकोप होता है। हमारे देश में हेलिआथिस आर्मीजेरा (*Heliothis armigera*) का प्रकोप होता है। लेम्पिडेस बोइटिकस (*Lampides boeticus*) का प्रकोप फूलों एवं फलियों पर होता है। इसके अतिरक्त नेजारा विरूडुला (*Nezara virudula*) का भी फलियों पर प्रकोप होता है, लेकिन इससे बहुत अधिक क्षति नहीं होती है। बीन फ्लाई (*Ophiomyia phaseoli*) का प्रकोप जब पौधे छोटी अवस्था में रहते है तब होता है। यह पत्तियों एवं तने में छेद कर देता है। पापुआ न्यू गिनियाँ ब्लैक बीन एफिड (*Aphis craccivora*) का भी प्रकोप होता है।

जनन द्रव्य संग्रह एवं नुधार

इण्डोनेशिया प्रायद्वीप और पापुआ न्यू गिनिया विंग्ड बीन के आनुवंशिक विभिन्नता (genetic diversity) के सबसे बड़े क्षेत्र (hot spot) माने जाते हैं। इसके जननद्रव्यों के एकत्रीकरण का कार्य दक्षिणी एवं दक्षिणी पूर्वी एशिया के देशों में किया गया है, लेकिन म्यांमार, वियतनाम एवं कम्बोडिया के क्षेत्रों में इसके जननद्रव्यों के एकत्र करने पर बल देने की आवश्यकता है। राष्ट्रीय पादप आनुवंशिकी ब्यूरो (National Bureau of Plant Genetic Resources) नई दिल्ली; थाइलैण्ड इस्टिट्यूट ऑफ साइंटिफिक एण्ड टेक्नालाजी रिसर्च (Thailand Institute of Scientific and Technology Research) बैंकाक, सेन्टर फार रिसर्च एँड डेवलेपमेन्ट इन बायोलाजी (Centre for Reseach and Development in Biology) बोगोर, इन्डोनिशिया; पालाकेल रिसर्च सेन्टर (Pallakele Research Centre), कुम्डासेल श्री लंका, पापुआ न्यू गिनिया यूनिवर्सिटी ऑफ टेक्नोलाजी (Papua New Guinea University of Technology), दि यूनिवर्सिटी ऑफ फिलीपीन्स (The University of Philippines) लासबनास तथा साउथेम्पटान यूनिवर्सिटी (Southampton University) यू.के. में किया गया है।

विंग्ड बीन की अभी सीमित क्षेत्र में उत्पादन होने के कारण इसके प्रजनन पर बहुत अधिक ध्यान नहीं केन्द्रित किया गया है। अगेती

पुष्पन, अत्यधिक फलियों की उपज, अत्यधिक समय तक फलियों की उपलब्धता बना रहना, फलियों की एक समानता एवं वांछित रंग, पर्चिमेन्ट सतह का न होना इसके प्रजनन की प्राथमिकता है। इसी प्रकार बीज की फसल के रुप में अगेती पुष्पन, फलियों के पकने में एक समानता, अत्यधिक बीज की उपज, कम सेलिंग प्रतिशत, अत्यधिक प्रोटीन एवं तेल की मात्रा, सफेद बीज का रंग दलहनी फसल के लिए अन्य प्राथमिकतायें हैं।

कंदिल फसल के रुप में कम फलिया, अत्यधिक वानस्पतिक वृद्धि, अत्यधिक कंद की उपज, अच्छी गुणवत्ता, अत्यधिक प्रोटीन, कम रेशा, वांछित सुगन्ध आदि प्राथमिकतायें हैं।

शस्त्रप्रजा एवं सहयोगी (1980) ने विंग्ड बीन में परागण की विभिन्न विधयों जैसे मुक्त परागण एवं व्रश के द्वारा करके पाया कि मुक्त परागण ही उपयुक्त है। इसके अतिरिक्त बम्बल बीज को परागण में सर्वाधिक प्रभाव पाया गया। अर्सकिने (1980) ने ज्ञात किया कि आउट क्रासिंग (Out crossing)। प्रतिशत से कम थी, लेकिन नम मौसम एवं बीज जाइलोकार्पा एरूएमा (*Xylocarpa aruama*) की सक्रियता बढ़ने पर आउट क्रासिंग 7.6 प्रतिशत तक पहुँच गयी। चुन्दावत एवं सहयोगी (1981) ने एकत्रित किये गये जननद्रव्यों के बाह्य आकारिकी लक्षणों (phenotypic characters) के प्रति बहुत अधिक विभिन्नता पाया। उन्होंने मध्यम रूप से फैलने एवं कम फैलने वाली प्रजातियाँ जिसमें छोटे पर्व अंतराल (short internode) थे, की पहचान की। फिलिप (1984) ने ज्ञात किया कि कंदील जड़ो के वजन, फली के उपज एवं फली प्रति पौध के प्रति आकारिकी एवं आनुवंशिक गुणांक (phenotypic and genotypic) सर्वाधिक था। क्रूड प्रोटीन बीज में सर्वाधिक (41.35%), पत्ती में (37.41%), फली में (31.28%), पुष्प में (27.45%) एवं कंदिल जड़ में (25.89%) पाई गयी। पीटर (1998) ने विंग्ड बीज के विभिन्न लक्षणों के आनुवंशिकता का विस्तृत अध्ययन किया है (सारिणी -1.4)

सारिणी (1.4) विंग्ड बीन की आनुवंशिकी

	गुण	जीन	जीन का प्रभाव
1.	फलीका रंग	एक जीनीय	हरे रंग के ऊपर बैंगनी रंग प्रबल
2.	फली का आकार	एक जीनीय	आयताकार आकार पर चौड़ी सतह प्रबल
3.	फली की लम्बाई	बहु जीनीय	आंशिक से पूर्ण प्रबलता
4.	फली का वजन	बहु जीनीय	योज्य
5.	फली/पौध	बहु जीनीय	अत्यधिक प्रबलता
6.	बीज का आकार	बहु जीनीय	योज्य
7.	बीज भार	बहु जीनीय	योज्य
8.	बीज/फली	बहु जीनीय	योज्य
9.	अगेतीपन	बहु जीनीय/प्रकाश अवधि ये प्रभावित	अर्द्ध प्रबल
10.	पुष्पन से तैयार होने की उपाधि	बहु जीनीय	योज्य
11.	पत्ती का आकार	बहु जीनीय	योज्य
12.	पुष्पन के समय प्रति बौध पत्तिया	बहु जीनीय	योज्य/अयोज्य
13.	सेलिग प्रतिशत	बहु जीनीय	प्रबल

स्रोत : पीटर, 1998

म्यूटेशन प्रजनन में बीज को कोबाल्ट 60 के 10, 20, 30 के राड से उपचारित किया गया। परिणाम से पता चला कि बीज के अंकुरण, पौधों की ऊँचाई एवं नोडुलेशन (nodutation) उपचार की दर बढ़ाने पर कम हो गया। उपचार के प्रति पौधों की शाखाओं तथा पर्व अंतराल के प्रति सार्थक परिणाम पाया गया। विकिरण उपचार से बहुत अधिक फूल गिर गये और पौधा स्वत: वानस्पतिक वृद्धि में कर्मी कर लिया जिससे कंदिल जड़ों के बनने में सहायता मिली और कंद बड़े आकार के बने। सविथ्रिम्मा (1987) ने विंग्ड बीन में म्युटेशन के 0.6 प्रतिशत ईथाइलमेथेन सल्फोनेट (ethylmetheane sulphonate) का उपचार उपयुक्त पाया।

अंत: प्रजातीय संकरण (interspecific hybridization) में इसकी तीन प्रजातियां पी. टेट्रागोनोलोबस (*P. tetragonolobus*), पी. पालुट्रिस (*P. palustris*) एवं पी. लोंगीपेडन्कुलेटस (*P. longepedunculatus*) एक दूसरे से संकरित हो जाती है और उनका सुधार कार्य में प्रयोग किया जा सकता है। इसकी पी. स्कैन्डेन्स (*P. scandens*) में कंदिल जड़े नहीं बनती हैं।

हमारे देश में भारतीय बागवानी अनुसंधान संस्थान, बंगलौर से तीन किस्में आई.आई. एच.आर. सेलेक्शा 21, 60 एवं 71 विकसित की गयी है। इसके अतिरिक्त भारतीय कृषि अनुसंधान परिषद, उत्तर पूर्वी पर्वतीय अनुसंधान केन्द्र, मेघालय से डब्लू बी.सी. 2 (WBC-2) किस्म की संस्तुति की गयी है (पार्थसारथी, 1990)

2. ग्वार
(Cluster Bean)

स्थानीय नाम- बंगाल- झाड़ सिम; गुजराती- गोवार; हिन्दी- गुवालिन, ग्वार; कन्नड़- गोरी कायी; तेलगू- गोरूचिकुड; तमिल एवं मलयालम- कोठावार

ग्वार एक दलहनी सब्जी है जिसकी खेती हमारे देश में बहुत सीमित क्षेत्र में की जाती है। यद्यपि यह उत्तर पश्चिमी एवं दक्षिणी भारत में काफी लोकप्रिय है। सूखारोधी गुण होने के कारण इसे असिंचित अवस्था में भी सफलता पूर्वक उगाया जाता है। ग्वार को मुख्य रूप से इसकी मुलायम फलियों के लिए उगाया जाता है, जिसे सब्जी एवं भुर्ता के रूप में प्रयोग किया जाता है। इसके बीजों में एक प्रकार का गोद होता है जिसे गेलेक्टोमेनन (galactomannan) कहते हैं, इसकी निर्यात में काफी माँग है। इसके गोंद का उपयोग डाक टिकटों को चिपकाने, बिस्कुट उद्योग में चिकनाई लाने, छपाई की स्याही, कागज, रेशम एवं कपड़ा उद्योग में प्रयोग किया जाता है (एन.ए.एस. 1979)। इसकी हरी फलियाँ प्रोटीन, खनिज एवं विटामिन्स की अच्छी स्रोत हैं। इसकी फलियों के पोषक मूल्य को सारिणी (2.1) में दिया गया है।

सारिणी (2.1) ग्वार की फलियों का पोषक मूल्य
(प्रति 100 ग्राम खाने योग्य भाग में)

पोषक तत्व	मात्रा
नमीं	81.0 ग्राम
कार्बोहाइड्रेट्स	10.8 ग्राम
प्रोटीन	3.2 ग्राम
वसा	0.4 ग्राम
खनिज	1.4 ग्राम
रेशा	3.2 ग्राम
कैल्शियम	130 मिग्रा.
फास्फोरस	50 मिग्रा.
आयरन	1.08 मिग्रा.
ऊर्जा	16 कि. कैलोरी
कैरोटीन	198 माइक्रो ग्राम
थाइमिन	0.09 मिग्रा.
राइबोफ्लेविन	0.03 मिग्रा.
नियासिन	0.6 मिग्रा.
विटामिन सी	49 मिग्रा.
फोलिक अम्ल	50 मिग्रा.

इसके सूखे बीज एवं हरे पौधों को चारे के रूप में प्रयोग किया जाता है। दलहनी फसल होने के कारण इसकी जड़े वायुमण्डल से नत्रजन को लेकर भूमि में संचित करती है, जिससे मृदा की उर्वरा शक्ति में वृद्धि होती है। इसे गृह वाटिका में लगाने के लिए भी काफी पसन्द किया जाता है।

उद्भव एवं वितरण

ग्वार की उत्पत्ति के बारे में काफी मतभेद है। इसे सर्वप्रथम पश्चिम अफ्रीका के शुष्क क्षेत्र में उगाया गया। अरब व्यापारियों द्वारा इसे दक्षिण भारत के रास्ते एशिया के अन्य देशों में लाया गया (स्मिथ, 1976)। कुछ लोग इसका जन्म स्थान भारत मानते हैं। यद्यपि इसका कोई जंगली विभेद नहीं मिलता है। ग्वार को हमारे देश के अतिरिक्त म्यांमार, श्री लंका, पाकिस्तान में उगाया जाता है। इसे यू.एस.ए. के शुष्क क्षेत्रों जैसे टेक्साज एवं एरिजोना में भी उगाया जाता है। हमारे देश में इसकी खेती महाराष्ट्र, गुजरात, आंध्र प्रदेश, तमिलनाडु, कर्नाटक एवं केरल में की जाती है।

वानस्पतिक विवरण

ग्वार लेग्यूमिनोसी (Leguminosae) कुल के उपकुल पैपिलिओनेसी (Papilionaceae) का पौधा है। इसका वंश साइएमाप्सिस (*Cyamopsis*) हैं, वंश साइएमाप्सिस के अंतर्गत 3 प्रजातियाँ पाई

जाती है जिसमें केवल सी. टेट्रागोनोलोबा (*C. tetragonoloba* L. Taub.) को ही उगाया जाता है। अफ्रीकी प्रजाति सी. सेनीगैलेन्सिस (*C. senegalensis*) को इसका पूर्वज (ancestor) माना जाता है। इनकी गुणसूत्र संख्या (2एन = 2 एक्स) 14 है।

ग्वार का पौधा एक वर्षीय, शाकीय, लतायुक्त या झाड़ी होता है। तना कोणयुक्त, पत्तियाँ 3 पर्पफल लिए, गोलाकार एवं धारीदार होती है। पत्तियों के कक्ष से फूल निकलता है। पुष्पक्रम असीमाक्ष होता है। फूल में पंखुड़ी गोलाकार तथा विंग (wing) पंखुड़ी अंडाकार होती है तथा कील की तरफ मुड़ी हुई होती है, पंखुड़िया सफेद या बैंगनी रंग की होती है, पुंकेसर 10 की संख्या में और एक ही बण्डल (monoadelphous) में होते हैं। जायांग एक अण्डपी, अण्डाशय में 6-10 अण्डप होते हैं, वर्तिका छोटी व अंदर की तरफ मुड़ी हुई होती है। वर्तिकाग्र शीर्ष के आकार का होता है। फलियाँ चिपटी, सीधी, गुच्छेदार, फलियाँ 4-10 सेमी. लम्बी, प्रतिफली बीज संख्या 9-12, बीज भूरे से काले रंग के, 5 मिमी. आकार के, प्रति बीज वजन 0.06 ग्राम।

जलवायु एवं भूमि

ग्वार उष्ण जलवायु का पौधा है। इसे उपोष्ण क्षेत्रो में ग्रीष्म एवं मानसून की फसल के रूप में सफलता पूर्वक उगाया जा सकता है। पौधों की बढ़वार के लिए लम्बे प्रकाश अवधि की, जबकि फलियों के बनने के लिए छोटे प्रकाश अवधि की आवश्यकता होती है।

ग्वार उथले जड़ वाली (shallow rooted) फसल है। इसकी खेती के लिए अच्छी जलनिकास युक्त बलुई दोमट भूमि की आवश्यकता होती है। इसकी फसल कुछ स्तर तक लवणीय एवं क्षारीय अवस्था को भी सहन करने की क्षमता रखती है। मृदा का आवश्यक पी.एच. मान 7.5-8.0 के मध्य होना चाहिए। इसे चिकनी एवं भारी भूमियों में उगाने पर जड़ों में ग्रंथियों के निर्माण (nodulation) पर प्रतिकूल प्रभाव पड़ता है। सामान्यतया ग्वार की फसल को अन्य फसल के साथ मिश्रित फसल के रूप में उगाया जाता है। इस अवस्था में इसकी खेत की तैयारी मुख्य फसल के अनुसार की जाती है। सीधे खेती के लिए खेत की 3-4 बार गहरी जुताई करके खेत को तैयार कर लिया जाता है।

बुआई की समय एवं विधि

उत्तर भारत के मैंदानी क्षेत्रों में इसकी ग्रीष्म की फसल के लिए फरवरी-मार्च के महीने में जबकि बरसात की फसल के लिए मई-जून के महीने में बुआई की जाती है। दक्षिणी भारत में इसकी बुआई दिसम्बर-जनवरी में की जाती है। ग्रीष्म ऋतु में पौधों की बढ़वार कम होती है। अत: इसके लिए कम पौध अंतराल रखा जाता है। बीज की बुआई 45 सेमी. के अंतराल पर बनी पंक्तियों में 30 सेमी. की दूरी पर करते हैं। बरसात की फसल की बढ़वार अधिक होने के कारण पंक्तियों के बीच का अंतराल 60-70 सेमी. रखा जाता है और दो पोधों के बीच 25-30 सेमी. का अंतराल।

ग्रीष्म कालीन के लिए 12-15 किग्रा बीज की जबकि बरसात की फसल के लिए 15-20 किग्रा बीज की एक हेक्टेयर क्षेत्र के लिए आवश्यकता होती है (अरोड़ा एवं बतरा, 1992)।

खाद एवं उर्वरक

दलहनी फसल होने के कारण ग्वार को अधिक खाद एवं उर्वरक की आवश्यकता नहीं पड़ती है। अन्य दलहनी फसलों की तरह इसकी जड़ों में ग्रंथियाँ बनती है जो वायुमण्डल से नाइट्रोजन को लेकर भूमि में संचित करती है। ग्वार की फसल की

उर्वरक आवश्यकता सम्बन्धी बहुत कम परीक्षण किये गये हैं। चौधरी चरण सिंह हरियाणा कृषि विश्वविद्यालय, हिसार में किये गये अनुसंधानों से यह निष्कर्ष निकाला गया कि भूमि की जुताई के समय 12-15 टन सड़ी हुई गोवर की खाद प्रति हेक्टेयर की दर से देना चाहिए। इसके अतिरिक्त बुआई के समय 30 किग्रा नत्रजन, 50 किग्रा. फास्फोरस और 40 किग्रा. पोटाश प्रति हेक्टेयर की दर से देने से अच्छी उपज प्राप्त होती है (अरोड़ा एवं बतरा, 1992)। भारतीय कृषि अनुसंधान संस्थान, नई दिल्ली के अनुसार ग्वार की वृद्धि की आरम्भिक अवस्थाओं में नत्रजनधारी उर्वरक देना लाभकारी होता है। संस्थान ने इसकी अच्छी उपज के लिए 10-12 किग्रा. नत्रजन, 50-70 किग्रा. फास्फोरस एवं 50-70 किग्रा. पोटाश प्रति हेक्टेयर की दर से देने की संस्तुति की है। उर्वरकों के प्रयोग में इस बात पर ध्यान देना चाहिए कि नत्रजनधारी उर्वरक की मात्रा में वृद्धि होने से पौधों की वानस्पतिक वृद्धि बहुत अधिक होती है तथा फलियाँ देर से बनती हैं।

सिंचाई एवं निराई-गुड़ाई

ग्वार बरसात की फसल के लिए कोई विशेष सिंचाई की आवश्यकता नही पड़ती है। ग्रीष्म कालीन फसल की सिंचाई प्रति सप्ताह करते हैं। ग्वार की फसल को निराई-गुड़ाई की कम आवश्यकता पड़ती है। प्रारम्भिक अवस्था में हाथ द्वारा निकाई-गुड़ाई करने से खरपतवार नियंत्रित रहते हैं और पौधों की बढ़वार पर अनुकूल प्रभाव पड़ता है।

तुड़ाई एवं उपज

पूर्णत: विकसित, नर्म, हरी एवं रेशा रहित फलियों की तुड़ाई करनी चाहिए। बुआई के 45-50 दिन बाद तुड़ाई आरम्भ हो जाती है। किस्म के अनुसार हरी फलियों की उपज 50-75 कुन्तल प्रति हेक्टेयर प्राप्त होती है। इसके बीज की उपज 6.5-8.5 कुन्तल प्राप्त होती है। तुड़ाई उपरांत सख्त एवं अवांछित फलियों की छटाई करके विक्रय हेतु भेजा जाता है।

प्रमुख रोग

1. जीवाणु झुलसा (Bacterial blight)

यह ग्वार का प्रमुख रोग है जो जैन्थोमोनास साइएमोप्सिडिकोला (*Xanthomonas cyamopsidicola*) नामक जीवाणु के द्वारा फैलता है। इसका प्रकोप सिंचित एवं आर्द्र क्षेत्रो में अधिक होता है। रोग से प्रभावित पौधों की पत्तियों पर चमकीले जलशक्त धब्बे बनते हैं। शिराओं के बीच का स्थान पीला पड़ कर सूख जाता है। रोग की तीव्रता बढ़ने पर वैस्कुलर क्षेत्र (vascular system) भूरे रंग का हो जाता है और पौधा कमजोर पड़कर मुड़ जाता है। यह बीज जन्य रोग है।

नियंत्रण

(i) रोग रहित पौधों से बीज लिए जाय।
(ii) लम्बी अवधि का फसल चक्र अपनाया जाय।
(iii) रोग अवरोधी किसमें उगाई जाय।

(2) चूर्णिल फफूँद (Powdery mildew)

इस रोग का कारण एरीसाईफी पालीगोनी (*Erysiphe polygoni*) कवक है। रोग ग्रस्त ग्वार के पौधों की पत्तियों व हरे भाग पर सफेद चूर्ण युक्त धब्बे बनते हैं।

नियंत्रण

(i) बारीक गंधक चूर्ण का 20-25 किग्रा. प्रति हेक्टेयर की दर से बुरकाव किया जाय।
(ii) सल्फेक्स 0.2 प्रतिशत का छिड़काव करें

(3) मोजेक (Mosaic)

रोग से प्रभावित पौधों की पत्तियों पर गहरे हरे

रंग के धब्बे पड़ जाते हैं। पत्तियाँ अंदर की तरफ सिकुड़ जाती है और अंत में पूरा पौधा पीला पड़ जाता है।

नियंत्रण

(i) रोग ग्रस्त पौधों को उखाड़कर जला दिया जाय

(ii) रोग अवरोधी किस्में उगाई जाय

(4) एन्थ्रेकनोज

यह रोग कोलेटोट्राइकम लिन्डेमुथिएनम कवक के द्वारा होता है। रोग ग्रस्त फलियाँ किनारे से नीचे की ओर सूखने लगती हैं। फलियों पर छोटे-छोटे काले रंग के बिन्दु जैसे आकार दिखाई देने लगते हैं।

नियंत्रण

(i) बुआई से पूर्व बीज को सेरेसान या मोनोसान दवा से 3 ग्राम प्रति किग्रा बीज की दर से उपचारित करें।

(ii) प्रभावित फसल पर मैंकोजेब दवा के 0.2 प्रतिशत घोल का छिड़काव करें।

प्रमुख कीट

(1) फली बेधक कीट

इस कीट की सुंडी पहले फलियों के ऊपर के भाग को खाती है और बाद में अंदर घुसकर बीज को खाती है।

नियंत्रण

(i) फसल पर 0.2 प्रतिशत सेविन घुलनशील पावडर का छिड़काव किया जाय।

(ii) मैलाथियान 50 ई.सी. का 0.1 प्रतिशत की दर से 15 दिन के अंतराल पर छिड़काव किया जाय।

(2) बीन बीटल

इस कीट के प्रकोप से पौधों की पत्तियों पर पहले छोटे-छोटे धब्बे दिखाई पड़ते हैं। अंत में पौधे धीरे-धीरे सूख जाते हैं।

नियंत्रण

(i) सेविन घुलनशील पावडर के 0.2 प्रतिशत घोल का 15 दिन के अंतराल पर छिड़काव किया जाय।

(3) रोमिल सूड़ी

यह सूड़ी पहले पत्तियों की निचली सतह पर बैठकर पत्तों को खाती है और पौधों को क्षतिग्रस्त कर देती है।

नियंत्रण

(i) थायोडान दवा के 0.2 प्रतिशत घोल का 8-10 दिन के अंतराल पर छिड़काव किया जाय।

(4) चेपा

यह बहुत छोटे-छोटे कीड़े होते हैं, जो पत्तियों, तनों और फलियों से चिपक कर कोशिकाओं का रस चूसते हैं। जिससे पौधा कमजोर हो जाता है।

नियंत्रण

(i) मैलाथियान 50 ईसी के 0.1 प्रतिशत घोल का छिड़काव किया जाय। छिड़काव के एक सप्ताह बाद तक फलियों को खाने के काम में न लाया जाय।

प्रमुख किस्में

इसकी किस्मों को सामान्यतया दो वर्गों में बांटते हैं- (i) अधिक लम्बी बढ़ने वाली किस्में जिसे गुजरात में उगाया जाता ह। (ii) बौनी किस्में जिसे पंजाब एवं उत्तर प्रदेश में उगाया जाता है। इसकी कुछ प्रमुख किस्मों का वर्णन नीचे दिया गया है

1. पूसा मौसमी (Pusa Mausami)

इस किस्म को भारतीय कृषि अनुसंधान संस्थान, नई दिल्ली द्वारा उत्तर भारत के स्थानीय

जननद्रव्य से चयन करके विकसित किया गया है। इसके पौधों में काफी शाखायें आती हैं और यह खरीफ में लगाने के लिए उपयुक्त किस्म है। इसमें हरे, मुलायम 10-12 सेमी. लम्बी फलियाँ लगती हैं। यह अपेक्षाकृत देर से तैयार होने वाली किस्म है, जिसमें बुआई के 60-80 दिन बाद फलियाँ तुड़ाई योग्य तैयार होती है।

2. पूसा सदाबहार (Pusa Sadabahar)

इस किस्म को राजस्थान की स्थानीय किस्म 'जयपुरी' से चयन करके भारतीय कृषि अनुसंधान संस्थान, नई दिल्ली से विकसित किया गया है। इस किस्म में शाखायें नहीं आती हैं और यह गर्मी तथा बरसात दोनों मौसमों में उगाने के लिए उपयुक्त किस्म है। फलियाँ हरे रंग की 12-13 सेमी. लम्बी, मुलायम और बिना रेशे की होती हैं। गर्मी में बुआई के 45 दिन बाद तथा बरसात में 55 दिन बाद फलियाँ तुड़ाई के लिए तैयार हो जाती है।

3. पूसा नवबहार (Pusa Navbahar)

इस किस्म को भारतीय कृषि अनुसंधान संस्थान, नई दिल्ली से 'पूसा मौसमी' X 'पूसा सदाबहार' के के बीच संकरण कराकर विकसित किया गया है। इसकी फलियाँ पूसा मौसमी जैसी होती हैं जबकि पौधों की बढ़वार पूसा सदाबहार जैसी होती है। इसकी फलियाँ काफी लम्बी (15 सेमी.) होती हैं। यह किस्म बैक्टीरियल ब्लाइट रोग के प्रति संवेदनशील है तथा कभी-कभी पौधों की बढ़वार अधिक होने से पौधों के गिरने की समस्या बनी रहती है। यह गर्मी तथा बरसात दोनों मौसमों में उगाने के लिए उपयुक्त है।

4. शर्द बहार (Sharad Bahar)

इस किस्म को महाराष्ट्र के स्थानीय जननद्रव्य 'आई सी 11704' (I.C. 11704) से एक पौध चयन (single plant selection) विधि द्वारा विकसित किया गया है। इसमें प्रत्येक पौधे से 12-14 शाखायें निकलती हैं और सामान्यत: एक पौधे पर 133 फलियाँ लगती हैं।

5. पी- 28-1-1 (P. 28-1-1)

इस किस्म को एन.बी. पी.जी. आर., नई दिल्ली से 'पूसा नवबहार' X 'आई सी 11521' के बीच संकरण द्वारा विकसित किया गया ह। इस किस्म के पौधें के ऊपर प्रकाश अवधि का प्रभाव नहीं पड़ता (photoinsensitive) है। इसके पौधों में काफी शाखायें निकलती हैं तथा इसकी उपज क्षमता 140-150 कुन्तल प्रति हेक्टेयर है। यह किस्म ग्रीष्म तथा बरसात दोनों मौसमों में उगाने के लिए उपयुक्त है।

6. आई.सी. 11388 (I.C. 11388)

इस किस्म को कच्छ से एकत्रित किये गये जननद्रव्य से एक पौध चयन (single palnt selection) विधि द्वारा विकसित किया गया है। यह किस्म शर्द बहार किस्म की तुलना में जल्दी तैयार होती है। इसकी उपज क्षमता 160 कुन्तल प्रति हेक्टेयर है।

7. दुर्ग बहार (Durg Bahar)

इस किस्म की पूसा नव बहार X और ओसी के बीच संकरण कराकर राजस्थान से विकसित किया गया हैं। इसके पौधे सीधी बढ़वार लिए तथा एकल तना के होते हैं। कभी-कभी शाखायें निकलती हैं। पुष्प सफेद (मार्कर जीन युक्त), फलियाँ 13-14 सेमी. लम्बी, गूदेदार तथा 3-4 फलियों के गुच्छे में आती है। इसमें पहली तुड़ाई बुआई के 45 दिन बाद करते है।

उपर्युक्त किस्मों के अतिरिक्त कोयम्बटूर से सी.पी. 78, आनन्द से 160-1, एस. 299-7, एस. 279 और सिरसा हरियाणा से पंजाब ग्वार नं0 1, 2, 3, 4 तथा 5 विकसित की गयी है (पार्थसारथी, 1990)।

जननद्रव्य संग्रह एवं सुधार

ग्वार में सब्जी योग्य, रेशा रहित, गूदेदार फलियाँ, प्रति इकाई क्षेत्र में अधिक उपज, जैविक तथा अजैविक परिस्थितियों के प्रति सहनशीलता अवरोधी गुण इसके सुधार की प्रमुख प्राथमिकतायें हैं। भारतीय कृषि अनुसंधान संस्थान, नई दिल्ली से इसके स्थानीय जननद्रव्यों का चयन करके पूसा मौसमी एवं पूसा सदाबहार किस्में विकसित की गयी (सिंह एवं मित्तल, 1966)। इस किस्म में पूसा मौसमी एवं पूसा सदाबहार दोनों किस्मों के गुण समाविष्ट होने के कारण यह गर्मी तथा बरसात दोनों के लिए उपयुक्त है। राष्ट्रीय पादप आनुवंशिकी जननद्रव्य ब्यूरों (National Bureau of Plant Genetic Resources), नई दिल्ली से पी. 28-1-1 एक प्रभावी लाइन को पूसा नवबहार एवं आई.सी. 115-21 के बीच संकरण कराकर विकसित किया गया है। यह लाइन प्रकाश अवधि से प्रभावित नहीं (photoinsensitive) होती है और यह गर्मी तथा बरसात दोनों मौसमों में उगाने के लिए उपयुक्त है।

ग्वार एक स्वपरागित फसल है इसमें फूल खिलने के 1½ -2 घण्टे पहले परागकोष स्फूटित हो जाते हैं। फूल खिलने से 2 घण्टे पहले से लेकर 11 घण्टे बाद तक परागकण अंकुरित होते रहते हैं (हरिहर राम, 1992)। ग्वार के प्रजनन में नरवंध्यकरण व परपरागण की तकनीक अपनाई जाती है। नर वध्यकरण के लिए परिपक्व कलिकायें दोपहर के बाद प्रयोग में जाई जाती हैं। जिस कली का चुनाव परागण के लिए किया जाता है उसके नीचे के सारे फूल तोड़ दिये जाते हैं। वंदध्यकरण के 3 दिन पश्चात ऊपर की कलियाँ भी तोड़ दी जाती हैं। विपुंसीकरण के अगले दिन सुबह (प्रात: 8-9 बजे) परागण किया जाता है। परागकण ताजे खिले फूल से लिये जाते हैं।

3. बाकला
(Broad Bean)

स्थानीय नाम- हिन्दी- बाकला, अनछुत्री, कालामटर; कन्नड़- कडुहुरा लिकयी; उर्दू- रवम

बाकला को सम्पूर्ण गंगा के मैदानी क्षेत्रों में मुलायम फलियों के लिए उगाया जाता है, जिसका सब्जी के रूप में प्रयोग किया जाता है। यह दक्षिण अमेरिका की एक महत्वपूर्ण फसल मानी जाती हैं। फलियों के अतिरिक्त इसके दाने को भी विविध उपयोग में लाया जाता है। इसके भूने हुए बीज को काफी के विकल्प के रूप में प्रयोग किया जाता है। इसके सूखे बीजों को पशुओं के आहार के रूप में दिया जाता है। दलहनी फसल होने के कारण यह मृदा की उर्वरता को बढ़ाती है तथा इसके हरे चारे को पौष्टिक चारे के रूप में है (hay) एवं साइलेज के रूप में प्रयोग किया जाता है। बाकला में अन्य दलहनी सब्जियों की अपेक्षाकृत अधिक प्रोटीन एवं कार्बोहाइड्रेट्स पाया जाता है। इसकी फलियों का पोषक मूल्य सारिणी (3.1) में दिया गया है

सारिणी (3.1) बाकला की फलियों का पोषक मूल्य (प्रति 100 ग्राम खाने योग्य भाग में)

पोषक तत्व	मात्रा
नमीं	85.4 ग्राम
प्रोटीन	4.5 ग्राम
वसा	0.1 ग्राम
रेशा	2.0 ग्राम
अन्य कार्बोहाइड्रेट्स	7.2 ग्राम
खनिज	0.8 ग्राम
कैल्शियम	50 मिग्रा.
फास्फोरस	74 मिग्रा.
मैग्नीशियम	33 मिग्रा.
सोडियम	43.4 मिग्रा.
पोटैशियम	39 मिग्रा.
कापर	0.17 मिग्रा.
सल्फर	53 मिग्रा.
क्लोरीन	43 मिग्रा.
कैरोटीन	9 माइक्रो ग्राम
थाइमिन	0.08 मिग्रा.
नियसिन	0.8 मिग्रा.
विटामिन सी	12 मिग्रा
कोलीन	5 मिग्रा.
आक्जेलिक अम्ल	1 मिग्रा.
आयोडीन	9 माइक्रो ग्राम
आर्सेनिक अम्ल	0.02 मिग्रा.

ब्राड बीन के प्रोटीन में ग्लोबूलिन्स (globulins), एल्बूमिन्स (albumins) और ग्लूटेलिन्स (glutelins) पाया जाता है। इसके प्रोटीन का जैविक मूल्य (biological value) कम होती है और इसमें मेथिओनिन (methionine) की मात्रा कम होता है। यद्यपि इसमें लाइसिन (lysine) की मात्रा अधिक होती है और इसे ऐसे खाद्य पदार्थों को पूरक के रूप में दिया जा सकता है जिसमें लाइसिन की मात्रा कम होती है। इसकी फलियों में पाये जाने वाले कार्बोहाइड्रेट्स का स्टार्च मुख्य घटक होता है जिसमें मुख्य रूप से एमाइलोज (amylose) होता हैं। इसके बीज के छिलके में 42.5 प्रतिशत स्टार्च पाया जाता है। बेल्जियम में इसके बीज के छिलके से स्टार्च और प्रोटीन निष्कर्षण की पूरी तरह से व्यवसायिक विधि विकसित की गयी है (डब्लू ओ. आई. 1972)।

बाकला के बीज पत्र में बहुत अधिक मात्रा में ल्यूकोडेल्फीनीडिन (leucodelphinidine) और ल्यूकोसाइएनिडिन (leucocyanidine) जैसे अवांछनीय हाँनिकारक पोषक तत्व (antinutritional factors) पाये जाते हैं जिसे प्रजनन के द्वारा उन्नत किस्में विकसित करके दूर करने की आवश्यकता है। बाकला में बहुत अधिक मात्रा में डोपा (DOPA) जैसे बीटा 3, 4- डाइहाइड्राक्सी

फिनाइल एल. एलेनिन [β-(3, 4- dihydroxy-phenyl)- l-alanine] स्वतंत्र रूप से तथा कुछ बीटा ग्लाइकोसाइड (β-glycoside) के रूप में पाया जाता है, इसके अतिरिक्त दो ग्लूकोएल्के-लायड्स-विसिन (vicine) एवं कानविसिन (convicine) पाये जाते हैं।

बकला की बहुत अधिक ताजी फलियाँ या कम पकाई गयी फलियों के सेवन से फेविज्म (favism) की बीमारी होने की संभावना होती है जिसमें हीमोलिटिक एनीमिया (haemolitic anaemia), हीमोग्लोबिनूरिया (haemoglo-binuria) और पीलिया (jaundic) के लक्षण आते हैं। बाकला फूलों के परागकणों से भी कभी-कभी परेशानी उत्पन्न होती है और भूमध्य रेखीय क्षेत्र के सारीडना के पुरुष इससे सर्वाधिक पीड़ित होते हैं। अध्ययन में यह पाया गया है कि इससे वे लोग अधिक पीड़ित होते हैं जिनमें वंशानुगति रूप से ग्लूकोज 6 फास्फेट डिहाइड्रोजिनेज (glucose - 6- phosphate dehydrogenase (G6 PD) की कमी होती है। इससे ग्रसित होने पर लालरक्त कणिकाओं में ग्लूटेथिओन (glutathione) की मात्रा कम हो जाती है जिससे हिमोलिटिक (haemolytic) सिड्रोम उत्पन्न होता है।

उद्भव एवं वितरण

डी कैन्डोले (1967) के अनुसार बाकला का उद्भव उत्तरी अफ्रीका या दक्षिणी कैस्पियन सागर क्षेत्र से है जबकि अब्दल्ला (1979) के अनुसार बाकला का उद्भव स्थल मिस्त्र है। क्यूबेरो (1974) एवं लेडीजिनस्की (1975) के अनुसार भूमध्य रेखीय बेसिन और मध्य पूर्वी क्षेत्र इसके उद्भव स्थल हो सकते हैं जहाँ इसकी खेती ईशा से 5 हजार वर्ष पूर्व की जाती थी। इस प्रकार बाकला की खेती बहुत प्राचीन काल से की जा रही है और इसी लिए इसे बीन ऑफ हिस्ट्री या बीन ऑफ बाईबिल (bean of history or bean of Bible) कहते हैं। विश्व में इसके प्रमुख उत्पादक देश हैं मिस्त्र, जर्मनी, ईटली, मोरक्को एवं फ्रांस।

वानस्पतिक विवरण

बाकला या ब्राड बीन लेग्यूमिनोसी (Leguminosae) कुल के उप कुल पैपिलिओनेसी (Papilionacese) का पौधा है। इसका वंश विसिया (*Vicia*) है और प्रजाति (*fava*)। सामान्यतया फेवा बीन की विसिया प्रजाति को सभी दलहनी फसलों के लिए प्रयोग किया जाता है जबकि फिल्डबीन के लिए विसिया फेबा वार एक्विना (*Vicia faba* var. equina) तथा जबकि ब्राड बीन के लिए विसिया फेबा वार मेजर (*Vicia faba* var. major) का प्रयोग किया जाता है।

बाकला का पौधा एक वर्षीय, सीधा, 60-80 सेमी. ऊँचा, शाकीय होता है। पौधे की पत्तियाँ संयुक्त, पर्णफल 1-3 संख्या में, स्टीप्यूल्स आधार में धसे हुए, नुकीले, शीर्ष पर काले रंग का धब्बा; पुष्प कक्षीय, रेशीम, छोटे पुष्प वृंत वाले, वाह्य दलपुंज 5, नुकीले, पंखुड़ियां बड़ी सफेद रंग की, पुकेसर एकही बण्डल (monoadelphous) में, फलियाँ सख्त, खुरदुरी, 5-6 सेमी. लम्बी और 1-3 सेमी. मोटी, प्रति फली बीज संख्या 8-10, बीज भूरे, हरे बैंगनी या काले रंग के, धसे हुए।

जलवायु एवं भूमि

बाकला ठण्ढे जलवायु की लम्बे अवधि की फसल है। यह अजैविक परिस्थितियों के प्रति काफी सहनशील फसल है। इसे समुद्र की सतह से 400 मीटर की ऊँचाई वाले क्षेत्रों में सफलतापूर्वक उगाया जा सकता है। जाड़े की फसल के रूप में इसे सम्पूर्ण गंगा के मैदानी क्षेत्रों में उगाया जाता है। दलहनी फसल में बाकला ही ऐसी फसल है जिसे 4 डिग्री सेंग्रेड तापमान तक सफलता पूर्वक उगाया जा

सकता है।

बाकला की खेती के लिए जिवांश युक्त भारी चिकनी मिट्टी अच्छी मानी जाती है। जमीन में जल निकास की समुचित व्यवस्था होनी चाहिए। अम्लीय भूमि में पौधे की बढ़वार अच्छी नही होती है।

बीज दर एवं बुआई का समय

उत्तर भारत के मैदानी क्षेत्रों में सितम्बर-अक्टूबर के महीने में इसकी बुआई की जाती है। पर्वतीय क्षेत्रों में इसकी बुआई के लिए मार्च-अप्रैल का महीना उपयुक्त होता है। एक हेक्टेयर क्षेत्र की बुआई के लिए 70-100 किग्रा बीज की आवश्यकता होती है। बुआई से पूर्व बीज को 10-12 घण्टे पानी में भीगोकर बुआई करने से अंकुरण अच्छा होता है। बुआई के लिए 1मीटर के अंतराल पर बनी पंक्तियों में 30 सेमी की दूरी पर बीज की बुआई की जाती है। बीज को जमीन में 5-7.5 सेमी. गहराई पर बोना चाहिए।

खाद एवं उर्वरक

बाकला एक दलहनी फसल है। अत: इसे बहुत अधिक खाद एवं उर्वरक की आवश्यकता नहीं पड़ती है। खेत की तैयारी के समय 10-15 टन सड़ी हुई गोबर की खाद खेत में अंतिम जुताई के साथ मिला देना चाहिए। इसके अतिरिक्त बुआई के समय 20 किग्रा. नत्रजन, 40 किग्रा. फास्फोरस और 40 किग्रा पोटाश को प्रति हेक्टेयर की दर से देना चाहिए। नत्रजन की आधी मात्रा बुआई के समय और शेष आधी मात्रा बुआई के एक महीने बाद टापड्रेसिंग के रूप में देना चाहिए। बाकला में पौधों की बढ़वार के 4 से 9 सप्ताह के मध्य फास्फोरस की माँग की क्रांतिक अवस्था होती है और इस समय इसकी आपूर्ति बाधित होने से पौधों की बढ़वार पर विपरीत प्रभाव पड़ता है, जिससे पौधे पीले पड़ने लगते हैं और पत्तियाँ गिर जाती हैं।

खरपतवार प्रबन्धन

प्रारम्भिक अवस्था में पौधों के आस-पास से खरपतवार को निकाल देना चाहिए। गुड़ाई करने से पौधों की बढ़वार शीघ्र होती है। रासायनिक रूप से खरपतवार नियंत्रण के लिए डाइमिड (dymid), एप्टान (epton), एम्बीएन (ambien), डैकथाल (dacthal), ट्रेफलान (treflan) एवं बेलान (balan) का प्रयोग किया जा सकता है।

बाकला के पौधे जब 15 सेमी. ऊँचाई के हो जाते है, उस अवस्था में पौधो के साथ दोनों तरफ से मिट्टी चढ़ाना उपयुक्त होता है। इसी के साथ पौधों के निचले हिस्से से निकले पार्श्व तनों को काटकर निकाल दिया जाता है।

सिंचाई

गंगा के मैदानी क्षेत्रों में बाकला की फसल को असिंचित अवस्थामें उगाते हैं। हल्की भूमियों में 10-15 दिन के अंतराल पर इसकी हल्की सिंचाई की जाती है।

फलियों की तुड़ाई एवं उपज

बाकला की बुआई के 3-4 महीने बाद फलियाँ तुड़ाई के लिए तैयार हो जाती है। मुलायम फलियों को नीचे मोड़कर हाथ द्वारा तुड़ाई की जाती है। इसकी हरी फलियों की औसत उपज 70-100 कुन्तल प्रति हेक्टेयर है।

किस्में

बाकला के प्रजनन पर बहुत अधिक ध्यान नहीं केन्द्रित किया गया है, जिससे बहुत अधिक उन्नत किस्मे नहीं उपलब्ध हैं। इसकी कुछ प्रमुख किस्मों का वर्णन नीचे दिया गया है

पूसा सुमीत (Pusa Sumeet) इस किस्म को भारतीय कृषि अनुसंधान संस्थान, नई दिल्ली से विकसित किया गया है। इसके पौधे लगभग

25सेमी. ऊँचाई के होते है और प्रत्येक पौधे से 8-10 शाखायें निकलती हैं। प्रति पौध फलियों की संख्या 100; फलियों की लम्बाई-मोटाई क्रमशः 6 सेमी. एवं 1.3 सेमी. फलियाँ काफी गहरे हरे रंग की, फलियाँ गुच्छे में आती है। प्रति हेक्टेयर औसत उपज 18 टन (सिरोही 1998)। बाकला की बी.आर.-1 एवं बी.आर.-2 जो क्रमशः काले एवं पीले रंग की दाने वाली किस्म हैं। इन किस्मों को बिहार राज्य से चयन करके विकसित किया गया है। बाकला की जवाहर विसिया 73-81 किस्म विकसित की गयी है। इसके बीज काफी बड़े होते हैं।

प्रमुख रोग

1. चूर्णी फफूँदी (Powdery mildew)

यह कवक जन्य बीमारी है जो एरीसाइफी पालीगोनी (*Erysiphe polygoni*) कवक द्वारा होती है। प्रभावित पौधों की पत्तियों एवं तने के ऊपर सफेद चूर्ण बनता है।

नियंत्रण (1) बचाव के लिए 200 मेस सल्फर का भुरकाव किया जाय।

2. बीन रस्ट (Bean rust)

यह भी कवक जन्य बीमारी है जो यूरोमाइसीज फेबी (*Uromyces fabae* Pers. de Bary) कवक के द्वारा होता है। इसका प्रकोप पश्चिमी उत्तर प्रदेश एवं बिहार में देखा जाता है। प्रभावित पौधों की पत्तियाँ पीली पड़कर मुड़ जाती हैं और पत्तियों पर पीले रंग के फफोले बनते हैं। ये फफोले बाद में काले पड़ जाते हैं। रोग की उग्र अवस्था में पत्तियाँ गिर जाती हैं।

नियंत्रण (1) रोग अवरोधी किस्मे अपनाई जाय **(2)** लम्बी अवधि का फसल चक्र अपनाया जाय।

3. अल्टरनेरिया पर्णदाग (*Alternaria* leaf spot)

इसका कारण अल्टरनेरिया ब्रैसिकी वार. फेसिओलाई (*Alternaria brassicae* Sacc. var. phaseoli) कवक है। रोग का लक्षण पूरे पौधे पर गोल धब्बे के रूप में प्रकट होता है। ये धब्बे बाद में काले पड़ जाते हैं।

नियंत्रण (1) बीज को 50 डिग्री सेंग्रेड तापक्रम पर गर्म जल में उपचारित किया जाय। **(2)** लम्बी अवधि का फसल चक्र अपनाया जाय।

4. पी मोजक (Pea mosaic)

यह विषाणु रोग पी मोजेक विषाणु-2 के द्वारा होता है। इसका प्रकोप पंजाब एवं हिमाचल प्रदेश में देखेने को मिलता है। रोग का प्रसारण बीज द्वारा नहीं बल्कि पौधे के रस (sap) द्वारा होता है। प्रसारण एफिड (*Aphis craccivora*) के द्वारा होता है।

प्रमुख कीट

एफिड (Aphid)

बाकला की फसल पर एफिड कीट का प्रकोप होता है। यह कीट पौधों की पत्तियों, फलियों एवं कलिकाओं में अण्डे देता है। कीट पौधों के मुलायम भागों से रस चूसते हैं जिससे फसल कमजोर हो जाती है।

नियंत्रण 1. बचाव के लिए इण्डोसल्फान का छिड़काव किया जाय।

जननद्रव्य संग्रह एवं सुधार

बाकला के जननद्रव्यों का संकलन अंतर्राष्ट्रीय पादप आनुवंशिकी अनुसंधान संस्थान (International Plant Genetic Research Institute) के अंतर्गत किया जाता है। इकार्डा (International Centre for Agricultural Research in the Dry Areas) का बाकला के जननद्रव्यों के संग्रह एवं सुधार विश्व प्राथमिकता (World Mandate) है। यहाँ पर इनका संकलन काफी संख्या में किया गया है। इसके अतिरिक्त बाकला के जननद्रव्यों का

संकलन साइप्रस, इजिप्ट, अफगानिस्तान और अभी हाल के वर्षों में इसके सी.एन.आर. बारी, इटली द्वारा और इथोपियन जेनेटिक रिसर्च सेन्टर, इथोपिया द्वारा किया गया है।

बाकला में प्रजनन का मुख्य उद्देश्य अधिक उपज के साथ जैविक एवं अजैविक परिस्थितियों के प्रति सहनशील किस्में विकसित करना है। इसके अतिरिक्त प्रोटीन की गुणवत्ता एमीनों एसिड की गुणवत्ता और एन्टीन्यूट्रिशनल फैक्टर्स प्रोटीएज इन्हींबीटर्स (protease inhibitors), फेविज्म कारक (favism factors) से मुक्त किस्में विकसित करना है। बाकला में प्रजनन के लिए स्व परागण वाली फसलों (self pollinated crops) में अपनाई जाने वाली विधियों को अपनाया जाता है। परम्परागत प्रजनन विधियों के अतिरिक्त इसके उन्नयन में जिनिक नरवंध्यता (genic male sterility) बहुत कारगर साबित हो सकती है। इसके प्रयोग से व्यवसायिक संकर बीज उत्पादन किया जा सकता है।

4. सेम
(Dolichos Bean)

स्थानीय नाम : हाइएसिन्थ बीन (Hyacinth bean), बोनाविस्ट बीन (Bonavist bean), लोबिया बीन (Lobia bean), इण्डियन बीन (Indian bean), फिल्ड बीन (Field bean), आस्टेलियन पी (Australian Pea), इण्डियन बटर बीन (Indian butter bean), वेबी सलाद बीन (Waby salad bean), लबलब बीन (Lablab bean)

सेम एक दलहनी सब्जी है, जिसकी मुलायम ताजी फलियों को सब्जी के लिए प्रयोग किया जाता है। हमारे देश में यह विशेषकर उत्तर प्रदेश, मध्य प्रदेश,महाराष्ट्र आन्ध्र प्रदेश, तमिलनाडु, हरियाणा एवं पश्चिम बंगाल में बहुतायत से उगाई जाती है। फलियों के आकार-प्रकार, रंग आदि में बहुत अधिक विभिन्नता पाई जाती है, जिसको क्षेत्र विशेष में पसन्द किया जाता है। हरे रंग की फलियों को विशेषकर दक्षिण भारत में जबकि पूर्वोत्तर भारत में सफेद रंग की फलियां पसन्द की जाती हैं। उत्तरी भारत में हरी एवं गूदेदार फलियों की माँग रहती है। इसकी ताजी फलियाँ प्रोटीन एवं कैल्शियम की अच्छी स्रोत हैं। इसकी फलियों के पोषक मूल्य को सारिणी (4.1) में दिया गया है।

सारिणी (4.1) सेम की फलियों का पोषक मूल्य (प्रति 100 ग्राम खाने योग्य भाग में)

पोषक तत्व	मात्रा
नमीं	86.1 ग्राम
प्रोटीन	3.8 ग्राम
वसा	0.7 ग्राम
खनिज	0.9 ग्राम
रेशा	1.8 ग्राम
कार्बोहाइड्रेट्स	6.7 ग्राम
कैरोटीन	187 माइक्रो ग्राम
थाइमिन	0.10 मिग्रा.
राइबोफ्लेविन	0.06
नियामिन	0.7 मिग्रा.
विटामिन सी	9.0 मिग्रा.

इसके प्रोटीन के पोषण मूल्य के अध्ययन से पता चलता है कि इसके एमीनों अम्ल का संघटन अन्य दलहनी फसलों के प्रोटीन जैसा ही है (के, 1979)। इसमें मेथिओनिन कम पाया जाता है। अन्य दलहनी फसलों जैसे इसमें ट्रिप्सिन निरोधात्मक तत्व (trypsin inhibitor), लेक्टिन (lectin), फाइटिक अम्ल (phytic acid) एवं पालीफीनालस (polyphenols) पाये जाते हैं। लेक्टिन को अलग कर के इसके हाँनिकारक प्रभाव का अध्ययन किया गया है। यद्यपि गर्म करके इसके हाँनिकारक प्रभाव को कम किया जा सकता है (सलगारकर एवं सोनी, 1965)। सेम के विविध उपयोग हैं, इसके सूखे दानों को दाल की तरह प्रयोग किया जाता है एवं नमकीन आदि बनाने में प्रयोग किया जाता है। दलहनी फसल होने के कारण यह पशुओं के लिए अच्छे चारे का भी काम देती है।

उद्भव एवं वितरण

सेम की उत्पत्ति संभवत: भारत या दक्षिण पूर्व एशिया है। जबकि कुछ वानस्पतिकविद् अफ्रीका को इसकी विविधता का क्षेत्र मानते हैं। पर्सीग्लोब (1968) के अनुसार इसे अफ्रीका लाया गया जहाँ से यह अन्य उपोष्ण क्षेत्रों में फैली। यू.एस.ए. वे इसे एक वर्षीय अलंकृत झाड़ी के रूप में उगाते हैं। हमारे देश के सभी मैदानी क्षेत्रों में

इसकी खेती की जाती है। सामान्यतया इसकी बेल वाली प्रजातियों को गृह वाटिका में उगाया जाता है, जबकि झाड़ी युक्त बौनी किस्मों को खेत में उगाया जाता है।

वानस्पतिक विवरण

सेम लेग्यूमिनोसी (Leguminosae Syn. Fabaceae) कुल का पौधा है। आधुनिक वानस्पतिकविदों ने डालिकस लबलब को एक छोटे वंश लबलब *Lablab* Adans के अंतर्गत रखा है जो कि लिनियस से भिन्न हैं। वर्डआउट के अनुसार इसका वानस्पतिक नाम लबलब परपूरियस [*Lablab purpureus* (L.) Sweet] है। इसकी बहुवर्षीय किस्मों को वार-टिपिकस (var. typicus) के अंतर्गत एवं एक वर्षीय किस्मों को वार. लिग्नोसस (var. lignosus) के अंतर्गत रखा गया है।

इसकी गुण सूत्र संख्या (2 एन) = 22 है। सेम का पौधा लता युक्त एक वर्षीय या बहुवर्षीय शाकीय होता है, तना हरा या रंगीन, पत्तिया, पुष्प, फली, बीज, फलीका आकार-प्रकार, रंग आदि में काफी विभिन्नता पाई जाती है। पत्तियाँ एकान्तर क्रम में, तीन फलक वाली, पुष्पक्रम कक्षीय, सीधा, लम्बी रेशीम, पुष्प, सफेद, या बैंगनी रंग के, पैपिलोशियस, पुंकेसर 9+1, परागकोष एक समान, वर्तिका मुड़ी हुई, वर्तिकाग्र चिकना, अण्डाशय में विजाण्ड $\pm$ 6। फलियाँ चपटी, गोल, हरी, सफेद या बैंगनी रंग की, लम्बाई 5-20 सेमी., मोटाई 1-5 सेमी., फली में बीजों की संख्या 5-8, बीज भूरे रंग के।

सेम में परागोदवन (anthesis) की क्रिया सुबह 9 बजे से लेकर शाम 5 बजे तक होती है और परागकोष सुबह 5 बजे से लेकर दोपहर 2 बजे तक प्रस्फुटित होते हैं। वर्तिकाग्र की ग्राह्यता परागोदवन के दिन रहती है (पोक्ले एवं देशमुख, 1971)। पुष्पक्रम में पुष्प 10-10 दिन के मध्य खिलते हैं। इस प्रकार संकरण के लिए काफी समय मिलती है। इसमें प्राकृतिक रूप से पर/परागण 5-10 प्रतिशत होता है (वीरास्वामी एवं सहयोगी, 1973)। प्राकृतिक पर परागण का प्रतिशत विशेषकर बम्बल बीज की संख्या पर निर्भर करता है।

जलवायु एवं भूमि

सेम को उपोष्ण एवं समशीतोष्ण क्षेत्रों में शरदकालीन फसल रूप में उगाया जाता है। अधिक तापक्रम एवं आर्द्रता से पौधों की बढ़वार अच्छी होती है जबकि पुष्पन एवं फलत के लिए कम तापक्रम एवं आर्द्रता की आवश्यकता होती है। इसकी कुछ किस्मों को शुष्क क्षेत्र में वर्षा आधारित फसल के रूप में उगाया जाता है। ऐसे स्थान जहाँ का वर्षा का औसत 630-890 मिमी. है वहाँ इसे सफलतापूर्वक उगाया जा सकता है।

सेम को विभिन्न प्रकार की भूमियों में उगाया जा सकता है। कम उर्वर तथा अधिक पी एच मान (9.0) वाली भूमियों में भी उगाया जा सकता है। इसके पौधे क्षारीय एवं लवणीय मृदा में की उगाने के लिए सहिष्णु होते हैं। यद्यपि अच्छी उपज के लिए दोमट भूमि अच्छी मानी जाती है।

बुआई का समय एवं बीज दर

उत्तर भारत के मैदानी क्षेत्रों में प्राय: जून-जुलाई के महीने में बुआई की जाती है। लताओं पर नवम्बर-दिसम्बर में फूल आ जाते हैं तथा जनवरी-फरवरी में फलियाँ तोड़ने योग्य होती है।

उत्तर एवं मध्य भारत में इसे मिश्रित फसल के रूप में रागी या ज्वार के साथ उगाया जाता है। रागी या ज्वार की पंक्तियों के मध्य 1 मीटर की दूरी पर सेम के बीज की बुआई की जाती है। रागी या ज्वार की फसल के तैयार होने पर उसके शीर्ष की

बालियों को काट लिया जाता है और खेत में डंठल को छोड़ दिया जाता है। इसी पर सेम की लतायें चढ़ कर नवम्बर-दिसम्बर के महीने में फलती हैं। जब लताओं को डंठल के साथ कटाई की जाती है तो पशुओं के लिए एक अच्छा चारा बनता है। सेम को अकेले फसल के रूप में भी उगाया जाता है। सेम की लता वाली किस्मों के लिए 10-12 किग्रा. जबकि झाड़ीदार बौनी किस्मों के लिए 20-25 किग्रा. बीज की आवश्यकता होती है।

खेत की तैयारी एवं बुआई की विधि

बुआई के लिए खेत की अच्छी प्रकार से तैयारी की जाती है इसके लिए 2-3 बार गहरी जुताई करके मिट्टी को भुरभुरी बना लेना चाहिए। बुआई के लिए 90 सेमी. चौड़ी नालियाँ 2.5 मीटर के अंतराल पर बनाई जाती है। 2.5 मीटर का अंतराल रखने से बीज की जगह में ट्रैक्टर के द्वारा खरपतवार के निकालने में सुविधा होती है। नालियों के एक किनारे पर 45×45×30 सेमी आकार के गड्ढे बनाये जाते हैं। एक गड्ढे से दूसरे गड्ढे के मध्य 1.5 मीटर का अंतराल रखा जाता है। प्रत्येक गड्ढे में 1:1 के अनुपात में मिट्टी एवं खाद का मिश्रण के साथ 50 ग्राम सिंगल सुपर फास्फेट भर दिया जाता है। प्रत्येक गड्ढे में 3-4 बीज को 2-2.5 सेमी. की गहराई पर बुआई की जाती है। अंकुरण के पश्चात एक स्वस्थ पौधे को छोड़कर शेष को निकाल दिया जाता है।

खाद एवं उर्वरक

दलहनी फसल होने के कारण सेम की नत्रजन की आवश्यकता कम होती है। जब इसको नाली बनाकर मेड़ों पर बुआई की जाती है उस अवस्था में खेत की तैयारी के समय 5-6 टन सड़ी हुई गोबर की खाद मिला दी जाती है। इसके अतिरिक्त 10 किग्रा. नत्रजन एवं 20 क्रिग्रा. फास्फोरस को प्रति हेक्टेयर की दर से बुआई के समय दिया जाता है। जब रागी या ज्वार के साथ मिश्रित फसल के रूप में उगाया जाता है उस समय 10-12 टन सड़ी हुई गोबर की खाद, 15-20 किग्रा. नत्रजन एवं 20 किग्रा. फास्फोरस की प्रति हेक्टेयर की दर से दिया जाता है। बुआई के एक माह पश्चात 10 किग्रा. नत्रजन की प्रति हेक्टेयर की दर से टापड्रेसिंग करना चाहिए (चड्ढा, 2000)। शिवशंकर एवं कुलकर्णी, (1989) ने दक्षिण भारत में बाजरा या रागी के साथ मिश्रित फसल के रूप में सेम को उगाने की अवस्था में 20 किग्रा. अमोनियम सल्फेट एवं 40 किग्रा. सुपर फास्फेट प्रति हेक्टेयर की दर से देने की संस्तुति की है।

सिंचाई एवं खरपतवार नियंत्रण

उत्तर भारत के मैदानी क्षेत्रों में जाड़े के दिन में 15 दिन के अंतराल पर एकबार सिंचाई की जाती है। पौधों के पास उगे खरपतवार को हाथ द्वारा निकाई करके निकाल देना चाहिए। नाली विधि से बुआई की अवस्था में बीच के स्थान में ट्रैक्टर द्वारा जुताई करके खरपतवार को कम किया जा सकता है। रासायनिक रूप से खरपतवार प्रबन्धन के लिए पेण्डिमेथेलिन या फ्लूक्लोरेलिन के 1 किग्रा. सक्रिय तत्व को प्रति हेक्टेयर की दर से बुआई के पूर्व या बाद में किया जा सकता है। खरपतवारनाशी रसायन के प्रयोग के समय खेत में पर्याप्त नमी होनी चाहिए।

वृद्धिनियामकों का प्रयोग

सेम में अत्यधिक संख्या में पुष्पों के झड़ने की समस्या आती है जिससे उत्पादन घट जाता है। एक अध्ययन के अनुसार मात्र 10-20 प्रतिशत ही फूलों में फलियाँ लगती हैं। इसके लिए कैल्शियम क्लोराइड 0.1 प्रतिशत नेफ्थलीन एसीटिक एसिड (NAA) के 100 पीपीएम घोल

का प्रथम बार फूल आने के बाद छिड़काव करना चाहिए (शिवशंकर एवं कुलकर्णी, 1989)।

फलियों की तुड़ाई एवं उपज

जब फलियाँ मुलायम एवं रसीली रहती है तभी उनकी सब्जी के लिए तुड़ाई की जाती है। तुड़ाई का कार्य सुबह के समय या शाम को करना चाहिए। क्योंकि दिन के समय अत्यधिक गर्मी के कारण फलियों की नमीं में कमी आ जाती है और वे सूखने लगती हैं। सेम की बेलवाली किस्मों में 6-7 दिन के अंतराल पर 9-10 बार तुड़ाई की जाती है। झाड़ी वाली किस्मों में 2-3 बार तुड़ाई की जाती है। इसकी औसत उपज 150-200 कुन्तल प्रति हेक्टेयर है।

प्रमुख किस्में

सेम की कुछ उन्नतशील किस्मों का वर्णन निम्न प्रकार है

1. पूसा अर्ली प्रालीफिक (Pusa Early Prolific)

इस किस्म को भारतीय कृषि अनुसंधान संस्थान, नई दिल्ली से विकसित किया गया है। इसकी फलियाँ लम्बी होती हैं तथा गुच्छों में लगती हैं। यह वसन्त तथा खरीफ दोनों मौसमों में उगाने के लिए उपयुक्त है (चौधरी, 1990)।

2. सी ओ. 1 (CO. 1)

इस किस्म को विशुद्ध वंशक्रम वरण विधि द्वारा तमिलनाडु कृषि विश्वविद्यालय, कोयम्बटूर से विकसित किया गया है। इसके पौधे 60-70 सेमी. ऊँचे होते हैं तथा तना हरे रंग का होता है और पत्तियाँ तीन फलक (trifoliate) वाली और चिकनी होती हैं। फलियाँ चौड़ी और हरे रंग की होती हैं तथा पकने पर बादामी रंग की हो जाती हैं। बीज बड़े और काले रंग के होते हैं। फसल की अवधि 140 दिनों की है और इसकी उपज 16 कुन्तल प्रति हेक्टेयर है।

3. सी ओ. 2 (C O. 2)

इस किस्म को 'सी ओ. 8' X 'सी ओ. 1' के बीच संकरण कराकर तमिलनाडु कृषि विश्वविद्यालय, कोयम्बटूर से 1984 में विकसित किया गया है। इसके पौधे लगभग 60. सेमी. ऊँचे होते हैं तथा सीधे बढ़ने वाले और झाड़ीनुमा होते हैं। प्रत्येक पौधे से 5-6 शाखायें निकलती हैं। इस किस्म परप्रकाश अवधि का कोई प्रभाव नहीं पड़ता (photoinsensitive) है। इसमें लाल बैंगनी रंग के पुष्प आते हैं। फलियाँ चौड़ी तथा हरे रंग की होती हैं और प्रत्येक फली में 4 बीज होते हैं। बीज मध्यम आकार के और काले रंग के होते हैं।

4. हेब्बल अवारे-3 (Hebbal Avare-3)

इस किस्म को 'हेब्बल अवारे-1' X 'यू. एस. 67-31' के बीच संकरण कराकर 1978 में कर्नाटक से विकसित किया गया है। इसे पौधे 65-70 सेमी. ऊँचे, सीधे तथा सीमित बढ़वार वाले होते हैं। इस किस्म पर प्रकाश अवधि का कोई प्रभाव नहीं पड़ता (photoinsensitive) है। इसके पौधों में सफेद रंग के फूल आते हैं तथा फलियाँ हरे रंग की और 2-3 बीजों वाली होती हैं। बीज भूरे रंग के, गोल तथा छोटे आकार के होते हैं। फसल की अवधि 90-100 दिनों की होती है तथा औसत उपज 8-10 कुन्तल प्रति हेक्टेयर है।

5. वाल कोंकण -1 (Wal Konkan-1)

इस किस्म को - 'वाल-2- के-2' X 'वाल 125-36' के बीच संकरण कराकर महाराष्ट्र से 1984 में कोंकण क्षेत्र में उगाने के लिए विकसित किया गया था। इसके पौधे छोटे 40-45 सेमी. लम्बे, काफी शाखाओं वाले तथा लम्बे तंतुओं (tendrils) वाले होते हैं। पत्तियाँ गहरे हरे रंग की तथा

चिकनी होती हैं। बुआई के लगभग 55-60 दिन बाद इसमें फूल आना प्रारम्भ होता है। बीज बड़े और भूरे रंग के होते हैं। यह किस्म मोजेक विषाणु के प्रति अवरोधी है। इसकी उपज क्षमता 9-10 कुन्तल प्रति हेक्टेयर है और फसल की अवधि 110-115 दिनों की होती है।

6. 125-136

इस किस्म को स्थानीय जननद्रव्यों से चयन करके गुजरात से विकसित किया गया है। इसके पौधे 75-100 सेमी. ऊँचे होते हैं तथा तना और पत्तियाँ हरे रंग की होती हैं। फलियाँ छोटे आकार की (3-4 सेमी.) तथा चौड़ी होती हैं। प्रत्येक फली में 3-4 बीज होते हैं। फलियाँ लगती हैं। बीज सफेद रंग के होते हैं तथा फसल की अवधि 110-120 दिनों की होती है।

7. जवाहर सेम- 37 (जे.डी.एल. 37)

यह पोल टाइप (poletype) किस्म है, जिसे जवाहर लाल नेहरू कृषि विश्वविद्यालय, जबलपुर से 'आई-396' जननद्रव्य से चयन करके विकसित किया गया है। इसके पुष्प बैंगनी सफेद रंग के होते हैं और तने का रंग गहरा बैंगनी हाता है। फलियाँ हरे रंग की होती है जिनका किनारा बैंगनी रंग का होता है। फलियाँ 8-10 सेमी. लम्बी और 3-6 सेमी. चौड़ी होती है। प्रत्येक फली में 3-4 दाने पाये जाते हैं। बीज भूरे काले रंग के मध्यम आकार के अण्डाकार होते हैं और हाइलम (hilum) सफेद रंग का होता है। इसके प्रति 100 ग्राम खाने योग्य भाग में 3.80 ग्राम प्रोटीन पायी जाती है। यह एक लम्बी अवधि (130-135) की किस्म है तथा इसमें फलियाँ विभिन्न भागों से निकलती हैं जिससे अधिक उपज (150 कुन्तल प्रति हेक्टेयर) प्राप्त होती है। इस किस्म को मध्य प्रदेश, महाराष्ट्र और उत्तर प्रदेश में उगाने की संस्तुति की गयी है (पाण्डेय एवं सहयोगी, 1996)।

8. जवाहर सेम-53 (जे.डी.एल. -53)

इस किस्म को भी जवाहर लाल नेहरू कृषि विश्वविद्यालय, जबलपुर से विकसित किया गया है। यह किस्में में जे.बी.पी. 2 की सुधरी किस्म है। यह अत्यन्त ही अगेती (75-85 दिन) पोल टाइप किस्म है। इसका तना गहरे बैंगनी रंग का होता है और गाठों पर रंग गहरा होता है। फलियाँ हरे सफेद रंग की होती है तथा किनारे पर बैंगनी रंग के धब्बे होते हैं। फलियाँ 8-10 सेमी. लम्बी और 3-4 सेमी. चौड़ी होती है। प्रत्येक फली में 3-4 बीज होते हैं। बीज आकर्षक सफेद रंग के मध्यम आकार के और अण्डेनुमा शक्ल के होते हैं। इसमें फलियाँ विभिन्न भागों से निकलती हैं जिससे अधिक उपज (140-150 कुन्तल प्रति हेक्टेयर) प्राप्त होती हैं। इसे प्रति 100 ग्राम खाने योग्य भाग में 3.5 ग्राम प्रोटीन पाई जाती है। यह मध्य प्रदेश, महाराष्ट्र और उत्तर प्रदेश के उन सभी क्षेत्रों में उगाने के लिए उपयुक्त है जहाँ वर्षा कम होती है तथा नमी का अभाव रहता है (पाण्डेय एवं सहयोगी 1996)।

9. जवाहर सेम - 79 (जे.डी.एल. - 79)

इस किस्म को जवाहर लाल नेहरू कृषि विश्वविद्यालय, जबलपुर से 'जे.बी.पी.16' किस्म से चयन करके विकसित किया गया है। यह एक देर से तैयार होनेवाली किस्म है जिसकी फसल की अवधि 145-160 दिनों की होती है। इसके तने गहरे हरे रंग की होते हैं और पुष्प असीमित क्रम में आते हैं और उनका रंग बैंगनी होता है। फलियाँ आकर्षक सफेद रंग की, 8-10 सेमी. लम्बी और 3-4 सेमी. चौड़ी होती हैं। प्रत्येक फली में 3-4 बीज बनते हैं। बीज अण्डाकार काले रंग के और मध्यम आकार के होते हैं। इसके हाइलम (hilum) का रंग क्रीमी सफेद होता है। इसके प्रति 100 ग्राम खाने

योग्य भाग्य में 3-5 ग्राम प्रोटीन पायी जाती है इसमें फलियाँ पौधों के विभिन्न हिस्सों से निकलती है और इसकी उपज क्षमता 170-175 कुन्तल प्रति हेक्टेयर है। यह किस्म मध्य प्रदेश, महाराष्ट्र और उत्तर प्रदेश में उगाने के लिए काफी उपयुक्त है (पाण्डेय एवं सहयोगी, 1996)।

10. जवाहर सेम - 85 (जे.डी.एल. 85)

यह एक मध्यम अवधि वाली पोल टाईप किस्म है, जिसे जवाहर लाल नेहरू कृषि विश्वविद्यालय, जबलपुर से 'अट्टेपती ग्रीन' किस्म से चयन करके विकसित किया गया है। इसकी फसल की अवधि 90-100 दिनों की होती है। इसके तने गहरे रंग के होते हैं और पुष्प हल्के बैंगनी रंग के होते हैं जो असीमित पुष्पक्रम गुच्छों में निकलते हैं। फलियाँ 3-4 के गुच्छों में निकलती है जिसकी लम्बाई 11-12 सेमी. और चौड़ाई 3-4 सेमी. होती है। फलियाँ चपटी और हरे रंग की होती है। बीज सख्त, अण्डाकार, काले रंग के तथा मध्यम आकार के होते हैं। बीज के हाइलम (hilum) का रंग क्रीमी सफेद होता है। इसमें फलियाँ पौधे के विभिन्न हिस्सों पर लगती है। इसमें फलियाँ पौधे के विभिन्न हिस्सों पर लगती है जिससे अधिक उपज (140-150 कुन्तल/हेक्टेयर) प्राप्त होती है। यह किस्म मध्य प्रदेश, महाराष्ट्र और उत्तर प्रदेश के उन सभी क्षेत्रों में उगाने के लिए उपयुक्त है जहाँ वर्षा का औसत बहुत कम होता है (पाण्डेय एवं सहयोगी, 1996)।

11. कल्याणपुर टाइप - 2

इस किस्म को शाक-भाँजी अनुसंधान केन्द्र, कल्याणपुर, कानपुर से विकसित किया गया है। यह किस्म उत्तर प्रदेश के मैदानी क्षेत्रों के लिए उपयुक्त पायी गयी है। इसकी लताओं की लम्बाई 4-5 मीटर होती है तथा पौधों के तनों का रंग हल्का हरा होता है और आकार कोणीय होता है। पत्तियाँ चौड़ी और हरी होती है। फूल और फलियाँ गुच्छों में आते हैं। फलियाँ सफेद, चौड़ी, चपटी और रसदार होती है। एक गुच्छे में 8-12 फलियाँ लगती हैं। बीज काला, चिकना व बड़ा होता है। इसकी सब्जी वाली फसल की अवधि 90-100 दिनों की और बीज वाली फसल की 160-165 दिनों की होती है। इसके फलियों की उपज 160-170 कुन्तल प्रति हेक्टेयर तथा बीज की उपज 3-5 कुन्तल प्रति हेक्टेयर प्राप्त होती है।

12. रजनी (Rajani)

यह प्रजाति उत्तर प्रदेश के लिए काफी उपयुक्त है। इसके पौधे लता के रूप में बढ़ते हैं। इसके तने का रंग प्रारम्भिक अवस्था में बैंगनी होता है और बाद में हरा हो जाता है तथा मध्यम मोटा और गोल होता है। फलियाँ गहरे हरे रंग की होती हैं और उसकी लम्बाई 12 सेमी. तथा चौड़ाई 1.2-1.5 सेमी. होती है। एक फली में 5-6 बीज बनते हैं। इस किस्म की सब्जी वाली फसल 80-90 दिन में और बीज फसल 150 दिनों में तैयार हो जाती है। इसकी हरी फलियों की उपज 140-150 कुन्तल प्रति हेक्टेयर और बीज की उपज 5-6 कुन्तल प्रति हेक्टेयर प्राप्त होती है। बीज काले भूरे रंग का होता है।

13. कोंकण भूषण (Konkan Bhusan)

इस किस्म को 'हेब्बल अवारे - 3' X 'वाल-1' के संकरण के पश्चात प्राप्त सेग्रिगेटिंग पापुलेशन (segregation population) से चयन करके विकसित किया गया है। इसके पौधे झाड़ीनुमा तथा 60-75 सेमी. ऊँचे होते हैं। बुआई के 55-60 दिन बाद फलियाँ तुड़ाई योग्य हो जाती है। फलियाँ मुलायम, हरी तथा सीधी होती हैं। प्रति पौध 125-180 फलियाँ प्राप्त होती हैं। प्रत्येक

फली का वजन 3-4 ग्राम होता है तथा प्रत्येक फली 10 सेमी. लम्बी और 1.5 सेमी. मोटी होती है। इसकी औसत उपज 8-10 टन प्रति हेक्टेयर है इस किस्म का अन्य किस्मों से तुलनात्मक अध्ययन सारिणी (4.2) में दिया गया है

सारिणी (4.2) सेम की कोंकण भूषण किस्म का अन्य किस्मों से तुलना

किस्म	हरी फलियों की उपज (टन/हे0)				
	डपोली	वाराणसी	रानीचौरी	कोयम्बटूर	बंगलौर
सेलेक्शन -1	7.7	8.5	7.7	9.3	8.9
सेलेक्शन -2	8.2	6.4	9.1	5.0	9.2
कोंकन भूषण	9.4	8.9	13.6	8.8	8.9
स्थानीय किस्म	3.7	---	---	9.9	---

राजपूत एवं सहयोगी, 1994

14. पूसा सेम- 2 (Pusa Sem - 2)

इस किस्म को भारतीय कृषि अनुसंधान, नई दिल्ली से विकसित किया गया है। इसकी फलियाँ चौड़ी गहरे हरे रंग की बिना रेशे की तथा 15-17 सेमी. लम्बी होती है। इसकी औसत उपज 13.78 टन प्रति हेक्टेयर है।

15. पूसा सेम- 3 (Pusa Sem - 3)

इस किस्म को भी भारतीय कृषि अनुसंधान संस्थान, नई दिल्ली से विकसित किया गया है। इसकी फलियाँ काफी चौड़ी, मुलायम, गूदेदार तथा बिना रेशे की होती है। फलियों की लम्बाई 15-16 सेमी. होती है। इसकी औसत उपज 17.03 टन प्रति हेक्टेयर है।

जनन द्रव्य संग्रह एवं सुधार

सेम में सुधार का मुख्य उद्देश्य अगेती, झाड़ीदार एवं प्रकाश अवधि के प्रति असंवेदी किस्में (photoinsensitive varieties) विकसित करना है (कल्लू एवं पाण्डेय, 1993)। फलियों का आकार-प्रकार एवं रंग उपभोक्ता की पसन्द पर निर्भर करता है और उपभोक्ता के पसन्द के आधार पर ही प्रजनन की प्राथमिकता सुनिश्चित की जानी चाहिए। सेम की आनुवंशिकी सम्बन्धी अध्ययन को सारिणी (4.3) में दिया गया है। फलियों में पाये जाने प्रतिकारी पोषक पदार्थ (antinutritional factors) विशेषकर एल्केलायड्स एवं ट्रिप्सिन कम होना चाहिए। हांनिकारक कीट विशेषकर एफिड एवं बिहार हेयरी कैटरपिलर के प्रति अवरोधी किस्में विकसित करना इसकी अन्य प्राथमिकतायें हैं।

स्व परागित फसल में अपनाई जाने वाली प्रजनन विधियाँ इसके सुधार के लिए प्रयोग में लाई जाती है। सामान्यतया विशुद्ध वंशक्रम (pure line), एकल पौध चयन विधि (single plant selection), वंशावली चयन (pedigree selection) एवं एकल बीज अवरोही चयन (single seed descent method) का प्रयोग किया जाता है। उपलब्ध किस्मों में पुन : सुधार के लिए पुंज चयन विधि (mass selection method) का प्रयोग किया जाता है।

सारिणी (4.3) सेम की आनुवंशिकी

गुण	जीन्स	जीन प्रक्रिया
वानस्पतिक भागों एवं फूलों का रंग	एकजीनीय	सफेद के ऊपर बैंगनी रंग प्रबल
फली का रंग	एकजीनीय	हल्के हरे रंग पर हरा रंग प्रबल
फली का आकार	एकजीनीय (FpFp)	मोटा आकार चपटे पर प्रबल
बीज का रंग	एकजीनीय	भूरे रंग पर चाकलेटी रंग प्रबल

स्रोत: पीटर 1998

सेम में प्रजनन सम्बंधी अधिकांश कार्य दक्षिण भारत में आरम्भ किया गया। इसकी स्थानीय किस्में लम्बी अवधि की, फोटो इन्सेसिटिव तथा कम उपज क्षमता की थी। इसमें सुधार के लिए स्थानीय एवं आयातित जननद्रव्यों का उपयोग करके

उपज घटकों को बढ़ाने का प्रयास किया गया। लतायुक्त किस्मों से झाड़ीदार किस्में विकसित करने की पहल के साथ तुड़ाई सूचकांक (harvest index) में वृद्धि की गयी। वर्ष भर फलत लेने के लिए प्रकाश अवधि के प्रति असंवेदी किस्में (photoinsensitive varieties) जैसे अमेरिका की यू. एस. 67-43 एवं 67-44 लाइनों का संकरण में प्रयोग किया गया। स्थानीय एवं आयातित जननद्रव्यों के संकरण द्वारा हेब्बल एवेरे-1 को लोकल एवेरे एवं रेडटिपिकस के मध्य संकरण कराकर विकसित किया गया। यह किस्म 90-100 दिन में फलत में आ जाती है। इसकी फलियाँ जल्दी तैयार हो जाती हैं। पुनः हेब्बल एवेर-1 एवं यू.एस. 67-31 के पृथक्करण संततियों से हेब्बल एवेरे-3 विकसित की गयी जो प्रकाश अवधि के प्रति पूरी तरह से असंवेदी (insensitive) थी और यह झाड़ीनुमा किस्म थी। इसकी फलियों में 24 प्रतिशत प्रोटीन पाया गया। हेब्बल एवेर × सी. ओ. 8 के संकरण से सब्जी वाली किस्म हेब्बल एवेर-4 विकसित की गयी। इसमें 60 दिन में फलियाँ तुड़ाई के लिए तैयार हो जाती हैं और इसकी उपज क्षमता भी अधिक है। तमिलनाडु कृषि विश्वविद्यालय, कोयम्बटूर पर किये गये अनुसंधान कार्य से सी.ओ. 1, सी.ओ. 6, सी.ओ. 7 एवं सी.ओ. 8 किस्मों का चुनाव किया गया। ये किस्में बीज एवं सब्जी युक्त फली दोनों के दृष्टि से अच्छी हैं (शिवशंकर एवं सहयोगी, 1993)।

उद्यान एवं वानिकी शोध संस्थान, राँची पर एकत्रित किये गये जननद्रव्यों से विभिन्न गुणों जैसे फलियों की लम्बाई (4.74-13.69 सेमी), चौड़ाई (1.21-5.2 सेमी), फली वजन (3.30-19.6 ग्राम), पुष्पन अवधि (68-12.67 दिन), फलियों के रंग (हल्के हरे, हरे, गहरे हरे, क्रीमी एवं बैंगनी), उपज (0.88-3.95 किग्रा प्रति पौध) आदि के प्रति काफी विभिन्नता पाई गयी। इनमें से प्रभावी किस्म स्वर्ण उत्कृष्ट का चुनाव किया गया है जिसकी उपज क्षमता 35-40 टन प्रति हेक्टेयर है और इस किस्म को अखिल भारतीय सब्जी विकास परियोजना के तहत कृषि जलवायु क्षेत्र IV के लिए अनुमोदित किया गया है। यह लतायुक्त किस्म है, जिसमें बुआई के 120 दिन बाद पहली तुड़ाई की जा सकती है। इसके अतिरिक्त यहाँ से एक फोटोइंसेसिटिव लाइन सीएचडीबी 69 का चुनाव किया गया है जिसे विपरीत मौसम में उगाया जा सकता है। (पान एवं सहयोगी, 2006)।

म्युटेशन प्रजनन में शिवासुब्रमणियम एवं सहयोगी (1989) ने इसकी किस्म CO-6 (DL-44×DL-3190) को 24 के राड गामा विकिरण से उपचारित किया। इससे प्राप्त संततियों का हरी फलियों के लिए उपज परीक्षण में M_2 पीढ़ी में एक मैक्रोम्युटेंट जिसमें अच्छे गुण थे उसकी मुटेन्ट-3 के रूप में पहचान की गयी और इसे सी.ओ. 10 के रूप में अनुमोदित किया गया।

सेम के जननद्रव्यों के विस्तृत संग्रह एवं परीक्षण का कार्य भारतीय सब्जी अनुसंधान वाराणसी, भारतीय उद्यान अनुसंधान संस्थान, बंगलोर, जवाहर लाल नेहरू कृषि विश्वविद्यालय, जबलपुर एवं तमिलनाडु कृषि विश्वविद्यालय, कोयम्बटूर पर किया गया है।

5. वेलवेट बीन
(Velvet Bean)

स्थानीय नाम- हिन्दी- किवाच, गोंचा, बंगला- अल्कुशी, विछोटी; मराठी- कवाच, कुचिली, कंचकुरी; गुजराती- किवच, कवच; तेलगू- दुला, गोडी, पिलियन्डुगु; तमिल- पुनई पिडुकम, पुनई लेई; पिलियन्डुगी, हसगुनीगिडा; मलयालम- नई कोरना; उड़िया- कैचों।

वेलवेट बीन एक दलहनी सब्जी है, जिसमें पर्याप्त मात्रा में प्रोटीन,रेशा, खनिज तत्व एवं विटामिन्स पाई जाती है। इसकी मुलायम फलियों को सब्जी एवं भुर्ता बनाने में प्रयोग किया जाता है। इसकी फलियों, बीजों एवं जड़ का बहुत अधिक औषधीय महत्व है। बेलवेट बीन का मूत्रल (diuretic) गुण होने के कारण यह वृक्क सम्बन्धी परेशानियों एवं ड्राप्सी (dropsy) को दूर करने में बहुत अधिक उपयोगी है। बीज में एल. डोपा (L. DOPA L. 3:4- dihydroxy phenylalanine) पाया जाता है जो पर्किन्सस रोग (Parkinson's disease) एवं तनाव (hypertension) में काफी कारगर है (डाइमाक एवं सहयोगी, 1980)। इसके अतिरिक्त बीज में ग्लूटैथिओन (glutathione),गैलिक अम्ल (gallic acid), ग्लाइकोसाइड्स (glycosides), निकोटीन (nicotine), प्रयूरिएनिन (prurienine $C_8H_6O_2N_2$), प्रूरिनिडिन (prurienidine $C_6H_{15}O_3N_3$) पाये जाते हैं। फलियों के ट्राइकोम्स (trichomes) में म्युकूनैन (mucunain) एवं सीरोटोनिन (serotonin) पाये जाते हैं जिससे खुजली (itching) होती है। वेलवेट बीन में इन सभी यौगिकों में एल. डोपा ही मुख्य यौगिक है। इसकी उपयोगिता को देखते हुए ऊतक संवर्धन के माध्यम से एल. डोपा को उत्पन्न करने का प्रयास किया गया है (ब्रेन, 1976; हूजिंग एवं सहयोगी, 1985, विचर्स एवं सहयोगी, 1985), लेकिन व्यवसायिक स्तर बहुत अधिक सफलता नहीं मिली। वेलवेट बीन के बीज का पोषक मूल्य सारिणी (5.1) में दिया गया है

सारिणी (5.1) वेलवेट बीन के बीज का पोषक मूल्य

पोषक तत्व	मात्रा
नमीं	5.3 ग्राम
प्रोटीन	28.2 ग्राम
वसा	7.0 ग्राम
खनिज	1.7 ग्राम
रेशा	2.2 ग्राम
कार्बोहाइड्रेट्स	55.6 ग्राम
ऊर्जा	398 कि. कैलोरी
केल्शियम	188 मिग्रा.
फास्फोरस	211 मिग्रा.

उद्भव एवं वितरण

वेलवेट बीन का जीनस मुकुना (*Mucuna*) विश्व के उपोष्ण एवं सम शितोष्ण प्रदेशों में वितरित है। हमारे देश में इसकी 14 प्रजातियाँ पाई जाती हैं जो मुख्य रूप से हिमालय के तलहटी से लेकर पश्चिम बंगाल के मैदानी क्षेत्र, मध्य प्रदेश, कर्नाटक, केरल, आंध्र प्रदेश, उत्तर प्रदेश एवं अण्डमान निकोबार तक फैली हुई हैं।

वानस्पतिक विवरण

वेलवेट बीन का जीनस मुकुना (*Mucuna*) लेगूमिनोसी (Leguminosae) कुल के उपकुल

पैपिलिओनेसी (Papilionaceae) का पौधा है। वंश मुकुना प्रूरिटा या प्रूरिएन्स (*M. prurita* Hook. syn. *M. pruriens*) को मुख्य रूप से उगाया जाता है। इसकी अन्य महत्वपूर्ण प्रजातियों में मुकुना पैचीलोबिया (*M. pachylobia*) और मुकुना यूटिलिस (*M. utilis*) है जिसे हरे चारे एवं फलियों के लिए उगाया जाता है। इसकी प्रमुख प्रजातियों को सारिणी (5.2) में दिया गया है- वेलवेट बीन एक लतायुक्त पौधा है। पत्तियाँ 3 फलक वाली एवं अण्डाकार होती है। पुष्प कक्षीय, रेसीम, बैंगनी रंग के, फलियाँ मुड़ी हुई, 5-10 सेमी. लम्बी और 1.5×1.8 सेमी. मोटी। फलियाँ भूरे रंग के रेशे से ढकी होती है। बीज काले रंग के, प्रति फली बीज 4-6।

सारिणी (5.2) मुकुना की प्रजातियाँ

प्रजातियाँ	वानस्पतिक नाम	सामान्य नाम
मुकुना कोचिन साइनेनसिस पर्याय स्टाइजोलोबियम पर्याय एम. सिविसा; स्टाई जो लोवियम निवियम	(*Mucuna cochinchinensis* Cheval Syn. *M. nivea* (Roxb.) DC., *Stizolobium niveum* Kuntze	लिआन बीन (Lyon bean)
मुकुना डिरिनधियाना पर्याय स्टाइजोलोबियम डिरिनजिएनम	*Mucuna Deeringiana* (Bort) Merryl syn. *Stizolobium deeringianum* Bort	फ्लोरिडा या जार्जिया वेल वेट बीन (Florida or. Georgia velvetbean)
मुकुना मोनोस्पर्मा	*Mucuna monosperma* DC	-
मुकुना प्रूरिटा पर्याय एम. प्रूरिएन्स	*Mucuna prurita* Hook. Syn. *M. pruriens* Baker	किवाच (Common cowwitch)
एम. एट्रोपरपुरिया	*Mucuna atropurpurea* DC, Baker	
एम. ब्रैक्टीओटा	*Mucuna bracteota* DC	
एम. कैपीटाटा	*Mucuna capitata* Wight & Arn.	
एम. जिगैन्टीया	*Mucuna gigantea* DC	
एम. हर्सुटा	*Mucuna hirsuta* Wight & Arn.	
एम. मैको कापी	*Mucuna macrocarpa* Wall	
एम. निग्रीकैन्स पर्याय	*Mucuna nigricans* Steud	
एम. इम्ब्रीक्रटा	*Mucuna imbricata*	
एम. यूटीलिस	*Mucuna =utilis* Wall ex Wight	

जलवायु एवं भूमि

वेलवेट बीन की लतायें पाले के प्रति संवेदनशील होती है। लताओं की वृद्धि के लिए 18 से 25 डिग्री सेग्रेड तापक्रम उपयुक्त होता है। वेलवेट बीन की खेती के लिए अच्छे जलनिकास युक्त बलुई दुमट अथवा दुमट भूमि अच्छी मानी जाती है। कम उर्वरा शक्ति वाली मिट्टी में भी इसे सरलता पूर्वक उगाया जा सकता है। इसकी खेती के लिए मृदा का पी.एच. मान 5.5-6.0 के मध्य होना चाहिए।

बुआई का समय एवं बीज दर

वेलवेट बीन को मैदानी क्षेत्रों अक्टूबर-नवम्बर के महीने में बोया जा सकता है। खेत की तैयारी 2-3 बार जुताई करके पूरी कर ली जाती है। बुआई से पूर्व 10 कुन्तल गोबर की खाद, 80 किग्रा. फास्फोरस और 40 किग्रा पोटाश प्रति हेक्टेयर की दर से देने की संस्तुति की गयी है।

एक हेक्टेयर बुआई के लिए 50-60 किग्रा. बीज पर्याप्त होता है। बीज को पंक्तियों में 60×60 सेमी. के अंतराल पर लगाकर मेड़ चढ़ा दी

जाती है। प्राय: 7-10 दिन में बीज अंकुरित हो जाता है। फसल से 80 किग्रा नत्रजन की दो बार टापड्रेसिंग करने से अच्छे परिणाम मिलते हैं। पहली बार टापड्रेसिंग बुआई के 30 दिन बाद और पुन: 60 दिन बाद की जाती है।

सिंचाई

वेलवेट बीन को सिंचित एवं असिंचित दोनों अवस्थाओं में सफलतापूर्वक उगाया जा सकता है। शुष्क फसल के लिए बुआई उस समय करना लाभप्रद होता है जब मानसून की वर्षा के बाद जमीन में नमीं संचित रहती है। सिंचित फसल में 4-6 बार सिंचाई की जाती है जिसे नवम्बर से फरवरी के बीच किया जाता है।

पुष्पन एवं फलत

वेलवेट बीन में बुआई के लगभग 45 दिन बाद पुष्पन प्रारम्भ होता है। फलियों की 3-4 बार तुड़ाई की जाती है। इसकी अच्छी प्रकार से खेती करने पर 250-300 कुन्तल उपज प्राप्त होती है। बीज की उपज 15-17.5 कुन्तल प्रति हेक्टेयर है। जहाँ बेलों को सहारा दिया जाता है वहाँ उपज अच्छी मिलती है और बीज की उपज 30-37.5 कुन्तल तक प्राप्त की जाती है।

पौध संरक्षण

सामान्यतया वेलवेट बीन में कोई विशेष रोग नही लगते। लेकिन कभी-कभी सर्कोस्पोरा पर्णदाग (*Cercospora* leaf spot) का प्रकोप होता है। नियंत्रण के लिए मैंकोजेब दवा की 2 ग्राम मात्रा का प्रतिलीटर की दर से घोलकर छिड़काव किया जा सकता है। पत्ती खाने वाले कीड़े भी क्षति पहुँचाते हैं।

प्रजातियाँ

वेलवेटबीन की अभी तक कोई विशेष प्रजाति नहीं विकसित की गयी है। मणिपुर में सिंह (1994) ने इसकी दो स्थानीय किस्मों मुकुना एम.एन. 1 तथा मुकुना एम.यू. 1 का चुनाव किया है। मुकुना एम.यू.-1 मुकुना यूटिलिसमस (*Mucuna utilismus*) तथा मुकुना एम.एन.-1 मुकुना निविया (*Mucuna nivea*) की प्रजाति है। एम.यू. 1 किस्में काले रंग की फलियाँ लिए होती हैं, जिसपर हल्के रोयें होते हैं।

एम.एन. 1 की फलियाँ अपेक्षाकृत कम मोटी तथा कम मांसल होती है। इसमें फलियों की संख्या 8-10 के गुच्छे में आती है। इसमें क्रूड प्रोटीन की मात्रा एम.यू. 1 की तुलना में अधिक होती है। इन दोनों किस्मों की तुलना सारिणी (5.3) में दी गयी है।

सारिणी (5.3) मुकुना की एम.एन. 1 एवं एम.यू. 1 किस्मों का तुलनात्मक वर्णन

प्रजाति	शुष्क भार (प्रतिशत)	क्रूड प्रोटीन (प्रतिशत)	कच्चा रेशा (प्रतिशत)	वसा (ईथर एक्सट्रेट प्रतिशत)
एम.एन.-1	12.12	16.80	16.22	1.57
एम.यू-1	11.90	14.61	15.61	1.88

स्रोत: सिंह, 1994

जननद्रव्य संग्रह एवं सुधार

वेलवेट के 81 जननद्रव्यों का संकलन एन.बी.पी.जी.आर. के ईसापुर प्रक्षेत्र पर किया गया है। जननद्रव्यों को उगाकर उनके वानस्पतिक गुणों, पुष्पन एवं फलियों की उपज आदि सम्बन्धी आंकलन एवं एल-डोपा की मात्रा सम्बन्धी आँकड़े एकत्र किये गये हैं। विभिन्न जननद्रव्यों के मूल्यांकन में 15 ऐसे जननद्रव्य चिन्हित किये गये है जिनमें एल-डोपा की मात्रा अधिक थी (सिंह एवं सहयोगी, 1990)।

6. स्वोर्ड बीन
(Sword Bean)

स्थानीय नाम- बंगला- माखन शिम; गुजराती- तलवार्डी, तरवडी; हिन्दी- लालकद सुम्बल; कन्नड़- शेम्बीएवरे, तुमकई; मलयालम- वालअमरा, वल अवरा; मराठी- अबाई; तमिल- सेगापू थम्बाटी; तेलगू- येरातम्मा।

स्वोर्ड बीन की फलियों को सब्जी के रूप में प्रयोग किया जाता है तथा इसके पौधों को चारे एवं हरी खाद के रूप में प्रयोग किया जाता है। एशियाई देशों में इसे फ्रेन्च बीन की फलियों जैसा प्रयोग किया जाता है। इसके हरे बीजों को बाकला के बीज जैसा सब्जी के रूप में प्रयोग किया जाता है। इसके बीज को दाल के रूप में प्रयोग नहीं किया जाता है क्योंकि इसमें गंध एवं सख्त बीज चोल होने के साथ कुछ हाँनिकारक तत्व पाये जाते हैं। इसकी पत्तियाँ एवं पुष्प को उबालकर प्रयोग किया जाता है। जावा में इसे अल्पकालीन फसल के रूप में कवर क्राप (cover crop) एवं हरी खाद के लिए उगाया जाता है। इसके सफेद रंग के बीज चोल वाली किस्मों को रंगीन बीज चोल वाली किस्मों की अपेक्षा अच्छा माना जाता है। स्वोर्ड बीन की गुलाबी रंग के बीज वाली किस्मों को चाइनीज औषधियों में प्रयोग किया जाता है (कुई, 1993)। इसकी फलियों के पोषक मूल्य को सारिणी (6.1) में दिया गया है।

सारिणी (6.1) स्वोर्ड बीन का पोषक मूल्य (प्रति 100 ग्राम खाने योग्य भाग में)

पोषक तत्व	मात्रा
नमीं	87.2 ग्राम
प्रोटीन	2.7 ग्राम
वसा	0.2 ग्राम
रेशा	1.5 ग्राम
अन्य कार्बोहाइड्रेट्स	7.8 ग्राम
खनिज	0.6 ग्राम
कैल्शियम	60.0 मिग्रा.
फास्फोरस	40.0 मिग्रा.
आयरन	2.0 मिग्रा.
ऊर्जा	44 कि. कैलोरी
कैरोटीन	24 माइक्रा ग्राम
थाइमिन	0.08 मिग्रा.
नियासिन	0.5 मिग्रा.
विटामिन सी	12 मिग्रा.

स्वोर्ड बीन के बीज में सैपोटाक्सिन (sapo-toxin) होने के कारण उल्टी (vomiting) एवं चक्कर (nausea) की समस्या आती है। बीज के क्षारीय शत् में बहुत अधिक फाइटोहीमोग्लूटिनिन (phytohaemoglutinin) पाया जाता है जिसे गर्म करके दूर किया जा सकता है। बीज में 2-8 प्रतिशत कैनेवेनिन (canavanine) पाया जाता है। इसके अतिरिक्त बीज में सुक्रोज (sucrose), रेफीनोज (raffinose), स्टेचीओज (stachyose), वरबेकोस (verbacose) तथा जिब्रेलिन्स- जीए-1, जीए-2, जीए 59 पाया जाता है। बीज में क्रिस्टेलिन अवस्था में यूरिएज (urease) और आर्जीनेज (ar-ginase) इंजाइम भी पाया जाता है।

उद्भव एवं वितरण

यह मुख्य रूप से एशिया या अफ्रीकी मूल का पौधा है। यह विश्वास किया जाता है कि इसकी उत्पत्ति कैनावैलिया वीरोसा (*Cannavalia virosa*) से हुई है। जो मुख्य रूप से अफ्रीका में पाया जाता है (पर्सीग्लोव, 1974)। स्वोर्ड बीन को दक्षिण पूर्व एशियाई देशों में मुख्यत: भारत, श्री लंका, म्यांमार एवं चीन में उगाया जाता है। इसके अतिरिक्त इसे विश्व के अन्य उपोष्ण भागों में भी देखा जा सकता है।

वानस्पतिक विवरण

स्वोर्ड बीन का वानस्पतिक नाम कैनावैलिया ग्लेडिएटा (*Cannavalia gladiata* (Jacq.) DC.) है। इसके अन्य पर्याय नाम है डालिकस ग्लेडिएटस (*Dolichos gladiatus* Jacq.), कैनावैलिया इंसीफारमिस (*Cannavalia ensiformis* (L.) DC. var. gladiata Jacq Kuntze;) वार. गलेडिएटा कैनावेलिया इंसीफार्मिस [*C. ensiformis* auct. non (L. DC.)]। इसकी गुण सूत्र संख्या (2 एन) 22-44 है। इसका पौधा एक वर्षीय या बहु वर्षीय लता, तना बेलनाकार एवं रोयें रहित, पत्तियाँ 20 सेमी. लम्बी, चिकनी, पुष्प गुलाबी रंग के, लम्बे गुच्छे के साथ, फलियाँ लम्बी अंत में थोड़ा मुड़ी हुई, 15-40 सेमी. लम्बी, 5 सेमी. चौड़ी, लाल या भूरे रंग के, कभी-कभी सफेद रंग के 3×14 मिमी. आकार के, बीज चोल बहुत सख्त एवं मोटी। प्रति 1000 बीज वजन 1-4 किग्रा। कभी-कभी स्वोर्ड बीन को जैक बीन से भ्रम किया जाता है क्योंकि वानस्पतिक संरचना और पुष्प में काफी समानता पाई जाती है, लेकिन दोनों प्रजातियों में अंतर इस आधार पर किया जा सकता है कि जैक बीन की फलियाँ अपनी मोटाई की 8 गुनी होती हैं जबकि स्वोर्ड बीन में यह 8 गुने से कम होती है और जैक बीन में हाइलम बीज की लम्बाई का आधा होता है जबकि स्वोर्ड बीन में यह आधे से अधिक बड़ा होता है।

जलवायु एवं भूमि

स्वोर्ड बीन उपोष्ण जलवायु का पौधा है। इसके पौधे की बढ़वार 20-30 डिग्री सेंग्रेड तापक्रम पर अच्छी होती है। इसे समुद्र तल से 1000 मीटर की ऊँचाई तक सफलता पूर्वक उगाया जा सकता है। इसकी काफी गहरी जड़े होने के कारण इसे शुष्क क्षेत्रों में भी उगाया जा सकता है। ऐसे क्षेत्र जहाँ वर्षा का औसत 900-1500 मिमी. प्रति वर्ष है वहाँ इसकी खेती अच्छी प्रकार की जाती है।

स्वोर्ड बीन की खेती कम उपजाऊ एवं उथली निचली जमीन में भी भली-भाँति की जा सकती है। ऐसे भूमि जिसका पी.एच. मान 4.5-7.0 के मध्य है और अम्लीय प्रकृति की है, इसके पौधे अच्छी तरह उगते हैं। यह क्षारीय जमीन के प्रति भी सहिष्णु है और अन्य दलहनी सब्जियों की अपेक्षा जल जमाव एवं शुष्क अवस्था के प्रति अत्यधिक सहनशील है। इसके पौधे की बढ़वार पर छाया का भी कम प्रभाव पड़ता है।

बुआई का समय एवं बीज दर

उत्तर भारत के मैदानी क्षेत्रों में स्वोर्ड बीन को अक्टूबर-नवम्बर के महीने में बुआई की जाती है। एक हेक्टेयर क्षेत्र की बुआई के लिए 25-40 किग्रा. बीज की आवश्यकता होती है। बीज को 5-7.5 सेमी. गहराई पर बोया जाता है। बीज का अंकुरण शीघ्र होता है। बीज को अच्छी प्रकार से तैयार खेत में 75-90 सेमी. के अंतराल पर बनी पंक्तियों में 45-60 सेमी. के दूरी पर बोया जाता है।

खाद एवं उर्वरक

स्वोर्ड बीन एक दलहनी फसल है। अत: इसे अधिक नत्रजन की आवश्यकता नहीं होती है। बुआई के समय खेत 10-15 कुन्तल सड़ी हुई गोबर की खाद मिला देनी चाहिए। इसके अतिरिक्त 20 किग्रा. नत्रजन, 40 किग्रा फास्फोरस और 30 किग्रा. पोटाश प्रति हेक्टेयर की दर से देनी चाहिए। नत्रजन की आधी मात्रा बुआई के समय और शेष आधी मात्रा बुआई के 30 दिन बाद टापड्रेसिंग के रूप में दी जानी चाहिए।

निकाई-गुड़ाई एवं लताओं को सहारा देना

आरम्भिक अवस्था में खेत की खरपतवार से

मुक्त रखना चाहिए। इससे पौधे की बढ़वार शीघ्र होती है। लताओं को लकड़ी या तार का मचान बना कर चढ़ाने से पौधों का विकास अच्छा होता है और फलत भी अच्छी होती है।

पुष्पन एवं फलत

स्वोर्ड बीन में बुआई के 55-60 दिन बाद फूल आना प्रारम्भ हो जाता है और लगभग 20 प्रतिशत पुष्पों को मधुमक्खियाँ परागित करती है और इतना ही प्रतिशत इसमें परपरागण होता है। बुआई के 3-4 महीने पश्चात से फलियाँ प्राप्त होने लगती है और 8-10 महीने तक उपलब्ध रहती है।

तुड़ाई एवं उपज

हरी फलियों की तुड़ाई उस अवस्था में की जाती है जब वह 10-15 सेमी. का आकार ग्रहण कर लेती है। तुड़ाई हाथ द्वारा की जाती है। हरी फलियों की उपज 40-50 कुन्तल प्रति हेक्टेयर प्राप्त होती है। इसके बीज की उपज 7-10 कुन्तल प्रति हेक्टेयर मिलती है। चारे के लिए लताओं की उपज 40-50 टन प्रति हेक्टेयर के लगभग है। इसके बीज को अपेक्षाकृत लम्बे समय तक भण्डारित किया जा सकता है और इनके बीज पर ब्रूकस आदि का प्रकोप कम होता है।

जननद्रव्य संग्रह एवं सुधार

स्वोर्ड बीन एक ऐसी अल्प प्रचलित दलहनी सब्जी है जिसका मानव उपयोग के साथ पशुओं के लिए चारे की भी अच्छी स्रोत है। जैविक एवं अजैविक दबाओं के प्रति अत्यधिक सहनशीलता होने के गुण के कारण एवं प्रति इकाई क्षेत्र में अत्यधिक उत्पादन क्षमता कुछ ऐसे घटक है जिसके ऊपर प्रजनन उन्नयन सम्बन्धी ध्यान केन्द्रित किया जा सकता है। स्वोर्ड बीन की फलियों में काफी विभिन्नता पाई जाती है। कुछ स्थानों पर इसकी मध्यम बढ़वार वाली किस्में भी पाई जाती है। इसकी ऐसी किस्में जिसमें लाल से काले रंग के बीज पाये जाते हैं उनको सी. ग्लेडिएटा वार ग्लेडिएटा (*C. gladiata* var. gladiata) तथा सफेद रंग की बीज वाली किस्म की सी. एल्बा (*C. alba* (Makino) Hisauchi) के अंतर्गत वर्गीकृत किया जाता है। स्वोर्ड बीन की ऐसी किस्में विकसित करने की आवश्यकता है जिसमें कैनावैलिन ए (Cannavalin A) और अन्य हाँनिकारक तत्व न हों।

7. जैक बीन
(Jack Bean)

स्थानीय नाम- बंगला- मखान शिम; गुजराती- अबाती, तारवर्डी; हिन्दी- बड़ा सेम, सफेद कद सुम्बल; कन्नड़- सेम्बी अवारे, तनतेईबाली; मलयालम- बलेरिधा; मराठी- पंथरी अबाई; तमिल- कटुलवरी, वेलाई थमलबतनकाई; तेलगू- तेल्ला तम्मा, तुम्बट्टनकया।

जैक बीन एक दलहनी सब्जी है। इसमें बहुत लम्बी फलियाँ लगती है जिसे सब्जी के रूप में प्रयोग किया जाता है। इसे फ्रेन्च बीन के विकल्प के रूप में प्रयोग किया जाता है। इसकी फलियों का अचार के रूप में तथा बीज को दाल के लिए भी प्रयोग किया जाता है। जैक बीन प्रोटीन का अच्छा स्रोत है। जैक बीन बहुत अधिक उपज होने के बावजूद इसका उपयोग सीमित स्तर पर किया जाता है। जिसका कारण है इसमें पाये जाने वाले कुछ पोषण अवरोधी कारक (anti nutritional factors)। प्रयोग से पूर्व इसे गर्म करके इसमें पाये जाने वाले प्रोटीन के जैविक मूल्य (bilogical value) को बढ़ाया जा सकता है। जैक बीन सांद्रित प्रोटीन (concentrated protein) बनाने में भी प्रयोग किया जाता है। अफ्रीका से इसके सूखे बीज को काफी के विकल्प के रूप में उपयोग में लाया जाता है (डब्ल्यू ओ आई, 1972)। जैक बीन में पाये जाने वाले पोषक तत्वों को सारिणी (7.1) में दिया गया है

सारिणी (7.1) जैक बीन की फलियों एवं बीज का पोषक मूल्य (प्रति 100 ग्राम खाने योग्य भाग में)

पोषक तत्व	मात्रा	बीज
नमीं (ग्राम)	78.5	12.0
प्रोटीन (ग्राम)	6.8	25.4
वसा (ग्राम)	0.5	1.3
रेशा (ग्राम)	3.3	4.9
कार्बोहाइड्रेट्स (ग्राम)	13.3	57.1
ऊर्जा (कि कैलोरी)	82.0	331.0
ऐश (ग्राम)	0.8	4.2
कैल्शियम (मिग्रा.)	33.0	96.0
फास्फोरस (मिग्रा.)	66.0	343.0
आयरन (मिग्रा.)	1.2	4.9
विटामिन ए (मा. ग्राम)	15	10
थाइमिन (मिग्रा.)	0.22	0.46
राइबोफ्लेविन (मिग्रा.)	0.10	0.15
नियासिन (मिग्रा.)	2.0	2.1
एस्कार्बिक अम्ल (मिग्रा.)	32.0	0.00

जैक बीन के बीज कुछ हाँनिकारक प्रोटीन जैसे हीमेग्लूटीनिन या एग्लूटिनिन्स या लेक्टिन्स (haemagglutinins or agglutinins or lectins) पाये जाते हैं जिसे ग्लोबूलिन (globulin) के अन्तर्गत रखा गया है। ग्लोबूलिन यूरिएज क्रिया करता है और अन्य 3 ग्लोबूलिन्स, कैनेवेलिन (canvalin), कोन्कानैवेलिन ए (concanavalin A) और कोनकानैवेलिन बी (concanavalin B) क्रिस्टल रूप में पाया जाता है। जैक बीन में पाई जाने वाली अत्यधिक आणविक भार की प्रोटीन एरिथ्रोसाइट्स (erythrocytes) से क्रिया करता है और एन्टीट्यूमर (antitumour) का कार्य करता है। इसके बीज में ल्यूपीओसाइड (lupeoside), आर्जीनिन (arginine), डिसेमिनोकैनेवेनिन (d-esaminocanav-anine), कैनेवेनिन (canavanine), अल्फा-गामा-डाइ एमिनो ब्यूटाइरिक अम्ल (α–γ–diaminobutyric acid), अल्फा-एमीनों-8-हाइड्राक्सी वैलेरिक अम्ल (α-amino-8-hydroxy valeric acid), एल होमोसीरिन (l-homoserine), सिस्टीन (cysteine), कोलीन

(choline), ट्राइगोनेलिन (trigonelline), बीटोनिसिन (betonicine), कैनीन (caneine $C_{12}H_{24}O_3N_2$), किटोजीन (kitogine $C_7 H_7 O_3 N$), पेंटोसैन (pentosan), फाइटोस्टेराल (phytosterol), इंजाइम्स और दो जिब्रेलिन्स-जीए 21 (GA 21) और जीए. 22 (GA-22) पाया जाता है।

बीज में पाये जाने वाला एंजाइम निरोधक (enzyme inhibitors) ट्रिप्सिन (trypsin), अल्फा कीमोट्रिप्सिन (α-chaemotrypsin), सबलिटिसिन (sublitisin) को प्रभावित करता है और एमाइओलिकटिक (amyolictic) क्रिया प्रदर्शित करता है। बीज में पाये जाने वाला कैनावैनिन (canavanine), 2 एमीनों-4 गुआनिडिनो-आक्सिलब्यूटाइरिक अम्ल (2- amino- 4-guanidino-oxylbutyric acid) प्रोटीन संश्लेषण को प्रभावित करता है और आदमी के स्वास्थ्य पर हाँनिकारक प्रभाव डालता है।

जैक बीन की लताओं को पशुओं के चारे के रूप में प्रयोग किया जाता है, लेकिन यह मात्रा 50 प्रतिशत से अधिक नहीं होनी चाहिए अन्यथा डिहाइड्रेशन (dehydration), नेफ्रीटिस (nephritis) एवं प्लूमोनरी एफीसेमा (plumonary emphysema) की समस्या आती है। इसकी बहुत अधिक मात्रा ग्रहण कर लेने से कभी-कभी पशुओं की मौत भी हो जाती है।

उद्‌भव एवं वितरण

जैक बीन नई दुनियाँ विशेषकर दक्षिण एवं मध्य अमेरिका का देशज माना जाता है और हमारे देश में इसका बाहर से प्रवेशन (introduction) हुआ है। इसके पौधे देश के विभिन्न भागों एवं उत्तर पूर्वी पर्वतीय क्षेत्रों में बहुतायत से पाये जाते हैं। कहीं-कहीं इसे सीमित स्तर पर उगाया भी जाता है।

वानस्पतिक विवरण

जैक बीन का वंश कैनावैलिया (*Canav-alia*) और प्रजाति इंसीफार्मिस (*ensiformis* (Linn) DC; Baker)। वंश कैनावैलिया के अंतर्गत 50 प्रजातियाँ पाई जाती हैं (सैर, 1964; लेकी, 1981)।

जैक बीन का पौधा एक वर्षीय झाड़ीदार, 1-2 मीटर ऊँचा पौधा हैं। पत्तियाँ 3 पर्ण फल वाली, रोयेंदार, पर्णफल 20 सेमी. लम्बे, सतह खुरदरी, पुष्प रेशमी, गुलाबी या नीले रंग के, फलियाँ सख्त, 20-30 सेमी. लम्बी, 2-2.5 सेमी. मोटी, प्रति फली बीज 8-20, बीज सफेद रंग के, लम्बोतर, थोड़ा चिपटे, हिलम 8 मिमी. लम्बा, बीज की लम्बाई का लगभग आधा।

जलवायु एवं भूमि

जैक बीन को समुद्र की सतह से 1200 मीटर की ऊँचाई वाले क्षेत्रों तक सफलतापूर्वक उगाया जा सकता है। जैक बीन के पौधे उपोष्ण क्षेत्र की जलवायु के लिए अनुकूलित हैं फिर भी इन्हें शीतोष्ण क्षेत्र की जलवायु में भली-भाँति उगाया जा सकता है। पौधे की बढ़वार के लिए 10-12 घण्टे की प्रकाश अवधि उपयुक्त होती है। बीज को अंकुरण के लिए 25-27 डिग्री सेंग्रेड तापक्रम की आवश्यकता होती है। बीज के अंकुरण के लिए पर्याप्त नमीं (200 प्रतिशत से अधिक) होना चाहिए (अस्टिमेंको-बाकुमोवेस्की, 1982)। बीज 20 डिग्री सेग्रेड तापक्रम की अवस्था पर 8-12 दिन में, 22-24 डिग्री सेंग्रेड पर 6-8 दिन में और 27 डिग्री सेंग्रेड पर 4-5 दिन में अंकुरित होता है। इसे विभिन्न प्रकार की भूमि में उगाया जा सकता है, लेकिन जीवांश युक्त उर्वर भूमि में पौधे की बढ़वार अच्छी होती है। मृदा का पी.एच. मान 5.00 से 7.00 के मध्य इसके लिए उपयुक्त होता है।

सस्य क्रियायें

जैक बीन को सीधे खेत में बुआई करके उगाया जाता है। इसके लिए बीज को 7.5 सेमी. गहरा और 1.5 मीटर के अंतराल पर बनी पंक्तियों में 30 सेमी. की दूरी पर बोया जाता है। जैक बीन की खेती के लिए पर्वतीय क्षेत्रों में 15 अप्रैल से 15 जून तक का मौसम बुआई के लिए उपयुक्त होता है। उत्तर भारत के मैदानी क्षेत्रों में इसे सितम्बर-अक्टूबर के महीने में बोया जाता है। एक हेक्टेयर बुआई के लिए 30-40 किग्रा. बीज की आवश्यकता होती है। जैक बीन एक दलहनी फसल है। अत: इसे बहुत अधिक खाद एवं उर्वरक की आवश्यकता नहीं पड़ती है। बुआई के समय 10-15 कुन्तल सड़ी हुई गोवर की खाद देने से पौधे की बढ़वार पर अच्छा प्रभाव पड़ता है। राइजोबियम कल्चर का प्रयोग करने में पौधों की जड़ों में नोड्यूल बनने की क्रिया तेज होती है।

खरपतवार प्रबन्धन एवं सहारा देना

प्रारम्भिक अवस्था में पौधे के आस-पास से खरपतवार को निकाल देना चाहिए। पौधे जब एक निश्चित ऊँचाई ग्रहण कर लेते हैं तब उन्हें सहारा देना चाहिए। इसके लिए आवश्यक है कि लकड़ी या तार का मचान बना लिया जाय।

पुष्पन एवं फलत

बुआई के 50-55 दिन बाद इसमें फूल आना प्रारम्भ हो जाता है और बुआई के 3 माह बाद से फलियाँ तुड़ाई के लिए तैयार हो जाती है और इनकी 6-7 बार तुड़ाई की जा सकती है। एक पौधे से लगभग 1.5 किग्रा. फलियाँ प्राप्त होती है।

उपज

हरी फलियों की उपज 60-70 कुन्तल प्रति हेक्टेयर प्राप्त होती है। दाने के लिए फसल की उस समय कटाई की जाती है जब दाने पूर्ण रूप से परिपक्व होकर सूख जाते हैं। इसके लिए पूरी फसल की कटाई करके बीज को मड़ाई करके अलग कर लिया जाता है। बीज की उपज हमारे देश में 8-10 कुन्तल प्रति हेक्टेयर है जबकि जिम्बावबे में 20-25 कुन्तल प्रति हेक्टेयर प्राप्त की जाती है। यदि जैक बीन को हरी खाद के उद्देश्य से उगाया जाता है तब इसकी उपज 16-20 टन प्रति हेक्टेयर प्राप्त होती है।

पौध संरक्षण

जैक बीन के पौधों पर कभी-कभी कालर राट एवं पिंक राट (collar and pink rot) का प्रकोप होता जो स्क्लेरोशियम रालफसाई (*Sclerotium rolfsii* Sacc.) कवक के द्वारा होता है। सीडलिंग ब्लाइट (seedling blight) रोग कलेटोट्रिकम कैप्सीसी (*Colletotrichum capsici* (syd.) Butler & Bisby) कवक के द्वारा फैलती है। इसके नियंत्रण के लिए मैंकोजेब दवा का 2 प्रतिशत घोल का छिड़काव किया जा सकता है। पर्णधब्बा की समस्या सर्कोस्पोरा कैनवेली (*Cercospora canvalie* syd.) द्वारा उत्पन्न होती है। फलियाँ फली गलन (fruit rot) की समस्या फ्यूजेरियम प्रजाति एवं ट्राइकोथीसियम रोजीयम (*Fusarium* sp and *Trichothecium roseum* Link ex. Fr.) के कारण होती हैं इसके अतिरिक्त कुछ विषाणु रोगों जैसे स्वोर्ड बीन मोजेक (sword bean mosaic) का प्रकोप होता है। इनसे बचाव के लिए स्वस्थ एवं रोग रहित बीज का चुनाव करना चाहिए।

जननद्रव्य संग्रह एवं सुधार

जैक बीन के जननद्रव्यों के संग्रह पर अभी विशेष ध्यान नहीं केन्द्रित किया गया है। इसमें प्रजनन द्वारा ऐसी किस्में विकसित करने की आवश्यकता है जिसमें पोषण सम्बन्धी हाँनिकारक तत्व न हो और फलियाँ मुलायम तथा अच्छी सुवाष

लिए हो। राजेन्द्रन एवं सहयोगी (1982) ने जैक बीन एवं स्वोर्ड बीन के मध्य संकरण कराकर सफलतापूर्वक एफ-1 संतति प्राप्त की। इसमें जैक बीन को मात्र पितृ के रूप में प्रयोग किया गया। एफ-1 संतति में उपज प्रतिपौध 1.76 किग्रा थी जबकि स्वोर्ड बीन के पौधे की प्रति पौध उपज 0.81 किग्रा और जैक बीन से प्रति पौध उपज 0.4 किग्रा थी।

8. ट्री बीन
(Tree Bean)

ट्री बीन लेग्यूमिनोसी कुल का पौधा है। यह गुलमोहर के वृक्ष के समान होता है। इसमें 10-15 के गुच्छे में फलियाँ लगती हैं और प्रत्येक फली की लम्बाई 25-40 सेमी. तथा मोटाई 2-4 सेमी. होती है। फलियाँ प्रारम्भिक अवस्था में मुलायम गहरे हरे रंग की होती है। इसकी मुलायम फलियों को सब्जी के रूप में उत्तर पूर्वी पर्वतीय क्षेत्र के राज्यों में विशेषकर मणिपुर एवं मिजोरम में बड़े पैमाने पर प्रयोग किया जाता है। इसके अतिरिक्त इसे नागालैण्ड, त्रिपुरा और मेघालय के लोगों द्वारा भी सब्जी के रूप में प्रयोग किया जाता है। हमारे देश के अतिरिक्त इसे अन्य दक्षिण एशियाई देशों जैसे मलेशिया,इण्डोनेशिया, कोरिया, थाईलैण्ड और म्यांमार में भी सब्जी के रूप में प्रयोग करने का प्रचलन है। इसकी मुलायम ताजी फलियों का बहुत से व्यंजन बनाने में प्रयोग किया जाता हैं इसकी चटनी भी बनाई जाती है। फलियों में 13-18 प्रतिशत क्रूड प्रोटीन के साथ विटामिन सी एवं खनिज तत्व जैसे फास्फोरस एवं आयरन भरपूर मात्रा में पाया जाता है। इसकी फलियों के पोषक मूल्य को सारिणी (8.1) में दिया गया है।

सारिणी (8.1) ट्री बीन की फलियों का पोषक मूल्य (प्रति 100 ग्राम खाने योग्य भाग में)

संगठन	फलियाँ				पत्तियाँ
	मुलायम	तरूण	परिपक्व	पकी फलियाँ	
नमीं (%)	83.3	78.5	76.1	59.9	62.3
विटामिन सी (%)	10.2	6.46	7.0	6.1	-
क्रूड प्रोटीन (%)	0.25	0.43	0.98	20.98	2.3
क्रूड फाइबर (%)	10.80	14.30	20.10	9.50	19.5
क्रूड प्रोटीन (%)	18.12	13.84	14.46	18.50	18.8
कुल ऐश (%)	5.10	5.10	5.30	4.45	6.4
फास्फोरस मिग्रा/100 ग्राम	240	240	220	160	
आयरन मिग्रा/100 ग्राम.	46.6	59.9	77.1	34.9	-

स्रोत : अरोरा, 1981

उद्‌भव एवं वितरण

ट्री बीन मूलतः एशियाई मूल का पौधा है जिसे भारत के उत्तर पूर्वी पर्वतीय क्षेत्र और पापुआ न्यूगिनिया में अधिकांशतः देखा जा सकता है। इसी के समान दूसरी प्रजाति पर्किया स्पेशीओजा (*Parkia speciosa* Hassk.) है जो मूलतः मलेशिया, ब्रूनेई, इण्डोनशिया एवं पेनिनसुलर थाइलैण्ड का देशज मानी जाती है।

वानस्पतिक विवरण

ट्री बीन लेग्यूमिनोसी (Leguminosae) कुल के उपकुल माइमोसेसी (Mimosaceae) का पौधा है। इसका वंश पर्किया (*Parkia*) तथा प्रजाति राक्सबरघाई (*rox burghii* G. Don) है। वंश पर्किया के अंतर्गत अन्य प्रजातियाँ भी पाई जाती हैं। इसकी गुण सूत्र संख्या (2 एन) 24, 26 है। वंश पर्किया के अंतर्गत आनेवाली कुछ प्रमुख प्रजातियों का वर्णन निम्न प्रकार है

1) पर्किया स्पेशीओजा पर्याय पर्किया मैक्रोकार्पा (*Parkia speciosa* syn. p. *macrocarpa* Miquel): इसकी फलियाँ पी. राक्सबरधाई की तुलनामें मुलायम एवं बड़ी होती हैं। जावा में इसकी दो प्रकार की किस्में पाई जती हैं (1) पहली किस्म जिसमें बड़े बीज पाये जाते हैं उसे पिताई जेडे (Pitai gede) या सेगोबाँग (Segobang) कहते हैं (2) दूसरी छोटी बीज वाली किस्म है इसे पिताई पेरे (Pitai pare) कहते हैं। इसकी पश्चिम सुमात्रा में एक जंगली प्रजाति भी

चिन्हित की गयी है जिसमें 20 प्रतिशत प्रोटीन पाया जाता है। थाई लैण्ड में इसका स्टारकोउ (Star-kow) काफी प्रचलित किस्म है। इसके बीज छोटे और इसमें तेज गंध पाई जाती है और फलियाँ मिठास लिए होती हैं। दूसरी प्रचलित किस्म है स्टारडान (Stardan)। इसके बीज अपेक्षाकृत बड़े एवं सख्त होते हें और इसमें स्टारकोउ की उपेक्षा अधिक तेज गंध होती है। इसकी तीसरी किस्म स्टारटी (Startea) को कम पसन्द किया जाता है क्योंकि कि इसके बीज बहुत सख्त होते हैं।

2) पर्किया सुमेट्राना पर्याय पी. इनसिगनिस, पी. स्ट्रेप्टोकार्पा (*Parkia sumatrana* Miquel syn. *P. insignis* Kurz.; *P. streptocarpa* Hance): यह प्रजाति सुमात्रा, बोर्नियो, पेनिन सुलर मलेशिया, म्यांमार, थाइलैण्ड और इण्डोचाइना की देशज मानी जाती है। यह प्रजाति शुष्क पर्वतीय क्षेत्रों के सदा बहार जंगलों में पाई जाती है। इसमें बड़े गोल आकार के पर्णफल (leaflet) पाये जाते हैं।

3) पर्किया इण्टमीडिया (*P. intermedia* Hassk. ex. Hoeven & Devries): यह प्रजाति केवल जावा में ही देखने को मिलती है। इसके पौधे पी. स्पेशीओजा (*P. speciosa*) और पी. राक्सबरधाई के मध्य का लक्षण प्रकट करते हैं और यह विश्वास किया जाता है कि यह प्रजाति उपर्युक्त दोनों प्रजातियों के संकरण से विकसित हुई है। इसको नियमित रूप से उगाया नहीं जाता। इसके पौधे प्राकृतिक रूप से पश्चिमी जावा के निचली पहाड़ी क्षेत्रों में पाये जाते हैं।

4) पर्किया हरबेसोनी (*P. harbesonii* Elmer): यह फिलीपीन्स की देशज है और इसे पलवाना के जंगल में प्राकृतिक रूप से उगा हुआ देखा जा सकता है।

5) पर्किया सरफेसी (*Parkia sherfeseei* Merrill): इसका भी मूलस्थान फिलीपिन्स है और इसे मिनडानो स्ट्रीम्स के पास उगा हुआ देखा जा सकता है।

6) पर्किया लिओफाइला (*Parkia leiophylla* Kurz): इसके पौधे बहुत सीमित संख्या में म्यांमार एवं थाइलैण्ड में पाये जाते हैं। इस प्रजाति के पौधे प्राकृतिक रूप से जंगलों एवं पहाड़ियों के मध्य झरने के पास उगते हैं।

ट्री बीन का पौधा कोमल लकड़ी युक्त गुलमोहर के पौधे सदृश्य होता है। पौधे की छाल हल्के भूरे रंग की होती है। इसमें पत्तियाँ संयुक्त रूप की पाई जाती है जो रेकिस से लगी होती है। मुख्य तने से कई शाखायें निकलती हैं। इन्हीं उपशाखाओं के शीर्ष से वृंत (pedicel) निकलताहै जिसमें फूल आते हैं तथा इसी में फली लगती है। इसकी फलियाँ लम्बे वृंत (pedicel) से जुड़ी होती है जिसकी लम्बाई 45-60 सेमी. होती है। फली में बीजों के आकार के उभरा होने के कारण इनकी संख्या ऊपर से ही ज्ञात की जा सकती है।

जलवायु एवं भूमि

ट्री बीन के पौधे समुद्रतट से 1200 मीटर की ऊँचाई तक भली-भाँति उगते हैं। इसके पौधे हमारे देश के उत्तर पूर्वी पर्वतीय क्षेत्र में विशेषकर मणिपुर की निचली पहाड़ियों तथा घाटी क्षेत्र में बहुतायत से पाये जाते हैं। पौधे मध्यम तापक्रम की अवस्था में अच्छी वृद्धि करते हैं। यह एक पर्णपाती (deciduous) वृक्ष है, जिसकी जाड़े में पत्तियाँ गिर जाती हैं और फिर तापमान बढ़ने पर पौधा हरा हो जाता है। इसको उगाने के लिए जीवांश युक्त दुमट, बलुई दुमट तथा चिकनी या मटियार भूमि उपयुक्त होती है। भूमि में जल निकास की समुचित व्यवस्था होनी चाहिए अन्यथा इसके पौधों

की गलने की संभावना रहती है।

प्रसारण

ट्री बीन का प्रसारण बीज एवं वानस्पतिक दोनों विधियों से किया जा सकता है। इसके लिए बरसात आरम्भ होने पर इनकी बीज की बुआई कर देते हैं। बीज के अंकुरण के लिए पर्याप्त नमीं वांछित होती है। उत्तर पूर्वी पर्वतीय क्षेत्रों में बरसात का मौसम मार्च-अप्रैल माह से आरम्भ होता है वहाँ इस समय में बुआई किये गये पौध जुलाई-अगस्त के महीने में रोपण योग्य तैयार हो जाते हैं।

वानस्पतिक प्रसारण

वानस्पतिक रूप से प्रसारण के लिए इसकी 7-8 सेमी. मोटी एवं 1 मीटर लम्बी शाखाओं की काटकर कलम के रूप में नम स्थानों में या सीधे मुख्य खेत में रोपण कर दिया जाता है।

रोपण अंतराल

नर्सरी में तैयार किये गये पौधो को 2-3 माह के पश्चात 45×45 सेमी. आकार के ऊँचे उठे हुए गड्ढे तैयार किये जाते हैं और इन्हीं तैयार गड्ढों में गोबर की खाद एवं जीवांशयुक्त मिट्टी भर कर रोपण किया जाता है। एक पौधे से दूसरे पौधे के बीच सामान्यतया 10 मीटर का अंतराल रखा जाता है।

खाद एवं अर्वरक

ट्री बीन दलहनी किस्म का पौधा होने के कारण स्वयं वातावरण से नत्रजन को लेकर जमीन में संचित करता है। खाद एवं उर्वरक सम्बन्धी ट्री बीन की आवश्यकता के बारे में अभी बहुत गहन अध्ययन नहीं किया गया है। सामान्यतया 3-4 किग्रा. अच्छी तरह से सड़ी हुई खाद मिट्टी के साथ मिलाकर गड्ढे में भर देते हैं। गड्ढों को मार्च-अप्रैल में खोदकर वर्षा आरम्भ होने से पहले ही भर कर तैयार रखते हैं और फिर पौधों को लगा देते हैं (कुमार एवं सहयोगी, 2002)। रोपण के समय 160 ग्राम यूरिया, 300 ग्राम सुपर फास्फेट और 80 ग्राम म्यूरेट आफ पोटाश रोपण के समय देने की संस्तुति की है। उर्वरक की मात्रा 5 वर्ष बाद 325 ग्राम यूरिया, 625 ग्राम सिंगल सुपरफास्फेट और 165 ग्राम म्यूरेट ऑफ पोटाश देते हैं। रासायनिक उर्वरक के साथ ही प्रति पौधा 10-15 किग्रा. कम्पोस्ट की खाद तथा पलवार (mulching) का प्रयोग इसकी बढ़वार के लिए उपयोगी पाया गया है।

पुष्पन एवं फलत

ट्री बीन में फूल सितम्बर माह में आना प्रारम्भ होता है। इसमें फली अक्टूबर-नवम्बर से फरवरी या मार्च तक उपलब्ध रहती है। एक 10-15 वर्ष के वृक्ष में 362-1102 फलियाँ लगती है तथा 25-40 किग्रा उपज प्राप्त होती है। 15 वर्ष के पौधे की औसत उपज 60-70 किग्रा. होती है। फलियों की उपज पर वृक्ष की आयु का व्यापक प्रभाव पड़ता है। फलियों का भण्डारण 3-4 माह तक कमरे के तापमान पर किया जा सकता है। भण्डारण के दौरान इसके विटामिन, प्रोटीन, खनिज तत्वों के मान में कोई विशेष गिरावट नहीं आती है।

जननद्रव्य संग्रह एवं सुधार

ट्री बीन के पौधे काफी बड़ी संख्या में उत्तर-पूर्वी पर्वती क्षेत्र के राज्यों मेघालय, मणिपुर, नागालैण्ड एवं मिजोरम में पाये जाते हैं। स्थानीय आदिवासी लोगों द्वारा इसका सब्जी के रूप में व्यापक पैमाने पर प्रयोग किया जाता है। स्थानीय उपयोग एवं प्रोटीन की महत्व वाली फसल होने के कारण इसके जननद्रव्यों के एकत्रीकरण एवं मूल्यांकन कर अधिक उपज के साथ गुणवत्ता वाली किस्म विकसित करने की आवश्यकता है।

9. सांगरी
(Sangri)

सामान्य नाम : खेजरी; पंजाबी- जन्ड; सिन्धी- केडी; गुजराती- सामी, सुमरी

सांगरी [*Prosopis cineraria* (L.) Druce (Syn. *P. spicigera* L.)] मुख्य रूप से शुष्क एवं रूक्ष क्षेत्र का पौधा है। इसे हमारे देश में राजस्थान, हरियाणा, गुजरात एवं पश्चिमी उत्तर प्रदेश के सूखाग्रस्त तथा दक्षिण भारत में डेक्कन से लेकर तुतिकोरिन तक उगाया जाता है। ऐसे क्षेत्र जहाँ की वर्षा का औसत 500 मिमी. प्रति वर्ष है वहाँ उगाने के लिए यह काफी उपयुक्त है। इसकी हरी फलियों को सब्जी के रूप में प्रयोग करते हैं। इसकी हरी फलियाँ क्रूड प्रोटीन (18%), कार्बोहाइड्रेट्स (56%) एवं खनिज जैसे फास्फोरस (0.4%), कैल्शियम (0.4%) एवं आयरन में काफी धनी होती है (पारीक, 2002)। इसकी ताजी फलियों के अतिरिक्त निर्जलित करके भी प्रयोग में लाया जाता है। इसकी पकी फलियाँ भी खाई जाती है। पकी फलियों में 9-14 प्रतिशत क्रूड प्रोटीन एवं 6-16 प्रतिशत शर्करा पाई जाती है। इसकी सूखी फलियों को पीसकर बिस्किट, कूकी आदि बेकरी आइटम्स तैयार किये जाते हैं।

खेजरी का बहुत अधिक औषधीय महत्व है। इसके फूलों का पावडर बनाकर शर्करा के साथ प्रयोग करने से गर्भावस्था के समय होने वाले गर्भपात के कारण से बचा जा सकता है। इसके अतिरिक्त इसके फूलों से टानिक, रक्त को शुद्ध करने वाली दवायें एवं चर्म रोगों में प्रयोग किया जाता है (किर्तिकार एवं बसू, 1975)। सांगरी के पौधों से गोद निकलता है। इसके छाल का भी बहुत अधिक औषधीय उपयोग है। सूखी छाल कसैली एवं कड़ुवा स्वाद देती है। इसे कृमिनाशक, टानिक, कुष्ट, उदर, अस्थमा आदि रोगों में प्रयोग किया जाता है। इसकी छाल के प्रयोग से जोड़ों के दर्द, कफ एवं अस्थमा में बहुत अधिक लाभ मिलता है। स्थानीय लोग इसके पौधे को साँप के काटने तथा बिच्छू के डंक मारने में एन्टीडोट (anti dote) के रूप में प्रयोग करते हैं।

उद्भव एवं वितरण

सांगरी मुख्य रूप से एशियाई मूल का पौधा है। हमारे देश में इसके पौधे पूरे शुष्क एवं मरू क्षेत्र में फैले हैं। यह पंजाब, पश्चिम राजस्थान एवं गुजरात में बहुतायत से पाया जाता है। इसके अतिरिक्त इसके पौधे बुन्देलखण्ड, दिल्ली तथा आगरा के आस-पास के क्षेत्रों में देखे जा सकते हैं।

वानस्पतिक विवरण

सांगरी का वानस्पतिक नाम प्रोसोपिस सिनेरेरिया [*Prosopis cineraria* (L) Druce (Syn. P. *picigera* L.)] है। यह लेग्यूमिनोसी (Leguminosae Syn. Fabaceae) के उपकुल माइमोसेसी (Mimosaceae) का पौधा है।

सांगरी के पौधे 5-6 मीटर ऊँचे होते हैं। पूरे तने पर गाँठे पाई जाती है, आधार दीर्घ एवं शीर्ष नुकीला। मूसला जड़े 3 मीटर से अधिक लम्बी और 35 मीटर तक गहरी जाती है। पत्तियाँ पर्णफलकों में बटी हुई जो ग्रीष्म ऋतु का मौसम आरम्भ होने से पहले निकलती है। पर्णफल 7-14, अण्डाकार। पुष्प पीले रंग के एवं छोटे आकार के नई पत्तियों के आने के पश्चात मार्च से लेकर मई तक आते हैं। वाह्यदलपुंज सकरा 0.8-1.2 मिमी., पंखुड़ियाँ 3-5

मिमी. लम्बी, चिकनी, परागकोष 0.8-1.00 मिमी. लम्बे, वर्तिका चिकनी, फल परागण के लगभग दो माह पश्चात पूर्ण अवस्था ग्रहण कर लेते हैं। फल पतले 8-19 सेमी. लम्बे, सिलिंड्रिकल, 4-7 मिमी. व्यास के चिकने एवं तोड़ने योग्य (बरकार्ट, 1976, डब्ल्यू.ओ.आई., 1948-76)।

जलवायु एवं भूमि

सांगरी रूक्ष जलवायु का पौधा है। इसके पौधे गर्मी के दिन 40-46 डिग्री सेंग्रेड तापमान सहन करने की क्षमता रखते हैं, जबकि जाड़े में जब तापक्रम 9-16 डिग्री सेंग्रेड के मध्य रहता है तब पौधा स्वस्थ्य बना रहता है। इसके पौधों की बढ़वार के लिए खुली धूप की आवश्यकता होती है। इसे उन सभी क्षेत्रों में सुगमतापूर्वक उगाया जा सकता है जहाँ कि वर्षा का औसत 500-700 मिमी. है।

सांगरी को विभिन्न प्रकार की भूमियों में उगाया जा सकता है। एलूवियल मृदा जिसमें बालू एवं क्ले दोनों रहते हैं इसके लिए अच्छी मानी जाती है। इसे हल्की लवणीय मृदा में भी उगाया जा सकता है, लेकिन अत्यधिक लवणीय भूमि की दशा में पोधे सूख जाते हैं। इसके लिए मृदा का अनुकूल पी.एच. मान 6.5-9.8 के मध्य अच्छा माना जाता है।

प्रसारण

खेजरी के पौधों का प्रसारण बीज एवं जड़ की भुस्तारिकाओं (suckers) दोनों के द्वारा किया जा सकता है। खेजरी के बीज 10 वर्ष तक जीवन क्षम्य बने रहते हैं। इसके बीज को बुआई से पूर्व 24 घण्टे पानी में भीगों देने से अंकुरण अच्छा होता है।

रोपण के लिए 2×2 मीटर का अंतराल रखा जाता है। प्रारम्भिक अवस्था में जब पौधा छोटे रहते हैं, देख-भाल की आवश्यकता होती है। पौधों के आस-पास उगे खरपतवार को निकाल देना चाहिए।

टाप वर्किंग (Top working)

खेजरी के पुराने एवं अनुपजाऊ वृक्षों को टाप वर्किंग के जरिए उनकी उत्पादकता को बढ़ाया जा सकता है। एक अध्ययन के अनुसार मात्र 5 प्रतिशत इसके जंगली पौधे अधिक उपज दे रहे हैं (पारीक, 2002)। टाप वर्किंग के लिए 2-5 वर्ष पुराने पौधों की मार्च-सितम्बर माह में बडिंग की जा सकती है। इसके लिए 1 सेमी. या अधिक व्यास के एक या दो तनों का चुनाव किया जाता है और अन्य को काट दिया जाता है। चुने हुए तनों को जमीन की सतह से 30-60 सेमी. ऊपर से काट दिया जाता है। इन्हीं तनों पर पैच बडिंग या शील्ड बडिंग की जाती है। शांकुर कलिका (scion bud) का चुनाव अच्छे पौधों जिसके अच्छी गुणवत्ता के फल आते हो उनसे करना चाहिए। सायन वृक्षों को मध्य दिसम्बर में काट देना चाहिए जिससे नये तने निकलें। इन नये तनों में नवजात कलिकायें होती है जिसमें पुष्पन नहीं होता है और वह फुली हुइ हरे रंग की होती है। बडिंग करने से पहले छाल के साथ कलिका को निकाला जाता है। सांगरी में पैच एवं शील्ड बडिंग दोनों सफल होती है। लेकिन पैच बडिंग से अधिक सफलता (76 प्रतिशत) मिलती है। बडिंग का कार्य सुबह या शाम के समय करना चाहिए।

पौध संरक्षण

एन.ए.एस. (1980) की एक रिपोर्ट के अनुसार खेजरी के पौधों पर प्रमुख रूप से एक कवक एवं 5 कीटों का प्रकोप होता है। क्राइसो बोथ्रिस एवं सिनोजाइलान (Chrysobothris and Sinoxylan) का प्रकोप होता है। जो छेदकर तना सड़न (wood rot) पैदा करते हैं। फेल्कर एवं सहयोगी (1981) ने सांगरी पर लगने वाले कीड़ों पर विस्तृत अध्ययन करके उनके रोक-थाम का

सुझाव दिया है। ब्राउने (1968) ने कस्कुटा रिफ्लेक्स (*Cuscuta reflexs*-Angiospermae), कोरीडान गोनाग्रा (*Coryedon gonagra*-coleoptera), सिलोस्टरना स्कारबेटर (*Celosterna scarbator* - Coleoptera), ड्रासिचा स्टेबिन्जाई (*Drosicha stebingi*-Hemiptera), लैसीफेरा लैक्का (*Lacifera lacca*- Hemiptera), आक्जिरहैचिया टेरेन्डस (*Oxyrhachia tarandus*-Hemiptera), पेरिसोनूमान टैमेरिन्डा (*Perisoneumon tamarinda*- Hemiptera) एवं सिस्टोसेरा ग्रीगेरिया (*Schistocera gregaria*-Orthoptera) का प्रकोप होता है।

जननद्रव्य संग्रह एवं सुधार

पश्चिमी राजस्थान में प्राकृतिक रूप से उगे सांगरी के पौधों में फलियों के विभिन्न प्रकार के गुणों जैसे मुलायमपन (सख्त, कम मुलायम, रेशे युक्त या बिनारेशे), स्वाद (कड़ुआपन, कसैला मीठास) रंग (हरा, कम हरा), लम्बाई (6-39 सेमी.), मोटाई (0.9-35 सेमी.), बीज संख्या (2-30 प्रतिशत), बीज वजन (20-50 मिग्रा.), प्रोटीन प्रतिशत (13-20%), फास्फोरस (0.21-0.27%) पोटैशियम (0.35-0.90%),कैल्शियम (3.2-4.1%) एवं मैग्नीशियम (0.6-0.9%) के प्रति काफी विभिन्नता पाई जाती हैं। इसके जननद्रव्यों का संकलन एवं परीक्षण करके ऐसी किस्में विकसित करने की आवश्यकता है जिनकी उत्पादन क्षमता अच्छी हो एवं हरी सब्जी के उपयोग हेतु वांछित गुणवत्ता। विगत कुछ वर्षों में खेजरी की पलियाँ बाजार में (20 रूप से प्रति किग्रा.) अच्छी कीमत पर विक्री की गयी हैं। इससे यह पता लगता है कि इस फसल पर और अधिक ध्यान देने की आवश्यकता है।

1. ट्री टोमैटो
(Tree Tomato)

ट्री टोमैटो टमाटर कुल का पौधा है। जैसा नाम से अभिप्राय है वृक्षीय टमाटर। यह बहुवर्षीय छोटे पोधे का रूप लेता है। इसके पौधे मुख्य रूप से शीतोष्ण प्रदेशों में ऊँचाई वाले क्षत्रों में उगते हैं। हमारे देश में यह मेघालय, हिमाचल प्रदेश एवं उत्तरांचल की पहाड़ियों पर मिलता है। व्यावसायिक स्तर पर इसकी खेती नींव जीलैण्ड में की जाती है, जहाँ एक अनुमान के अनुसार इसके अंतर्गत 230 हेक्टेयर क्षेत्रफल है और उत्पादन 1600 टन। निर्यात में इसे टोमैरिलो (Tomarillo) शब्द से सम्बोधित करते हैं। इसमें गहरे पीले या बैंगनी रंग के फल लगते हैं। फल के अंदर का गूदा हल्के नारंगी रंग का होता है और इसमें काले रंग के बीज होते हैं। फल में अच्छी खटास होती है जिसका सब्जी एवं चटनी आदि बनाने में प्रयोग किया जाता है। फल में बहुत अच्छी सुगन्ध आती है। बाजार में इसके फल की बहुत अच्छी माँग है और इससे जाम, जेली, आइसक्रीम आदि प्रसंस्कृत पदार्थ तैयार किये जाते हैं। इसके प्रति 100 ग्राम खाने योग्य भाग में पोषक पदार्थों की मात्रा को सारिणी (1.1) में दिया गया है-

सारिणी (1.1) ट्री टोमैटो के फल का पोषक मूल्य (प्रति 100 ग्राम खाने योग्य भाग में)

पोषक तत्व	मात्रा
नमीं	85.5 ग्राम
प्रोटीन	1.5 ग्राम
कार्बोहाइड्रेट्स	12.5 ग्राम
ऊर्जा	53 कि. कैलोरी
वसा	0.3 ग्राम
रेशा	2.60 ग्राम
ऐश	1.00 ग्राम
विटामिन ए	150 अ.इ.
विटामिन सी	22 मिग्रा.
विटामिन बी-1	0.04 मिग्रा.
विटामिन बी-2	0.04 मिग्रा.
नियासिन	1 मिग्रा.
कैल्शियम	33 मिग्रा.
फास्फोरस	22 मिग्रा.
आयरन	0.7 मिग्रा

उद्भव एवं वितरण

यह मूल रूप से पेरू देश का पौधा है। हमारे देश में यह नील गिरि (तमिलनाडु) और मेघालय के खासी क्षेत्र में काफी प्रचलित है। हमारे देश के अतिरिक्त इसे अन्य दक्षिण एशियाई देशों में उगाया जाता है।

वानस्पतिक विवरण

इसका वानस्पतिक नाम साइफोगैन्ड्रा बीटैसिया (*Cyphomandra betacea* (Cav.) Sendtrer) है और यह सोलेनेसी कुल का पौधा है। इसकी गुणसूत्र संख्या (2 एन.) 24 है। इसका पौधा 2-3 मीटर ऊँचाई एवं झाड़ीनुमा होता है। ऊपर का शीर्ष छोटा होता है। शाखायें मोटी होती हैं, पत्तियाँ एकान्तर क्रम में साधारण, ह्रदयाकार या गोलाकार, 35×20 सेमी. आकार की संपूर्ण एवं चिकनी होती है। पत्तियों पर शिरायें स्पष्ट रूप से दृश्य, पर्णवृंत 7-10 सेमी लम्बा, पुष्प छोटे, पुष्प शाखाओं के शीर्ष से गुच्छे में निकलते हैं। पुष्प पीले या हल्के नीले रंग के, सुगन्ध लिए, लगभग 1सेमी. व्यास के, पंखुड़ियाँ घंटानुमा, 5 पिण्ड की, पुंकेसर 5, पंखुड़ियों से सटे हुए, अण्डाशय द्विकोष्ठीय, विजाण्ड असंख्य, वर्तिकाग्र छोटा, फल बेरी, नुकीले, लम्बे डंठलयुक्त, फल पर न

गिरने वाले वाह्य दल पुंज, फल का छिलका पतला, चिकना, बैंगनी या लाल रंग लिए, गूदा रसीला, अम्लीय मिठास लिए, काले से पीले रंग का, बीज, गोलाकार, चपटा, पतले और सख्त।

पौधों में वृद्धि तेजी से होती है। वृद्धि के साथ पौधा पुरानी पत्तियों को गिरा देता है। पुष्पन के बाद शीषर्थ भाग की वृद्धि होती है। पुष्प स्वपरागित होते हैं। कुछ कीट और हवा द्वारा परागण का कार्य संपन्न होता है जिससे फल अधिक लगते हैं।

जलवायु एवं भूमि

उपोष्ण क्षेत्रों में ट्री टोमैटो के पौधे 1000 मीटर की ऊँचाई वाले क्षेत्रों में उगते हैं। ऐसे स्थान जो समुद्र तल से 2000 मीटर की ऊँचाई पर हैं और औसत तापमान 10 डिग्री सेंग्रेड से अधिक रहता है वहाँ पौधे आसानी पूर्वक उगते हैं। हमारे देश में इसके पौधे 2500-6000 मीटर की ऊँचाई तक उगते हैं। मेघालय में 4000-5000 मीटर की ऊँचाई वाले क्षेत्रों जैसे मलावी, शिलांग और अपर शिलांग में इसके पौधे अधिक सफलतापूर्वक उगते हैं जो अपेक्षाकृत ठंढे और अधिक आर्द्रता लिए होते हैं। यह पौधा पाले के प्रति संवेदनशील है। अतः इसे पाले से बचाने की आवश्यकता होती है। ट्री टोमैटो के फलों में अच्छी धूप और ठंडी रात के मौसम में अच्छी सुगन्ध विकसित होती है।

ट्री टोमैटो को अच्छी जल निकास वाली कार्बनिक तत्व से भरपूर मृदा की आवश्यकता होती है। यह जल भराव के प्रति बहुत ही संवेदनशील है और 2-3 दिन तक भी जीवित नहीं रहता है। ऐसे स्थान जहाँ पर तेज हवा नहीं चलती है इसको उगाने के लिए उपयुक्त होता है क्योंकि तेज हवा से इसकी शाखायें टूट जाती हैं।

प्रसारण

ट्री टोमेटो का प्रसारण बीज एवं वानस्पतिक दोनों विधियों से किया जाता है। बीज द्वारा प्रसारण के लिए इसे आनुवंशिक शुद्धता वाले पौधों से इसके बीजों को एकत्र कर किया जाता है। ब्राजील में इसके बीजों को साफ करक छाया में सुखाकर फ्रीज में 24 घण्टे तक रख देते हैं। प्रशीतन के जरिए बीज 4-6 दिन में 100 प्रतिशत तक अंकुरित होता है। बीज को अच्छी प्रकार से तैयार क्यारी में बुआई की जाती है।

कलम द्वारा

कलम द्वारा प्रसारण के लिए 1-2 वर्ष पुरानी शाखाओं से 45-100 सेमी. लम्बी और 10-30 मिमी. मोटी कलमें तैयार की जाती हैं। कलम द्वारा तैयार पौधे छोटे एवं घने होते हैं जिन्हें कटाई-छटाई करने की आवश्यकता होती है। नींव जीलैण्ड में इसके पौधों को ग्रेफ्टिंग के जरिए सोलेनम मौरिटिएनम (*Solanum mauritianum* Scap.) के मूल वृंत पर ग्रेफ्ट बाधा जाता है। सोलेनम मौरिटिएनम मूलवृंत स्टीआनिक प्रभाव (stionic effect) प्रदर्शित करता है जिससे ग्रेफ्ट से तैयार पौधे छोटे आकार के हो जाते हैं और उनमें काफी अधिक फलत होती है। इसके लिए पौधों को सहारा देने की आवश्यकता होती है।

रोपण

नींव जीलैण्ड में ट्री टोमैटो के पौधों को एकल या दोहरी पंक्तियों में लगाने का प्रचलन है। इसके लिए 2.5×2 मीटर या 4.5×1.5 का अंतराल रखा जाता है। एक हेक्टेयर में सामान्यतया 1000 से 2000 हजार पौधे रखे जाते हैं। नींव जीलैण्ड में इसे नींबू के बगीचों में अन्तः फसल के रूप में उगाया जाता है। ट्री टोमैटों के पौधे की जड़े उथली होती हैं। अतः बहुत अधिक गहरी जुताई नहीं करनी चाहिए। मल्चिंग या पलवार का प्रयोग करने से इसकी बढ़वार पर अच्छा प्रभाव पड़ता है। पौधों को

1 मीटर से अधिक ऊँचाई होने पर काँट-छाँट की जाती है इससे पौधे नियमित रूप से फलत में रहते हैं।

खाद एवं उर्वरक

ट्री टोमैटो की व्यवसायिक या बड़े पैमाने पर खेती नहीं किये जाने के कारण उर्वरक सम्बन्धी बहुत अधिक परीक्षण नहीं किये गये हैं। नींव जीलैण्ड में 110 किग्रा. नत्रजन, 35-55 किग्रा फास्फोरस और 100-200 किग्रा. पोटैशियम प्रति हेक्टेयर की दर से देने का प्रचलन है। खाद एवं उर्वरक का प्रयोग पौधों को लगाते समय आधारीय प्रयोग के रूप में और कटाई-छटाई के ठीक पहले किया जाता है। इससे वृद्धि अच्छी होती है। इसके अतिरिक्त फल लगने के बाद नत्रजन का एकबार पुन: प्रयोग टापड्रेसिंग के रूप में किया जाता है। ट्री टोमैटो के पौधों को लगाते समय थाला बनाकर उसमें कार्बनिक खाद का प्रयोग करने से पौधों की प्रारम्भिक बढ़वार अच्छी होती है और पौधा अच्छी तरह से स्थापित होता है।

फल की तुड़ाई एवं उपज

ट्री टोमैटो में नियमित रूप से फल लगते हैं। मार्च-अप्रैल के महीने में फूल आना आरम्भ होता है। फल सितम्बर से लेकर दिसम्बर माह तक उपलब्ध रहते हैं। कच्चे फल की तुड़ाई करने पर फल नहीं पकते। अत: पूर्णरूप से पके फलों की ही तुड़ाई करनी चाहिए। 5-7 महीने की फलत में फलों की कई बार तुड़ाई की जाती है। फल की तुड़ाई आसानीपूर्वक डंठल के साथ तोड़कर की जाती है। इसकी उपज नींव जीलैण्ड में 15-17 टन प्रति हेक्टेयर है। पौधे 11-12 वर्ष की उम्र तक उपज देते हैं, लेकिन 5-6 वर्ष के बाद उपज में गिरावट आने लगती है। ट्री टोमैटों के फल सख्त एवं छिलके चिकने होने के कारण अच्छी भण्डारण क्षमता रखते हैं। सामान्यतया इसके फलों को कमरे के तापक्रम पर एक सप्ताह तक भण्डारित किया जा सकता है, लेकिन 3.5$\pm$ 1 डिग्री सेंग्रेड तापमान पर फल को 8 सप्ताह तक भण्डारित किया जा सकता है। भण्डारण में कलेक्ट्रोट्रिकम (*Collectotrichum*) और फोमा (*Phoma*) का संक्रमण होता है जिसे गर्म पानी के उपचार एवं वैक्सिंग के माध्यम से दूर किया जा सकता है।

प्रमुख रोग

1. चूर्णी फफूँदी (Powdery mildew) यह ओइडियम (*Oidium*) प्रजाति के कवक द्वारा उत्पन्न होता है। इसकी नई शाखाओं पर अप्रैल महीने के महींने में प्रकोप होता है। नई पत्तियों एवं शाखाओं पर सफेद चूर्ण जैसी पर्त बनती है। इसका प्रकोप मई-जून के महीने में अधिक होता है। अत्यधिक प्रकोप की दशा में पत्तियाँ गिर जाती हैं।

नियंत्रण

सल्फेक्स के 0.2 प्रतिशत या कैराथेन के 0.2 प्रतिशत घोल का 15 दिन के अंतराल पर छिड़काव किया जाय।

विषाणु रोग

ट्री टोमैटो पर टोमैटो मोजेक (tomato mosaic), कुकुम्बर मोजेक विषाणु (cucumber mosaic virus), एरेबिया मोजेक (Arabia mosaic) और इसी प्रकार से कई तरह के विषाणुओं का प्रकोप होता है। विषाणु रोग मुख्य रूप से एफिड द्वारा फैलते हैं।

नियंत्रण

बचाव के लिए स्वस्थ्य बीजों का चुनाव, बाग में अच्छी तरह से सफाई एवं एफिड का नियंत्रण करना आवश्यक है। विषाणु विशेषज्ञों के लिए ट्री टोमेटो की बहुत अच्छी उपयोगिता है क्योंकि इसे

संकेतक वृक्ष (indicator plant) के रूप में आलू के विच ब्रूम (Witch broom) जो एक माइको प्लाज्मा जनित रोग है के पहचान के लिए करते हैं। इस प्रकार इसका आलू के प्रमाणित बीज उत्पादन में इसकी बहुत अधिक उपयोगिता है (ठाकुर एवं शर्मा, 1988)।

ट्री टोमैटों के पौधों पर जड़ गाँठ सूत्र कृमि (root knot nematode) मेलाइडोगाइन प्रजाति (*Meloidogyne* sp.) का भी प्रकोप होता है जिससे पौधे की वृद्धि रूक जाती है और पौधा अफलत का शिकार हो जाता है।

जननद्रव्य संग्रह एवं सुधार

ट्री टोमैटो की हमारे देश में बहुत सीमित स्तर पर खेती की जाती है। इसके उत्पादन की उच्च सस्य तकनीक विकसित करने की आवश्यकता है। साथ ही इसकी ऐसी किस्में विकसित करने की आवश्यकता है जो अजैविक दबाओं (abiotic factors) जैसे ऊँचाई वाले क्षेत्रों में पाले के प्रति तथा कम ऊँचाई वाले क्षेत्रों में अधिक तापक्रम के प्रति सहिष्णु हों। इसके जननद्रव्यों के संकलन एवं मूल्यांकन की बहुत बड़ी आवश्यकता है (ठाकुर एवं शर्मा, 1988)।

2. पेपिनो
(Pepino)

पेपिनो टमाटर कुल का पौधा है। इसके फल काफी रसदार एवं स्वाद में मीठे होते हैं। फल में खरबूजे जैसी सुगन्ध होती है। फल में खनिज एवं विटामिन्स पर्याप्त मात्रा में पाया जाता है, जबकि स्टार्च एवं शर्करा की मात्रा कम होती है। फल में आक्जिलेट जैसे हाँनिकारक तत्व नहीं पाये जाते हैं। इसके ताजे फलों को कच्चे एवं सब्जी के रूप में प्रयोग किया जाता है। फल को ताजा खाने के लिए, सलाद के रूप में एवं फल के जूस को शर्बत के रूप में प्रयोग किया जाता है। प्राय: यह पाया गया है कि प्रसंस्करण के समय अन्य फलों की सुगन्ध समाप्त हो जाती है जबकि पेपिनो में सुगन्ध बनी रहती है। इसीलिए इसका प्रसंस्करण में बहुत अधिक महत्व है। इसे गृह वाटिका में उगाने के लिए काफी पसन्द किया जाता है। पेपिनो में पाये जाने वाले पोषक तत्वों को सारिणी (2.1) में दिया गया है-

सारिणी (2.1) पेपिनो का पोषक मूल्य (प्रति 100 ग्राम खाने योग्य भाग में)

पोषक तत्व	मात्रा
शुष्क पदार्थ	7.05-892 प्रतिशत
कुल विलेय शर्करा	6.00-10.80 प्रतिशत
सुक्रोज	4.00-5.50 प्रतिशत
ग्लूकोज	2.20-3.00 प्रतिशत
फ्रक्टोज	1.40-1.90 प्रतिशत
विटामिन सी	38.30-68.80 प्रतिशत
ट्राइटेबुल अम्लता पी.एच.	78.00-106.0 मि./100 ग्रा.
ई.सी. (डी. एस./मीटर)	3.32-3.38
स्टार्च	22.80-97.50 मिग्रा.
प्रोटीन	0.12-0.15 प्रतिशत
जूस की मात्रा	94.75-98.50 प्रतिशत

स्रोत : मोहन एवं सहयोगी, 2000

उद्भव एवं वितरण

पेपिनो मूल रूप से दक्षिणी अमेरिका के उत्तरी एन्डीज का देशज है। भारत में इसका तमिलनाडु राज्य के नील गिरि क्षेत्र में प्रवेशन दक्षिण अमेरिका से लाकर किया गया। पेपिनो दक्षिणी अमेरिका के देशों, न्यू जीलैण्ड और आस्ट्रेलिया में काफी प्रचलित है। इजराइल में इसे पॉलीहाउस में उगाया जाता है।

वानस्पतिक विवरण

पेपिनो सोलेनेसी कुल का पौधा है। इसका वानस्पतिक नाम सोलेनम म्यूरिकेटम (*Solanum muricatum* L.) है और इसकी गुण सूत्र संख्या (2 एन.)- 24 है। पेपिनो का पौधा बहुवर्षीय एवं शाकीय होता है जिस पर बहुत सी शाखायें निकलती हैं। पौधा लगभग 1-1.5 मीटर ऊँचाई तक जाता है। पत्तियाँ भाले के आकार की, बाहरी सतह अनियमित आकार की, पत्तियों में पर्ण फलक 3 या 5। पुष्प छोटे, सफेद या बैंगनी रंग के, पुष्प 7-15 की संख्या में गुच्छे में आतें हैं। फल गोलाकार, 150-160 ग्राम बजन के। प्रारम्भ में फल हरे या सफेद रंग के होते हैं जिस पर बैंगनी रंग की धारी होती है। फल पकने पर सुनहले पीले रंग के हो जाते हैं। बीज छोटे आकार के और गहरे भूरे रंग के होते हैं।

जलवायु एवं भूमि

पेपिनो के लिए समशीतोष्ण या शीतोष्ण प्रकार की जलवायु की आवश्यकता होती है। इसके पौधों की बढ़वार के लिए 13-25 डिग्री सेंग्रेड

तापक्रम अनुकूल होता है। अधिक तापक्रम (25 डिग्री सेंग्रेड से अधिक) होने पर पुष्पों की गिरने की समस्या आती है, जिससे फलत कम होती है। बहुत कम तापक्रम पर भी पौधों की वृद्धि प्रभावित होती है।

पेपिनो की खेती के लिए अच्छी उर्वरता लिए जीवांश युक्त दोमट भूमि की आवश्यकता होती है। इसकी खेती के लिए मध्यम रूप से अम्लीय भूमि जिसमें जलनिकास की सुविधा हो अच्छी मानी जाती है।

प्रसारण

पेपिनों का प्रसारण कलम एवं बीज दोनों माध्यम से किया जा सकता है। कलम द्वारा तैयार किये गये पौधे अपने पितृ के अनुरूप (true to type) होते हैं। कलम तैयार करके उसे 1:1:1 के अनुपात में मृदा: पीट: खाद से तैयार माध्यम में लगाया जाता है। कलम लगाने के 15-20 दिन बाद तैयार हो जाती है। तैयार कलमों को 90×75 सेमी. के अंतराल पर रोपण किया जाता है। रोपण के तुरन्त बाद कलमों को स्थापित होने के लिए हल्की सिंचाई की आवश्यकता होती है। जब पौधे पूर्णरूप से स्थापित हो जाते है तब 17.5 किग्रा. नत्रजन तथा इतनी ही मात्रा पोटाश की प्रति हेक्टेयर की दर से देना चाहिए। पौधों की अच्छी बढ़वार के लिए खेत को खरपतवार से मुक्त रखना चाहिए।

कटाई-छटाई एवं सहारा देना

पेपिनो के पौधों की दूसरे वर्ष जमीन की सतह से 15-20 सेमी. ऊँचाई पर काँट-छाँट की जाती हैं। कटाई-छटाई के बाद 10-12 टन कम्पोस्ट की खाद प्रति हेक्टेयर की दर से थालों में देनी चाहिए। इससे पौधों की बढ़वार शीघ्र होती है। पेपिनो के पौधों को चढ़ाने की आवश्यकता होती है। इससे फलों का विकास अच्छे ढंग से होता है तथा फल जमीन के संपर्क में आकर सड़ने-गलने से बच जाते हैं। पेपिनो की क्यारियों में पलवार (mulch) का प्रयोग करने से मृदा की नमीं संचित रहती है तथा फल जमीन के संपर्क में नहीं आते एवं उनकी गुणवत्ता भी अच्छी होती है।

तुड़ाई एवं उपज

उपयोग के अनुसार फलों की तुड़ाई की जाती है। पूर्ण रूप से विकसित फल का वजन 150-400 ग्राम होता है।एक हेक्टेयर से 70-90 टन उपज प्राप्त होती है।

कीट एवं रोग

पेपिनों पर सफेद मक्खी (white fly) माइट (mite) एवं विविल (weevil) का प्रकोप होता है। माइट से बचाव के लिए 0.03 प्रतिशत डाइकोफाल का छिड़काव किया जा सकता है। सफेद मक्खी के नियंत्रण के लिए 0.01 प्रतिशत एसीफेट का छिड़काव उपयोगी पाया गया है। विविल के बचाव के लिए फालीडाल का बुरकाव किया जाता है।

पेपिनो पर लगने वाले प्रमुख रोगों में कवक जनित रोग है, जिससे बचाव के लिए क्लोरो थेलोनिल (0.2%) या मैंकोजेब के (0.5%) घोल का छिड़काव करना चाहिए।

जननद्रव्य संग्रह एवं सुधार

पेपिनो की उन्नत किस्मों के विकसित करने पर अभी अधिक बल नहीं दिया गया है। तमिलनाडु कृषि विश्वविद्यालय के उद्यान अनुसंधान केन्द्र में पेपिनो के प्रभेदों एस.एम. 1, 2, 3, 4, 5, 6, 7, 8, एवं 9 के लक्षणों को वर्गीकृत कर अध्ययन किया गया है।अध्ययन में पाया गया कि इनके विभेदों में उपज क्षमता एवं शर्करा की मात्रा के संदर्भ में काफी विभिन्नता है (मोहन एवं सहयोगी, 2000)।

3. तित बैंगन
(Tit Baigan)

तित बैंगन, सोलेनेसी कुल (Solanaceae) का एक झाड़ीनुमा पौधा है जिस पर गुच्छे में छोटे-छोटे फल लगते हैं। इसके कच्चे फलों को सब्जी बनाने एवं विभिन्न प्रकार के प्रसंस्कृत पदार्थ जैसे करी सास आदि बनाने में प्रयोग किया जाता है। इण्डोनेशिया में इसे चावल के साथ खाने के लिए एक महत्वपूर्ण सब्जी क रूप में प्रयोग किया जाता है। इसके फल एवं पत्तियों का बहुत अधिक औषधीय उपयोग है। इसके फल एवं पत्तियों में 0.84 प्रतिशत स्टेरायडल एल्केलायड सोलेसोडिन (solasodine) पाया जाता है जिसका स्टेरायडल सेक्स हार्मोन (steroidal sex hormone) बनाने में प्रयोग किया जाता है (बुन्कर्ड एवं सहयोगी, 1993)। मलेशिया में इसकी जड़ों को पुल्टिस के रूप में पैर की चोट को दूर करने के लिए किया जाता है। चीन में इसे चोट आदि से उत्पन्न रक्त के थक्के फटने के लिए प्रयोग किया जाता है। इसके अतिरिक्त इसके बीज के धुएं को दाँत के दर्द से छुटकारा पाने के लिए प्रयोग किया जाता है। हमारे देश में इसके पौधे को सर्प के विष को दूर करने के लिए एन्टीडोट (antidote) के रूप में प्रयोग किया जाता है। इसके फल के प्रयोग से पेट के दर्द में लाभ मिलता है, तितबैंगन के फल के पोषक मूल्य को सारिणी (3.1) में दिया गया है।

सारिणी (3.1) तित बैंगन के फल का पोषक मूल्य (प्रति 100 ग्राम खाने योग्य भाग में)

पोषक तत्व	मात्रा
नमी	89 ग्राम
प्रोटीन	2.0 ग्राम
वसा	0.1 ग्राम
कार्बोहाइड्रेट्स	7.5 ग्राम
ऊर्जा	160 के. जूल
कैल्शियम	50 मिग्रा.
फास्फोरस	30 मिग्रा.
आयरन	2.0 मिग्रा.
विटामिन ए	750 मिग्रा.
विटामिन बी	0.08 अ.इ.
विटामिन सी	8 मिग्रा.

स्रोत : बुन्कर्ड एवं सहयोगी, 1993

उद्भव एवं वितरण

तित बैंगन की उत्पत्ति एंटिलीस (Antilles) से हुई है। वर्तमान में यह एक उपोष्ण क्षेत्र का खरपतवार है। दक्षिणी एशिया के कुछ देशों में इसे उगाया भी जाता है। इसके पौधे सड़कों के किनारे एवं अन्य रिक्त स्थानों में उगे हुए देखे जा सकते हैं। हमारे देश में इसके पौधे शुष्क क्षेत्रों को छोड़कर लगभग सभी जगह पाये जाते हैं।

वानस्पतिक विवरण

तित बैंगन का वानस्पतिक नाम सोलेनम टारवम (*Solanum torvum* Swartz) है और यह सोलेनेसी (Solanaceae) कुल का पौधा हैं। इसकी गुणसूत्र संख्या (2 एन.) 24, 48 है। इसके पौधे फैलने वाले झाड़ी के रूप में लगभग 3 मीटर ऊँचाई के, पौधे पर चमकीले तारे जैसे रोयें, पूरे तने एवं शाखाओं एवं पत्तियों पर चुभने वाले काँटे, पत्तियाँ एकान्तर क्रम में, पर्ण वृंत 1.5-5.0 सेमी. लम्बा, पत्तियाँ अण्डाकार 7-20×4-8 सेमी. आकार की, खुरदुरी, 7 पिण्डों वाली, पिण्ड तिकोने आकार के, पुष्प विन्यास सघन, विभाजित, 50-100 पुष्प युक्त, कोरिम्ब, पुष्पवृत 1-2 सेमी. पुष्प द्विलिंगी,

वाह्यदल पुंज 5, पंखुड़ियाँ सफेद, 5, पुंकेसर 5, वर्तिका 8-10 मिमी. लम्बी, फल बेरी, 1-1.5 सेमी. व्यास के, पीले रंग के, गुच्छे में, प्रतिफल बीज संख्या 300-400, बीज 1.5-2.0 मिमी. आकार के, लम्बे एवं भूरे रंग के।

जलवायु एवं भूमि

तित बैंगन के पौधे खर पतवार के रूप में उगते हैं। इसके पौधों को समुद्र तट से 1600 मीटर की ऊँचाई वाले स्थानों तक देखा जा सकता है। इसके पौधे नम जलवायु में उगते हैं, लेकिन बहुत अधिक गीली अवस्था में भी भली-भाँति नहीं उगते हैं। चूकि तित बैंगन का पौधा स्वत: उगता है। अत: इसके भूमि की पी.एच. आदि की आवश्यकता के लिए बहुत अधिक सूचनायें नहीं एकत्र की गयी हैं।

प्रसारण

तित बैंगन का प्रसारण सामान्यतया बीज के द्वारा होता है। इसके अतिरिक्त तना जिस पर जड़े निकलती हैं उसके द्वारा भी किया जा सकता है। दक्षिण एशियाई देशों में इसे गृह वाटिका में उगाया जाता है।

फलों की तुड़ाई एवं उपज

इसके हरे कच्चे फलों की गुच्छों के साथ तुड़ाई की जाती है। एक पौधे से 1.5-2.0 किग्रा कच्चे फल की उपज मिलती है।

पौध संरक्षण

इसके पौधों पर किसी विशेष रोग या कीट का प्रकोप नहीं होता है। कभी-कभी पर्ण धब्बा (leaf spot) रोग एल्टरनेरिया सोलेनी (*Alternaria solani*) से उत्पन्न होता है। अन्य बैंगन पर लगने वाले कीट भी इसको प्रभावित करते हैं जैसे इसके ऊपर भी तना एवं फल छेदक कीट (*Leucinodes orbonalis*) का प्रकोप होता है। तित बैंगन का पौधा निमेटोड मेलाइडोगाइन (*Meloidogyne* sp.) के प्रकोप के प्रतिसंवदेनशील है।

जननद्रव्य संग्रह एवं सुधार

तित बैंगन के पौधे में वर्ष भर फूल आते हैं लेकिन उस अनुपात में फल कम धारण होता है। अत्यधिक वर्षा के कारण भी फल कम लगते हैं। पौधे की आयु 3-4 वर्ष तक की होती है। प्रजाति के अंतर्गत बहुत अधिक विभिन्नता पाये जाने के कारण टैक्सा (Taxa) में आपस में अंतर स्पष्ट करना कठिन हो जाता है। इसके सही वैज्ञानिक नाम के बारे में भी विवाद है। कुछ वैज्ञानिक इसे सोलेनम फीसीफोलिया (*Solanum ficifolia* Ortega) के अंतर्गत वर्गीकृत करते हैं। इसके खुद के सुधार के लिए किसी जननद्रव्य का विश्व के किसी क्षेत्र से एकत्रीकरण का कार्य नहीं किया गया है। तित बैगन वर्टिसिलियम मुर्झान (*Verticillium* wilt) रोग के प्रति अवरोधी है और इसके इस गुण को अन्य सोलेनेसी सब्जियों में प्रजनन के द्वारा हस्तांतरित करने की आवश्यकता हैं। तित बैंगन का मूल वृंत (root stock) के रूप में बहुत अधिक महत्ता है। इसे ब्रूनेई में टमाटर के मूल वृंत्त के रूप बैक्टीरियल विल्ट रोग से रक्षा के लिए प्रयोग किया जाता है। जापान एवं त्रिनिदाद में इसे बैंगन के मूल वृंत्त के लिए तथा कोलम्बिया एवं एक्वाडोर में सोलनम क्वाइटोन्स (*Solanum quitoense* Lamk) के लिए मूलवृंत्त के लिए प्रयोग किया जाता है (बुन्कर्ड एवं सहयोगी, 1993)।

1. कमल
(Lotus)

सामान्य नाम : संस्क्त- अम्बुज, पद्यम, पंकज, कमल; हिन्दी- कवल, कमल; बंगला- पद्यमा; मराठी- कमल; गुजराती- सूर्यकमल; तेलगू- कलुंग; तमिल- अम्बल, थमराई; कन्नड़- कमला; मलयालम- थमरा उड़िया- पद्यम

कमल हमारे देश का राष्ट्रीय पुष्प है। इस पुष्प की धार्मिक दृष्टिकोण से बहुत महत्व है। इसे सजावट एवं मंदिरों में पूजा के लिए प्रयोग किया जाता है। यह हिन्दू देवी (लक्ष्मी) की पूजा के लिए विशेष रूप से पसन्द किया जाता है। इसके पुष्प से इत्र भी तैयार किया जाता है जिसे (कमल इत्र) कहते हैं। यद्यपि कमल एक फूल वाला पौधा है, लेकिन इसको सब्जी एवं औषधीय प्रयोजन के लिए भी बहुतायत से प्रयोग किया जाता है। इसकी मुलायम पत्तियाँ, डंढल एवं पुष्प को सब्जी के रूप में प्रयोग किया जाता है। इसके कन्द (राइजोम) की सब्जी बनती है और बाजार में इसकी विक्री भी की जाती है जिसे कमल ककड़ी कहते हैं। इसके ताजे कंदों को उबालकर सब्जी के रूप में या इसके टुकड़े को काटकर सूखा लिया जाता है। जिसे करी या चिफ के रूप में प्रयोग किया जाता है। इसके ताजे कंद को (फ्रोजेन वेजिटेबुल) के रूप में भी प्रयोग किया जाता है। इसके कंद के पोषक मूल्य को सारिणी (1.1) में दिया गया है-

सारिणी (1.1) कमल के कन्द का पोषक मूल्य
(प्रति 100 ग्राम खाने योग्य भाग में)

पोषक तत्व	मात्रा
नमीं	83.8 प्रतिशत
क्रूड प्रोटीन	2.70 प्रतिशत
वसा	0.11 प्रतिशत
रिड्यूशिंग शर्करा	1.56 प्रतिशत
सुक्रोज	0.41 प्रतिशत
स्टार्च	9.25 प्रतिशत
रेशा	0.80 प्रतिशत
ऐश	1.10 प्रतिशत
कैल्शियम	0.06 प्रतिशत
थाइमिन	0.22 प्रतिशत
राइबोफ्लेविन	0.06 प्रतिशत
नियासिन	2.1 प्रतिशत
एस्कार्बिक एम्ल	15 मिग्रा.

हमारे देश के अतिरिक्त कमल को चीन एवं जापान में भी एक प्रमुख जलीय सब्जी (aquatic vegetable) के रूप में प्रयोग किया जाता है। इसे अकाल एवं खाद्यान्न के अभाव में एक प्रमुख खाद्य स्त्रोत के रूप में प्रयोग किया जाता हैं। कौटिल्य ने इसे ईसा. के 4 सौ वर्ष पूर्व वर्णित किया है। जिसके अनुसार इसका सेवन करके मनुष्य एक पक्ष से लेकर एक माह तक जीवित रह सकता है।

औषधीय महत्व

कमल को पारम्परिक चीनी औषधियों में प्रयोग किया जाता है। यह हाइपरलीपीडिमिया (hyperlipidaemia) की प्रमुख औषधि है। इसकी पत्तियों के काढ़े का प्रयोग सीरम के ट्राईग्लीसराइड (triglyceride) एवं कोलेस्टेराल के स्तर को कम करता है (कौर एवं सहयोगी, 1995)। सिंह एवं सहयोगी (2001) के अनुसार कमल बिहार के वैशाली जिलें के लोगों का एक प्रमुख औषधी है। इसके बीज का सत् एन्टीआक्सिडेन्ट का कार्य करता है (सिद्दकी एवं सहयोगी, 2001)। इसका एन्टी आक्सिडेन्ट का गुण मुख्य रूप से इसमें व्याप्त फीनोलिक (Phenolic) यौगिक के कारण होता है। कमल में 70 प्रतिशत से अधिक एन्टी आक्सिडेन्ट कारक पाये जाते हैं (कौर एवं कपूर, 2002)।

इसके पौधों में क्वेरसेटिन (Quercetin), माइरीसिटिन (myricetin), किमफेराल-3-ओ. ग्लूकोसाइड (Kaempferol- 3-0- glucoside), क्वेरसेटिन 3-0- ग्लूकोसाइड (Quercetin-3-0- glucoside) एवं ल्यूटिओलन 7-0 ग्लूकोसाइड (Luteoline 7-0- glucoside) पाया जाता है। इसमें किमफेराल 3-0- ग्लूकोसाइड एवं ल्यूटिओलिन 7-0-ग्लूकोसाइड एन्टीइन्फ्लेमेटरी एवं एनालजेसिक (analgesic) गुण रखता है (वैसेल एवं सहयोगी, 1996)। इसका राइजोम हाइपोग्लीसीमिक (hypoglycaemic), एन्टीपाइरेटिक (antipyretic), एन्टी डाइरियल (antidiarrhoeal), एन्टीबैक्टीरियल (antibacterial) एवं एन्टीफंगाल (antifungal) गुण वाला होता है। कमल का भ्रूण हिगेनेमी (higenamie) का प्रमुख स्त्रोत हे जिसका प्रयोग कार्डियोटानिक के लिए किया जाता है। चुंग एवं सहयोगी (1998) ने एच.पी.एल.सी. की सहायता से इसके प्रति 1 ग्राम भ्रूण से 182.3 माइक्रो ग्राम हिगेनिमि (higenamie) प्राप्त किया। कमल के बीज आइसोलियन साइनिन (isolien sinine), नेफेरीन (neferine), + एरीमेपेविन (aremapavine) एवं 4'-Methyl-N-methylcoclaurine) प्राप्त किया गया है। इसमें नेफेरिन (neferine) एन्टीहाइपरटेन्सिव (antihypertensive) तत्व होता है (निशिबे एवं सहयोगी, 1986)। इसके बीज के पोषक मूल्य को सारिणी(1.2) में दिया गया है-

सारिणी (1.2) कमल के बीज का पोषक मूल्य (प्रति 100 ग्राम खाने योग्य भाग में)

पोषक तत्व	मात्रा
नमीं	8.3 प्रतिशत
ऊर्जा	369 कि. कैलोरी
कार्बोहाइड्रेट्स	74.1 ग्राम
प्रोटीन	12.8 ग्राम
वसा	2.3 ग्राम
रेशा	4.40 ग्राम
ऐश	2.40 ग्राम
कैल्शियम	136 ग्राम
फास्फोरस	294 मिग्रा
आयरन	3.3 मिग्रा

उद्भव एवं वितरण

कमल संभवत चीन, जापान या भारत का मूल पौधा है। पश्चिमी देशों में कमल कम प्रचलित है। यद्यपि विगत 3 हजार वर्ष पूर्व से अन्य देशों में इसे फूल, सब्जी एवं औषधीय प्रयोजन से उगाया जा रहा है (शेनमिलर, 2002)। चीन एवं जापान में कमल के कंद के लिए खेती की जाती है। बिहार के मिथिला के लोगों का कमल एक प्रमुख पौधा है जिसे विभिन्न अवसरों पर तरह-तरह से प्रयोग किया जाता है (झा एवं सहयोगी, 1994)।

वानस्पतिक विवरण

कमल को निलम्बोनेसी (Nelumbonaceae) कुल के अंतर्गत रखा गया है। इसके वंश निलम्बों (Nelumbo) के अंतर्गत दो प्रजातियाँ पाई जाती है (i) निलम्बो न्यूसीफेरा (*Nelumbo nucifera*) जिसके फूल गुलाबी से क्रीम रंग वाले होते है जबकि उत्तरी अमेरिकन प्रजाति (ii) निलम्बों ल्यूटीया (*Nelumbo lutea*) के फूल पीले क्रीम रंग के होते हैं।

डहलग्रीन के वर्गीकरण पद्धति (Dahl gren's system of classification) जो 1980 में प्रकाश में आयी थी उसके अनुसार कमल के कुल निलम्बोनेसी (Nelumbonaceae) को आर्डर निलम्बोनेलीज के अंतर्गत रखा गया है। इस वर्गीकरण क्रम को नीचे दिया गया है-

समूह (Group)	Dicotyledonae
वर्ग (Class)	Magnoliopsida

उपवर्ग (Sub-class)	Magnoliidae
क्रम (Super. order)	Magnoliiflorae
उप क्रम (Order)	Nelumbonales
कुल (Family)	Nelumbonaceae
वंश (Genus)	Nelumbo
प्रजाति (Species)	*N. nucifera*
	N. lutea

कमल की गुण सूत्र संख्य(2 एन.) = 16 है और इसका कैरियोटाइप गुण सूत्र है 2n=16= 2 t+4 sm + 8m + 2 m (SAT). कमल एक जलीय पौधा है। इसकी पत्तियाँ गोल आकार की लगभग 60-90 सेमी. व्यास की होती है। इसकी पंखुड़ियां (petals) काफी लम्बे एवं रोये युक्त होते हैं। पत्तियाँ एवं फूल सामान्यतया पानी की सतह पर फैलते हैं। पुष्प सफेद या गुलाबी रंग के है। पुष्प में पंखुड़ियों की संख्या 20 या अधिक, पुकेसर असंख्य, वार्तकी के चारों तरफ लगे हुए फल (लोटस) लम्बा लट्टू के आकार का, 5-10 सेमी. व्यास लिए स्पंजी।

प्रसारण

कमल का प्रसारण बीज एवं वानस्पतिक दोनों विधियों द्वारा किया जाता है।

बीज द्वारा

यह विश्वास किया जाता है कि कमल के बीज की अंकुरण क्षमता सभी पुष्पीय पौधों में सर्वाधिक होती है। मिनामिकावा एवं सहयोगी (1995) द्वारा कार्बन डेटिंग (carbon dating) अध्ययन में यह पाया गया कि कमल के बीज की अंकुरण क्षमता 580± 70 वर्ष है और इसके बीज की अंकुरण क्षमता 90 प्रतिशत से अधिक है। इसके बीज के अंकुरण के लिए बलुई भूमि जिसपर 5-7.5 सेमी. पानी लगा होता है में बुआई की जाती है। एक हेक्टेयर क्षेत्र में लगाने के लिए 10-12 किग्रा. बीज की आवश्यकता होती है।

वानस्पतिक प्रसारण

वानस्पतिक विधि से प्रसारण के लिए इसके राइजोम के टुकड़े बना लेते हैं। आँख (कलिका) युक्त टुकड़े को मार्च-अप्रैल के महीने में लगा दिया जाता है और अक्टूबर-नवम्बर तक उसे बराबर पानी दिया जाता है।

चीन में लगाने की एक नई विधि विकसित की गयी है। इस विधि में गेहूँ की कटाई से पूर्व खेत में प्रति हेक्टेयर की दर से 2.5-4.0 टन इसके कंद के टुकड़े को 10-15 सेमी. गहरा लगा दिया जाता है। गेहूँ की कटाई के उपरान्त, खेत में अच्छी तरह से पानी भर दिया जाता है। अब इस खेत में सितम्बर माह में पानी को निकालकर कंद की खुदाई कर ली जाती है। इस प्रकार की विधि से रोपण करने से 30-50 टन प्रति हेक्टेयर उपज प्राप्त होती है। यह विधि चीन के हेनान क्षेत्र में काफी प्रचलित है जहाँ गेहूँ के बाद धान की फसल की तुलना में अधिक आमदनी मिल जाती है। इस लिए लोग कमल की खेती करने लगे हैं (चेन एवं चेन, 1999)।

खाद एवं उर्वरक

कमल के पोषण सम्बन्धी विशेष परीक्षण नहीं किये गये हैं। कमल के कन्द की सर्वाधिक उपज 50-70 कुन्तल प्रति हेक्टेयर नत्रजन के 270 किग्रा., पोटेशियम की 120 किग्रा. तथा बोरान की 15 किग्रा. मात्रा प्रति हेक्टेयर की दर से देकर प्राप्त की गयी। अध्ययन में यह पाया गया कि कमल पर बोरान का प्रभाव काफी अधिक था (लिं एवं झाओ, 1998)।

जल प्रबन्ध

कमल एक जलीय पौधा है। अत: पौधों की बढ़वार के लिए जलमग्न अवस्था अत्यन्त आवश्यक होती है। नोहरा एवं किमुरा (1997) ने निष्कर्ष दिया कि पत्तियों के डंढल का शुष्कभार एवं

प्रति इकाई पानी में रहने वाली पत्तियों की लम्बाई एवं जमीन के ऊपर एवं जल के अन्दर के भाग के अनुपात में पानी की गहराई 2 मीटर तक बढ़ाने में वृद्धि हुई।

किस्में

कमल की ऐसी किस्में जिसमें कन्द (राइजोम) की उपज अधिक मिले और उसकी गुणवत्ता अच्छी हो। इस तरह के अनुसंधान कार्य कम किये गये हैं। प्राय: दो प्रकार के राइजोम वाली किस्में (i) सफेद रंग की (ii) लाल रंग की मिलती हैं। ऐसे राइजोम जिनकी लम्बाई 60-120 सेमी. की होती है और व्यास 6-9 सेमी. तथा रंग सफेद या नारंगी का और उनके अनुप्रस्थकाल में कुछ बड़ी गुहायें (Cavities) होती है उनको (कमल ककड़ी) के रूप में बाजार में विक्री के लिये लाया जाता है। साउ एवं सहयोगी (1995) में इसकी सब्जी वाली किस्में निर्धारित की है। यांग एवं सहयोगी (1998) ने चाइनीज सीड लोटस में संकर ओज (heterosis) रिपोर्ट की है। जब इसके विभिन्न स्थानीय भेदों में आपस में संकरण कराया जाता है तो उनके पुष्पों के रंग में काफी विभिन्नता मिलती है।

कन्दों को एकत्र करना एवं भण्डारण

राइजोम के एकत्र करने के तुरन्त बाद वे पीले पड़ने लगते हैं। जो राइजोम भूरे रंग के हो जाते हैं उनकी बाजार में बहुत कम कीमत मिलती है। इसमें राइजोम की पहली गाँठ कम भूरी दीखती है। भूरेपन का कारण आक्सीकरण-अवकरण (oxidation and reduction) प्रक्रिया होती है। भूरेपन सम्बन्धी रासायनिक परीक्षण में पाया गया कि आयरन इसका सर्वाधिक कारण है और मैगनिज, जिंक तथा निकिल कम जिम्मेदार हैं। ऐसे माध्यम जिसमें आयरन की मात्रा कम थी उसमें उगाये गये कमल के राज्यों अधिक आयरन की मात्रा में उगाये गये पौधों की अपेक्षा कम भूरे पड़े (उचियामा एवं सहयोगी, 1977) एसे माध्यम जिसमें आयरन की मात्रा कम थी उसमें उगाये गये कमल के राइजोम अधिक आयरन की मात्रा में उगाये गये पौधों की अपेक्षा कम भूरे पड़े (उचियामा एवं सहयोगी, 1977)। वांग एवं सहयोगी (1997) ज्ञात किया कि कम तापक्रम पर भण्डारण एवं कटे हुए राइजोम को 0.25 प्रतिशत एस्कार्बिक अम्ल या 0.5 प्रतिशत सोडियम सल्फाइट $\pm$0.2 प्रतिशत साइट्रिक अम्ल के उपचार करने से भूरेपन की समस्या नहीं आती है। लिन एवं सहयोगी (1997) ने यह निष्कर्ष निकाला कि 0.25 प्रतिशत सोडियम बायोसल्फेट एवं 0.1 प्रतिशत एस्कार्बिक अम्ल का उपचार भूरेपन को रोकने के लिए काफी कारगर है। कन्दों के भूरेपन को वैकुअम पैकेजिंग (निर्वात भण्डारण) के माध्यम से भी कम किया जा सकता है। यदि निर्वात भण्डारण से पूर्व कन्दों को 5 मिनट तक गर्म पानी का उपचार दिया जाय तो भूरेपन की समस्या दूर होने के साथ इसकी भण्डारण क्षमता भी बढ़ जाती है (ली एवं सहयोगी, 1999)।

बीज उत्पादन

कमल एक पर परागित (cross pollinated) फसल है। परागण का कार्य मुख्य रूप से बीज द्वारा किया जाता है। परागण का कार्य मधुमक्खियों की कालोनियों की संख्या बढ़ाकर किया जा सकता है। एक परीक्षण में पाया गया कि मधुमक्खियों की कॉलोनी के प्रयोग इसके बीज उत्पादन में 31.3 प्रतिशत की वृद्धि हुई (के एवं सहयोगी, 1987)। बीजों का समुचित भण्डारण आवश्यक है क्योंकि भण्डारण के दौरान कीटों द्वारा इसके बीज की बहुत अधिक क्षति होती है। गामा किरणों द्वारा उपचार कोबाल्ट 60 के (disinfestation) काफी कारगर है उपचार के बाद इसके कीट सिटोफिलस ओराइजी (*Sitophillus oryzae*) में 100 प्रतिशत मृत्यु दर्ज की गयी। इस

प्रकार से उपचारित बीज को 240 दिन तक भण्डारण के पश्चात पाया गया कि बीज के प्रोटीन, वसा, नत्रजन विहीन सत् एवं 17 प्रकार के एमीनों अम्ल में कोई परिवर्तन नहीं था (वू एवं सहयोगी, 1991)। बीज के अतिरिक्त इसके बीज से तैयार पावडर को भी गामा उपचार (6 KGY) के जरिए सुरक्षित रखा जा सकता हैं। इस उपचार का इसकी गुणवत्ता पर कोई प्रतिकूल प्रभाव नहीं पड़ता है। यद्यपि उपचार की गहनता बढ़ाने से पावडर की चिपचिपाहट (viscosity) घटती है (सेन एवं सेन, 2000)।

प्रमुख रोग

राइजोम राट (Rhizome rot)

इस रोग का प्रमुख कारक फ्यूजेरियम आक्सीपोरम प्रजाति नीलम्बीकोला (*Fusarium oxysporum* F sp. *nelumbicola*) कवक है।

कमल के पौधों पर एफिड, थ्रिप्स, माइट एवं नीमैटोड का भी प्रकोप होता है। (बोहिदर एवं बेहुरा, 1983)।

2. सिंघाड़ा
(Water Chestnut)

स्थानीय नाम : संस्कृत- श्री गांटा, श्रीगंटका, त्रिकोण फलम, जलफल; हिन्दी, मराठी, गुजराती, तमिल एवं कन्नड़- सिघाड़ा; बंगला- पानीफल; तेलगू- कूदीकामा; मलयालम- करिमपोलम; पंजाबी- सिगरा

सिंघाड़ा का व्रत एवं उपवास में प्रयोग किये जाने वाले फलों में काफी महत्वपूर्ण स्थान है। इसके फलों का छिलका उतारकर सीधे खाया जाता है या उसकी सब्जी बनाई जाती है। सिंघाड़े की गिरी का आटा तैयार किया जाता है जिसका उपवास आदि के दिनों में हलवा आदि बनाया जाता है। पोषण की दृष्टि से भी सिंघाड़े का काफी महत्व है इसमें 4.7 प्रतिशत प्रोटीन पाई जाती है और विभिन्न प्रकार के खनिज पदार्थ भी प्रचुर मात्रा में पाये जाते हैं।इसमें सूक्ष्म मात्रा में आयोडीन पाया जाता है। सिघाड़ा स्टार्च में काफी धनी होता है और इसके गूदे में बीटा-एमाइलेज (β-amylase) और पर्याप्त मात्रा में फास्फोरिलेज (phosphorilase) भी पाया जाता है। सिंघाड़े में पाये जाने वाले पोषक तत्वों को सारिणी (2.1) में दिया गया है

सारिणी (2.1) सिंघाड़ा के फल का पोषक मूल्य (प्रति 100 ग्राम खाने योग्य भाग में)

पोषक तत्व	मात्रा
नमी	70.0 ग्राम
प्रोटीन	4.7 ग्राम
वसा	0.3 ग्राम
ऐश	0.6 ग्राम
अन्य कार्बोहाइड्रेट्स	23.3 ग्राम
खनिज	1.1 ग्राम
कैल्शियम	20 मिग्रा.
फास्फोरस	150 मिग्रा
आयरन	0.8 मिग्रा.
कापर	1.27 मिग्रा.
मैंगनीज	5.7 मिग्रा.
मैग्नीशियम	38 मिग्रा.
सोडियम	49 मिग्रा.
पोटैशियम	650 मिग्रा.
आयोडीन	50.6 मिग्रा.
थाइमिन	0.05 मिग्रा.
राइबोफ्लेविन	0.07 मिग्रा.
निकोटिनिक अम्ल	0.6 मिग्रा.
विटामिन सी	9 मिग्रा.
विटामिन ए	30 अ.इ.

बैंगनी रंग के सिंघाड़े की तुलना में हरें रंग के छिलके वाले सिंघाड़े बड़े आकार के एवं अधिक वजन के होते हैं तथा उसमें अधिक शुष्क पदार्थ पाया जाता है जबकि बैंगनी रंग के छिलके वाले सिंघाड़े में शर्करा एवं अम्ल की मात्रा अधिक होती है (मजुमदार एवं जेना, 1977)।

उद्भव एवं वितरण

सिंघाड़ा का जन्म स्थान संभवत: एशिया महाद्वीप हैं इसकी खेती हमारे देश के अतिरिक्त श्री लंका, अफ्रीका एशिया के दक्षिण पूर्वी देशों तथा अमेरिका में की जाती है। हमारे देश में इसकी खेती मुख्यतया बिहार, उत्तर प्रदेश, तमिलनाडु, महाराष्ट्र, पंजाब एवं जम्मू कश्मीर में की जाती है (जयपुरिया एवं कुमार, 1994)। बिहार में सिंघाड़ा की खेती दरभंगा, मधुबनी, मुजफ्फरपुर, बैशाली, पटना तथा भागलपुर जिलों में की जाती है।

वानस्पतिक विवरण

सिंघाड़ा का वंश ट्रैपा (*Trapa*) एक जलीय शाकीय पौधा है जो मुख्य रूप से मध्य एवं दक्षिण पूर्वी यूरोप और शीतोष्ण तथा उष्ण एशिया में पाया जाता है। पहले वंश ट्रैपा को ओनेग्रेसी

(Onagraceae) के अंतर्गत और बाद में हाइड्रोकैरिएसी (Hydrocaryaceae) के अंतर्गत वर्गीकृत किया गया। लेकिन एम्ब्रीओलाजिकल (Embryological) एवं आंतरिक संरचना (anatomical) अध्ययनों के आधार पर अलग कुल ट्रैपेसी (Trapaceae) में रखा गया। ट्रैपा मोनोटिपिक (Monotypic) वंश है जिसकी प्रजाति ट्रैपा नैटेन्स वार बाइस्पाईनोसा (*Trapa natans* var. *bispi-nosa* Roxb.) पर्याय ट्रैपा बाइस्पाईनोसा (*Trapa bispinosa*) जिसे सिंघाड़ा कहते हैं, काफी प्रचलित है। सिंघाड़ा एक जलीय शाकीय पौधा है। इसका तना लम्बा, पत्तियाँ पानी की सतह पर फैलने वाली, रोजेट (rosette) वृद्धि लिए, गोल आकार की (5×8 सेमी.), तीन फलकवाली होती है। पत्तियों की नीचे की सतह लाल बैंगनी रंग की और ऊपरी सतह हरे रंग की होती है। मेकसांगसी एवं श्रीपेन (1987) के अनुसार पत्तियों, तनों एवं कंद का लाल रंग एन्थोसाइएनिन वर्णक (anthocyanin pigment) के कारण होता है। पत्तियों का वर्णवृत लम्बा एवं फूला हुआ होता है। पुष्प सफेद रंग के, पानी की सतह के ऊपर दोपहर के बाद खिलते हैं, परागण के बाद पुष्पवृंत पानी के नीचे वृद्धि करते हैं, फल 2-4 सेमी. लम्बे, 4 कोन वाले, कांटे लिए, एक बीज वाले होते हैं, बीज सफेद रंग के एवं स्टार्च युक्त।

पत्तियों के अनुप्रस्थ काट (transverse section) के अध्ययन में पाया गया कि इसकी पत्तियों में अन्य जलीय पौधों की तरह वैस्कुलर बंडल (vascular bundle) छोटे होते हैं और मिजोफिल (mesophyl), पैलीसेड (palisade) एवं स्पंजीकोशिकायें (spongy cells) में बटा होता है। स्पंजीपैरेनकाइमा, पैलीसेड पैरेनकाइमा की तुलना में बड़ा होता है और इसमें काफी वायु गुहा (air tunnel) होती है। प्रकाश संश्लेषण की क्रिया पूर्ण विकसित पतियों में कम एवं नवजात पत्तियों की तुलना में अधिक हुई (चौधरी एवं सहयोगी, 2002)।

जलवायु एवं भूमि

सिंघाड़ा जलीय पौधा है। इसकी खेती के लिए चुने गये जलाशयों में हमेशा पानी भरा रहना चाहिए। यदि पानी स्वच्छ हो तो फसल अच्छी होती है, लेकिन गन्दे पानी वाले तालाबों में भी फसल ली जाती है। स्वच्छ पानी में रोग कम लगते हैं। इसके बीज के जमाव के लिए उपयुक्त तापमान 25-30 डिग्री सेग्रेड होता है। सिंघाड़े की खेती के लिए जलाशय की मिट्टी उपजाऊ होनी चाहिए उसे खोदना नहीं चाहिए। इसकी खेती के लिए मटियार चिकनी मिट्टी अच्छी मानी जाती है। जलाशय की तलहटी में चिकनी मिट्टी तथा पेड़ पौधों की पत्तियाँ और कम्पोस्ट का प्रयोग करने से उपज अच्छी मिलती है। सिंघाड़ा की लाल और हरे रंग के छिलको वाली किस्मों को लवणीय (saline) एवं लैटेरिटिक (lateritic) क्षेत्र के तालाबों में उगाकर एक अध्ययन में पाया गया कि दोनों किस्मों की प्रोटीन और लिपिड की मात्रा में कोई विशेष अंतर नहीं था लेकिन लैटेरिटिक मृदा वाले के तालाब में उगाये सिंघाड़े लवणीय क्षेत्र के तालाब में उगाये गये सिंघाड़े की तुलना में लिपिड की मात्रा काफी अधिक (3.8 : 1.7-1.8 प्रतिशत) थी (अली एवं मजुमदार, 1991)।

प्रसारण

सिंघाड़े का प्रसारण दो प्रकार से किया जाता है- (i) नर्सरी व तैयार करके रोपण द्वारा एवं (ii) सीधे बीज द्वारा

नर्सरी तैयार करना

नर्सरी तैयार करने के लिए सिंघाड़े के पके फलों को जनवरी-फरवरी के महीने में घड़े में

रखा जाता है। घड़े में पानी भरकर गर्म स्थान पर रख दिया जाता है। अंकुरण के लिए 25-30 डिग्री सेंग्रेड तापक्रम की आवश्यकता होती है। बीज के अंकुरण के लिए आवश्यक है कि घड़े में वायुसंचार अच्छी तरह से हो। इसके लिए घड़े को कपड़े से बाँधा जाता है। अंकुरित बीज फलों को छोटे और कम गहरे तालाबों में बिखेर दिया जाता है। अंकुरित बीज कीचड़ में धस जाता है और उससे जड़े निकालकर भूमि में चली जाती है तथा तना और पत्तियाँ निकालकर पानी की सतह पर फैलने लगती है। तने की प्रत्येक गांठ से जड़े निकलती हैं। इस प्रकार एक पौधे से अनेक पौधे तैयार हो जाते हैं और तैयार पौधों को जून-जुलाई के महीने में रोपण किया जाता है।

रोपण अंतराल

मुख्य तालाब में पौधों की पंक्ति से पंक्ति की दूरी 1 मीटर रखते हैं जबकि दो पौधों के बीच का अंतराल 80सेमी. रखा जाता है। अधिक उपजाऊ तालाब में दो पंक्तियों के बीच 1.5 मीटर का अंतराल रखा जाता है तथा पौधों में आपस की दूरी 90 सेमी. (अवस्थी एवं मौर्य, 1996)। इस प्रकार एक हेक्टेयर क्षेत्रफल में तैयार की गयी नर्सरी 10 हेक्टेयर क्षेत्रफल में रोपण के लिए पर्याप्त होती है।

सीधे बीज द्वारा रोपण

कभी-कभी बीज को सीधे ही तालाब में बिखेर दिया जाता है अथवा फसल पकने के बाद बीज अपने आप गिरकर अप्रैल-मई के महीने में उगते हैं। यह विधि काफी आसान है, लेकिन पौधों के बीच समुचित अंतराल आदि न होने के कारण वांछित उपज नहीं मिलती है।

खाद एवं उर्वरक

सिंघाड़ा की फसल में उर्वरक सम्बन्धी विशेष अनुशंसायें नहीं उपलब्ध हैं। एरिमा एवं सहयोगी (1989) में ज्ञात किया कि 50 किग्रा. फास्फोरस और इतनी ही मात्रा पोटाश के साथ 200 किग्रा. नत्रजन प्रति हेक्टेयर की दर से देने पर पत्ती क्षेत्र सूचकांग (leaf area index), शुष्क पदार्थ (dry matter), पौधों की ऊँचाई, क्लोरोफिल की मात्रा और प्रकाश संश्लेषण की दर (Photosynthesis rate) में सर्वाधिक वृद्धि हुई। जयपुरिया एवं कुमार (1994) ने 40 किग्रा नत्रजन, 40 किग्रा फास्फोरस और 60 किग्रा पोटाश प्रति हेक्टेयर की दर से देने की संस्तुति की है।

प्रकाश अवधि का प्रभाव

सिंघाड़ा में पुष्प कलिकायें 14 घण्टे या कम प्रकाश अवधि (short day condition) में बनती हैं। प्रकाश अवधि कम होने पर प्रति पर्व पुष्प पर्व (flower node) अधिक बनते हैं (एरिमा एवं सहयोगी, 1993)। एरिमा एवं सहयोगी (1992) ने यह निष्कर्ष निकाला कि पौधों के बढ़वार के प्राथमिक चरण में नये प्ररोह के बनने एवं कम शाखायें निकलने से बाजार योग्य अधिक उपज मिलती है। कुमार एवं सहयोगी (1985) ने ज्ञात किया कि जुलाई-अगस्त में प्रति पौध सर्वाधिक प्ररोह (7.1 प्ररोह प्रति पौध) निकलते हैं।

पत्तियों की प्रकाश संश्लेषण क्रिया के अनुसार सिंघाड़ा C3 पौधा है, लेकिन इसकी जड़ों के अध्ययन से पता चलता है कि यह एक विशेष प्रकार का जलीय पौधा है और रात्रि में इसकी कोशिकाओं में फास्फोइनाल पाइरूवेट कार्बाक्सीलेज (phosphoenol pyruvate carboxylase PEP case) और मैलिक अम्ल (malic acid) की मात्रा बढ़ जाती है (इर्समारू एवं सहयोगी, 1996)।

तुड़ाई एवं उपज

सिंघाड़े में खाने योग्य फल की उपयुक्त

अवस्था फलधारण (fruit set) के 22-23 दिन बाद होती हैं इस अवस्था में फल का रंग हरा रहता है लेकिन फल की सतह चिपटी हो जाती है, काटे मुलायम एवं कमजोर (brittle) होते है और इस अवस्था में गिरी को आसानी से अलग किया जा सकता है। फल धारण के 23वें दिन बाद तुड़ाई किये गये फल की गिरी में कुल शर्करा 1.94 प्रतिशत तथा रिड्यूशिग शर्करा 1.53 प्रतिशत पाई गयी। इस अवस्था के बाद तुड़ाई करने पर छिलका गिरी से चिपक कर सख्त हो जाता है और कांटे कड़े हो जाते हैं (भद्रा एवं सेन, 2001)। दास एवं सहयोगी (1992) ने ज्ञात किया कि सिंघाड़ा में बीज (गिरी) बनने की प्रक्रिया के साथ ही स्टार्च एवं शर्करा (ग्लूकोज, फ्रक्टोज एवं सुक्रोज)के सांद्रण की प्रक्रिया तेज होती है और परागण के 24वें दिन तक अधिक रहती है और परागण के 35 दिन बाद कम होने लगती है। संपूर्ण शर्करा में शुक्रोज की मात्रा सर्वाधिक होती है। अल्फा-एमाइलेज (α-amylase) और बीटा- एमाइलेज (β- amylase) की प्रक्रिया परागण के 15वें दिन एवं 27 दिन बाद सर्वाधिक होती है। बीज में शर्करा एवं प्रोटीन में धनात्मक सम्बन्ध पाया जाता है।

सिंघाड़े की औसत उपज 40-50 कुन्तल प्रति हेक्टेयर है। यदि संस्तुतियों के अनुसार खाद एवं उर्वरकों का प्रयोग किया जाय एवं सस्य तकनीक अपनाई जाय तो 100 कुन्तल तक प्रति हेक्टेयर उपज मिलती है। एरिमा एवं सहयोगी (1992) ने धान के साथ मिश्रित फसल के रूप में उगाकर ज्ञात किया कि प्रति वर्ग मीटर क्षेत्र में इसकी उपज 500-1900 ग्राम तक थी। प्रारम्भिक अवस्था में लताओं के अधिक प्रसार एवं लम्बी अवधि तक पुष्पन का उपज से सीधा सम्बन्ध था।

प्रमुख किस्में

फसल के आकार के आधार पर सिंघाड़े की किस्मों को दो वर्गों में बाँटा जाता है। (1) पहले वर्ग की किस्मों के फलों में दो कांटे पाये जाते हैं इसे ट्रैपा बाइस्पाइनोसा (*Trapa bispinosa*) कहते हैं। इसके फल छोटे होते हैं। दूसरे वर्ग के फलों में 4 कांटे पाये जाते हैं। इसे ट्रैपा क्वाड्रीस्पाइनोसा (*Trapa quadrispinosa*) कहते हैं। इसके फल बड़े होते हैं।

दो कांटे वाली स्थानीय किस्मों में प्रमुख हैं- (1) कानपुरी (2) पटना (3) देशी बड़ा और (4) देशी छोटा। इसमें पहली तीन किस्मों के फल बड़े होते हैं जबकि देशी छोटा के फल छोटे होते आकार के होते हैं।

प्रमुख रोग

(1) पर्णदाग (Leaf spot)

इस रोग का कारण बाइपोलेरिस टेट्रामेरा (*Bipolaris tetramera,* Mekkiney) है। रोग का लक्षण पौधों की पत्तियों पर भूरे धब्बे जिनका किनारा पीले रंग का होता है के रूप में प्रकट होता है। बाद से धब्बे एक दूसरे से मिलकर बड़े आकार के होकर सूख जाते हैं।

नियंत्रण- कैपटान दवा का प्रयोग किया जाय।

(2) स्क्लेरोशिया राट (Sclerotia rot)

इसका कारण स्क्लेरोशिया रोल्फसाई (*Scletotia rolfsii*) है। रोग से प्रभावित पौधों की पत्तियाँ गल जाती है। इस रोग का सर्वप्रथम प्रकोप जबलपुर, मध्य प्रदेश में देखा गया (तिवारी एवं तिवारी, 2001)।

प्रमुख कीट

(1) सिंघाड़ा बीटल (Singhara beetle)

सिंघाड़ा बीटल, गैलेरूसेला बीरमैनिका

(*Galerucella birmanica* Jacoby) इसका प्रमुख कीट है। यह पौधों की कोमल पत्तियों को खा जाते हैं, जिससे फसल कमजोर पड़ जाती हैं।

नियंत्रण (1) कर्बेरिल 10 प्रतिशत चूर्ण का 25-30 किग्रा. प्रति हेक्टेयर की दर से बुरकाव किया जाय।

(2) मोनोक्रोटोफास की 400 ग्राम प्रति हेक्टेयर की दर से प्रयोग किया जाय (यादव एवं भार्गव, 1988)

(2) ब्लू बीटल

ब्लू बीटल, हाल्टिका साइएनिया (*Haltica cyanea* Weber) यह पत्तियों एवं जल के अंदर के तने को खाकर नष्ट कर देता है।

(3) एफिड (Aphid)

एफिड, *रोपेलोसिफम निम्फी* (*Rhopalasiphum nymphae* Fabr.) का प्रकोप कर्नाटक के हेब्बल क्षेत्र में देखा गया। कीट के प्रकोप से पत्तियाँ सिकुड़ कर विकृत हो जाती है।

नियंत्रण मोनोक्रोटोफास 35 ईसी की 2 मिली दवा को प्रतिलीटर की दर से घोलकर प्रयोग किया जाय।

जननद्रव्य संग्रह एवं सुधार

सिंघाड़ा के जननद्रव्यों के संग्रह पर अभी कोई विशेष बल नहीं दिया गया है। सिंघाड़ा एक स्व परागित फसल (self pollinated crop) है। इसके पुष्पन, परागोदवन (anthesis) एवं फल धारण (fruit set) सम्बन्धी विस्तृत अध्ययन एरिमा एवं सहयोगी (1999) द्वारा किया गया है। ऊतक संवर्धन (tissue culture) सम्बन्धी किये गये अध्ययनों में पाया गया कि तने के टुकड़े कक्षीय कलिकाओं (axillary buds) को आंधे सान्द्र वाले एम.एस. माध्यम (Murashige and skoog) जिसमें आई.ए.ए. (IAA) एवं जी.ए. (GA) की मात्रा 0.5 मिग्रा. थी और बी.ए. (BA) की मात्रा 2 मिग्रा प्रति लीटर, सुक्रोज 3 प्रतिशत एवं 1500-2000 लक्स प्रकाश एवं 25$\pm$। डिग्री सेंग्रेड तापमान की अवस्था में संबर्धन किया गया। जब 1 सेमी. लम्बाई के नये तने के टुकड़ों को 2 सप्ताह तक संवर्धन किया गया तो कलिकायें सर्वाधिक संख्या में निकली और जब इन कलिकाओं को पुनः पहले वाले माध्यम में उगाया गया तो वे पुनः विकसित हुई। जब इन कलिकाओं को आधे सांद्रण वाले एम.एस. माध्यम जिसमें आई.ए.ए. की मात्रा 0.5 मिग्रा. प्रति लीटर थी प्रयोग किया गया तो 2 सप्ताह बाद जड़ विकसित हुई और अच्छे पौधे विकसित हुए (झाउ एवं सहयोगी, 1983)।

3. मखाना
(Gorgon Nut)

मखाना एक जलीय पौधा है जिसे जलाशयों में उगाया जाता है। प्राकृतिक रूप से यह पौधा दक्षिण पूर्व एशिया में पाया जाता है। हमार देश में इसकी खेती मुख्य रूप से उत्तरी बिहार, असम, मेघालय, मणिपुर, त्रिपुरा, पश्चिम बंगाल में की जाती है। बिहार राज्य के मधुबनी, दरभंगा, कटिहार, सहरसा, मुज्जफरपुर व पूर्णिया जिले में इसकी खेती व्यापक पैमाने पर की जाती है। मखाने का प्रयोग हमारे यहाँ वैदिक काल से होता रहा है। आयुर्वेदिक औषधि के रूप में इसका वर्णन चरक एवं सुश्रुतसंहिता में किया गया है। धार्मिक दृष्टि से इसे बहुत पवित्र माना जाता है। मखाना (लावा) हल्का एवं सुपाच्य होने के कारण व्रत एवं उपवास में प्रयोग में लाया जाता है। इसे भूनकर सीधे प्रयोग गें लाया जाता है। इसके अतिरिक्त इसकी खीर, मिठाई एवं अन्य सब्जियों के साथ मिश्रित सब्जी बनाने में प्रयोग किया जाता है। मखाना स्टार्च, प्रोटीन एवं खनिज लवण विशेषकर आयरन तथा फास्फोरस का अच्छा स्रोत है (दत्ता एवं सहयोगी, 1986)। मखाने के लावे के पोषक मूल्य को सारिणी (3.1) में दिया गया है।

सारिणी (3.1) मखाने के लावा का पोषक मूल्य (प्रति 100 ग्राम खाने योग्य भाग में)

पोषक तत्व	मात्रा
नमीं	92.2 प्रतिशत
कार्बोहाइड्रेट्स	76.9 प्रतिशत
प्रोटीन	7.9 प्रतिशत
वसा	0.1 प्रतिशत
कुल खनिज लवण	0.5 प्रतिशत
कैल्शियम	0.2 प्रतिशत
फास्फोरस	0.9 प्रतिशत
आयरन	1.4 मिग्रा./प्रति 100 ग्राम

मखाने के लावा में कैलोरीज की मात्रा कम होती है एवं इसे अन्य सूखे फलों जैसे बादाम, अखरोट, नारियल, काजू, मूँगफली, पिस्ता आदि से उत्तम माना जाता है। क्योंकि इसमें अन्य सूखे फलों की अपेक्षा वसा की मात्रा कम होती है एवं शर्करा, प्रोटीन, एस्कार्बिक अम्ल तथा फीनोल की पर्याप्त मात्रा होती है (अवस्थी एवं मौर्य, 1996)।

मखाने का अत्यधिक औषधीय महत्व है। इसका सेवन दमा, खाँसी, रक्त सम्बन्धी रोगों, पेट के अल्सर, अतिसार आदि में लाभप्रद है। वसा की मात्रा कम होने के कारण इसका सेवन उच्च रक्त चाप एवं मधुमेह रोगियों के लिए लाभप्रद माना जाता है। इसकी हरी पत्तियों का लेप जोड़ों के दर्द में लाभकारी है। अभी हाल में इसके राइजोग एवं जड़ों से एक नये सेरिब्रोसाइड (ceribrocide)- एन एल्फा डाइहाइड्राक्सिल-सिस- आक्टेडिसीनोइल एल.ओ.- बीटा ग्लूकोपाइरेनोसिल स्फिंगोसिन (N-α-hydroxyl-cis-octadecaenoyl-l-o-beta- glucopyranosyl sphingosine) एवं इसके ट्रांस आइसोमर (trans isomer) की पहचान की गयी है (झाओं एवं सहयोगी, 1994)।

उद्‌भव एवं वितरण

मखाना की की उत्पत्ति संभवत: यूरोप या एशिया के किसी देश में हुई मानी जाती है। यहाँ से व्यापारियों एवं अन्य भ्रमणकारियों द्वारा इसे भारत में लाया गया। इसकी खेती हमारे देश के अतिरिक्त बांगलादेश, चीन, ताईवान, रूस, जापान, नेपाल, कोरिया तथा यूरोप के हालैण्ड, पोलैण्ड, जर्मनी, स्काटलैण्ड तथा फ्रांस में की जाती है।

वानस्पतिक विवरण

मखाना का वानस्पतिक नाम यूरेल फीराक्स (*Euryale ferox* Salisb.) है और यह द्विबीज पत्री वर्ग रेनेल्स (Ranels) समूह के निम्फिएसी (Nymphaeaceae) का पौधा है। इसकी गुण सूत्र संख्या (2एन.) 58 है। इसके गुणसूत्र छोटे होते हैं एवं क्रोमोसोम 1 में दो सैटेलाइट्स होते हैं (वी एवं सहयोगी, 1994)।

मखाना का पौधा एक वर्षीय, जलीय एवं शाकीय होता है। इसके तने लगभग 30-120 सेमी. लम्बे होते हैं और तने से बहुत अधिक शाखायें निकलती हैं। डंठल स्पंज के समान वायु कोषों से युक्त होता है। तने के पर्व से गुच्छे में जड़े निकलती हैं। पौधे इन्हीं जड़ों की सहायता से तालाब की मिट्टी में धसे रहते हैं। इसकी पत्तियाँ बड़ी गोलाकार होती है। पत्तियों का ऊपरी सतह हरे रंग की जबकि निचली सतह लाल रंग की होती है। पत्तियों का आकार 60×150 सेमी. होता है। मखाना में दो प्रकार के फूल आते हैं एक पानी की सतह के नीचे (clistogamous) तथा दूसरा पानी की सतह के ऊपर पुष्प नीले रंग के होते हैं तथा दिन में खिलते हैं। प्रत्येक फूल में 20-30 पंखुड़िया होती हैं, पुंकेसर असंख्य, फल बेरी और फल के ऊपर मजबूत कांटे होते हैं। फल अण्डाकार या मुगदल के आकार के 8-12 सेमी लम्बे होते हैं। प्रति पौध फल संख्या 20-25, बीज चेरी के आकार के, 4.5-14.5 मिमी. व्यास के, बीज का रंग काला, बीज की सतह खुरदुरी, प्रतिफल बीज संख्या 25-135, प्रति बीज औसत वजन 1 ग्राम (गोयल एवं तिवारी, 2002)।

जलवायु

मखाना समशीतोष्ण जलवायु का पौधा है। इसके पौधों की बढ़वार के लिए 30-40 डिग्री सेंग्रेड तापमान तथा 50-70 प्रतिशत आपेक्षिक आर्द्रता की आवश्यकता होती है। नमीं वाले उष्ण क्षेत्र इसकी खेती के लिए अनुकूल माने जाते हैं। इसकी खेती के लिए जलाशयों में वर्ष भर पानी भरा रहना चाहिए।

जलाशय की संरचना एवं मिट्टी

मखाना की व्यवसायिक स्तर पर खेती के लिए बड़े जलाशय उपयुक्त होते हैं। जलाशय में पानी का स्तर 1-1.5 मीटर तक होना चाहिए। कृत्रिम रूप में जलाशय का निर्माण करते समय जलनिकास तथा जल भरने की उचित व्यवस्था का ध्यान रखना चाहिए। ताईवान में किये गये 15, 30, 45 एवं 60 सेमी. प्लास्टिक बाक्स में पानी की गहराई सम्बन्धी परीक्षण में पाया गया कि 45 सेमी. गहराई के पौधों की उपज अधिक थी और उनमें क्रूड प्रोटीन तथा अन्य खनिज लवणों की मात्रा अधिक थी (सूई एवं सहयोगी, 1994)। जलाशय में सदैव स्वच्छ पानी भरना चाहिए। मखाने की खेती के लिए जलाशय की मिट्टी उपजाऊ होनी चाहिए। जलाशयों में कम से कम 56-60 सेमी. मोटी चिकनी मिट्टी की सतह होनी चाहिए।

खाद एवं उर्वरक

जलाशय की मिट्टी में गोबर या पत्ती की पुरानी खाद 3:1 के अनुपात में डालने से अच्छी उपज प्राप्त की जा सकती है (गोयल एवं तिवारी, 2002)। अवस्थी एवं मौर्य (1996) ने जनवरी-फरवरी में जहां जलाशय में पानी कम होता है उस समय उसकी सफाई एवं जुताई करके 40:40:60 किग्रा प्रति हेक्टेयर की दर से नत्रजन, फास्फोरस एवं पोटैशियम देने की संस्तुति की है। मखाने के पौधों पर वानस्पतिक वृद्धि के संदर्भ में मृदा के नत्रजन, पोटैशियम, आर्गेनिक कार्बन और मृदा की विद्युत चालकता (electerical conductivity) एवं पानी के नत्रजन, पोटैशियम, फास्फोरस,

पोटैशियम, सोडियम, क्लोरीन, कार्बोनेट (CO_3^{--}), कैल्शियम+मैग्नीशियम सल्फेट (So_4^{--}) तथा विद्युत चालकता के बीच सार्थक सम्बन्ध पाया जबकि इसके उपज का मृदा के क्लोरीन, कार्बोनेट (CO_3^{--}), आयरन, मैग्नीज, जिंक, कापर एवं पी.एच. तथा पानी के सोडियम अवशोषण (ad-sorption) अनुपात एवं पी.एच. का विपरीत सम्बन्ध पाया (दत्ता एवं सहयोगी, 1986)।

नर्सरी तैयार करना एवं रोपण

मखाने की अच्छी खेती के लिए पहले नर्सरी तैयार की जाती है। एक हेक्टेयर क्षेत्रफल में लगाने के लिए 2-2.5 किग्रा. बीज की आवश्यकता होती है। जनवरी-फरवरी के महीने में बीज को कीचड़ में डालकर उसको पुआल या घास-फूस से ढक दिया जाता है। लगभग 15 दिन में बीज अंकुरित हो जाते हैं। डेढ़ से दो महीने पुरानी पौध रोपण के लिए तैयार हो जाती है। रोपण के लिए अच्छी तरह से तैयार जलाशय में 4 मीटर के अंतराल पर बनी पंक्तियों से 2 मीटर की दूरी पर रोपण कार्य किया जाता है। रोपण के 1 सप्ताह पश्चात जलाशय में पानी भर दिया जाता है, लेकिन पानी भरते समय इस बात का ध्यान रखना चाहिए कि पौधे पानी के ऊपर डूबे नहीं।

खरपतवार प्रबंधन

तापक्रम के अधिक होने के साथ अप्रैल-मई के महीने में मखाने के पौधे में वृद्धि होती है। मखाने की पुरानी एवं सड़ी-गली पत्तियों की कटाई करने से इसकी बढ़वार अच्छी होती है। जलाशय में उगे अन्य खरपतवार जैसे शैवाल, जलकुम्भी, हाइड्रिला, एजोला, मारसीलिया आदि को भी समय-समय पर निकालते रहना चाहिए।

फूल और फल धारण

मखाने के पौधों में अप्रैल-मई के महीने में फूल आता है। फूल गहरे नीले रंग के होते हैं एक पौधे पर 20-30 फल लगते हैं। फल कांटेदार एवं स्पंजी होते हैं। फल सितम्बर के बाद पूर्ण रूप से विकसित होकर पक जाते हैं। इस समय फलों के बाहर कांटेदार कवच गलने लगती है और बीज पानी में गिरकर जलाशय की तलहटी में पहुँच जाता है। तलहटी में गिरे बीजों को स्थानीय मछुआरों द्वारा एकत्र किया जाता है। राष्ट्रीय वनस्पति अनुसंधान संस्थान, लखनऊ में फलों को विकसित होने पर इनको पालीथिन की छिद्रयुक्त थैलियों से ढककर बाँध देने की तकनीक विकसित की है। इससे बीज फल के गलने के पश्चात पानी की सतह पर थैलियों में रह जाते हैं, जिससे एकत्र करने में सुविधा होती है (गोयल एवं तिवारी, 2002)। उत्तरी बिहार में बीज को जलाशयों से एकत्र करने का काम सितम्बर-अक्टूबर के महीने में किया जाता है। इस समय तक पौधों के सभी भाग सड़ गल जाते हैं, जिन्हें जलाशय के बाहर निकाल दिया जाता है। इससे बीजों को एकत्र करने में सुविधा होती है।

मखाने तथा मछली की मिश्रित खेती

मखाने के तालाब में मछली पालन का कार्य भी सुगमतापूर्वक किया जा सकता है। इससे किसानों को अतिरिक्त आय मिल सकती है। जिन तालाब में मखाने के साथ मछली ली जाती है, उसमें कीटनाशी दवा का प्रयोग नहीं करना चाहिए। मछली पकड़ने का कार्य मखाने की फसल समाप्त होने पर करना चाहिए अन्यथा पौधे टूट जाते हैं। पश्चिम बंगाल में किये गये एक अध्ययन में यह पाया गया कि ऐसे जलाशय जिनकी गहराई 2 मीटर से अधिक थी उसमें आर्गेनिक कार्बन, नत्रजन, फास्फोरस एवं पोटैशियम की मात्रा अधिक थी।ऐसा संभवत: उनमें पौधे के मलबें के सड़ने गलने एवं मछलियों के मलमूत्र एकत्र होने की वजह से था। ऐसे तालाबों में मिश्रित खेती करके कम लागत में अच्छा लाभ अर्जित

किया जा सकता है (पुस्ते एवं सहयोगी, 2001)।

पौध संरक्षण

प्रमुख कीट मखानो के पौधों पर लगने वाले प्रमुख कीट हैं- ग्रासहापर, हाइरोग्लाइफस बनियान (*Hieroglyphus banian*), जायण्ट वाटर बग-बेलोस्टोना इंडिकम (*Belostona indicum*), और एक्वाटिक बीटल सिस्बिस्टर कन्फ्यूसस (*Cysbister confusus*)। रोकथाम के लिए इण्डोसल्फान 35 ई.सी. फास्फेमिडान, डिमेक्रान तथा रोगोर आदि दवायें प्रभावी पाई गयी हैं।

प्रमुख रोग

i. अल्टरनेरिया पर्णदाग- रोम अल्टरनेरिया एल्टरनाटा (*Alternaria alternata*) कवक द्वारा फैलता है। यह पौधे की मेम्बरेन तंत्र (membrane system) यह को विकृत कर देता है जिससे क्लोरो प्लास्ट का आकार छोटा हो जाता है। प्रभावित पौधों में पर्णहरित्मा (chlorosis) होने लगती है (द्विवेदी एवं सहयोगी, 1995)।

नियंत्रण- फाइटोलान दवा का 15 दिन के अंतराल पर 3 बार छिड़काव किया जाय (हैदर एवं नाथ, 1987)।

ii. पर्णदाग- इसका कारण कीटोमेला रेफीजेरा (*Chaetomella raphigera*) इस रोग का प्रकोप सर्व प्रथम मणिपुर में देखा गया। रोग से प्रभावित पौधों की पत्तियों पर धब्बे बनतें हैं (श्रीवास्तव एवं वर्मा, 1987)

iii. स्मट (Smut)- हमारे देश में उगाये जाने वाले मखाने पर नये स्मट कवक डोयसनसिआप्सिस यूरेलिस (*Doassansiopsis euryalis*) की पहचान की गयी है (वांकी, 2001)।

बीज से लावा तैयार करना

मखाने के बीज को एकत्र करके छायादार स्थान में सुखाकर भण्डारित कर लिया जाता है। सामान्यतया लावा बनाने से पूर्व बीज को विभिन्न मापवाली 8 श्रेणियों विभाजित किया जाता है। लावा बनाने से पहले बीज को थोड़े समय तक पानी में भीगोकर नम कर लिया जाता है। इसके बाद छाया में हल्का सूखाकर पहले पतेली और फिर कड़ाही में तेज आँच पर (लगभग 310-315 डिग्री सेंग्रेड तापक्रम) पर भूना जाता है। इसके पश्चात बीज की बाहरी सतह को लकड़ी के पटरे पर रखकर लकड़ी के हथौड़े से पीटा जाता है जिससे बीज के अंदर का लावा फूटकर मखाना के रूप में बाहर आ जाता है।

उपज एवं उत्पादन लागत

एक हेक्टेयर जलाशय में लगभग 15-16 कुन्तल बीज प्राप्त होता है जिससे लगभग 6.5 कुन्तल मखाना तैयार होता है। तैयार मखाना को बाँस की टोकरियों के सहारे पालिश किया जाता हैं पालिश किये गये मखाने को 2-3 वर्गों में श्रेणीकृत कर 8-9 किग्रा. के पालीथिन के क्षेत्रों में भरकर विपणन के लिए भेजा जाता है। चौधरी (2000) ने मखाने की खेती का आय-व्यय ज्ञात किया है जिसे सारिणी (3.2) में दिया गया है-

सारिणी (3.2) मखाने की खेती का लागत सम्बन्धी विवरण

विवरण	प्रति हेक्टेयर
1. बीज की औसत उपज	20.4 कुन्तल
2. मखाने की उपज	7.9 कुन्तल
3. आय	5.29, 480
4. लागत	19, 413
5. शुद्ध लाभ (रु0)	10, 067

मखाने के विपणन सम्बन्धी अध्ययन में पाया गया कि मखाने को सीधे एवं फुटकर विक्रेताओं को बेंच दिया जाता है और उपभोक्ता मूल्य में उत्पादक का प्रतिशत का प्रतिशत 53 था। कानपुर और दिल्ली में इसकी सर्वाधिक माँग थी।

(प्रकाश एवं चौधरी, 1994)। मखाने का बड़ी मात्रा में उपयोग प्रवासी भारतियों द्वारा किया जाता है जिसके कारण भारत से प्रति वर्ष मखाने का निर्यात होता है। भारत में मखाने का लगभग 100 करोड़ रूपये का प्रति वर्ग व्यापार होता है जिसमें से लगभग 10 प्रतिशत व्यापार विदेशों के साथ होता है। इस प्रकार मखाना की अधिक खेती करके विदेशी मुद्रा अर्जित की जा सकती है।

जननद्रव्य संग्रह एवं सुधार

मखाने की खेती को बढ़ावा देने के लिए भारतीय कृषि अनुसंधान परिषद द्वारा विशेष बल दिया जा रहा है। इस पर अनुसंधान के लिए मुजफ्फरपुर में एक सहकेन्द्र की स्थापना की गयी है। इस केन्द्र द्वारा इनके जननद्रव्यों के संकलन, मूल्यांकन एवं सुधार सम्बन्धी कार्य आरम्भ किया गया है।

4. कलमी साग
(Water Spinach)

स्थानीय नाम : हिन्दी-कलमी साग, करमी, पटुआ साग; बंगाली-कलमी साक; मराठी- नदी शाका, नलिनी भाँजी; गुजराती-नलिनी भाँजी; तेलगू-तुतीकुरा; तमिल-वेलई किरई ।

यह एक जलीय पौधा है, जो विश्व के उष्ण कटिबंधी क्षेत्रों में पाया जाता है । उत्तर प्रदेश, पश्चिम बंगाल, उड़ीसा, और कर्नाटक में धान के खेत, तालाब एवं झील आदि में इसके पौधे बहुत अधिक संख्या में उगते हैं । यहाँ के लोग इसे सब्जी के रूप में प्रयोग करते हैं । पशुओं के लिए यह एक उत्तम चारा भी है । उत्तर भारत में बरसात के महीने में जब अन्य पत्ती वाली सब्जियाँ अधिक वर्षा के कारण खराब हो जाती हैं, उस समय कलमी साग उपलब्ध रहता है। गाँव में इसे 'गरीब की भाँजी' के रूप में नामांकित करते हैं। इसकी पत्तियाँ बहुत ही पौष्टिक मानी जाती हैं। पत्तियाँ खनिज एवं विटामिन की अच्छी स्रोत होती हैं । इसमें पाये जाने वाले कैरोटीन में मुख्य रूप से बीटा कैरोटीन, जैन्थोफिल तथा अल्प मात्रा में टेराजैन्थिन होता है । इसके डंठल एवं पत्तियों में पाये जाने वाले पोषक तत्वों को सारिणी (4.1) में दिया गया है ।

सारिणी (4.1) कलमी साग के डंठल एवं पत्ती का पोषक मूल्य (प्रति 100 ग्राम खाने योग्य भाग में)

पोषक तत्व	डंठल	पत्ती
नमी	93.7 ग्राम	90.3 ग्राम
प्रोटीन	0.9 ग्राम	2.9 ग्राम
वसा	0.2 ग्राम	0.4 ग्राम
खनिज	1.8 ग्राम	2.1 ग्राम
रेशा	3.4 ग्राम	1.2 ग्राम
कार्बोहाइड्रेट	19.0 ग्राम	3.1 ग्राम
ऊर्जा	80 कि. कैलोरी	28 कि. कैलोरी
कैल्सियम	30 मिग्रा.	110 मिग्रा.
फास्फोरस	0.8 मिग्रा.	46 मिग्रा.
आयरन	-	3.9 मिग्रा.
कैरोटीन	-	1980 माइक्रों ग्राम
थाइमिन	-	0.05 मिग्रा.
राइबोफ्लेविन	-	0.13 मिग्रा.
नियासिन	-	0.6 मिग्रा.
विटामिन 'सी'	-	37 मिग्रा.

इसमें उपर्युक्त पोषक तत्वों के अतिरिक्त 11.8 मिग्रा. प्रति 100 ग्राम विटामिन 'ई' भी पाई जाती है (डब्ल्यू. ओ. आई. 1968)। इसके लिपायड्स (lipoids) में हेन्ट्रियाकोन्टेन, (hentriacontane), सिस्टोस्टेराल, (sisto-sterol) सिस्टेस्टेराल ग्लूकोसाइड, (sistes-terol glucoside) और एल्कोहल का अंश होता है । इसकी जड़ें मीठी होती हैं और अकाल के समय लोग इसका सेवन करते हैं । इसके पौधे का रस आर्सेनिक एवं अफीम से उत्पन्न विषाक्ता को दूर करत है । इसकी पत्तियाँ एवं तने का प्रभाव शीतकारी होता है । असम के लोग इसे तांत्रिका वर्धक के रूप में प्रयोग करते हैं ।

थाइलैण्ड एवं मलेशिया में कलमी साग को व्यवसायिक स्तर पर उगाया जाता है और यह पाकचोई के बाद दूसरा प्रमुख स्थान रखती है । इण्डोनेशिया में एक अनुमान के अनुसार 10 हजार हेक्टेयर क्षेत्रफल में उगाई जाती है (वेस्टफल, 1993) । थाइलैण्ड एवं मलेशिया में इसकी सफेद फूलों वाली किस्म कांग-कांग (kong-kong) को उगाया जाता है और हांगकांग, चीन, ताईवान, थाइलैण्ड, फिलीपीन्स एवं जापान में व्यवसायिक स्तर पर बीज तैयार किया जाता है । थाइलैण्ड

इसका एक प्रमुख बीज उत्पादक देश है जो प्रतिवर्ष 700-900 टन बीज का उत्पादन कर बड़ी मात्रा इसका अन्य देशों को निर्यात करता है ।

उद्भव एवं वितरण

कलमी साग मुख्य रूप से उपोष्ण एशिया का पौधा है और इसकी उत्पत्ति संभवत: भारत में ही हुई है। इसके पौधे दक्षिण एवं पश्चिम एशियाई देशों, उपोष्ण अफ्रीका, दक्षिण एवं मध्य अमेरिका और ओसिएनियां में पाये जाते हैं। विश्व के करीब 60 देशों में 20 प्रमुख फसलों में इसकी एक प्रमुख खरपतवार के रूप में पहचान की जाती है। कार्लक्विस्ट (1967) के अनुसार कलमी साग का विश्वभर में प्रसारण इसके बीज एवं वानस्पतिक भागों द्वारा हुआ है तथा इसके जंगली एवं उगाई जाने वाली दोनों प्रभेद बहुतायत से उपलब्ध हैं। अफ्रीका में इसका वितरण घास के मैदानों से लेकर झील एवं नदियों तक देखा जा सकता है।

वानस्पतिक विवरण

कलमी साग शकरकन्द कुल अर्थात् कानवालवुलेसी (Convolvulaceae) का पौधा है और इसका वंश आइपोमिया (*Ipomoea*) है और प्रजाति एक्वाटिका (*aquatica* Forsk.) है । इसका गुणसूत्र संख्या (2 एन) 30 है । वंश आइपोमिया के अन्तर्गत 500 से अधिक प्रजातियाँ पाई जाती हैं जो लवणीय एवं नम स्थानों से लेकर पर्वतीय क्षेत्रों तक पाई जाती हैं ।

कलमी साग एक जलीय, शाकीय, चिकना एवं लता युक्त पौधा है । इसके पौधे एक वर्षीय या बहुवर्षीय होते हैं । तना कीचड़ एवं तालाब में रेंगकर बढ़ता है और 2-3 मी. लम्बा होता है। पत्तियाँ एकान्तर क्रम में, लम्बी एवं भाले के आकार की होती हैं। पत्तियाँ 2.5-8.75 सेमी. लम्बी होती है एवं उनका शीर्ष नुकीला होता है। पत्ती का डंठल अत्यधिक लम्बा होता है। पुष्प कक्षीय, 5 सेमी. लम्बे, कीप के आकार के सफेद या बैंगनी रंग के होते हैं । वाह्यदल पुंज 5, आधार पर संयुक्त, चिकने एवं लम्बे दल पुंज 5, पुंकेसर 5, दलपुंज के एकांतर क्रम में और पंखुड़ियों से छोटे । परागकोष का स्फुटन लम्बवत, परागकण गोलाकार, अण्डाशय द्विकोषीय, फल संपुट, 6-10 मिमी. लम्बा, बीज 2-4, चिपटे एवं काले रंग के।

जलवायु एवं भूमि

कलमी साग उष्ण एवं आर्द्र जलवायु का पौधा है। इसके पौधों की अच्छी बढ़वार के लिए अधिक तापक्रम एवं अल्प प्रकाश अवधि की आवश्यकता होती है। तापक्रम 25^0सेग्रेड से कम होने पर इसके पौधों की बढ़वार रूक जाती है। दक्षिण एवं मध्य भारत में कलमी साग में अक्टूबर-नवम्बर के महीनें में फूल आता है। पौध लगाने के 40-50 दिन बाद फल परिपक्व हो जाते हैं और एक पौधे पर 175-250 फल लगते हैं (दत्ता एवं बिस्वास,1970 & 1973) । इसकी खेती के लिए अधिक नमीं वाली भूमि की आवश्यकता होती है। ऐसी भूमि जिसमें पानी अधिक देर तक रूकता है जैसे चिकनी मिट्टी इसकी खेती के लिए अच्छी मानी जाती है। भारी चिकनी मिट्टी जिसका पी.एच. मान 5-7 के मध्य होता है, इसकी बढ़वार के लिए अच्छी मानी जाती है।

मलेशिया में सड़कों के किनारे उगे कलमी साग के पौधों में वाहनों से निकले प्रदूषण के कारण इसमें लेड का सांद्रण 2-4 गुना अधिक पाया गया (लो एवं ली, 1979) । कलमी साग के पौधों को धोने पर लेड का सांद्रण 10-50 प्रतिशत कम हो जाता है। इसी प्रकार थाइलैण्ड में कास्टिक सोडा की फैक्ट्री के पास उगे कलमी साग के पौधे में मर्करी की मात्रा निर्धारित विषाक्तता के स्तर से अधिक पाई गयी (सकचेरिओन, 1972)।

प्रसारण

इसका प्रसारण बीज एवं वानस्पतिक दोनों विधियों द्वारा किया जा सकता है ।

बीज द्वारा

बीज द्वारा प्रसारण के लिए इसकी पहले पौध तैयार की जाती है । पौध तैयार करने का जून-जुलाई का महीना सर्वोत्तम होता है । नर्सरी में बीज की बुआई के बाद 5-6 दिन में पौधे उग आते हैं और 5-6 सप्ताह पुरानी पौध रोपण के लिए उपयुक्त मानी जाती है ।

तने की कलम एवं भुस्तारिकाओं द्वारा

कलमी साग का प्रसारण जड़युक्त भुस्तारिकाओं द्वारा भी संभव है । कलम तैयार करने के लिए 10-20 सेमी.लम्बी, 4-8 पर्व वाली कलमें तैयार की जाती हैं । परीक्षणों में पाया गया है कि 5-10 सेमी. लम्बी दो पर्व वाली कलमें प्रसारण के लिए उपयुक्त होती हैं (तिवारी एवं चन्द्रा, 1985)। कलमों को पूर्ण रूप से तैयार क्यारी में 40-50 सेमी. के अन्तराल पर रोपण करना चाहिए। एक हेक्टेयर क्षेत्र में रोपण के लिए 25000 कलमों की आवश्यकता होती है। अप्रैल-जून का महीना रोपण के लिए अच्छा माना जाता है। इस समय लगाई गयी कलमों में वानस्पतिक बढ़वार अधिक होती है।

रोपण विधि

कलमी साग की कलमों का रोपण निम्न दो विधियों द्वारा किया जाता है ।

सूखे खेत में

इस प्रकार से रोपण के लिए ऊँची क्यारियाँ और उनके साथ नालियाँ बनाकर रोपण किया जाता है। नालियों में पानी भरकर सिंचाई का कार्य एवं अत्यधिक पानी भरने की दशा में जल निकास का कार्य किया जाता है ।

गीले खेत में

इस तरह से रोपण के लिए खेत की अच्छी तरह से जुताई करके खेत में कलमों को लगा दिया जाता है और कलमों को लगाने के बाद 15-20 सेमी. गहरा पानी भर दिया जाता है ।

खाद एव उर्वरक

अधिकतर कलमी साग को तालाब के किनारे कीचड़ भरे स्थानों में उगाया जाता है। इन स्थानों की भूमियों में कार्बनिक पदार्थ की मात्रा अधिक होती है। अत: इसके बढ़वार के लिए अलग से खाद एवं उर्वरक देने की आवश्यकता नहीं होती है। फिर भी 60 किग्रा. प्रति हेक्टेयर नत्रजन देने से उपज अधिक प्राप्त होती है । पौधों की वृद्धि पर अमोनियम क्लोराइड की अपेक्षा कैल्सियम नाइट्रेट का प्रभाव अच्छा पड़ता है जबकि अमोनियम सल्फेट से अधिक उपज प्राप्त होती है (तिवारी एवं चन्द्रा, 1985)।

किस्में

कलमी साग की अभी तक कोई सुधरी किस्म नहीं विकसित की गयी है। पौधे के तने एवं पत्तियों के आकार एवं रंग के आधार पर इसको 3 वर्गों में वर्गीकृत किया जा सकता है ।

1. हल्की हरे रंग की किस्में

इस वर्ग के पौधों के तने हल्के हरे रंग के होते हैं । शाखाएं मुलायम, चिकनी, गोलाकार तथा लम्बे वृन्त वाली पत्तियाँ होती हैं और यह कम गहरे पानी में उगाने के लिए उपयुक्त है ।

2. लाल हरी रंग की किस्में

इसके पौधों के तने लाल रंग के होते हैं । तने मुलायम एवं चिकने होते हैं । इसमें बहुत लम्बी, चढ़ने वाली लताएं निकलती हैं । इसकी पत्तियों के डंठल, पत्तियों की लम्बाई और पर्व हल्के हरे रंग की

किस्मों की अपेक्षा अधिक होती है ।

3. लाल रंग वाली किस्में

इसके तने गहरे लाल रंग के होते हैं। तना मुलायम, चिकना तथा अन्य किस्मों की अपेक्षा पतला होता है। इसके पत्तियों के डंठल, पत्तियों की चौड़ाई, हरे रंग वाली किस्म के पौधों की तुलना में अधिक होती है। यह बहुत प्रचलित किस्म नहीं हैं और इसकी वानस्पतिक वृद्धि भी कम होती है।

बाहर की किस्मों में हांगकांग, चिंगक्वेट-1 हरे तने वाली किस्म है और इन पर कम तापक्रम का कम प्रभाव पड़ता है। इन किस्मों की हमारे यहाँ अधिक उपज नहीं मिलती है। 'पाकक्वेट' एक सफेद तने वाली किस्म है। जिसकी ग्रीष्म ऋतु में सूखी जगहों पर खेती की जाती है। इसकी उपज अच्छी होती है और गुणवत्ता भी अच्छी होती है। इसकी नीचे से कई बार कटाई की जा सकती है। इसमें बहुत अधिक पार्श्व शाखाएं निकलती हैं।

सिंचाई

कलमी साग की खेती के लिए समुचित जल प्रबन्ध अत्यन्त आवश्यक है। यदि खेत में पानी की कमी हो जाती है इसके प्रत्येक पर्व से बहुत अधिक जड़े निकलती हैं और पौधा कड़ा हो जाता है तथा सब्जी के लिए उपयुक्त नहीं रहता है । अत: इसकी रसदार पत्तियों एवं मुलायम टहनियों के लिए पर्याप्त मात्रा में खेत में नमी होना अत्यन्त आवश्यक है ।

कटाई एवं उपज

कलमी साग के पौधें लगाने के 30-40 दिन बाद कटाई के लिए तैयार हो जाते हैं। ऊपर की हरी पत्तियों के साथ टहनियों को पानी की सतह से काट लिया जाता है। इससे पार्श्व शाखायें निकलती हैं और पौधे की बढ़वार तेज होती है। सामान्यतया गर्मी एवं बरसात के मौसम में हर एक सप्ताह बाद कटाई की जाती है। सब्जी के रूप में एक महीनें में 4-5 कटाई की जाती है। जब पौधे में फूल आना प्रारम्भ हो जाता है तब कटाई रोक दी जाती है। जुलाई से सितम्बर तक के बीच इसके एक हेक्टेयर क्षेत्र से 60-70 कुन्तल हरी पत्तियों की उपज प्राप्त होती हैं।

बीज उत्पादन

कलमी साग के पौधे में अगस्त के अन्त से नवम्बर-दिसम्बर के महीनें तक फूल आता है।

सारिणी (4.2) कलमी साग की किस्मों का लक्षण

किस्म	लक्षण	पत्ती का आकार	पत्ती		तना		एक मीटर लम्बी टहनी का वजन	
			डंठल लम्बाई सेमी.	पत्ती की लम्बाई सेमी.	मोटाई सेमी.	पर्व की सं.	टहनी के साथ (ग्रा.)	पत्ती का वजन (ग्रा.)
1. हल्के हरे रंग की किस्म	कम पानी में बढ़ने वाली	गोली एवं नुकीली	3.8 - 9.1	5.5 - 10.0	2.9 - 5.0	18-19	13.933	3.783
2. लाल हरी रंग की किस्म	पानी के ऊपर फैलने वाली	भाले के आकार की	7.0 - 11.2	8.5 - 12.0	3.8 - 6.5	13-24	18.267	5.797
3. लाल तने वाली किस्म	नम जमीन में उगने वाली	पतली भाले के आकार की	8.2 - 10.5	3.5 - 14.0	1.8 - 6.8	12-18	8.423	3.37

स्रोत : तिवारी एवं चन्द्रा, 1985

पौधे में अधिक पुष्पन एवं फलत के लिए खेत से पानी निकाल देना चाहिए । जब फल परिपक्व हो जाते हैं तब उनकी तुड़ाई करके सुखा लेना चाहिए । उसके बाद फलों को पीटकर बीज निकाल कर साफ कर लिया जाता है । अच्छी तरह से बीज के अंकुरण के लिए बीज को वायुनिरोहित डिब्बों में रखना चाहिए ।

पौध संरक्षण

कलमी साग के पौधों पर बहुत अधिक बीमारी एवं कीट का प्रकोप नहीं होता है। कभी-कभी सफेद रस्ट, एल्ब्यूगों आइपोमी एक्वाटिकी (*Albugo ipomoaeaquaticae*) और ब्लिस्टर रस्ट, एल्ब्यूगो आइपोमी पेंडुरेनी (*Albugo ipomoae panduranae*) का प्रकोप होता है । कुछ कवक जैसे सर्कोस्पोरा (*Cercospora* spp.), अल्टरनेरिया (*Alternaria* spp.) और फोमाप्सिस (*Phomopsis* spp.) के द्वारा पत्तियों पर धब्बे बनते हैं । कलमी साग के पौधों पर कैसिडा बीटल (*Cassida* spp.) का प्रकोप होता है जो इसकी पत्तियों को खाकर नष्ट करता है ।

जननद्रव्य संग्रह एवं किस्मों का विकास

कलमी साग के जननद्रव्यों का संग्रह एशियन सब्जी अनुसंधान एवं विकास केन्द्र (Asian Vegetable Research and Development Center), ताईवान पर किया गया है । सफेद फूल वाली प्रजाति कांग-कांग (Kong-Kong) के लगभग 50 स्थानीय भूमि प्रभेदों को केसेटसर्ट यूनिवर्सिटी ऑफ बैंकाक में संरक्षित किया गया है । हमारे यहाँ एन. बी. पी. जी. आर., नई दिल्ली तथा भारतीय सब्जी अनुसंधान संस्थान, वाराणसी द्वारा वर्ष 2000-2001 में इसके कुछ जननद्रव्यों का संकलन उड़ीसा से किया गया। कलमी साग की ऐसी प्रजातियों को विकसित करने की आवश्यकता है जिसकी गुणवत्ता अच्छी हो और उसमें प्रति इकाई क्षेत्र में अधिक उपज मिले। इस पर रस्ट रोग का प्रकोप होता है। अत: रस्ट प्रतिरोधी किस्मों के विकास पर भी बल देने की आवश्यकता है ।

5. बफैलो स्पीनाच (Buffalo Spinach)

यह एक जलीय पौधा है जिसके सभी हरे भागों पत्ती, मुलायम टहनियों एवं फूलों को कढ़ी, सलाद, चटनी एवं सब्जी के लिए उपयोग में लाया जाता है। हमारे देश में अण्डमान निकोबार एवं अन्य दक्षिण भारत के क्षेत्रों में इसे बहुतायत से प्रयोग में लाया जाता है। अण्डमान निकोबार में इसे 'करूआ भाजी' के नाम से पुकारते हैं, जो विशेषकर इसके कड़ुवे स्वाद एवं औषधीय महत्व को इंगित करता है (सिंह एवं सहयोगी, 2006)। बफैलो स्पीनाच को हमारे देश के अतिरिक्त अन्य दक्षिण पूर्वी एशियाई देशों- चीन एवं थाइलैण्ड में प्रयोग में लाया जाता है। इसका अत्यन्त औषधीय महत्व है। यह रेचक (laxative) होता है। फिलीपिन्स में इसके पत्तियों के लेप को चर्म रोगों में प्रयोग में लाया जाता है। इसके पोषक मूल्य को सारिणी (5.1) में दिया गया है।

सारिणी (5.1) बफैलो स्पीनाच का पोषक मूल्य (प्रति 100 ग्राम खाने योग्य भाग में)

पोषक तत्व	मात्रा
नमीं	92.2 ग्राम
प्रोटीन	1.5 ग्राम
वसा	0.3 ग्राम
कार्बोहाइड्रेट्स	3.8 ग्राम
रेशा	1.3 ग्राम
ऐश	0.9 ग्राम
ऊर्जा	100 के.जूल/100 ग्राम

स्रोत : बान, 1993

उद्भव एवं वितरण

बफैलो स्पीनाच पुरानी दुनिया का पौधा है। संभवत: इसकी उत्पत्ति इण्डो-चाइना क्षेत्र में हुई है (बान, 1993)। यह एशिया एवं अफ्रीका के विभिन्न उपोष्ण क्षेत्रों में पाया जाता है। दक्षिणी पूर्वी एशिया के प्राय: सभी देशों में यह प्राकृतिक रूप से जंगली अवस्था में उगता है। हमारे देश में यह दक्षिण भारत के राज्यों एवं अण्डमान निकोबार में जलीय स्थानों में पाया जाता है।

वानस्पतिक विवरण

बफैलो स्पीनाच का वानस्पतिक नाम एन्हाइड्रा फ्लकचुएन्स (*Enhydra fluctuans* Loureiro) है और यह कम्पोजिटी (Compo-si-tae Syn. Asteraceae) कुल का पौधा है। इसकी गुण सूत्र संख्या 2 एन- 22 है।

बफैला स्पीनाच का पौधा बहुवर्षीय, नीचे एवं जल की सतह पर तैरकर बढ़ने वाला 30-100 सेमी. ऊँचा, शाकीय होता है। तना बेलनाकार 0.5-1.0 सेमी. व्यास का, खोखला, रोयेंदार तथा कम शाखाओं वाला होता है। इसके प्रत्येक पर्व से जड़े निकलती हैं। पत्तियाँ तने पर आमने-सामने निकलती हैं। पत्तियाँ पर्णवृंत रहित, नुकीली एवं लम्बोत्तर आकार की, 2-10×0.5-2.0 सेमी., पत्तियों का आधार पतला एवं शिरा नुकीला, किनारा सामान्यतया आरदार, पत्तियों के दोनों सतहों पर ग्रंथिया : पुष्पक्रम मुग्दल के आकार का, शीर्षथ, 1.0 सेमी व्यास का, पुष्प पुष्पवृंत रहित, हेटेरोगेमस दो प्रकार के फूल- फ्लोरेट एवं डिस्क। जावा में इसमें वर्षभर फूल आता है जबकि वियतनाम में जुलाई से सितम्बर तक।

जलवायु

बफैलो स्पीनाच नम जलवायु का पौधा

है। यह नालियों, तालाबों, धान के खेतों एवं अन्य नम स्थानों वाले क्षेत्रों में रूके पानी में उगता है। इसके पौधे समुद्र तट से 1800 मीटर की ऊँचाई वाले क्षेत्रों में भली-भाँति उगते हैं। जावा में इसके पौधे समुद्र तट से 500 मीटर की ऊँचाई वाले क्षेत्रों में बहुतायत से देखे जा सकते हैं।

प्रसारण

बफैलों स्पीनाच का प्रसारण बीज एवं वानस्पतिक दोनों विधियों द्वारा होता है। बीज के द्वारा प्रसारण में अंकुरण अनियमित रूप से होता है। इसके प्रसारण के लिए 3-4 पर्व वाली कलम तैयार करके गीले जमीन में धसा दिया जाता है। बाद में इन्हीं कलमों से नये पौधे तैयार हो जाते हैं।

जननद्रव्य संग्रह एवं सुधार

बफैलो स्पीनाच को अत्यन्त गौड़ महत्व का स्थान दिया जाता है। अत: इसके जननद्रव्यों के संकलन एवं परीक्षण पर कोई विशेष बल नहीं दिया गया है। इसके पोषण एवं औषधीय महत्व को ध्यान में रखते हुए इस पौधे पर और अधिक अनुसंधान की आवश्यकता है। बफैलो स्पीनाच एक खरपतवार के रूप में उगता है। अत: फसल एवं खरपतवार के परस्पर सम्बन्ध पर अनुसंधान की आवश्यकता है।

6. पोनैनगनी (Ponnanganni)

स्थानीय नाम : बंगला- खंचारी; हिन्दी- सरन्ती साग; कन्नड़- होनागोने सोपु; मलयालम तथा तमिल- पोनैनगनी; उड़िया- भडारंग; तेलगू- पोनैनगंती कुरा

पोनैनगनी एमेरेंथेसी (Amaranthaceae) कुल का पौधा है जो नम स्थानों, नाले, उथली झीलों एवं धान के खेत में खरपतवार के रूप में उगता है। इसकी मुलायम पत्तियों एवं डंठल को सब्जी के रूप में प्रयोग किया जाता है। दक्षिणी भारत में विशेषकर यह केरल एवं तमिलनाडु में काफी प्रचलित है। हमारे देश के अतिरिक्त इसे श्री लंका एवं फिलीपिन्स में भी सब्जी के रूप में उबालकर प्रयोग किया जाता है तथा यहाँ के स्थानीय बाजारों में इसकी बिक्री भी की जाती है। इसकी पत्तियाँ कैरोटीन, कैल्शियम तथा अन्य खनिज तत्वों में काफी धनी होती है। इसकी पत्तियों के पोषक मूल्य को सारिणी (6.1) में दिया गया है।

सारिणी (6.1) पोनैनगनी का पोषक मूल्य (प्रति 100 ग्राम खाने योग्य भाग में)

पोषक तत्व	मात्रा
नमी	77.4 ग्राम
प्रोटीन	5.0 ग्राम
वसा	0.7 ग्राम
खनिज	2.5 ग्राम
रेशा	2.8 ग्राम
कार्बोहाइड्रेट्स	11.6 ग्राम
ऊर्जा	73 कि. कैलोरी
कैल्शियम	510 मिग्रा.
फास्फोरस	60 मिग्रा.
आयरन	1.63 मिग्रा.
कैरोटीन	1926 माइक्रो ग्राम
थाइमिन	0
राइबोफ्लेविन	0.14 मिग्रा.
नियासिन	0.12 मिग्रा.
विटामिन सी	17.0 मिग्रा.

स्रोत : गोपालन एवं सहयोगी, 1999

उपर्युक्त पोषक तत्वों के अतिरिक्त इसमें अन्य सूक्ष्म तत्व भी पाये जाते हैं जिन्हें सारिणी (6.2) में दिया गया है।

सारिणी (6.2) पोनैनगनी में पाये जाने वाले अन्य सूक्ष्म तत्व

सूक्ष्म तत्व	मात्रा
मैग्नीशियम	46.0 मिग्रा
सोडियम	-
पोटैशियम	-
कॉपर	0.19 मिग्रा
मैगनीज	0.46 मिग्रा
मालिब्डेनम	-
जिंक	-
क्रोमियम	-
सल्फर	13.0 मिग्रा
क्लोरीन	-

स्रोत : गोपालन एवं सहयोगी, 1999

उद्भव एवं वितरण

इसके पौधे मध्य अमेरिका से लेकर दक्षिणी ब्राजील तक पाये जाते हैं। इसके पौधे अफ्रीका में भी अनुकूलित हैं। इसके अतिरिक्त यह भू-मध्य रेखीय क्षेत्र से लेकर भारत, चीन एवं जापान तक देखे जा सके हैं। हमारे देश में इसे जलीय वनस्पतियों (aquatic plants) के अंतर्गत रखा गया है। इसके पौधे तालाब, नहर तथा उन स्थानों पर पाये जाते हैं जहाँ अत्यधिक आर्द्रता होती है। सिंह एवं सहयोगी (1983) के अनुसार इसके पौधे बाढ़ आदि से प्रभावित नहीं होते तथा 90 सेमी. ऊँचे जल स्तर की अवस्था में भी 4 दिन तक जीवित रहते हैं। यह शुष्क अवस्था के प्रति भी सहनशील है। यही

कारण है कि इसके पौधे सड़कों के किनारे, बगीचों तथा खेत आदि में भली-भाँति उगते दिखाई पड़ते हैं।

वानस्पतिक विवरण

पोनैनगनी का वानस्पतिक नाम एल्टरनैनथेरा सेसिलिस (*Alternanthera sessilis* (L.) DC.) है और यह एमेरेंथेसी (Amaranth-aceae) कुल का पौधा है। वंश एल्टरनैनथेरा (*Alternanthera*) की दो प्रजातियाँ ए. सिसलिस (*A. sessilis*) एवं ए. फाइलोजीरायड्स (*A. phyloxeroides*) के बीच काफी समानता पाई जाती है। फिर भी ए. फाइलोजीरायड्स के तने लम्बे, मोटे तथा घने (robust) होते हैं एवं पुष्प सफेद रंग के होते हैं जो जड़ से 5-7 सेमी. लम्बी टहनियों पर लगते हैं।

ए. सिसलिस एक रेंगकर चलने वाला एकवर्षीय पौधा है। इसका तना कमजोर तथा खोखला होता है। जड़े झकड़ादार तथा तने के निचले हिस्से में हर पर्व से निकलती हैं। तना हल्का होने के कारण पानी पर तैरता है। तने पर लम्बवत लाल रंग के रोंये पाये जाते हैं, पत्ती तने पर आमने-सामने लगी होती हैं। पत्ती चिकनी, 1.25-5 सेमी. लम्बी तथा 3 सेमी.चौड़ी होती है। पत्ती का किनारा नुकीला होता है। पुष्प कक्ष से निकलते हैं तथा सफेद या गुलाबी रंग के होते हैं।

जलवायु एवं भूमि

पोनैनगनी गर्म एवं आर्द्र जलवायु का पौधा है। इसके पौधे शुष्क एवं नम (xerophytic and hydrophytic) दोनों अवस्थाओं के प्रति सहनशील होते हैं। पोनैनगनी के पौधे दोमट एवं क्षारीय मिट्टी जिसमें विनिमय योग्य कैल्शियम कम होता है तथा नत्रजन की अधिकता होती है, आसानीपूर्वक उगता है। नायडू एंव सहयोगी (1980) के अनुसार पोनैनगनी 3 कार्बन चक्र वाला पौधा (C_3 plant) है।

प्रसारण

पोनैनगनी का प्रसारण बीज एवं वानस्पतिक विधि दोनों प्रकार से होता है। वानस्पतिक विधि में इसके तने के टुकड़े से नये पौधे विकसित होते हैं। बीज को 1 सेमी.या इससे अधिक गहराई पर बुआई करने से बीज का अंकुरण नहीं होता है। बीज का अंकुरण अन्धकार से प्रभावित होता है। यदि बीज को 0.125 प्रतिशत पोटैशियम नाइट्रेट या थाइओ यूरिया के 0.25 प्रतिशत घोल से उपचारित किया जाय तो क्रमशः 28 व 75 प्रतिशत अंकुरण होता है। पोनैनगनी एक स्वपरागित (self pollinated) पौधा है। दक्षिण भारत में इसमें अगस्त से लेकर दिसम्बर तक पुष्पन होता है। इसके बीज का वितरण जल एवं वायु द्वारा होता है।

1. करी पत्ती
(Curry Leaf)

स्थानीय नामं : हिन्दी- मीठी नीम; बंगला- बारसुंगा; गुजराती- वीथो लिम्बो; मलयाजम- करिपेपिल्ला; मराठी- कढ़ी लिम्ब; तमिल- करूवेपिल्लई; तेलगू करिवेपाकु

करी पत्ती को संपूर्ण मध्य एवं दक्षिण पूर्वी एशियाई देशों में उगाया जाता है। इसकी पत्तियों का उपयोग विविध प्रकार के व्यंजनों एवं कढ़ी आदि में सुगन्ध उत्पन्न करने के लिए किया जाता है। करी की पत्तियाँ विटामिन ए एवं फोलिक अम्ल की अच्छी स्रोत हैं और इसमें विटामिन ए की मात्रा गाजर से भी अधिक पाई जाती है (पीटर, 1998) इसके अतिरिक्त आक्जेलिक अम्ल की अधिक मात्रा होने के कारण (कुल आक्जेलेट 1.35 प्रतिशत, विलेय आक्जेलेट 1.15 प्रतिशत) इसकी उपलब्धता प्रभावित होती है। करी पत्ती के पोषक मूल्य को सारिणी (1.1)में दिया गया है।

सारिणी (1.1) करी पत्ती का पोषक मूल्य (प्रति 100 ग्राम खाने योग्य भाग में)

	मात्रा	
पोषक तत्व	1	2
खाने योग्य भाग	-	83 प्रतिशत
नमीं	63.3 ग्राम	63.8 ग्राम
प्रोटीन	6.1 ग्राम	6.1 ग्राम
वसा	1.0 ग्राम	1.0 ग्राम
कार्बोहाइड्रेट्स	16.0 ग्राम	18.7 ग्राम
रेशा	6.4 ग्राम	6.4 ग्राम
ऊर्जा	-	108 कि. कैलोरी
खनिज	4.2 प्रतिशत	4.0 ग्राम
कैल्शियम	810 मिग्रा.	830 मिग्रा
फास्फोरस	60 मिग्रा.	57 मिग्रा.
आयरन	3.1 मिग्रा.	0.93 मिग्रा
फ्री फोलिक एसिड	-	23.5 माइक्रोग्राम
विटामिन ए/कैरोटीन	12, 600 अ.इ.	7560 माइक्रोग्राम
निकोटीनिक अम्ल	2.3 मिग्रा	2.3 मिग्रा
विटामिन सी	4.0 मिग्रा	4.0 मिग्रा
थाइमिन	-	0.08 मिग्रा
राइबोफ्लेविन	-	0.21 मिग्रा

स्रोत : (1) डब्लू.ओ.आई., 1972 (2) गोपालन एवं सहयोगी, 1999

करी पत्ती में पाये जाने वाले आक्जेलिक अम्ल एवं फाइटिन फास्फोरस की मात्रा निम्न प्रकार है

1.	आक्जेलिक अम्ल	132 मिग्रा./100 ग्राम
2.	फाइटिन	35 मिग्रा./100 ग्राम
3.	संपूर्ण फास्फोरस में फाइटिन का प्रतिशत	61

करी पत्ती अन्य खनिज तत्वों में काफी धनी होती है। इसकी पत्तियों में पाये जाने वाले अन्य खनिज/सूक्ष्म तत्वों को सारिणी (1.2) में दिया गया है।

सारिणी (1.2) करी पत्ती में पाये जाने वाले सूक्ष्म तत्व (प्रति 100 ग्राम खाने योग्य भाग में)

	सूक्ष्म तत्व	मात्रा
1.	मैग्नीशियम	44 मिग्रा.
2.	सोडियम	-
3.	पोटैशियम	-
4.	कापर	-
5.	सल्फर	81 मिग्रा.
6.	क्लोरीन	198 मिग्रा.
7.	मैगनीज	0.15 मिग्रा.
8.	जिंक	0.20 मिग्रा.
9.	क्रोमियम	0.006 मिग्रा.

स्रोत : गोपालन एवं सहयोगी, 1999

करी पत्ती का बहुत अधिक औषधी महत्व है। इनका प्रयोग टानिक, पेट दर्द नाशक, कृमि नाशक एवं विषैले कीट/जन्तुओं के काटने पर दर्द नाशक के रूप में किया जाता है (रिस्च एवं सहयोगी, 1994)।

करी पत्ती में पाये जाने वाले स्वतंत्र एमीनो अम्ल (free amino acid) में मुख्य रूप से एस्पैराजीन (asparagine), ग्लाइसिन (glycine), सीरीन (serine), एस्पार्टिक अम्ल (asparitic acid), ग्लूटामिक अम्ल (gluto-mic acid), थ्रीओनिन (threonine), एलैनिन (alanine), प्रोलीन (proline), ट्रिप्टोफान (tryptophan), गामा एमिनों ब्यूटाइरिक एसिड (γ amino butyric acid), फिनाइल एलेनिन (phenyl alanine), ल्यूसिन (leucine), आइसोल्यूसिन (isoleu-cine), एंव सूक्ष्म मात्रा में आर्जीनिन (arginine), एवं हिस्टीडिन (histidine) पाया जाता है (डब्लू.ओ.आई., 1972)।

करी पत्ती के पौधे में 20 से अधिक कार्बेजोल एल्केलायड (carbazole alkaloids) पाये जाते हैं जिसमें प्रमुख है- मुरायाजिडिन (murrayazidine), मुकोनिन आइसोमुरा-याजोलिन (mukonine isom-urrayazoline), मुकोनिसिन (muc-onicine), मुरायासिनिन (murrayacinine) एवं मुकोइक एसिड (mukoic acid) (चक्रबर्ती एवं सहयोगी; 1970; 1973; 1974, चौधरी एवं चक्रबर्ती, 1971; भट्टाचार्या एवं सहयोगी, 1982; मुखर्जी एवं सहयोगी, 1983)। इसकी जड़ की छाल (root bark) में महानिम्बोलिन-कार्बेजोल एल्कलायड (mahani-mboline carbazole alkaloid) पाया जाता है (एडेसिना एवं सहयोगी (1988); राय एवं सहयोगी, 1979)। करी पत्ती के तने में पाये जाने वाला महानिम्बिनाल (maha-nimbinol) अन्य कार्बेजोल एल्केलायड के संश्लेषण के लिए पूर्व गामी पदार्थ (precursor) के रूप में कार्य करता है (राय एवं सहयोगी, 1979)। इसकी पत्तियों में गोड़ अल्केलायड जैसे महानिन (mahanine) पाया जाता है (रहमान एवं सहयोगी, 1988)। ताजी पत्तियों का डिस्टीलेशन करने पर उड़नशील तेल मिलता है जिसका साबुन बनाने में प्रयोग किया जाता है (डब्ल्यू.ओ.आई. 1972)। पत्तियों में पाये जाने वाले उड़नशील तेल में टर्पीन (terpene) प्रमुख होता है जिसका प्रमुख अवयव होता है बीटा कैरियोफीलीन (β. caryophyllene), बीटा गुरजुनीन (β. gurjunene), बीटा एलीमीन (β. elemene), बीटा फीलान्डल्रीन (β. pheland-dlrene) एवं बीटा थुजीन (β. thujene) (मैकलीआड एवं पियरिस, 1982)। पत्तियों में पाये जाने वाले तेल जीवाणुनाशक एवं फफूंद नाशक गुण वाले होते हैं (गौतम एवं पुरोहित, 1974; देशमुख एवं सहयोगी, 1986)।

करी पत्ती के बीज में 8 जिरेनाइलाक्सी-प्सोरेलीन (8. geranyloxypsoralene), इम्पेरेटोरिन (imperatorin), हेरेक्लीनिन (heraclenin) एवं आइसोजैलीन (isoxaline) पाया जाता है। इसके अतिरिक्त बीज में महानिम्बीन (mahanimbine), आइसोमहानिन (isomah-anine), महानिन (mahanine), जिरीनिम्बीन (girinimbine) एवं कोइनिम्बीन (koenin-mbine) पाया जाता है (रिस्च एवं सहयोगी, 1994)।

उद्भव एवं वितरण

करी पत्ती मुख्य रूप से भारतीय मूल का पौधा है। इसके पौधे मुख्य रूप से हिमालय के बाहरी क्षेत्र में रावी के पूर्वीतर से लेकर 5000 फीट की ऊँचाई वाले असम, चिटगाँव एवं म्यांमार के

ऊपरी एवं निचले भाग में पाया जाता है। यह पेनिनिसुलर भारत के सदाबहार एवं पर्णपत्ती (deciduous) जंगलों में पाया जाता है (परमार एवं कौशल, 1982; ब्राँडिस, 1906)। हमारे देश में इसे मुख्य रूप से दक्षिण भारत में उगाया जाता है। आन्ध्र प्रदेश के गुंटूर जिले में इसको व्यवसायिक स्तर पर उत्पादन किया जाता है (राम एवं सहयोगी, 1992)। फ्लोरिडा में करी पत्ती के पौधे को अलंकृत पौधों एवं पत्तियों को ताजे खाने प्रयोग के प्रयोजन से उगाया जाता है (मार्टन, 1984)।

वानस्पतिक विवरण

करी पत्ती का वैज्ञानिक नाम मुरैया कोइनिगी (*Murraya koenigii* (L.) Spreng. Syn. *Bergera koenigii* (L.) Rox b.) है और यह रूटेसी (Rutaceae) कुल का पौधा है। इसकी गुण सूत्र संख्या (2 एन) 18 है। वंश मुरैया के अंतर्गत 4 प्रजातियाँ पाई जाती है। जिसमें से प्रमुख है मुरैया कोइनिगी (*Murraya koenigii*) एवं मुरैया पैनीकुलेटा (*Murraya paniculata*)। मुरैया कोइनिगी को एक पत्ती वाली सब्जी के रूप में उगाया जाता हे। मुरैया कोइनिगी एवं मुरैया पैनीकुलेटा दोनों को परंपरागत औषधीय पौधों के रूप में प्रयोग किया जाता रहा है। मुरैया पैनीकुलेटा में युहचुकीन (yuehchu-kene) पाया जाता है एवं जिरीनिम्बीन (girinimbine) नहीं पाया जाता है जबकि करी पत्ती में इसका विपरीत है (कांग एवं सहयोगी, 1986)।

करी पत्ती का पौधा 2-2.5 मीटर ऊँचा, झाड़ीदार, मुख्य तना हरे रंग से भूरे रंग का जिस पर अनेक छोटी-छोटी ग्रंथियां (dots) होते हैं, छाल को सीधे निकाला जा सकता है, जिसके उपरांत सफेद लकड़ी दिखती है। पत्तियाँ स्टीप्यूल्स रहित, संयुक्त बाइपिन्नेट, 30 सेमी लम्बी जिसमें 24 पर्णफलक (leaflets) होते है, शिराविन्यास जालिकावत, पर्णफल भालाकार, 4.9 सेमी. लम्बे, 1.8 सेमी. चौड़े एवं 0.5 सेमी. मोटे पर्णवृंत लिये होते हैं। पत्तियों पर तेल ग्रंथिया होती है और पत्तियाँ चिकनी एवं उसपर एक कोशकीय रोये होते हैं। पुष्प द्विलिंगी, सफेद,कीप के आकार के, सुगन्धित एवं 1.12 सेमी. आकार के होते हैं। पुष्पक्रम शीर्ष साइम जिसमें 60-90 पुष्प लगते हैं, वाह्यदल पुंज 5 पिण्ड वाले, हरे रंग के, पंखुड़ियां 5. सफेद रंग की, पुकेसर 10, जायंग 5-6 मिमी. लम्बी, वर्तिकाग्र चमकीला, चिपकने वाला,वर्तिका छोटी, फल गोलाकार 1.4-1.6 मिमी. लम्बे, 1-1.2 मिमी. व्यास के वजन 880 मिग्रा., पके फल काले रंग के एवं चिकनी सतह लिए,एक गुच्छे में 32-80 फल। प्रत्येक फल में एक बीज, बीज 11 मिमी. लम्बा, 8 मिमी. व्यास का रंग हरा, वजन 445 मिग्रा. (परमार एवं कौशल, 1982)। बीज में बहुभ्रूणिता (polyembryony) पाई जाती है और एक बीज वाले फल के भ्रूण का औसत 4.70 जबकि द्विबीज वाले फल में 4.0 होता है (मदालजेरी एवं गोडा, 1987)।

जलवायु एवं भूमि

करी पत्ती का पौधा काफी सहीष्णु होता है और इसे विषम जलवायु वाले क्षेत्रों में भी आसानीपूर्वक उगाया जा सकता है; लेकिन करी पत्ती के पौधे ईंट के भट्टे से निकले धुंए से काफी प्रभावित करते हैं। धूंए के कण पत्तियों पर जमा होने से पौधे की प्रकाश संश्लेषण की क्रिया प्रभावित होती है (राजवंशी एवं श्रीवास्तव, 1991)। एन्टोस्जेवस्की एवं सहयोगी (1989) ने ज्ञात किया कि प्रकाश की उपस्थिति में कच्चा फल प्रकाश संश्लेषण की क्रिया करता है लेकिन पेरीकार्प (pericarp) में यह क्रिया नहीं होती है। इससे यह ज्ञ

ात होता है कि फल में क्लोरोइम्ब्रियो के कार्बनडाइआक्साइड के ग्रहण करने से इसमें प्रकाश संश्लेषण की क्रिया होती है जिसमें श्वसन के दौरान निकली कार्बनडाइ- आक्साइड पुन: प्रयोग में आती है। पौधो के अंत: भागों में प्रकाश संश्लेषण की इस प्रकार की क्रिया बहुत ही लाभप्रद है क्योंकि इससे प्रकाश संश्लेषण के समय पानी का अभाव पौधे को प्रभावित नहीं करता है।

प्रसारण

करी पत्ती के पौधे का प्रसारण बीज एवं वानस्पतिक दोनों विधियों द्वारा किया जाता है। बीज द्वारा प्रसारण के लिए पहले इसकी पौध तैयार की जाती है। पौधशाला में कालर राट (collar rot) जिसका कारण राइजोक्टोनिया सोलेनी (*Rhizoctonia solani* Kuhn) होता है से बचाव की आवश्यकता होती है। कलम द्वारा प्रसारण के लिए सख्त लकड़ी (hard wood) की कलमें तैयार की जाती है। क्योंकि सख्त लकड़ी की कलमों में मृदु लकड़ी की तैयार कलमों की तुलना में अधिक शर्करा होती है, जिसका जड़ स्फुटित होने से सीधा सम्बन्ध होता है। इसके विपरीत मृदु लकड़ी से तैयार कलमों में अधिक नत्रजन एवं प्रोटीन होता है जिसका जड़ निकलने से ऋणात्मक संबंध होता है। सख्त लकड़ी से तैयार कलमों में शुष्क पदार्थ की मात्रा का जड़ों के निकलने से सीधा एवं सार्थक सम्बंध होता है (रेड्डी एवं सहयोगी, 1998)।

वानस्पतिक प्रसारण में जड़ों की भुस्तारिकाओं (root suckers) के द्वारा किया जाता है। इसकी किस्म 'सुवासिनी' को स्पेन्टस्लरी में रोपण करने से बहुत अधिक संख्या में भुस्तारिकायें निकलती हैं (रूद्रामुर्थी एवं मदालजेरी, 1998)।

रोपण

दक्षिण भारत में रोपण का कार्य मई के महीने में किया जाता है। दो पौधों के मध्य 3.5 मीटर का पौध अंतराल रखा जाता है। अभी हाल में इसकी सघन रोपण (high density planting) को अपनाया जा रहा है जिसमें एक हेक्टेयर क्षेत्र में 2200 पौधे समाहित किये जाते हैं और इसकी वर्ष भर में 4 बार कटाई करके 22 टन उपज प्राप्त की जाती है (मदालजेरी एवं सहयोगी, 1994)।

खाद एवं उर्वरक

रोपण के समय खेत में 10-12 टन प्रति हेक्टेयर की दर से सड़ी हुई गोवर की खाद मिला देनी चाहिए। प्रति वर्ष 200 ग्राम नत्रजन, 100 ग्राम फास्फोरस एवं 100 ग्राम पोटाश प्रति पौध देने की संस्तुति की है (गोडा एवं सहयोगी, 1990)। नत्रजन का पर्णीय छिड़काव भी किया जा सकता है (गोदरा एवं मदालजेरी, 1992)। पौधों की उम्र के वृद्धि के साथ उनकी पोषक तत्वों की आवश्यकता भी बढ़ती है। मदालजेरी एवं सहयोगी (1994) ने क्रमश: 150 किग्रा. नत्रजन, 25 किग्रा. फास्फोरस, 25 किग्रा. पोटाश एवं 300 किग्रा. नत्रजन, 50 किग्रा. फास्फोरस, 50 किग्रा. पोटाश दूसरे एवं तीसरे वर्ष देने की संस्तुति की है।

कटाई

पौधों को कार्यिकी रूप से सक्रिय रखने एवं अच्छे उत्पादन क लिए पौधों की छटाई की जाती है। इसके लिए ऊपर से सिर को काट दिया जाता है। गोडा एवं सहयोगी (1990) के अनुसार पौधे की एक मीटर ऊँचाई को छोड़कर काट देने से ऊपज अधिक मिलती है। छटाई के तुरंत पश्चात जिब्रेलिक अम्ल के 100 पीपीएम छिड़काव करने से प्रति प्ररोह अधिक उपज मिलती है (मदालजेरी एवं सहयोगी, 1994)।

किस्में

इसकी केवल स्थानिय किस्में ही उपलब्ध

है। कृषि विश्वविद्यालय, धारवाड कर्नाटक से इसकी दो किस्में की डब्ल्यू डी-1 एवं सुवासिनी का चुनाव किया गया हैं। डी.डब्लू.डी. 1 में अच्छी उपज के साथ अच्छी गुणवत्ता भी है (मदालजेरी एवं सहयोगी, 1994)।

जननद्रव्य संग्रह एवं सुधार

करी पत्ती के जननद्रव्यों के संग्रह पर बहुत ध्यान नही केन्द्रित किया गया है। भारतीय कृषि अनुसंधान परिषद द्वारा संचालित इम्प्रूवमेन्ट ऑफ अन्डर यूटिलाइज्ड वेजिटेबुल क्राप्स (Improvement of Underutilised Vegetable Crops) के अंतर्गत इसके जननद्रव्यों का संग्रह भारतीय सब्जी अनुसंधान संस्थान, वाराणसी, केरल कृषि विश्वविद्यालय, त्रिचूर एवं भारतीय बागवानी अनुसंधान संस्थान, बंगलौर पर किया जा रहा है। स्वपरागित (self pollinated) पौधा होने के कारण इसमें बहुत अधिक विभिन्नता नहीं उपलब्ध है। इसकी ऐसी किस्में विकसित करने की आवश्यकता है जिसमें पोषक तत्वों विशेष कर आयरन एवं कैल्शियम की मात्रा अधिक हो तथा पोषण प्रतिरोधी तत्व (anti nutritional elements) जैसे आक्जेलेट की मात्रा कम हो।

2. पोई
(Indian Spinach)

स्थानीय नाम : बंगला- बन पोई; गुजराती- पोथी, बल्ची भाँजी; हिन्दी- पोई; कन्नड़ बिनिबसाले बल्ली; मलयालम- बसेलाकिरा, पसालीकिरा; मराठी- मयालू, रुचिवेल, मयाल; संस्कृत- अपोदिका निविति, पोटाकी; तमिल- पसाली कीरई; तेलगू- बटसालन, बत्सचली, पेड्डा बसाला; असम - पूई; पंजाबी- पोई।

पोई एक लतायुक्त बहु वर्षीय पौधा है, जिसे सब्जी एवं अलंकृत पौधे के रूप में देश भर में उगाया जाता है। हमारे देश में इसे विशेषकर असम, पश्चिम बंगाल एवं आन्ध्र प्रदेश में मुख्य रूप से उगाया जाता है। पोषण की दृष्टि से पोई की पत्तियां काफी महत्वपूर्ण हैं। इसमें विटामिन्स के अतिरिक्त कैल्शियम और आयरन अधिक पाया जाता है साथ ही इसमें विलेय आक्जिलेट (soluble oxalate) कम होता है। इसकी पत्तियों में अन्य सूक्ष्म तत्व जैसे-जिंक, मैग्नीशियम, सोडियम, मैगनीज, गंधक, क्लोरीन, आयोडिन और फ्लूओरीन पाया जाता है। इसमें कैरोटिनायड के अतिरिक्त कार्बनिक अम्ल (organic acid) और जल विलेय पालीसेकराइड्स (water soluble polysaccah-arides), बाइओ फ्लैओनायड्स (bioflavon-oids) एवं विटामिन के (Vit-K) पाई जाती है। पोई में पाये जाने वाले पोषक तत्वों को सारिणी (2.1) में दिया गया है।

सारिणी (2.1) पोई की पत्तियों का पोषक मूल्य (प्रति 100 ग्राम खाने योग्य भाग में)

पोषक तत्व	मात्रा
नमी	90.8 ग्राम
प्रोटीन	2.8 ग्राम
वसा	0.4 ग्राम
खनिज	1.8 ग्राम
कार्बोहाइड्रेट्स	4.2 ग्राम
ऊर्जा	32 कि कैलोरी
कैल्शियम	260 ग्राम
फास्फोरस	35 मिग्रा
कैरोटीन	7440 माइक्रोग्राम
थाइमिन	0.03 मिग्रा
राइबोफ्लेविन	0.16 मिग्रा
नियासिन	0.5 मिग्रा
विटामिन सी	11 मिग्रा

स्रोत : गोपालन एवं सहयोगी, 1999

पोई की पत्तियों में पाये जाने वाले आवश्यक एमीनों अम्ल (essential amino acids) में मुख्य रुप से आर्जीनिन (arginine), ल्यूसिन (leucine), आइसोल्यूसिन (isoleu-cine), लाइसिन (lysine), थ्रिओनिन (threo-nine) एवं ट्रिप्टोफान (tryptophan) पाया जाता है। इसका बहुत अधिक औषधी महत्व भी है। इसको पाचन सम्बन्धी विकारों को दूर करने के लिए प्रयोग किया जाता है तथा यह फोड़े आदि पर काफी प्रभावकारी है। संथाल आदिवासी इसे नाक में घाव के उपचार के लिए प्रयोग करते हैं। इसकी पत्तियों को छाले, घाव आदि पर पुल्टिस बाँधने के लिए प्रयोग किया जाता है। पत्तियों के जूस में स्पंदन प्रतिरोधी (demulscent), रेचक (laxative) एवं मूत्र वर्धक (diuretic) गुण होने के कारण इसे गोनोरहोइया (gonorrhoea), बैलेनटिस (balan-tis) एवं मोतिया बिन्द संक्रमण (cattarah infec-tion) में प्रयोग किया जाता है। जावा में पोई की लाल रंग की प्रजाति की पौधों के जूस को आँख में संक्रमण दूर करने के लिए प्रयोग किया जाता है। इसके फलों के रंग को खाने की वस्तुओं, जेली,

पेस्ट्री और मुरब्बे आदि में रंग देने के लिए प्रयोग किया जाता है।

उद्भव एवं वितरण

पोई का उद्भव स्थल भली भाँति ज्ञात नहीं है, पर यह विश्वास किया जाता है कि यह दक्षिण एशिया या और विशेषकर भारतीय मूल का पौधा है। इसे दक्षिण पूर्वी एशियाई देशों और चीन में प्राचीन काल से ही उगाया जा रहा है। पोई की खेती उपोष्ण एशिया, अफ्रीका, अमेरिका और कुछ शीतोष्ण क्षेत्रों में भी की जाने लगी है। मलेशिया और फीलिपिन्स में इसकी खेती वृहत्त स्तर पर की जाती है।

वानस्पतिक विवरण

पोई का वानस्पतिक नाम बसेल्ला एल्बा (*Basella alba*) है और यह बैसेलेसी (Basellaceae) कुल का पौधा है। इसकी द्विगुणित किस्मों की गुण सूत्र संख्या (2 एन) 44, 48 है। पोई तीन तरह की पाई जाती है। इसकी ऐसी किस्में जिसके डंठल लाल रंग के होते हैं और पत्तियाँ गहरे रंग की उसे बसेल्ला रूब्रा (*Basella rubra*) के नाम से चिन्हित करते हैं।

पोई एक बहुवर्षीय लतायुक्त 2-10 मी लम्बा पौधा है। तना कोणीय, हरा, चिकना एवं शाखायुक्त गूदेदार होता है। पत्ती पूर्ण गोल आकर की या हृदयाकार, मुलायम, चिकनी एवं रसीली होती है। पुष्प कक्षीय, सफेद हरे रंग के, पेरियन्थ द्विलिंगी, फल गोल, प्रति ग्राम बीज संख्या 30।

जलवायु एवं भूमि

पोई को समुद्र तट से 500 मीटर की ऊँचाई से लेकर 3000 मीटर की ऊँचाई वाले उपोष्ण क्षेत्रों से लेकर शीतोष्ण प्रदेशों तक सफलता पूर्वक उगाया जा सकता है। यह अल्प प्रकाश अवधि (short day) का पौधा है और इसमें प्रकाश संश्लेषण की क्रिया चौलाई के पौधे जैसी 4 कार्बन चक्र के अनुसार (C_4 cycle photosynthetic pathway) होती है (सिमोन्समा एवं पिलुएक, 1993)। पोई का पौधा काफी सहिष्णु होता है और इसे सभी प्रकार की भूमियों में उगाया जा सकता है। अम्लीय बलुई दोमट भूमि इसकी खेती के लिए अच्छी मानी जाती है। पौधों के अच्छी तरह से विकास के लिए जलनिकास की अच्छी व्यवस्था होनी चाहिए।

प्रसारण

पोई का प्रसारण बीज एवं वानस्पतिक दोनों विधियों द्वारा किया जाता है। देश के उत्तर एवं पूर्वी क्षेत्र के मैदानी भागों में इसकी मार्च से मई के महीने में बुआई की जाती है जबकि दक्षिण भारत में इसे एक बार जून एवं दूसरी बार अक्टूबर और नवम्बर में बुआई करते हैं। पर्वतीय क्षेत्रों में बसंत या ग्रीष्म ऋतु के आरम्भ होते ही बुआई की जाती है। इसके बीजों को 24 घंटे पानी में भीगोंकर यदि कमरे के तापक्रम पर रखकर बुआई की जाय तो अंकुरण अच्छा होता है। बीज को जिब्रेलिक अम्ल के 300 पी.पी.एम. और हाइड्रोजन पर आक्साइड के 2.3 प्रतिशत घोल से उपचारित करने से अंकुरण एवं पौधों की बढ़वार पर अच्छा प्रभाव पड़ता है। मियुरा एवं सहयोगी (1997) ने एक परीक्षण में अंकुरण के लिए 41-45 प्रतिशत नमी और 10 दिन तक 15^0 सेंग्रेड तापक्रम पर प्रशीतन करके प्रभावी अंकुरण दर्ज किया।

बीज दर एवं पौध तैयार करना

एक हेक्टेयर खेती के लिए 12.5-16.0 क्रिगा बीज की आवश्यकता होती है। बीज को बीज शैय्या में बुआई करके जब पौधे 10-12 सेमी. ऊँचे हो जाते हैं तब उनका रोपण किया जाता है। पौधों की रोपाई के लिए पंक्ति से पंक्ति की दूरी 60-70

सेमी. जबकि की पौध से पौध की दूरी 25-30 सेमी. रखी जाती है। प्रायः यह पाया गया है कि रोपण विधि से उगाई गयी फसल की उपज बिना रोपाई किये हुए फसल से अधिक होती है।

वानस्पतिक प्रसारण

वानस्पतिक प्रसारण के लिए मानसून के पहले 45 सेमी. लम्बी लताओं की कलम तैयार करके उन्हें 30-40 सेमी. के अंतराल पर रोपण कर दिया जाता है। पाण्डेय एवं सहयोगी, 2006 ने पोई की कलमों का 750 पीपीएम नेफ्थलीन एसिटिक एसिड का उपचार करके 93.71 प्रतिशत सफलता प्राप्त किया, जबकि नियन्त्रित अवस्था में (बिना उपचार की दशा में) सफलता का प्रतिशत मात्र 59.18 था। ग्रीनहाउस में वानस्पतिक रूप से उगाये गये पोई के पौधों को जीओ लाइट+5 प्रतिशत चेरनोजेन में उगाकर दिन-रात तापक्रम $30/28^0$ सेग्रेड, 65 $\pm$ 5 आपेक्षिक आर्द्रता एवं 12 घंटे प्रकाश अवधि (70 w/m^2 PAR) दिये जाने पर पौधों की उपज अधिक प्राप्त हुई (डेमिडोव एवं सहयोगी, 1991)।

खाद एवं उर्वरक

पोई की फसल में जैविक उर्वरकों के प्रयोग से पौधे की बढ़वार अच्छी होती है। कलमों को रोपण से पहले कम्पोस्ट की खाद देनी चाहिए। सरसों की खली 50 किग्रा. प्रति हेक्टेयर की दर से प्रयोग करने पर पौधों की बढ़वार एवं उपज अच्छी मिली (चट्टोपाध्याय, 1977)। गोगोई एवं राजगोपाल (1986) ने फास्फोरस : पोटैशियम को 40:40 किग्रा प्रति हेक्टेयर + मुर्गी की खाद (8 टन / हेक्टेयर) के प्रयोग से इसकी अधिक उपज प्राप्त की। पोई के पौधों में नत्रजन, फास्फोरस, पोटैशियम, कैल्शियम, मैग्नीशियम एवं सल्फर का सिंचाई के साथ नियंत्रित अवस्था में प्रयोग करने की स्थिति में इन तत्वों का पत्तियों में सांद्रण-क्रमशः नत्रजन (1.25 एवं 2.63), फास्फोरस (0.17 एवं 0.36), पोटैशियम (0.46 एवं 3.55), कैल्शियम (0.62 एवं 1.78), मैग्नीशियम (0.37 एवं 0.80) एवं सल्फर (0.19 एवं 0.23) पाया।

पोई में नाइट्रेट के प्रयोग से पत्तियों के ताजे एवं शुष्क भार में वृद्धि पाई गयी। इसी के साथ नत्रजन, नाइट्रेट, प्रोटीन, आक्जेलिक अम्ल, कैरोटीन और आयरन के सांद्रण में भी वृद्धि हुई (वुमेंस एवं ग्रूवेन, 1977)। पोई की पत्तियों में नाइट्रेट का संचयन मुख्य रूप से पत्तियों की कोशिकाओं की रिक्तिकाओं (vacuoles) में होता है (झुजून एवं सहयोगी, 1994)।

सिंचाई

पोई के पौधों की अच्छी बढ़वार के लिए कम अन्तराल पर सिंचाई की आवश्यकता होती है। नमीं के अभाव में पौधों की बढ़वार प्रभावित होती है और उनमें पुष्प निकलने लगते हैं। अच्छी उपज के लिए पौधों को खरपतवार से मुक्त रखना चाहिए।

प्रकाश अवधि एवं वृद्धि नियामकों का प्रभाव

लम्बे प्रकाश अवधि एवं साइकोसील का प्रयोग पुष्पन को रोकने में प्रभावी पाया गया, जबकि मैलिक हाइड्राजाइड का प्रयोग कम प्रकाश अवधि की अवस्था में पुष्पन को रोकने में प्रभावी नहीं रहा (सिन्नीदुरई एवं सहयोगी, 1971)। क्लोरमीक्वाट का 500 या 1000 पी.पी.एम. का पर्णीय छिड़काव या मिट्टी में पौधे की दो पत्ती अवस्था पर प्रयोग करने से पौधे की लम्बाई नियंत्रित पाई गयी लेकिन एक सप्ताह उपरांत इसका प्रभाव नहीं था (वेल्टेकैम्प एवं सैमसन, 1973)। एक अन्य परीक्षण में अधिक तापक्रम ($31^0/23^0$, $28^0/20^0$ या $25^0/17^0$ सेंग्रेड) एवं

मृदा में साइकोसील का 1200 पी.पी.एम. का पोई की 2 पत्ती अवस्था पर दो सप्ताह के अन्तराल पर प्रयोग करने से पौधे के मुख्य तने की लम्बाई 7 सप्ताह तक नियन्त्रित रही। क्लोरमीक्वाट के प्रयोग से मूलभार: कुल शुष्क भार अनुपात में वृद्धि पाई गयी।

निषेचन

पोई में परागोदवन (anthesis) के 4-6 घण्टे बाद वर्तिकाग्र पर परागकण अंकुरित होते हैं और 6-11 घण्टे तक वर्तिका से होते हए 11-16 घण्टे में अण्डाशय में प्रवेश करके और 16-24 घण्टे में दोहरी निषेचन (double fertilization) की क्रिया पूरी होती है। 2-8 दिन की अवधि से द्विकोषीय भ्रूण (2 celled proembryo) विकसित हो जाता है। भ्रूण का विकास एस्टेराड प्रकार का होता है और भ्रूण में स्वतंत्र केन्द्रक (free nuclei) होता है (जू, 1986)।

पत्तियों की तुड़ाई एवं उपज

पोई को लगाने के 45-50 दिन बाद पौधों की पत्तियों की तुड़ाई की जाती है और यह तुड़ाई 5-6 महीने तक चलती रहती है। तुड़ाई उपरान्त पत्तियों को छोटी-छोटी टहनियों के साथ गट्ठर बना लिये जाते हैं। पत्तियों को पालीथिन के थैले में रखने से उनकी भण्डारण क्षमता पर अनुकूल असर पड़ता है। उपज पर किस्म एवं सस्य क्रियाओं का प्रभाव पड़ता है। सामान्यतया एक हेक्टेयर क्षेत्रफल से 40-50 टन तक हरी पत्तियों की उपज मिलती है।

बीज उत्पादन

पोई के पौधों में उत्तर भारत में बसंत के समय से और दक्षिण भारत में जाड़े के समय में स्वतंत्र रूप से बीज बनता है। आनुवंशिकी शुद्धता बनाये रखने के लिए एक पौधे से दूसरे पौधे के बीच समुचित पृथक्करण दूरी देना आवश्यक होता है। गूदे युक्त फल गुच्छे में बनते हैं जिनसे बीज एकत्रित कर लिया जाता है। बीज को भण्डारित करने से पूर्व अच्छी तरह से छाया में सुखाना आवश्यक होता है।

पौध संरक्षण

पोई के पौधों पर कोई विशेष रोग एवं कीट का प्रकोप नहीं होता है। इसका प्रमुख रोग आर्द्रगलन है। जिसका कारण पीथिएम एफेनीडरमैटम (*Pythium aphaniderma-tum*) कवक होता है। इसके अतिरिक्त इस पर पर्ण धब्बा रोग एक्रोथिसियम बसेली (*Acrothe-cium bassele*), फ्यूजेरयिम मोनिलीफार्मी (*Fusarium moniliforme*), एवं सर्कोस्पोरा प्रजाति (*Cercospora* sp.) के कारण होता है। पोई में मेलाइडोगाइन इनकांगनिटा (*Meloido-gyne in-cognita*) मूल गाँठ सूत्र कृमि (nematode) का प्रकोप होता है। पोई की पत्तियों पर रस्ट रोग का प्रकोप होता है जिसमें पत्तियों पर पीले रंग के धब्बे बनते हैं। इसके नियंत्रण के लिए प्रभावित पत्तियों और पौधों को निकाल देना चाहिए (मैकम्बिला, 1986)।

जननद्रव्यों का संग्रह एवं किस्मों का विकास

पोई के जननद्रव्यों के संग्रह एवं किस्मों के विकास पर अभी तक अधिक ध्यान केन्द्रित नहीं किया गया है। पोई भारतीय मूल का पौध है अत: यहाँ पर इसके जननद्रव्यों में काफी विभिन्नता पाई जाती है। जिसके एकत्रीकरण एवं मूल्यांकन की आवश्यकता है। पुष्पा एवं सहयोगी (1975) ने बसेल्ला एल्बा (*Basella alba*) की 10 पौधों को काल्चीसिन से उपचरित करके बहुगुणिता (poly-ploidy) विकसित किया और उनमें से 1 पौधे ने बहुगुणिता का प्रदर्शन किया। इस प्रकार से प्राप्त

स्वचतुर्गुणित (auto tetraploid) किस्म के पौधों की पत्तियाँ द्विगुणित किस्म की तुलना में बड़ी एवं रसीली पाई गयी लेकिन पराग निषेचन की क्षमता (pollen fertility) कम थी। पोई की ऐसी किस्मों के विकास की आवश्यकता है, जिसकी उपज के साथ आक्जिलेट एवं स्वतंत्र नाइट्रेट (free nitrates) की मात्रा कम हो।

3. अगाथी
(Swamp Pea)

स्थानीय नाम : संस्कृत- अगाती, अगस्ती, अनारी; हिन्दी- बक, अगस्ती, बसना, हतियन; बंगला- अगाती, अगुस्ता, बाक, बागफल; मराठी- मडगा, अगस्ता, शेवारी; गुजराती- अगाथिओ, अथाथिओ; तेलगू- अवसिनाना, अवेसी; तमिल- अगाथी, प्रगाथी; कन्नड़- अगसे, अगाचे; मलयालम- अकाथी, अथी; उड़िया- बुको, अगोस्ती ।

अगाथी एक मध्य ऊँचाई का शीघ्र बढ़ने वाला पौधा है जिसे दक्षिण भारत में काली मिर्च एवं पान के पौधों को सहारा देने के लिए उगाया जाता है । इसको नवजात नारियल के पौधों को धूप से बचाने के लिए छायादार पौधों के रूप में भी उगाया जाता है । इसकी मुलायम पत्तियाँ एवं फूलों को सब्जी के रूप में प्रयोग किया जाता है । इसकी पत्तियाँ विटामिन 'सी', कैल्शियम और प्रोटीन की भी अच्छी स्रोत होती हैं। इसमें पाये जाने वाले प्रोटीन का जैविक मूल्य (biological value) 64 प्रतिशत होता है और पाचन गुणांक (digestibility coefficient) 5 प्रतिशत प्रोटीन संचयन पर 85 प्रतिशत होता है । इसकी पत्तियों का औषधी महत्व भी है । इसकी पत्तियाँ मूत्रवर्धक एवं रेचक होती हैं और उनमें विषरहित सैपोनिन (non poisonous saponin) पाया जाता है। कटने पर इसकी पत्तियों की पुल्टिस बाँधी जाती है। मुँह में छाले आदि पड़ने की दशा में इसकी पत्तियों को चबाने से आराम मिलता है। इसके पौधों की छाल में टैनिन, रेशा और गोंद भी पाया जाता है। इसकी पत्तियों का पोषक मूल्य सारिणी (3.1) में दिया गया है।

सारिणी (3.1) अगाथी की पत्तियों का पोषक मूल्य

(प्रति 100 ग्राम खाने योग्य भाग में)

पोषक तत्व	मात्रा
नमी	73.1 ग्राम
प्रोटीन	8.4 ग्राम
वसा	1.4 ग्राम
खनिज	3.1 ग्राम
रेशा	2.2 ग्राम
कार्बोहाइड्रेट्स	11.8 ग्राम
ऊर्जा	93 कि. कैलोरी
कैल्शियम	1130 मिग्रा.
फास्फोरस	80 मिग्रा.
आयरन	3.9 मिग्रा.
कैरोटीन	5400 माइक्रो ग्राम
थाइमिन	0.21 मिग्रा.
राइबोफ्लेविन	0.09 मिग्रा.
नियासिन	1.2 मिग्रा.
विटामिन 'सी'	165 मिग्रा.

अगाथी की पत्तियों में पाये जाने वाले आवश्यक एमीनो अम्ल को सारिणी (3.2) में दिया गया है ।

सारिणी (3.2) अगाथी की पत्तियों में पाये जाने वाले आवश्यक एमीनों अम्ल

एमीनों अम्ल	मात्रा (मिग्रा./ग्राम)
आर्जीनिन	360
हिस्टीडिन	120
लाइसिन	250
ट्रिप्टोफान	100
फिनाइल एलोनिन	380
टाइरोसिन	-
मेथियोनिन	090
सिस्टीन	090
थ्रिओनिन	300
ल्यूसिन	560
आइसोल्यूसिन	390
वैलीन	430

स्रोत : गोपालन एवं सहयोगी, 1999

उद्भव एवं वितरण

अगाथी का मूल स्थान मलेशिया है । हमारे देश में इसके पौधे तमिलनाडु, केरल एवं महाराष्ट्र में बहुतायत से उगाये जाते हैं। इसके अतिरिक्त इसे पंजाब, दिल्ली, पश्चिम बंगाल, असम एवं अण्डमान निकोबार में उगाया जाता है।

वानस्पतिक विवरण

अगाथी लेग्यूमिनोसी (Leguminosae) कुल का पौधा है और इसका वानस्पतिक नाम सेस्बैनिया ग्रेन्डीफ्लोरा (*Sesb-ania grandiflora* Pers.) है। यह एक मुलायम लकड़ी का शीघ्र बढ़ने वाला पौधा है। पौधे की ऊँचाई 6-9 मी. तक होती है । पत्तियाँ 15-30 सेमी. लम्बी, संयुक्त, 41-61 पर्ण फलक, पुष्प 6-10 सेंमी. लम्बे, आकर्षक, रसीले सफेद या क्रीम रंग के, फली 30-45 सेमी. लम्बी, 4 सतहों वाली होती है। प्रत्येक फली में 15-50 पीले रंग के बीज होते हैं।

जलवायु एवं भूमि

अगाथी के पौधों की अच्छी वानस्पतिक वृद्धि के लिए आर्द्र एवं उपोष्ण आर्द्र जलवायु अच्छी मानी जाती है। ऐसे क्षेत्र जहाँ 1000-2000 मिमी. वर्षा होती है और तापक्रम का औसत अधिकतम 26-36^{0} सेग्रेड एवं न्यूनतम 18-24^{0} सेंग्रेड होता है, इसकी खेती के लिए उपयुक्त माना जाता है। अगाथी के लिए दक्षिण भारत की कपास की काली मिट्टी उपयुक्त मानी जाती है। ऐसी भूमियाँ जिसकी ऊपरी सतह खुली एवं मुलायम होती है उनमें पौधे की बढ़वार तेज होती है। यद्यपि इसको हल्की मध्यम एवं भारी मृदाओं में भी सफलता पूर्वक उगाया जाता है ।

प्रसारण एवं अन्य कृषि क्रियायें

अगाथी का बीज के द्वारा प्रसारण किया जाता है। बीज को सीधे नर्सरी में बुआई करके पौध तैयार की जाती है। इसकी सीधे मुख्य खेत में भी बुआई की जा सकती है। सीधे बुआई के लिए पंक्ति से पंक्ति एवं पौध अन्तराल 90 सेमी. रखते हैं। इसके पौधों को पालिथिन के थैलों में उगाया जाता है। अच्छी तरह से तैयार 15-20 सेमी. ऊँचे पौधों को 90 सेमी. के अन्तराल पर रोपण करते हैं। दक्षिण भारत में इसके पौधों को पान एव काली मिर्च की बेलों को चढ़ाने के लिए जब उगाते है तब इसके लिए निर्दिष्ट स्थान पर 30×30×30 सेमी. आकार के गड्ढे बनाकर उसमें उनका रोपण कर दिया जाता हैं और इन्हीं पौधों पर बेलों को चढ़ा दिया जाता है। जब इसे नारियल के छोटे पौधों को छाया के लिए उगाया जाता है तब इसकी जून- जुलाई के महीने में गहरी नाली खोद कर उसमें बीज की बुआई करते हैं। इसके लिए नारियल के पौधे से अगाथी के पौधों की दूरी 0.9-1.0 मीटर रखी जाती है। बीज की बुआई के पश्चात् हल्की सिंचाई कर देते हैं। जिससे अंकुरण अच्छा होता है। पौधों को बढ़ने के साथ उनकी पार्श्व शाखाओं को छाँट दिया जाता है। जिससे पौधे का मुख्य तना मोटा होकर एक सामान्य ऊँचाई ग्रहण करके छाया प्रदान करता है ।

पौध संरक्षण

अगाथी के पौधों में पौध झुलसा बीमारी का प्रकोप होता है जिसका कारण कोलेटोट्रिकम कैप्सीसी (*Colletotrichum capsici*) कवक होता है। इसके प्रकोप से पौधें जमीन की सतह से पीले पड़ने लगते हैं। नियंत्रण के लिए बीज उपचार करना और इण्डोफिल एम.45 का 2 प्रतिशत का छिड़काव । किया जा सकता है।

इसके अतिरिक्त अगाथी के पौधों पर ड्रोसोफिलिड (*Stegna lateralis*) मक्खी कीट का प्रकोप होता है। इसके मैगट मुलायम तने में छेद करके क्षति पहुँचाते हैं। जिससे पौधा सूख जाता है। वीविल कीट (*Alciolodes buko* Fabr.) के प्रौढ़

एवं लार्वा दोनों पौधों को क्षति पहुँचाते हैं। कीटग्रस्त भाग सूख जाता है। इन कीटों के अतिरिक्त अगाथी पर ट्री हापर (*Otinotus oncratus* Wlk.) का प्रकोप भी जुलाई से लेकर फरवरी तक होता है।

तुड़ाई एवं उपज

इसकी मुलायम पत्तियों की तुड़ाई करके सब्जी के रूप में प्रयोग किया जाता है। एक पौधे से 5-10 किग्रा. हरी पत्तियों की उपज प्राप्त होती है।

जननद्रव्य संग्रह एवं किस्मों का विकास

अगाथी के पौधे का विविध उपयोग होने के बाद भी इसके जनन द्रव्यों के संग्रह एवं नई किस्मों के विकास पर बहुत ध्यान नहीं दिया गया है। सामान्यतया इसकी दो किस्में पाई जाती हैं- 1. लाल रंग की फूलों वाली एवं 2. सफेद रंग की फूलों वाली। सफेद रंग के फूल वाली किस्म को गृह वाटिका में लगाने के लिए अधिक उपयोगी माना जाता है (चड्ढा,2000)। इसकी ऐसी किस्मों के विकास पर बल देने की आवश्यकता है जो पत्ती के साथ अच्छी फूल वाली भी हों और वह बौनी किस्म की हों।

4. सहिजन
(Drumstick)

स्थानीय नाम : संस्कृत- शोभनजना; हिन्दी- मुंगना, सैजन, सहजन; बंग्ला- सजीना; मराठी- अचाघदा, शेवगी; गुजराती- मिधोसरागेवो, सरागेवो; तेलगू- मलुगा, टेला मुन्गा; तमिल- मुंरगाई; कन्नड़- नुगे; मलयालम- मुरिना, सिगरू, मेरिंगा; असम- सैजना, सहजन; उड़ीया- सजीना; पंजाब- सैन्जना, सोनजना; सन्ताल- मुंगा अरक

सहिजन एक बहुत उपयोगी पौधा है जिसके फल, फूल एवं पत्ती सभी का सब्जी के रूप में प्रयोग किया जाता है। इसकी फलियों को लोबिया जैसे सब्जी के रूप में प्रयोग किया जाता है। इसके बीज को भूनकर मूँगफली जैसे प्रयोग में लाया जाता है। इसके बीज से तेल भी निकाला जाता है जिसको जलाने एवं सौन्दर्य प्रसाधन की सामग्री बनाने में प्रयोग किया जाता है। इसके छाल के रेशे का प्रयोग चटाई, पेपर, लुगदी आदि बनाने में किया जाता है। इसके जड़ों को मसाले के रूप में हार्स रैडिस (horse radish) जैसा प्रयोग किया जाता है।

सहिजन की पत्तियों को बंगाल, बिहार एवं अन्य प्रदेशों में बहुतायत से सब्जी के रूप में प्रयोग किया जाता है। इसकी पत्तियाँ विटामिन 'ए' और एस्कार्बिक अम्ल में काफी धनी होती हैं। इसके प्रति 100 ग्राम खाने योग्य पत्तियों में पोषक तत्वों की मात्रा सारिणी (4.1) में दी गयी है।

सारिणी (4.1) सहिजन की पत्तियों का पोषक मूल्य (प्रति 100 ग्राम खाने योग्य भाग में)

पोषक तत्व	मात्रा
नमी	75.9 ग्राम
प्रोटीन	6.7 ग्राम
वसा	1.7 ग्राम
खनिज लवण	2.3 ग्राम
रेशा	0.9 ग्राम
कार्बोहाइड्रेट्स	12.5 ग्राम
ऊर्जा	92 कि. कैलोरी
कैल्शियम	440 मिग्रा
फास्फोरस	70 मिग्रा
आयरन	0.85 मिग्रा
कैरोटीन	6780 माइक्रोग्राम
थाइमिन	0.06 मिग्रा
राइबोफ्लेविन	0.05 मिग्रा
नियासिन	0.8 मिग्रा
विटामिन सी	220 मिग्रा

इसकी पत्तियों से एस्कार्बिक अम्ल के सांद्रण (concentrate) तैयार करने के प्रयास भी किये गये हैं। इसके लिए पत्तियों को उस समय एकत्र किया जाता है, जब पौधा पूर्ण रूप से वानस्पतिक वृद्धि की अवस्था में होता है। विटामिन द्रवीय रूप में काफी समय तक संरक्षित रहती है। इसकी पत्तियों में मुख्य रूप से सभी आवश्यक एमीनों अम्ल पाये जाते हैं जिन्हें सारिणी (4.2) में दिया गया है।

सारिणी (4.2) सहिजन की पत्तियों में पाये जाने वाले आवश्यक एमीनों अम्ल (प्रति ग्राम नत्रजन)

आवश्यक एमीनों अम्ल	मात्रा
आर्जीनिन (arginine)	380 मिग्रा
हिस्टीडिन (histidine)	140 मिग्रा
लाइसिन (lysine)	320 मिग्रा
ट्रिप्टोफेन (tryptophan)	100 मिग्रा
फिनाइल एलेनिन (phenyl alanine)	290 मिग्रा
टाइरोसिन (tyrosine)	-
मेथिओनिन (methionine)	110 मिग्रा
सिस्टीन (cystine)	130 मिग्रा
थ्रिओनिन (threonine)	250 मिग्रा
ल्यूसिन (leucine)	460 मिग्रा

आइसोल्यूसिन (isoleucine)	280 मिग्रा
वैलीन (valine)	350 मिग्रा

सहिजन की पत्तियों के प्रोटीन का जैविक मूल्य (biological value) और पाचन गुणांक (digestibility coefficient) क्रमश 41 एवं 77 प्रतिशत है। इसकी मुलायम पत्तियों में प्रोटीन विहीन नत्रजन (non protein nitrogen) लगभग 16 प्रतिशत पाया जाता है। सहिजन की पत्तियाँ अन्य सूक्ष्म तत्वों में भी काफी धनी होती हैं। इसकी पत्तियों में पाये जाने वाले अन्य सूक्ष्म तत्वों को सारिणी (4.3) में दिया गया है।

सारिणी (4.3) सहिजन की पत्तियों में पाये जाने वाले अन्य सूक्ष्म तत्व (प्रति 100 ग्राम खाने योग्य भाग में)

सूक्ष्म तत्व	मात्रा (मिग्रा)
मैग्नीशियम	42
सोडियम	-
पोटैशियम	259
कापर	0.07
मैगनीज	0.37
मालिब्डेनम	-
जिंक	0.16
क्रोमियम	0.010
सल्फर	137
क्लोरीन	423

स्रोत : गोपालन एवं सहयोगी, 1999

सहिजन के पौधे का अत्यधिक औषधीय महत्व है। इसके पत्तियों का सेवन कैंसर में लाभकारी पाया गया है। ग्वाटेमाला में इसका उपयोग विभिन्न प्रकार की बीमारियों जैसे त्वचा, पाचन एवं श्वसन सम्बन्धी रोगों को दूर करने में किया जाता है। इसके बीज के वसा अम्ल में मुख्य रूप से ट्राईग्लीसराइड (triglicerides) पाया जाता है और इसके बीज जैव प्रतिरोधी गुण (antibiotic properties) वाले होते हैं। इसमें पाये जाने वाले 4 अल्फा एल रेमनोसिल आक्सी बेंजाइल आइसोथाइओसाइएनेट (4α L. rhmnosyloxybenzyl-isothiocyanate) के कारण होती है।

उद्‌भव एवं वितरण

सहिजन उत्तर भारत एवं पाकिस्तान का देशज माना जाता है। बहुत पहले इसे दक्षिण पूर्व एशिया के देशों में लाया गया और अब इसे सभी उपोष्ण क्षेत्रों (tropical regions) में उगाया जाता है। जान (1996) ने सहिजन की चीन में प्रवेशन (introduction) के बारे मे विस्तृत जानकारी एकत्र की है। उनके अनुसार भारतीय एवं मलायन लोगों ने इसे सर्वप्रथम मकाओ क्षेत्र में लाये जहाँ से यह कैन्टान (Canton) पहुँचा और वहाँ से इसे कालान्तर में काली मिर्च को सहारा देने के रूप में उगाना शुरू किया गया ।

वानस्पतिक विवरण

सहिजन का वानस्पतिक नाम मोरिंगा ओलइफेरा (*Moringa oleifera* Lamk Syn. *M. pterogosperma* Gaertn.) है और यह मोरिंगेसी (Moringaceae) कुल का पौधा है। इसकी गुणसूत्र संख्या (2 एन) 28 है।

सहिजन एक छोटा मध्यम आकार का 10 मी. ऊँचा पौधा होता है। इसकी छाल लकड़ी नुमा सफेद या भूरे रंग की होती है जिसमें मोटे रेशे पाये जाते हैं। छाल से सफेद गोंद निकलता है। नए प्ररोह सफेद हरे या बैंगनी रंग के होते हैं। पत्तियाँ संयुक्त, तीन छत्रक वाली (tripinnate), 50-60 सेमी. लम्बी होती हैं। पर्णवृंत 4-15 सेमी. लम्बे एवं मोटे होते हैं। पुष्पक्रम 8-30 सेमी. लम्बी शाखा में निकलते हैं जिसमें असंख्य सफेद या क्रीमी रंग के सुगंधित पुष्प निकलते हैं। पुष्प का बाह्य दल पुंज नलिकानुमा, 5 पिण्डो वाला एवं हरे रंग का होता है। दल पुंज 5, 1-2 सेमी लम्बे, पुंकेसर 5, वर्तिका नलिकानुमा और ऊपर की तरफ सकरी होती है। फलियाँ लम्बी लटकती हुई, 10-50 सेमी लम्बी, त्रिकोणीय एवं हरे रंग की होती हैं।

जलवायु एवं भूमि

सहिजन उपोष्ण जलवायु (tropical climate) का पौधा है और इसे समुद्र के तटवर्ती क्षेत्रों से लेकर 13000 मीटर की ऊँचाई तक सफलता पूर्वक उगाया जा सकता है, लेकिन 1600 मीटर में अधिक ऊँचाई होने पर इसकी बढ़वार पर विपरीत प्रभाव पड़ता है (कैसेरस एवं सहयोगी, 1991)। सहिजन के पौधे 760-2250 मिमी. वर्षा एवं 18.7 - 28.5^{0}सेग्रेड तापमान की अवस्था में भली-भाँति उगते हैं।

सहिजन को सभी प्रकार की भूमियों में उगाया जा सकता है, लेकिन इसकी खेती के लिए चिकनी मिट्टी का चुनाव नहीं करना चाहिए। इसे 4.5 पी.एच. मान की मृदा से लेकर 8.0 पी.एच. मान की मृदा तक सफलता पूर्वक उगाया जा सकता है। वैलिया एवं सहयोगी (1993) ने विनिमय योग्य सोडियम प्रतिशत (exchangeable sodium percent) का पौधे की वृद्धि एवं रासायनिक संघटनों पर किये गये अध्ययन में पाया कि विनिमय योग्य सोडियम की दर 40 प्रतिशत से अधिक होने पर पौधों की बढ़वार, पत्तियों की संख्या, पौधों की मोटाई, फैलाव, जड़ की लम्बाई पर प्रतिकूल प्रभाव पड़ा। जड़ की मोटाई और संख्या, विनिमय योग्य सोडियम की 3.82 प्रतिशत पर 3-5 गुना अधिक पाई गयी और विनिमय योग्य सोडियम की दर 60 प्रतिशत से अधिक होने पर पौधों के रोपण के 120 दिन बाद पत्तियों का झड़ना एवं उनका गिरना प्रारम्भ हो गया। अत्यधिक विनिमय योग्य सोडियम का स्तर होने पर पत्तियों, तनों एवं जड़ में नत्रजन, फास्फोरस, पोटैशियम, कैल्शियम, मैग्नीशियम और गंधक का प्रतिशत घट गया जबकि सोडियम के प्रतिशत में वृद्धि पाई गयी।

प्रसारण

सहिजन का प्रसारण बीज एवं वानस्पतिक दोनों विधियों के द्वारा किया जाता है। इसके बीज एक सप्ताह के अन्दर अंकुरित हो जाते हैं। यदि बीज को 24 घंटे तक पानी में भीगोंकर कमरे के तापक्रम पर रख दिया जाय तो उसमें अंकुरण शीघ्र होता है। वर्मा (1973) के अनुसार अच्छी तरह से नमीं युक्त भूमि में 1.3 सेमी की गहराई पर बुआई करने से बीज का अंकुरण शीघ्र होता है। बुआई के लिए बराबर ताजे बीजों का प्रयोग करना चाहिए क्योंकि 2 महीने से अधिक समय तक रखे पुराने बीजों का बुआई के लिए प्रयोग करने पर उनकी अंकुरण क्षमता घट जाती है। नर्सरी में बीज की बुआई करने के बाद 3 महीने में पौधे रोपण के लिए तैयार हो जाते हैं।

वानस्पतिक प्रसारण के लिए सहिजन के तने के टुकड़ों का प्रयोग किया जाता है। इसके लिए 1-3.5 मीटर लम्बे और 14-16 सेमी. मोटाई के टुकड़े काट लिए जाते हैं और इनको उत्तर भारत के मैदानी क्षेत्रों में प्राय: मई-जून के महीने में रोपण किया जाता है (पीटर एवं देवदास, 1989)। एक पौधे से दूसरे पौधे के बीच का अंतराल 3-5 मीटर रखा जाता है।

खाद एवं उर्वरक

पौधे से अच्छी उपज प्राप्त करने के लिए खाद एवं उर्वरकों का प्रयोग पौधों के लगाने के पहले करना अच्छा होता है। केरल में घरेलू स्तर पर उगाने के लिए गड्ढे की खुदाई कर ली जाती है और उसमें हरी पत्तियों, कम्पोस्ट की खाद आदि भर ली जाती है (पीटर एवं देवदास, 1989)। एक वर्ष के पुराने पौधों पर पोषक तत्व सम्बन्धी किये गये परीक्षण में पाया गया कि प्रति पौधा 250 ग्राम नत्रजन, 35 ग्राम फास्फोरस और 125 ग्राम पोटैशियम तत्व के रूप में देने से प्रति पौध 5.25 किग्रा फलियों की उपज प्राप्त हुई।

पुष्पन एवं परागण

उत्तर भारत के मैदानी क्षेत्रों में सहिजन में जनवरी - फरवरी के महीने में पुष्प आना प्रारम्भ हो जाता है। परागकण के अंकुरण और उनकी भण्डारण क्षमता पर किये गये अध्ययन के अनुसार 31.32 - 41.65 μm के परागकण अंकुरण के लिए उपयुक्त थे जबकि नपुंसक पराग कणों का आकार 22.9 - 33.22 μm के बीच था। ताजे परागकणों की अंकुरण क्षमता अधिक थी और परागकणों को 6 प्रतिशत सुक्रोज और 15 पी.पी.एम. बोरिक अम्ल के माध्यम से 24 घंटे तक सुगमता पूर्वक भण्डारित किया जा सकता है। सिंह एवं सहयोगी (1983) के अनुसार सहिजन में अत्यधिक फल धारण (31.26 प्रतिशत) हाथ द्वारा ताजे पराग कणों के प्रयोग करके पाया गया। परागण की अवधि एवं फल धारण प्रतिशत को सारिणी (4.4) में दिया गया है।

सारिणी (4.4) परागण का समय एवं फल धारण प्रतिशत

परागण का समय	फल धारण प्रतिशत
ताजे परागण	31.26
4 घंटे बाद	23.58
8 घंटे बाद	18.35
12 घंटे बाद	10.09
16 घंटे बाद	6.56
20 घंटे बाद	3.12
24 घंटे बाद	0.29
28 घंटे बाद	कुछ नहीं

स्रोत : सिंह एवं सहयोगी, 1983

सहिजन में कार्पेन्टर बी या मक्खी (*Xylocarpa latipes* and *X. pubescens*) मुख्य रूप से परागण का कार्य करती हैं। ये मक्खियाँ मुख्य रूप से दिन के समय सक्रिय रहती हैं और सुबह 6 बजे से सायं 3 बजे तक परागण का कार्य करती हैं।

फलों का विकास

सहिजन के फलों के विकास में आंतरिक आक्जिन एवं साइटोकाइनिन (endogenous auxin and cytokinin) वृद्धि नियामकों की महत्वपूर्ण भूमिका होती है (अय्यर एवं सहयोगी, 1981; नागर एवं सहयोगी, 1982)। सहिजन का फल लम्बवत रूप में शीघ्रता से बढ़ता है। इसके 30-40 सेमी लम्बे फल में आक्जिन के 4 घटक जिसमें दो मुख्य रूप से इण्डोल एसीटिक अम्ल (indole acetic acid) और इण्डोल एसीटो नाइट्राइल (indole aceto nitrile) होते हैं। अध्ययन में पाया गया कि आक्जिन की सक्रियता उस समय सर्वाधिक होती है जब फलियों की लम्बाई 25-30 सेमी होती है और जब फली विकसित होकर 50 सेमी. से अधिक लम्बी हो जाती है उस समय आक्जिन की क्रियाशीलता घट जाती है। इसी प्रकार साइटोकाइनिन के फल की 10 वृद्धि अवस्था तक (50 सेमी लम्बाई तक) अध्ययन में पाया गया कि 15-20 सेमी फली की लम्बाई तक प्रति ग्राम फल वजन के आधार पर 1.0 माइक्रोग्राम साइटोकाइनिन का स्तर बढ़ा और इसके बाद वह स्थिर हो गया। पलानीस्वामी एवं सहयोगी (1985) ने पाया कि सहिजन के फलियों की लम्बाई में वृद्धि परागोदवन (anthesis) के बाद 80-85 दिन तक होती है।

बीज का विकास एवं परिपक्वता

सहिजन में 35 दिन से कम अवधि की परिपक्वता का बीज सामान्यतया नहीं अंकुरित करता है और अंकुरण के लिए 40 दिन बाद की अवधि की परिपक्वता होना आवश्यक है। एक वर्षीय सहिजन जिनका प्रसारण बीज के द्वारा किया जाता है उनको परागोदवन (anthesis) के 100 दिन बाद ही फलों की तुड़ाई करके उनसे बीज एकत्रित करके बुआई के काम में लाना चाहिए। इसके बाद बीज की गुणवत्ता का ह्रास होने लगता है। फलियों की परिपक्वता एवं बीजों के अंकुरण सम्बन्धी तथ्य

सारिणी (4.5) सहिजन में बीज में परिपक्वता की अवधि

गुण	पुष्पन के बाद की अविध (दिन)						
	15	30	45	60	75	90	100
फलियों की लम्बाई (सेमी)	19.1	29.5	36.3	34.0	39.7	35.3	40.0
फल का वजन (ग्राम)	0.97	13.54	69.3	103.72	20.26	10.56	5.0
प्रति फल बीज	0	0	16.2	15.6	19.4	16.6	17.0
बीज वजन / फल (ग्राम)	0	0	9.90	11.00	12.44	3.64	1.80
फल में नमीं (%)	8.80	88.4	86.0	67.6	55.1	12.2	8.0
बीज में नमीं (%)	0	0	78.6	56.8	27.14	10.7	7.0
बीज अंकुरण (%)	0	0	4.1	12.0	36.0	89.0	96.0

स्रोत : पलानीस्वामी एवं सहयोगी, 1985

सारिणी (4.5) में दिया गया है।

बीज का भण्डारण

सहिजन के बीज को अधिक दिन तक भण्डारित करने पर उसकी अंकुरण क्षमता प्रभावित होती है। यदि इसके बीज को कैप्टान दवा के 2 ग्राम मात्रा को प्रति किग्रा बीज के साथ उपचारित करके पालीथिन की थैलियों में रखा जाय तो एक वर्ष के भण्डारण के बाद 40 प्रतिशत अंकुरण होता हैं जबकि अनुपचारित नियंत्रण में अंकुरण बहुत कम (4-14 प्रतिशत) होता है (पलानीस्वामी एवं सहयोगी, 1995)

किस्में

इसकी कुछ प्रमुख किस्मों का वर्णन निम्न प्रकार है।

1. चवाकचेरी मुरिंगाई (Chavakkacheri Muringai) यह श्री लंका की किस्म है। इसकी फलियाँ बहुत लम्बी (90 - 120 सेमी.) होती हैं।

2. चे मुरिंगाई (Cha Muringai) यह भी श्री लंका की किस्म है। इसके पौधे मध्यम ऊँचाई के होते हैं। इसमें वर्ष भर फूल-फल आते हैं। इसकी फलियाँ लम्बी और फलियाँ का शिरा लाल होता है।

3. जाफना टाइप (Jafna Type) सहिजन की इस किस्म को हमारे देश में श्री लंका से लाया गया है। इसमें लगाने के दूसरे वर्ष से प्रति पेड़ लगभग 400 फलियाँ मिल जाती हैं। फलियाँ 60-90 सेमी. लम्बी, मुलायम एवं अच्छे स्वाद वाली होती है।

4. कट्टु मुरिंगाई (Kattu Muringai) इस किस्म को तमिलनाडु के कृषि विभाग द्वारा विकसित किया गया है। इसके पौधे झाड़ीनुमा होते है, जिससे फलियों की तुड़ाई काफी सुविधा पूर्वक होती है। इसको बीज के द्वारा उगाया जाता है। पौधे लगाने के 6 महीने बाद ही यह फलत में आ जाती है। फलियाँ 25-30 सेमी. लम्बी होती हैं।

5. कोडिकल मुरिंगाई (Kodigal Mur-ingai) यह तमिलनाडु की किस्म है। इसके पौधे छोटी बढ़वार के होते हैं। इसकी पत्तियाँ एवं फलियाँ दोनों बहुत स्वादिष्ट होती है। फलियां मोटी, गूदेदार एवं 20-25 सेमी. लम्बी होती है।

6. पी.के.एम.1 (P.K.M.-1) यह एक वर्षीय किस्म है जिसके पौधे छोटी बढ़वार लिए झाड़ीनुमा होते हैं। इसमें पौधे लगाने के 90-100 दिन बाद ही फल आना प्रारम्भ हो जाता है। फलियाँ 65-70 सेमी. लम्बी और काफी मोटी (6.3 सेमी. व्यास) की होती है।

7. पूना मुरिंगाई (Poona Muringai) इस किस्म को तिरुनेवेल्ली कटावोमैन और कन्याकुमारी जिलों में इसे गृह वाटिका में प्रचुरता से उगाया जाता है।

8. याजफनम मुरिंगा (Yazphanam Muringa) इस किस्म को तमिलनाडु राज्य के सलेम और

मदुराई जिलों में गृह वाटिका तथा बाउन्ड्री वाल के किनारे बहुतायत से उगाया जाता है। इसका प्रसारण कलम के द्वारा किया जाता है। एक बार लगाने पर पौधा 5-6 वर्ष तक फलत में रहता है।

पौध संरक्षण

सहिजन पर लगने वाले प्रमुख कीट है फल मक्खी (*Gitona* spp.), पत्ती खाने वाला कैटर पिलर (*Noorda blitealis* Walk.), एवं माँहू (*Aphis cracivora* Koch)। इनके नियंत्रण के लिए डाइक्लोरोवास दवा की 0.4 प्रतिशत एवं फेंनिथियान की 0.05 प्रतिशत की दर से छिड़काव करने से सुगमता पूर्वक नियन्त्रण हो जाता है (अन्जन्या मुर्ति एवं रेगुपति, 1989)। एक अन्य परीक्षण में लीफ कैटरपिलर एवं फल मक्खी के नियंत्रण के लिए 0.04 प्रतिशत डाइक्लोरोवास एवं फेनिथियान के साथ 1 प्रतिशत नीम के तेल का छिड़काव काफी प्रभावी पाया गया (रगुमुर्ति एवं आरमुगम, 1992)।

जननद्रव्य संग्रह एवं सुधार

सहिजन के जननद्रव्यों के संग्रह एवं किस्मों के विकास पर अभी अधिक बल नहीं दिया गया है। भारत के उत्तर पश्चिमी भागों में इसके जननद्रव्यों में काफी विभिन्नता पाई जाती है। भारतीय कृषि अनुसंधान परिषद द्वारा संचालित इम्प्रूवमेन्ट ऑफ अन्डर यूटिलाइज्ड वेजिटेबुल क्राप्स (Improvement of Underutilised Vegetable Crops) के अंतर्गत इसके जननद्रव्यों का संग्रह भारतीय सब्जी अनुसंधान संस्थान, वाराणसी, चौ. चरण सिंह हरियाणा कृषि विश्वविद्यालय, हिसार; भारतीय बागवानी अनुसंधान संस्थान, बंगलौर एवं केरल कृषि विश्वविद्यालय, त्रिचूर पर किया जा रहा है। इण्डोनेशिया में इसकी कुछ ऐसी प्रजातियाँ पाई जाती है जिनमें फूल प्राय: नहीं आता है। ऐसी किस्मों को सब्जी के रूप में चिन्हित किया जा सकता है।

5. कुल्फा
(Purslane)

स्थानीय नाम : हिन्दी एवं पंजाबी- कुल्फा; मराठी एवं गुजराती- घोल; बंगला- नुनिया साग; उड़िया- कुल्फा सागा; तेलगू- पविला; तमिल- पसाली कीरई; मलयालम- पसाली कीरा; कन्नड़- डोडा गोनी सोपु।

कुल्फा एक पत्ती वाली सब्जी है, जिसकी मुलायम टहनियों एवं पत्तियों में अच्छी सुगन्ध होने के कारण इसका प्रयोग सलाद के लिए भी किया जाता है। यह हमारे देश के अतिरिक्त यूरोप एवं अन्य एशियाई देशों में बहुत अधिक प्रचलित है। इसकी पत्तियाँ प्रोटीन, आयरन और अन्य खनिज तत्वों में काफी धनी होती हैं। कुल्फा को विश्व स्वास्थ्य संगठन (World Health Organization) द्वारा महत्वपूर्ण औषधी पौधों के रूप में अंकित किया गया है (सुसिआरति, 1993)। यह मूत्र रोगों, हड्डी के जोड़ों और अन्य स्त्री रोगों (gynaecological diseases) में लाभकारी है। इसे हृदयवर्धक (cardiotonic) के रुप में प्रयोग किया जाता है और इसका सेवन पेचिस तथा बुखार में लाभकारी होता है। इसकी पत्तियों का लेप चर्म रोगों जैसे इक्जिमा (eczema) आदि में लाभकारी होता है। कुल्फा गें अधिक मात्रा में एल नोरेड्रेनिलिन (l-noradrenaline) 0.25 प्रतिशत ताजे भार के आधार पर पाया जाता है जो स्नायुवर्धक (nerve hormone) का कार्य करता है। कुल्फा में शुष्क भार के आधार पर 3.5 प्रतिशत लिपिड्स पाया जाता है। जिसमें 25 प्रतिशत स्वतंत्र वसा अम्ल (free fatty acids) होते हैं। इसमें पाये जाने वाले ओमेगा-3 बहु असंतृप्त वसा अम्ल (Omega-3 poly unsaturated fatty acid) की अधिक मात्रा के कारण इसका बहुत अधिक औषधी महत्व है (ओमरा एवं सहयोगी, 1991; कोच, 1988)। ओमेगा-3 वसा अम्ल शरीर में कोलेस्टेराल की मात्रा को कम करता है। इसमें पाये जाने वाले लिपिड में 19 प्रतिशत स्टेराल्स (sterols) होता है जिसमें 72 प्रतिशत सिस्टेराल (sisterols) एवं 14 प्रतिशत स्टिग्मैस्टेराल (stigmasterol) होता है (सिम्पोलस एवं सलेम, 1989)।

कुल्फा में पालक की तुलना में 7 गुना अधिक अल्फा टोकोफेराल (α tocopherol) पाया जाता है (सिम्पौलस एवं सहयोगी, 1992)। इसकी पत्तियों में 381 मिग्रा प्रति 100 ग्राम खाने योग्य भाग में फाइलोक्वीनिन (phyloquinine) या विटामिन के-1 (Vitamin K-1) पाई जाती है जो कि पकाते समय नष्ट नहीं होती है (लेजेनवर्ग एवं सहयोगी, 1986)। इसकी पत्तियों के प्रति 100 ग्राम भाग में 14.8 मिग्रा ग्लूटैथिओन (glutathione) पाया जाता है (सिम्पौलस एवं सहयोगी, 1992)। कुल्फा की पत्तियों में पाये जाने वाले पोषक तत्वों को सारिणी (5.1) में दिया गया है

सारिणी : (5.1) कुल्फा की पत्तियों का पोषक मूल्य (प्रति 100 ग्राम खाने योग्य भाग में)

पोषक तत्व	मात्रा
नमी	90.5 ग्राम
प्रोटीन	2.4 ग्राम
वसा	0.6 ग्राम
खनिज	2.3 ग्राम
रेशा	1.3 ग्राम
कार्बोहाइड्रेट्स	2.9 ग्राम
ऊर्जा	27 कि. कैलोरी

कैल्शियम	111 मिग्रा.
फास्फोरस	45 मिग्रा.
आयरन	14.8 मिग्रा
कैरोटीन	2292 माइक्रो ग्राम
थाइमिन	0.10 मिग्रा
राइबोफ्लेविन	0.22 मिग्रा
नियासिन	0.7 मिग्रा
विटामिन सी	99 मिग्रा

स्रोत : गोपालन एवं सहयोगी, 1999

उपर्युक्त पोषक तत्वों के अतिरिक्त कुल्फा की पत्तियाँ पोटैशियम एवं अन्य खनिज तत्वों की भी अच्छी स्रोत है। इसकी पत्तियों में पाये जाने वाले अन्य सूक्ष्म तत्वों को सारिणी (5.2) में दिया गया है।

सारिणी (5.2) कुल्फा की पत्तियों में पाये जाने वाले अन्य सूक्ष्म तत्व

सूक्ष्म तत्व	मात्रा
मैग्नीशियम	120 मिग्रा
सोडियम	67.2 मिग्रा
पोटैशियम	716 मिग्रा
कापर	0.19 मिग्रा
मालिब्डेनम	-
जिंक	-
क्रोमियम	-
सल्फर	63 मिग्रा.
क्लोरीन	73 मिग्रा.

स्रोत : गोपालन एवं सहयोगी, 1999

कुल्फा की पत्तियों में 89 माइक्रोग्राम प्रति ग्राम बीटा कैरोटीन (β carotene) पाया जाता है। इसका अधिकांश भाग (2.3 प्रतिशत) पकाते समय नष्ट हो जाता है (रहमान एवं सहयोगी, 1990)। इसमें पाये जाने वाले कैरोटीन को सारिणी (5.3) में दिया गया है।

सारिणी - (5.3) कुल्फा में पाये जाने वाले कैरोटिनायड्स

कैरोटिनायड्स (माइक्रोग्राम / ग्राम)	मात्रा
बीटा कैरोटीन (β carotene)	30
अल्फा क्रिप्टोजैथिन (α crypto xanthin)	0.6
ल्यूटिन + वाइलोजैंथिन (lutein+violoxanthin)	48
जियाजैथिन (zea xanthin)	0.7
नियोजैथिन (Neo xanthin)	9
संपूर्ण	89

स्रोत : मर्केडेनेटे एवं रोड्रिगुएज , 1990

उद्‌भव एवं वितरण

कुल्फा एक प्रचलित खरपतवार है और इसकी उत्पत्ति अच्छी तरह से ज्ञात नहीं है। मैक्सिको और आस्ट्रेलिया इसके विविधिता के क्षेत्र माने जाते हैं। यह विश्वास किया जाता है कि उगाई जाने वाली कुल्फा की किस्म का विकास पुरानी दुनियाँ में ही हुआ है।

वानस्पतिक विवरण

कुल्फा का वानस्पतिक नाम पार्चुलाका ओलेरेसिया (*Portulaca oleracea* L.) है और यह पार्चुलेकेसी (Portulacaceae) कुल का पौधा है। इसकी गुणसूत्र संख्या (2n) 18, 36, 45, 54 (बहुगुणित) है। वंश पार्चुलाका (*Portulaca*) के अंतर्गत 40 से अधिक प्रजातियँ पायी जाती हैं। जो मुख्य रूप से उपोष्ण एवं समशीतोष्ण भागों में फैली हुई हैं। दक्षिण एशिया में इसकी 5 प्रजातियाँ पाई जाती हैं। कुल्फा की प्रजातियों में बहुत अधिक विभिन्नता होती है। इसमें बहुगुणिता (polyploidy), द्विगुणित (diploid), चर्तुगुणित (tetraploid) एवं षटगुणित (hexaploid) प्रकार की होती है। वंश पार्चुलाका को दो उप प्रजातियों में बाँटा गया है। पार्चुलाका ओलेरेसिया उप प्रजाति ओलेरेसिया (*Portulaca oleracea* ssp. *oleracea*) होती है जबकि उप प्रजाति सटाइबा (*Portulaca oleracea* ssp. *sativa*) षटगुणित (hexaploid) होती है, इसे उगाया जाता है और इसके पौधे लम्बे एवं बड़े आकार के होते हैं।

कुल्फा एक सीधी बढ़वार वाला शाकीय पौधा है जो 40-50 सेमी. ऊँचा होता है। पत्तियाँ गोल, मोटी, हरे रंग की और स्पेचुला के आकार की होती हैं। पत्तियाँ तने पर आमने सामने या चक्र में

लगी होती हैं। पुष्प पीले रंग के होते हैं जिसमें 4-5 पंखुड़िया होती हैं। पुंकेसर 7-10, वर्तिका 5 शाखाओं वाली, फल गोलाकार, 4-5 मिमी. आकार के होते हैं। फल में बहुत अधिक संख्या में काले रंग के बीज बनते हैं जिनका वितरण हवा एवं पानी के द्वारा आसानी पूर्वक हो जाता है। कुल्फा अल्प अवधि में जीवन चक्र पूरा करने वाला पौधा (ephimeral plant) है जो बुआई से 2-4 महीने के बीच पक कर तैयार हो जाता है। इसमें स्वयं परागण (self pollination) होता है। फल निषेचन के 7-12 दिन बाद पक कर तैयार हो जाते हैं।

जलवायु एवं भूमि

कुल्फा की दोनों प्रजातियों में ओलेरेसिया कम तापक्रम के प्रति सहिष्णु है। जावा में इसके पौधे 18000 मीटर की ऊँचाई तक पाये जाते हैं जबकि क्वाड्रीफिडा (*P. quadrifida*) के पौधे कम ऊँचाई तक ही पाये जाते हैं। कुल्फा में 4 कार्बन चक्र प्रकाश संश्लेषण प्रक्रिया (4 cycle photosynthesis path way) होने के कारण इसके ऊपर प्रकाश की तीव्रता, गहनता और अधिक तापक्रम का बहुत अधिक प्रभाव पड़ता है।

कुल्फा को दोमट से लेकर भारी दोमट भूमियों में सरलता पूर्वक उगाया जा सकता है। ऐसी भूमियाँ जिसमें कार्बनिक पदार्थ एवं ह्यूमस की मात्रा अधिक होती है, इसकी खेती के लिए अच्छी मानी जाती है। मिट्टी मुलायम, भुरभुरी एवं महीन कड़ों वाली होनी चाहिए। बुआई से पूर्व खेत की 2-3 बार जुताई करके पाटा चला दिया जाता है। खेत तैयार करने के बाद सुविधानुसार क्यारियाँ बना ली जाती हैं।

बुआई का समय, बीज दर एवं विधि

उत्तर भारत के मैदानी क्षेत्रों में कुल्फा की फरवरी-मार्च के महीने में जबकि दक्षिण भारत में जनवरी-फरवरी के महीने में बुआई की जाती है। दक्षिण भारत में इसे और पहले बुआई करके फसल प्राप्त की जा सकती है। एक हेक्टेयर बुआई के लिए 1-1.5 किग्रा बीज की आवश्यकता होती है। बीज को खेत में छिटकर बोया जाता है। बुआई के बाद बीजों को हल्की गुड़ाई करके मिट्टी से ढक दिया जाता है। पंक्तियों में बुआई के लिए पंक्ति से पंक्ति की दूरी 15-20 सेमी रखी जाती है। प्राय: कुल्फा में ताजे बीजों के अंकुरण के लिए प्रकाश की आवश्यकता होती है, जबकि पुराने बीजों के लिए प्रकाश की आवश्यकता नहीं होती है। लि एवं सहयोगी (2000) ने पाया कि कुल्फा के बीजों में 5-6 महीने की सुषुप्ता अवस्था होती है। इसके बीजों के अंकुरण के लिए 30^0 सेग्रेड तापमान उपयुक्त होता है और बीजों को जिब्रेलिक अम्ल के 200 पी.पी.एम. घोल से उपचार करने से अंकुरण, ओज तथा अंकुरण सूचकांक में वृद्धि होती है।

खाद, उर्वरक एवं सिंचाई

अच्छी तरह से उपजाऊ भूमियों में अलग से उर्वरक देने की आवश्यकता नहीं होती है। इसकी अच्छी उपज के लिए 100-125 मेट्रिक टन प्रति हेक्टेयर की दर से कम्पोस्ट या गोबर की खाद देना चाहिए। गोबर या कम्पोस्ट खाद का प्रयोग बुआई से लगभग एक महीने पूर्व करना चाहिए। बुआई के समय यदि खेत में नमीं की कमी हो तो उस अवस्था में बुआई के पश्चात हल्की सिंचाई करना चाहिए। अंकुरण के पश्चात् 8-10 दिन के अन्तराल पर 5-6 सिंचाई करनी चाहिए।

पत्तियों की कटाई एवं उपज

कुल्फा में पहली कटाई बुआई के 4-5 सप्ताह बाद जब पौधे 12-15 सेमी. ऊँचाई के हो जाते हैं, तब की जाती है। इसके बाद नियमित रूप से 10-15 दिन के अंतराल पर कटाई की जाती है।

इसके तने बहुत मुलायम होते हैं अत: देर से कटाई करने पर भी गुणवत्ता पर कोई विशेष प्रभाव नहीं पड़ता है। उत्तर भारत के मैदानी क्षेत्रों में इसकी जून-जुलाई तक कटाई की जाती है। एक हेक्टेयर क्षेत्र से लगभग 150 कुन्तल हरी पत्तियों की उपज प्राप्त होती है। कुल्फा की पत्तियों को 0-1^{0} सेग्रेड तापक्रम पर 3-5 दिन तक भण्डारित किया जा सकता है।

बीज उत्पादन

कुल्फा में बीज उत्पादन का कार्य थोड़ा कठिन होता है। क्योंकि इसमें फल पकने के बाद बीज बिखर जाते हैं। बीज वाली फसल में जब फल विकसित होकर पकने की अवस्था को पहुँचते हैं उसी समय उनकी कटाई करके पालीथिन की चादरों पर सुखा दिया जाता है। इसके डंठलों को पीट कर उसमें से बीज निकालकर साफ कर लिया जाता है।

जननद्रव्य संग्रह एवं किस्मों का विकास

कुल्फा का अत्यधिक औषधीय एवं पोषण महत्व को देखते हुए इसके जननद्रव्यों के एकत्रीकरण एवं गुणवत्ता के प्रति परीक्षण की आवश्यकता है। इसकी ऐसी किस्में विकसित करने की आवश्यकता है, जिसकी पत्तियों की उपज अच्छी हो और उनमें आक्जिलेट तथा नाइट्रेट का संचयन कम होता हो।

6. नीव जीलैण्ड पालक (New Zealand Spinach)

स्थानीय नाम : कन्नड़ चिकेसोपु

नीव जीलैण्ड पालक वास्तविक रूप से पालक नहीं है, लेकिन इसका पालक की तरह ही उपयोग है। इसे हमारे यहाँ उत्तरी बंगाल, मेघालय और अन्य पर्वतीय क्षेत्रों जैसे कलिमपांग, दार्जिलिंग तथा दक्षिण भारत में कर्नाटक में प्रमुखता से उगाया जाता है। इसकी खेती पालक की ही भाँति की जाती है। इसकी पत्तियों एवं मुलायम शाखाओं को सब्जी के रूप में प्रयोग किया जाता है। इसमें कैल्शियम, फास्फोरस, आयरन, विटामिन ए, बी एवं सी की पर्याप्त मात्रा पाई जाती है। इसमें पाये जाने वाले पोषक तत्वों को सारिणी (6.1) में दिया गया है।

सारिणी (6.1) नीव जीलैण्ड पालक का पोषक मूल्य (100 ग्राम खाने योग्य भाग में)

पोषक तत्व	मात्रा
नमी	88.6 प्रतिशत
नत्रजन	0.65 प्रतिशत
ईथर सत्	0.46 प्रतिशत
कच्चा रेशा	1.00 प्रतिशत
ऐश	2.16 प्रतिशत
कैल्शियम	375.9 मिग्रा
फास्फोरस	68.0 मिग्रा
आयरन	2.48 मिग्रा
कैरोटीन	7.64 मिग्रा
थाइमिन	0.03 मिग्रा
राइबोफ्लेविन	0.19 मिग्रा
नियासिन	1.49 मिग्रा
एस्कार्बिक अम्ल	36.3 मिग्रा

स्रोत : डब्लू. ओ. आई, 1968

उपर्युक्त पोषक तत्वों के अतिरिक्त नीव जीलैण्ड पालक में शुष्क भार के आधार पर 50.9-75.6 माइक्रोग्राम प्रति 100 ग्राम आयोडीन तथा 0.009 मिग्रा.कोबाल्ट पाया जाता है। इसके तने में सैपोनिन पाया जाता है जबकि बीज में इसकी मात्रा नगण्य होती है। पत्तियों को उबालने पर सैपोनिन नष्ट हो जाता है इससे स्वाद पर कोई हानिकारक प्रभाव नहीं पड़ता है। इसमें सामान्य पालक की तुलना में अधिक मात्रा में आक्जिलेट पाया जाता है, जिससे पत्तियों में उपलब्ध कैल्शियम हमारी शरीर को नहीं मिल पाता है। इसमें विटामिन सी की मात्रा अधिक होती है, जिससे इसका प्रयोग फेफड़े तथा आँत के संक्रमण को रोकने में लाभप्रद होता है।

उद्भव एवं वितरण

नीव जीलैण्ड पालक के पौधे जंगली अवस्था में आस्ट्रेलिया, तस्मैनिया, नीव जीलैण्ड, प्रशान्त द्वीप, जापान, चीन एवं ताईवान में पाये जाते हैं। उन्नीसवीं शताब्दी में इसे यूरोप में सब्जी के रूप में उगाया जाना प्रारम्भ किया गया और धीरे-धीरे इसका प्रसार अन्य शीतोष्ण और समशीतोष्ण प्रदेशों में हुआ दक्षिण एशिया में इसे इण्डोनेशिया और फिलीपिन्स में बहुतायत से उगाया जाता है।

वानस्पतिक विवरण

नीव जीलैण्ड पालक का वानस्पतिक नाम टेट्रागोनिया टेट्रागोनोयाड्स (*Tetragonia tetragonoides* (Pillas) O. Kuntze.) है और यह ऐजोएसी (Aizoaceae) कुल का पौधा है। इसकी गुणसूत्र संख्या (2 एन) = 32 है। वंश टेट्रागोनिया (*Tetragonia*) के अन्तर्गत बहुत सी प्रजातियाँ पाई जाती हैं जो मुख्य रूप से शाकीय एवं झाड़ीदार पौधों के रूप में होती हैं।

नीव जीलैण्ड पालक एक रसीला,

बहुशाकीय, एक वर्षीय शाकीय पौधा है। पौधे लगभग 1 मी. ऊँचाई तक होते हैं इनके तने पर छोटे छोटे चमकीले सफेद रंग के उभार (papilla) पाये जाते हैं। पत्तियाँ गहरे हरे रंग की, तिकोने शक्ल की, रसीली, 12 सेमी लम्बी तथा 5 सेमी चौड़ी होती हैं। पत्तियाँ तने एवं शाखाओं पर चारों तरफ से निकलती हैं। इसके पुष्प छोटे आकार के, पीले हरे रंग के तथा पत्तियों के कक्ष से निकलते हैं। पुंकेसर 4-10, अण्डाशय 3-9 कोषीय, फल - ड्रूप, तिकोने आकार के तथा 3-4 उभार लिये होते हैं। प्रत्येक फल में 4-10 बीज बनते हैं।

जलवायु एवं भूमि

नीव जीलैण्ड पालक एक मरुद्भिद्दी (xerophytic) पौधा है और यह शुष्क अवस्था में भी आसानी पूर्वक उगता है। दक्षिण एशिया में इसे समुद्र की सतह से 1000-1700 मीटर की ऊँचाई तक सफलता पूर्वक उगाया जा सकता है। पौधों की बढ़वार के लिए मध्यम रूप से उपजाऊ परन्तु कार्बनिक पदार्थो से भरपूर मृदा अच्छी मानी जाती है। सामान्यतया अच्छी जलनिकास युक्त, बलुई दोमट भूमि इसकी खेती के लिए अच्छी होती है। इसके पौधों पर सूखे एवं अधिक वर्षा का प्रभाव कम पड़ता है। नीव जीलैण्ड पालक के पौधे 35^0 सेग्रेड तापमान तक सफलता पूर्वक गर्मी सहन कर लेते हैं क्योंकि इसकी पत्तियाँ रसीली होती है जिसके कारण उनसे उत्स्वेदन (transpiration) की क्रिया अधिक होती है।

सस्य क्रियायें

नीव जीलैण्ड पालक को बीज के द्वारा उगाया जाता है। बीज को बुआई से पूर्व 24 घंटे पानी में भीगोने से अंकुरण अच्छा होता है। एक हेक्टेयर क्षेत्र में बुआई के लिए 15 किग्रा. बीज की आवश्यकता होती है। बीज को अच्छी तरह से तैयार खेत में 60-70 सेमी. के अन्तराल पर बनी पंक्तियों में 30-40 सेमी. की दूरी पर बुआई करते हैं। नीव जीलैण्ड पालक में अंकुरण की समस्या होती है और बीज के अंकुरित होने में 7-30 दिन का समय लगता है, जिससे कम पौधे मिलते हैं। इसके लिए एक स्थान पर 2-3 बीज की बुआई करनी चाहिए। अंकुरण के बाद पौधों का बिरलीकरण करके सामान्य दूरी बना ली जाती है।

नीव जीलैण्ड पालक के पौधों की बढ़वार के लिए उर्वरकों का प्रयोग लाभप्रद होता है। इसकी 300 कुन्तल हरी पत्तियों की उपज भूमि से 60 किग्रा नत्रजन, 15 किग्रा. फास्फोरस तथा 105 किग्रा. पोटाश का अवशोषण करती है। अत: इसकी खेती के लिए 100 किग्रा. नत्रजन, 25 किग्रा. फास्फोरस और 150 किग्रा पोटाश तत्व के रूप में देना चाहिए (सिम्नोसमा एवं पिलुएक, 1993)।

कटाई एवं उपज

जब मुख्य तना 15-20 सेमी. ऊँचा हो जाता है और पार्श्व शाखाएँ भी 15-20 सेमी. लम्बी हो जाती है तब ऊपर से 5-7 सेमी. शीर्ष भाग की कटाई करके सब्जी के लिए प्रयोग किया जाता है। एक पौधे की 2-3 बार कटाई की जाती है और इस प्रकार एक पौधे से 1-1.5 किग्रा. हरी पत्तियों की उपज प्राप्त होती है। इसकी एक हेक्टेयर खेती से 200-300 कुन्तल हरी पत्तियाँ मिलती है। पत्तियों की भण्डारण क्षमता अच्छी नहीं होती है। अत: कटाई के तुरन्त बाद इनको उपयोग में लाना चाहिए। भण्डारण के लिए 0^0 सेग्रेड तापक्रम और 95 प्रतिशत आपेक्षिक आर्द्रता अच्छी मानी जाती है।

नीव जीलैण्ड पालक के पौधे पर रोग एवं कीट का प्रकोप अपेक्षाकृत कम होता है (वाट्स एवं वाट्स, 1952)। इसके तने पर भारी मिट्टी में

उगाने पर राट (rot) बीमारी का प्रकोप होता है। बलुई मिट्टी में इसका प्रकोप कम होता है। इसके पुराने पौधों पर कभी-कभी विषाणु रोगों का भी प्रकोप होता है। पत्तियों पर लीफ हापर (leaf hopper) एवं एफिड (aphid) कीट का प्रकोप होता है। जिसके बचाव के लिए कम प्रतीक्षा समय वाले कीटनाशी रसायनों का प्रयोग करना चाहिए। छिड़काव पत्तियों की कटाई के बाद किया जाय। नीव जीलैण्ड पालक की जड़ों पर जड़ गाँठ सूत्र कृमि (root knot nematode) का भी प्रकोप होता है।

जननद्रव्य संग्रह एवं किस्मों का विकास

पूरे दक्षिण एशिया में इसके जननद्रव्यों के संकलन एवं परीक्षण पर कोई ध्यान नहीं केन्द्रित किया गया है। पौधे में जैविक तथा अजैविक दबाओं (biotic & abiotic stresses) के प्रति अत्यधिक प्रतिरोधिता का गुण होने के कारण इसकी खेती के प्रसार की आवश्यकता है। इसकी ऐसी किस्में विकसित करने की आवश्यकता है जिसमें आक्जिलेट का संचयन कम हो।

7. बथुआ
(Chenopod)

स्थानीय नाम : बंगला-चंदन बेतु; गुजराती-चील, तनको; हिन्दी-बथुआ साग; कन्नड़-हुचुचकोथा; मराठी-चकवट; संस्कृत-अगरलोहित, चिलिका; तमिल-परापु की रई; तेलगू-पापूकूरा

जाड़े की पत्ती वाली सब्जियों में बथुआ का प्रमुख स्थान है। प्रारम्भिक अवस्था में इसके संपूर्ण पौधे एवं बाद में पत्तियों एवं मुलायम टहनियों को साग के रूप में प्रयोग किया जाता है। इससे विविध प्रकार के व्यंजन जैसे-बथुआ रोटी, बथुआ पराठा, बथुआ साग, बथुआ भुजिया, रायता एवं पकोड़ा आदि तैयार किया जाता है। इसमें प्रोटीन और खनिज तत्व पालक एवं पत्ता गोभी से भी अधिक पाया जाता है । बथुआ की पत्ती का पोषक मूल्य सारिणी (7.1) में दिया गया है ।

सारिणी (7.1) बथुआ का पोषक मूल्य (प्रति 100 ग्राम खाने योग्य भाग में)

पोषक तत्व	मात्रा
नमीं	89.6 ग्राम
प्रोटीन	3.7 ग्राम
वसा	0.4 ग्राम
खनिज	2.6 ग्राम
रेशा	0.8 ग्राम
कार्बोहाइड्रेट्स	2.9 ग्राम
ऊर्जा	30 कि. कैलोरी
कैल्शियम	150 मिग्रा.
फास्फोरस	80 मिग्रा.
आयरन	4.2 मिग्रा.
कैरोटीन	3660 माइक्रों ग्राम
थाइनिन	0.03 मिग्रा.
राबोफ्लेविन	0.06 मिग्रा.
नियासिन	0.2 मिग्रा.
विटामिन 'सी'	12 मिग्रा.

स्रोत : गोपालन एवं सहयोगी, 1999

बथुआ की पत्ती में अन्य पत्ती वाली सब्जियों की तुलना में लाइसिन एमीनों अम्ल की अधिक मात्रा एवं मेथियोनिन की कम मात्रा पाया जाना इसकी प्रमुख विशेषता है । इसमें पाये जाने वाले एमीनों अम्ल को सारिणी (7.2) में दिया गया है ।

सारिणी (7.2) बथुआ में पाये जाने वाले एमीनों अम्ल

एमीनों अम्ल	मात्रा (मिग्रा. / नत्रजन)
लाइसिन	750
ट्रिप्टोफान	020
फिनाइल एलेनिन	110
मेथिओनिन	050
थ्रिओनिन	170
ल्यूसिन	410
आइसोल्यूसिन	440
वैलीन	290

स्रोत : गोपालन एवं सहयोगी, 1999

उपर्युक्त पोषक तत्वों के अतिरिक्त इसकी पत्तियों में 250 पी. पी. एम. विटामिन 'के' पाया जाता है (गंजू एवं पूरी, 1959) । बथुआ की पत्तियाँ नाइट्रेट का संचयन (3.5-5 प्रतिशत शुष्कभार के आधार पर) करती हैं (प्रकाश एवं सहयोगी, 1993)। प्राय: यह पाया गया है कि अन्य हरी पत्ती वाली सब्जियों की तुलना में बथुआ में नाइट्रेट का संचयन अधिक होता है, लेकिन इसमें नाइट्रेट का संचयन तने वाले भाग में होता है जिसे सब्जी के रूप में प्रयोग करते समय अलग कर दिया जाता है । नाइट्रेट के अतिरिक्त इसमें 4.2 पी. पी. एम.नाइट्राइट और 0.9-3.9 ग्राम आक्जिलेट प्रति 100 ग्राम (ताजे भार के आधार पर) पाया जाता है, जो मुख्य रूप से तने में होता है।

बथुआ की पत्तियों का औषधी महत्व भी

है। यह रेचक, कृमि नाशी एवं हृदयवर्धक होता है। इसके सेवन से पेट के गोल एवं हुक वर्म कृमि नष्ट हो जाते हैं । इसकी पत्तियों का जूस जलने से उत्पन्न घाव को ठीक करता है। इसकी पत्तियों का काढ़ा एल्कोहल के साथ शरीर पर मालिश करने से हड्डी के जोड़ों एवं इससे सम्बन्धी रोगों में लाभप्रद होता है ।

बथुआ के बीज को चावल जैसे उबाल कर दाल के साथ खाया जाता है और बक व्हीट (buck wheat) की तुलना में अधिक पौष्टिक होता है। कुल्लू घाटी में इसके बीज को फाम्ब्रा (phambra) नामक डिश तैयार करने में प्रयोग किया जाता है। इसके बीज से तैयार आटे को केक आदि बनाने में प्रयोग किया जाता है। शिमला में इसका किण्डवित पेय (fermented beverage) जिसे 'शूरा' एवं 'घानी' कहते हैं, बनाने में प्रयोग किया जाता है ।

उद्भव एवं वितरण

बथुआ की उत्पत्ति यूरोप से हुई मानी जाती है। संचेज-मारूक्विन (1983) के अनुसार बथुआ की प्रजाति चिनोपोडियम क्विनोआ (*Chenopodium quinova*) की उत्पत्ति संभवत: दक्षिणी अमेरीका के एण्डियन क्षेत्र से हुई है । इसे दक्षिण अमेरिका के यण्डियन क्षेत्र में, अफ्रीका एवं यूरोप में बहुत अधिक उपयोग किया जाता है। इसकी प्रजाति चिनोपोडियम क्विनोआ को सब्जी के रूप में बहुत अधिक पसन्द नहीं किया जाता है क्योंकि इसमें कड़ुआहट एवं सैपोनिन जैसे हानिकारक तत्व पाये जाते हैं (मोरेल्स एवं कर्ल, 1986)।

वानस्पतिक विवरण

बथुआ चिनोपोडिएसी (Chenopodiaceae) कुल का पौधा है । इस कुल में मुख्य रूप से शाकीय, झाड़ीदार और बहुत कम वृक्ष वाले पौधे पाये जाते हैं । बथुआ वानस्पतिक नाम चिनोपोडियम एलबम (*Chenopodium album* L.) है। इसके पौधे विश्वभर में पाये जाते हैं । वंश चिनोपोडियम के अन्तर्गत 260 प्रजातियाँ पाई जाती है (ऋषि एवं गोलवे, 1984)। जिसमें 8 प्रजातियाँ भारत में पाई जाती हैं (डब्लू. ओ. आई, 1972)।

बथुआ एक शाकीय पौधा है । तने का रंग हरा या बैगनी होता है । पत्तियाँ डंठलयुक्त, संपूर्ण तथा एकान्तर क्रम में लगी होती हैं। पत्तियों के नीचे की सतह दानेदार होती है। पुष्प छोटे, हरे रंग के एवं गुच्छे में एवं सामान्यत: पौधे के शीर्ष से निकलते हैं । बीज 1.5 मिमी. व्यास के डिस्क आकार के, काले रंग के एवं चमकदार होते हैं। बथुआ की कुछ प्रमुख प्रजातियों एवं उनके वितरण को सारिणी (7.3) में दिया गया है।

सारिणी (7.3) बथुआ प्रजातियों का विवरण

प्रजातियाँ	देश
चिनोपोडियम क्विनोआ (*Chenopodium quinova*)	दक्षिण अमेरीका, पेरु, ग्वाटेमाला, बोलविया, चिली, अर्जेन्टीना
चिनोपोडियम पैलीडिकुएली (*Chenopodium pallidicaule*)	दक्षिण अमेरीका
चिनोपोडियम बरलैण्डीयरी (*Chenopodium berlandieri*)	मेक्सिको
चिनोपोडियम एलबम (*Chenopodium album*)	भारत
चिनोपोडियम एम्ब्रोसाइड्स (*Chenopodium ambrosoides*)	भारत
चिनोपोडियम एमरेंटीकलर (*Chenopodium amaranticolor*)	भारत
चिनोपोडियम म्यूरेल (*Chenopodium murale*)	भारत
चिनोपोडियम स्ट्रिएटम (*Chenopodium striatum*)	चेकोस्लोवाकिया
चिनोपोडियम ओपुलिफोलिएम (*Chenopodium opulifolium*)	चेकोस्लवाकिया
संकर	
चिनोपोडियम फोलिओसम-पालीस्परमम (*Chenopodium foliosum-polyspermum*)	फिनलैण्ड

सिंधल एवं कुलकर्णी, 1998

जलवायु एवं भूमि

बथुआ के पौधे समुद्र तल से 1000 फीट की ऊँचाई तक आसानीपूर्वक उगते हैं। इसके पौधे क्षारीय भूमि में ही उगते हैं जबकि अधिक अम्लीय भूमि में अंकुरण नहीं होता है। बथुआ ठंडे मौसम की फसल है। उत्तर भारत के मैदानी क्षेत्रों में यह जाड़े के प्रमुख खरपतवार के रूप में उगता है। बुआई के लिए अक्टूबर का महीना उपयुक्त होता है। खेती के लिए इसे सभी प्रकार की भूमियों में उगाया जा सकता है, लेकिन बलुई दोमट तथा दोमट मिट्टी अधिक उपयुक्त होती है। चिकनी मिट्टी में भी इसे उगाया जा सकता है।

बुआई एवं सस्य क्रियायें

इसकी खेती के लिए बुआई से पूर्व 2-3 जुताई करके खेत की मिट्टी को अच्छी प्रकार तैयार कर लिया जाता है। एक हेक्टेयर बुआई के लिए 1.5-2 किग्रा. बीज की आवश्यकत होती है। बथुआ के बीज छोटे आकार के होते हैं अत: इसको पर्याप्त नमी में 0.5-1.0 सेमी. गहरी बुआई करते हैं। बीज को बालू या रेत मिलाकर कुड़ों में बुआई की जा सकती है। पंक्तियों में बुआई के लिए पंक्ति से पंक्ति की दूरी 30-40 सेमी. रखी जाती है।

बथुआ की फसल को पौध तैयार करके रोपण द्वारा भी सफलता पूर्वक लिया जा सकता है। नर्सरी में बीज बुआई के एक महीने बाद जब पौधा 7-8 सेमी. लम्बा हो जाय तब पूर्ण रूप से तैयार क्यारियों में इसे 30-40 सेमी. के अन्तराल पर रोपण कर दिया जाता है। पौधे से पौधे की दूरी 8-10 सेमी. रखते हैं। रोपाई के बाद हल्की सिंचाई करने से पौधे अच्छी तरह से स्थापित हो जाते हैं । इसकी अच्छी उपज के लिए 50-60 किग्रा. यूरिया की प्रति हेक्टेयर की दर से 2-3 बार में टापड्रेसिंग करनी चाहिए । टापड्रेसिंग का कार्य पौधों की कटाई के बाद किया जाय।

किस्में

बथुआ की कोई विकसित किस्म नहीं है। अभी कुछ वर्ष पूर्व भारतीय कृषि अनुसंधान संस्थान, नई दिल्ली से इसके जंगली पौधों के जनन द्रव्यों से एकत्र करके उनमें स्वयं सेचन तथा एक पौधा चयन विधि से शुद्ध चयन करके 'पूसा बथुआ नं. 1' किस्म विकसित की गयी है (सिरोही, 1999) ।

पूसा बथुआ नं. 1 (Pusa Bathua No. 1)

इसके पौधों की ऊँचाई 2.25 मीटर तक जाती है। पत्तियों की लम्बाई 10.5 सेमी. एवं चौड़ाई 3.0 सेमी. होती है तथा उनका रंग बैंगनी हरा होता है। मुलायम तने की मोटाई 0.45 सेमी. तथा दो गाँठों के बीच का अन्तर 2.5 सेमी. और तने का रंग बैगनी हरा होता है। यह किस्म बुआई के लगभग 40-45 दिन बाद कटाई के लिए तैयार हो जाती है। यह लगभग 150 दिन तक वानस्पतिक अवस्था में बनी रहती है और बुआई के 175-180 दिन बाद इसमें फूल आता है ।

कटाई एवं उपज

बथुआ में पहली कटाई बीज बुआई के लगभग 40-45 दिन बाद मिल जाती है तथा बाद में 12-15 दिन के अन्तराल पर इसकी कटाई की जा सकती है। जब फसल में फूल आना प्रारम्भ होता है तब कटाई रोक दी जाती है। इसकी अच्छी खेती से 300 कुन्तल प्रति हेक्टेयर हरी पत्तियों की उपज प्राप्त होती है।

जननद्रव्यों का संग्रह एवं किस्मों का विकास

बथुआ के जननद्रव्यों के संग्रह पर अभी तक विशेष ध्यान नहीं दिया गया है। हमारे देश में बथुआ की एलबम *(Chenopodium album)*

प्रजाति के अतिरिक्त एम्ब्रोसाइड्स *(Chenopodium ambrosoides)* एवं एमरेन्टीकलर *(Chenopodium amaranti-color)* प्रजातियाँ पाई जाती हैं। इन प्रजातियों के जननद्रव्यों का परीक्षण करके ऐसी किस्म विकसित करने की आवश्यकता है जिसमें नाइट्रेट का संचयन कम हो तथा आयरन एवं बीटा कैरोटीन की मात्रा अधिक हो साथ ही पौधा अधिक समय तक वानस्पतिक अवस्था में बने रहने की क्षमता रखता हो।

8. असमिया पलंग
(Ceylon Spinach)

स्थानीय नाम : तमिल - सिलन पसाली; असमी - असमिया पलंग या पिरेली पलंग; अंग्रेजी - वाटर लीफ या सुरीनाम पर्सलेन

असमिया पलंग या सिलान स्पीनाच असम राज्य की एक प्रचलित पत्ती वाली सब्जी है । इसके पौधे नम स्थानों पर बहुतायत से उगते हैं । इसकी मुलायम पत्तियाँ एवं डंठल को सब्जी के रूप में प्रयोग किया जाता है। जावा में इसे सलाद के रूप में प्रयोग किया जाता है। पत्तियाँ बहुत अधिक मुलायम एवं चिपचिपी होती हैं। अत: इन्हें बहुत देर तक उबालने की आवश्यकता नहीं होती है। अफ्रीका, दक्षिण अमेरीका में यह एक प्रचलित पत्तीदार सब्जी है और इसे कुल्फा के विकल्प के रूप में लिया जाता है। इसका औषधीय महत्व भी है और मधुमेह रोगियों के लिए इसका सेवन बहुत लाभप्रद है (सैकिया एवं सादिक, 1994)। इसकी पत्तियों का लेप भीतरी चोट, घाव एवं सूजन पर लाभकारी होता है। इसकी पत्तियाँ कैरोटीन की अच्छी स्रोत होती हैं और इसके प्रति 100 ग्राम खाने योग्य भाग में 3 मिग्रा. कैरोटीन पाया जाता है। इसके अतिरिक्त 0.08 मिग्रा. विटामिन बी एवं 0.18 मिग्रा. विटामिन बी. 2 तथा 31 मिग्रा. विटामिन सी पाया जाता है (रिफाई, 1993)। इसमें पाये जाने वाले अन्य पोषक तत्वों को सारिणी (8.1) में दिया गया है ।

सारिणी (8.1) असमिया पलंग में पाये जाने वाले पोषक तत्व (प्रति 100 ग्राम खाने योग्य भाग में)

पोषक तत्व	मात्रा
नमी	91.2 ग्राम
प्रोटीन	1.9 ग्राम
वसा	0.7 ग्राम
खनिज	1.9 ग्राम
रेशा	- ग्राम
कार्बोहाइड्रेट्स	4.3 ग्राम
ऊर्जा	31 कि. कैलोरी
कैल्शियम	120 मिग्रा.
फास्फोरस	16 मिग्रा.
आयरन	0.5 मिग्रा.

स्रोत : गोपालन एवं सहयोगी, 1999

सैकिया एवं सादिक (1994) ने ताजे एवं शुष्क भार के आधार पर पोषक तत्वों का निर्धारण किया है जिसे सारिणी (8 2) में दिया गया है।

सारिणी (8.2) ताजे एवं शुष्क भार के आधार पर पोषक तत्वों की मात्रा (प्रति 100 ग्राम में)

पोषक तत्व	ताजे भार के आधार पर	शुष्क भार के आधार पर
नमीं	90.71 ग्राम.	-
प्रोटीन	2.57 ग्राम.	27.65 ग्राम
वसा	0.19 ग्राम	2.05 ग्राम
रेशा	0.95 ग्राम.	0.95 ग्राम
कार्बोहाइड्रेट्स	4.02 ग्राम.	43.27 ग्राम
ऐश	1.56 ग्राम.	16.74 ग्राम
कैल्शियम	231.51 मिग्रा.	2492.03 मिग्रा.
फास्फोरस	43.20 मिग्रा.	465.02 मिग्रा.
आयरन	2.79 मिग्रा.	30.03 मिग्रा.

असमिया पलंग को पशुओं के चारे के रूप में भी प्रयोग किया जाता है, लेकिन पत्तियों में आक्जिलेट एवं हाइड्रोसाइनिक अम्ल की मात्रा अधिक होने के कारण इसे अधिक दिनों तक नहीं देना चाहिए (सैकिया एवं सादिक, 1994)।

उद्‌भव एवं वितरण

सिलान स्पिनाच की उत्पत्ति संभवत: उपोष्ण अमेरीका से हुई है। चूँकि इसका प्रसारण बहुत सरलता पूर्वक होता है। अत: निश्चित रूप से

इसके उद्भव स्थल के बारे में बताना मुश्किल है। वर्ष 1915 में इसे सुरिनाम से बोगोर वानस्पतिक उद्यान (Bogor Botanical Gardens) से जावा लाया गया (रिफाई, 1993)। हमारे देश में इसे असम के निचले भागों में बहुतायत से उगाया जाता है।

वानस्पतिक विवरण

असमिया पलंग का वानस्पतिक नाम टैलिनम ट्राइएन्गुलेरी (*Talinum triangulare* (Jacq.) Willd.) है और यह पार्चुलेकेसी (Portulacaceae) कुल का पौधा है। इसकी गुणसूत्र संख्या (2 एन.) 48, 72 है। इसकी अधिक सोमेटिक गुण सूत्र संख्या बहुगुणिता (polyploidy) दर्शाती है। इसकी मूल गुणसूत्र संख्या ज्ञात नहीं है। इसकी ट्राइएन्गुलेरी प्रजाति के अतिरिक्त टैलिनम अरनोटी (*Talinum arnotti*), टी. कैफरम (*T. caffrum*), टी. पार्चुलैसिफोलियम (*T. portulacifolium*), टी. पैटैन्स (*T. patens*), टी. क्रैसीफोलियम (*T. crassifolium*), टी.क्यूनीफोलियम (*T. cunei-folium*) एवं टी. इण्डिकम (*T. indicum*) प्रजातियों की पत्तियाँ सब्जी के रूप में प्रयोग की जाती हैं (पीटर, 1998)। यह एक बहुवर्षीय, शाकीय, झाड़ीदार, 40-90 सेमी. ऊँचा पौधा होता है। तना रसीला, टूटने वाला एवं हरे रंग का होता है जिस पर बैंगनी रंग के धब्बे होते हैं। पत्तियाँ साधारण गोटी, मांसल एवं गहरे हरे रंग की होती हैं। पत्तियाँ तने पर एकान्तर क्रम में लगी होती हैं। इसमें पुष्प बड़े डंठल के रूप में आते हैं और प्रत्येक डंठल पर 2-3 फूल लगते हैं। पुष्प समांगी (actinomorphic), द्विलिंगी, हाइपोगाइनस (*hypogynous*) एवं 0.5-2.5 सेमी. व्यास के होते हैं। वाह्य दलपुंज 2, स्वतंत्र; पंखुड़ियाँ 5, स्वतंत्र एवं नुकीली होती हैं। फल शंकु आकार के होते हैं जिसमें काले रंग के बीज बनते हैं। इसके 1000 बीज का वजन 0.3 ग्राम होता है।

इसकी पत्तियाँ दिन-रात क्रम से प्रभावित होती है जिसे निक्टीनैस्टिक मूवमेंट (nyctinastic movement) कहते हैं। इसके कारण इसकी पत्तियाँ शाम के समय बन्द हो जाती हैं और सुबह खुलती हैं।

जलवायु एवं भूमि

असमिया पलंग को समुद्र की सतह से 1000 मी. की ऊँचाई तक सफलता पूर्वक उगाया जा सकता है। इसमें कार्बन-4 चक्र प्रकाश संश्लेषण क्रम (C_4.cycle photosynthetic path way) पाया जाता है। जिसके कारण इसमें बहुत अधिक मात्रा में शुष्क पदार्थ का निर्माण होता है (रिफाई, 1993)। असमिया पलंग को सभी प्रकार की भूमियों में जिसमें नमी की मात्रा अधिक हो तथा कार्बनिक पदार्थ से भरपूर हो, उगाया जा सकता है। नम एवं छायादार स्थानों पर इसके पौधे की बढ़वार शीघ्र होती है।

प्रसारण

असमिया पलंग का बीज एवं वानस्पतिक विधि दोनों द्वारा प्रसारण किया जाता है। इसका प्रसारण इसकी पत्तियों द्वारा भी किया जा सकता है। बीज बुआई के एक सप्ताह के अन्दर अंकुरित हो जाते हैं। बीज द्वारा प्रसारण के लिए पहले इसको नर्सरी में बुआई करके पौध तैयार किया जाता है और जब पौधे 2-3 सप्ताह के हो जाते हैं तब उनका रोपण किया जाता है।

कलम द्वारा पौधा तैयार करने के लिए इसकी बढ़ने वाली शाखाओं से 8-15 सेमी. लम्बी कलमें तैयार कर ली जाती हैं। इन कलमों को अच्छी तरह से तैयार क्यारी में 3-4 सेमी. की गहराई पर 50X50 सेमी. के अन्तराल पर लगाया जाता है। एक

हेक्टेयर क्षेत्र में लगाने के लिए 40 हजार कलमों की आवश्यकता पड़ती है ।

गमले में रोपण

असमिया पलंग को गृह वाटिका में उगाने के लिए इसे गमले में भी उगाया जा सकता है। गमले में उगाने के लिए 30 सेमी. ऊँचाई के और इतने ही व्यास के गमले का चुनाव करना अच्छा होता है। इन गमलों में 7:2:1 के अनुपात में मिट्टी, बालू एवं कम्पोस्ट के मिश्रण को भरकर गमले में एक या दो कलम लगाई जाती है। कलमों के रोपण के 10-15 दिन बाद जड़ें निकल आती हैं और कलमें स्थापित हो जाती हैं।

सिंचाई एवं अन्तः सस्य क्रियायें

हरी एवं मुलायम पत्तियों के लिए कम अन्तराल पर पानी देना आवश्यक होता है। पौधे के आस-पास अन्य खरपतवार को निकालने से पौधे की बढ़वार अच्छी होती है। पौधे जब छोटे होते हैं उस समय पौधों के पास मिट्टी चढ़ा देनी चाहिए।

पत्तियों की तुड़ाई एवं उपज

असमिया पलंग के बीज द्वारा तैयार किये गये पौधों की अपेक्षा कलम द्वारा तैयार किये गये पौधों की बढ़वार शीघ्र होती है और उनमें पत्तियाँ भी अधिक निकलती हैं। रोपण के 6-8 सप्ताह बाद पत्तियाँ तुड़ाई योग्य तैयार हो जाती हैं। इसमें 10-15 दिन के अन्तराल पर वर्ष भर तुड़ाई की जा सकती है (बरूआ एवं मोहन, 1985)। सब्जी के लिए इसकी पत्तियों के अतिरिक्त रसदार एवं मुलायम डंठल को भी तोड़ा जा सकता है। एक बार में एक पौधे से 100 ग्राम उपज मिलती है। इस प्रकार एक पौधे से वर्ष भर में 4-6 किग्रा. हरी पत्तियों की उपज प्राप्त होती है। एक हेक्टेयर क्षेत्रफल से लगभग 100-150 टन हरी पत्तियों की उपज प्राप्त होती है।

बीज उत्पादन

असमिया पलंग में बीज उत्पादन के लिए पौधों में फूल आने से पहले पत्तियों की कटाई रोक दी जाती है। एक हेक्टेयर क्षेत्र से 100-250 किग्रा. बीज प्राप्त होता है।

जननद्रव्यों का संग्रह एवं किस्मों का विकास

असमिया पलंग एक स्वपरागित (self pollinated) फसल है। इसके जननद्रव्यों के संग्रह एवं परीक्षण पर अभी तक कोई विशेष ध्यान केन्द्रित नहीं किया गया है। असम कृषि विश्वविद्यालय, जोरहट पर इसकी सस्य तकनीकि सम्बन्धी कुछ कार्य किये गये हैं। फिलीपिंस में इसके कुछ जननद्रव्यों का संग्रह राष्ट्रीय पादप आनुवंशिकी संसाधन प्रयोगशाला (National Plant Genetic Resource, Laboratory), लास बनास में किया गया है। इसकी ऐसी किस्मों को विकसित करने की आवश्यकता है जिसमें आक्जिलेट का सांद्रण कम हो तथा प्रति इकाई क्षेत्र में उपज अधिक हो।

9. सब्जी जूट
(Vegetable Jute)

जूट की मुलायम एवं चिकनी पत्तियों को सब्जी के रूप में प्रयोग किया जाता है। एक प्रमुख अन्तर रेशे वाली एवं सब्जी वाली किस्म में यह होता है कि सब्जी वाली किस्में छोटी एवं झाड़ीदार होती हैं और उनके कक्ष से अत्यधिक शाखाएँ निकलती हैं और पत्तियाँ मुलायम, चिकनी तथा खाने योग्य होती हैं। हमारे देश में जो रेशे के लिए जूट उगाई जाती है उसके पौधों की प्रारम्भिक अवस्था की मुलायम पत्तियों को सब्जी के रूप में प्रयोग किया जाता है। इसकी पत्तियों को सलाद, सूप और अन्य सब्जियों के साथ मिलाकर पकाया जाता है। जूट की पत्तियों का अफ्रीका एवं एशिया के देशों में बहुत अधिक प्रचलन है एवं उनका औषधी महत्व है (लेमेन्स एवं सहयोगी, 1989)।

जूट की पत्तियाँ बीटा कैरोटीन (beta carotene) की मुख्य स्रोत होती हैं। इसके अतिरिक्त इसमें 18-22 प्रतिशत प्रोटीन पाया जाता है और प्राय: यह पाया गया है कि कड़वी किस्म (bitter type) में प्रोटीन की मात्रा मीठी वाली किस्म (sweet type) से अधिक होती है। इसमें पाये जाने वाले पोषक तत्वों को सारिणी (9.1) में दिया गया है।

सारिणी (9.1) जूट की पत्तियों में पाये जाने वाले प्रमुख पोषक तत्व

पोषक तत्व	मात्रा
नमी	81.4 ग्राम
प्रोटीन	5.1 ग्राम
वसा	1.1 ग्राम
खनिज	2.7 ग्राम
रेशा	1.6 ग्राम
कार्बोहाइड्रेट्स	8.1 ग्राम
ऊर्जा	63 कि. कैलोरी
कैल्शियम	241 मिग्रा
फास्फोरस	83 मिग्रा
आयरन	-

स्रोत : गोपालन एवं सहयोगी, 1999

जूट की दो जंगली प्रजातियों कारचरस ट्राइडेन्स (*Corchorus tridens*) एवं कारचरस ट्राइलोकुलेरिस (*Corchorus trilocularis*) जो मुजाम्बिक में उगायी जाती हैं, में पाये जाने वाले प्रोटीन में एमिनो अम्ल की मात्रा को सारिणी (9.2) में दिया गया है।

सारिणी (9.2) जूट की प्रजातियों में एमीनों अम्ल की मात्रा (मिग्रा / ग्राम शुष्क पदार्थ)

एमीनों अम्ल	सी. ट्राइडेन्स	सी.ट्राइलोकुलेरिस
आर्जीनिन	11.98	16.73
हिस्टीडीन	5.70	8.10
लाइसिन	11.65	12.85
मेथिओनिन	2.99	3.04
सिस्टीन	1.56	1.62
फिनाइल एलेनिन	11.71	1.90
टाइरोसीन	8.01	8.61
ल्यूसिन	23.74	22.68
आइसोल्यूसिन	14.16	11.16
वैलीन	13.1	13.38
थ्रीओनिन	8.38	9.98
ट्रिप्टोफान	2.25	2.87

स्रोत : ओलीविएरा एव कारवैल्हो, 1975

जूट की पत्तियों में कड़ुवापन कारचोरिन (corchorin) ग्लूकोसाइड के कारण होता है। इसीलिए इसे तीता पात (bitter leaf) भी कहते हैं और ऐसी किस्में जिसमें कड़ुवापन नहीं होता है उसे मीठा पात (sweet leaf) कहते हैं।

उद्भव एवं वितरण

विश्व में कारचरस ओलीटोरियस (*Cor-*

chorus olitorius) एवं कारचरस कैप्सुलेरिस (*Corchorus capsularis*) को जूट के लिए बंगलादेश, भारत, चीन, नेपाल आदि देशों में आदि काल से ही उगाया जाता है (एडमंड्स 1990; पर्सीग्लोव, 1968)। कारचरस ओलिटोरियस (*Corchorus olitorius*) को सब्जी के रूप में संपूर्ण मध्य पूर्व (Middle East) और अफ्रीका, दक्षिणी पूर्वी एशिया एवं लैटिन अमेरिका के देशों में उगाया जाता है। सी. ओलिटोरियस (*C. olitorius*) के अतिरिक्त सी. एस्टुएन्स (*C. astuans* L.), सी. डिप्रेसस (*C. depressus*), सी. क्रिस्चीएन्सन (*C. christensen*), सी. फैसीकुलेरिस (*C. fascicularis*), सी. ट्राईडेन्स (*C. tridens*) और सी. ट्राइकुलेरिस (*C. tricularis*) की पत्तियाँ भी सब्जी के रूप में प्रयोग की जाती हैं।

वानस्पतिक विवरण

जूट टिलिएसी (Tiliaceae) कुल का पौधा है। टिलिएसी कुल में 40 वंश और 400 प्रजातियाँ वृक्ष, झाड़ी एवं शाकीय पौधों के रूप में पाई जाती है। इसमें वंश कारचरस (*Corchorus*) के अंतर्गत 50-60 प्रजातियाँ पाई जाती हैं जिनमें दो प्रजातियाँ कारचरस कैप्सुलेरिस (*Corchorus capsularis*) एवं कारचरस ओलिटोरियस (*C. olitorius*) को जूट के लिए प्रमुखता से उगाया जाता है।

जूट का पौधा शाकीय, 30 सेमी से 1.5 मी ऊँचाई का होता है और इसके अंतिम सिरे से शाखाएँ निकलती हैं, पत्तियाँ एकान्तर क्रम में, चिकनी, हल्के हरे रंग की, स्टीप्यूल्स, पर्णवृंत 1-2 सेमी लम्बे, पर्णफल नुकीला, पुष्प कक्षीय, वाह्यदल पुंज 5, दल पुंज 5, पीले रंग के, 7-8 मिमी लम्बे, पुंकेसर 10, पुंकेसर तंतु छोटा, परागकोष छोटे आकार के, अण्डाशय 5 कक्षीय, वर्तिका छोटी, वर्तिकाग्र फैला हुआ, फल कैप्सूल, 10 धारी वाले, बीज 1-2 मिमी लम्बा, गहरे भूरे या नीले रंग के, प्रति ग्राम बीज संख्या 500।

जूट अल्प प्रकाश अवधि का पौधा (short day plant) है। इसमें पुष्पन के लिए लगभग 30 दिन 10-12 घण्टे प्रकश अवधि की आवश्यकता होती है।

जलवायु एवं भूमि

विश्व में जूट की खेती मुख्य रूप से $23^0$30 डिग्री उत्तरी अक्षांस (latitude) और 86-92 पूर्वी देशान्तर (longitude) के बीच की जाती है। ऐसे क्षेत्र जहाँ अधिक आर्द्रता (70-80 प्रतिशत) होती है और वार्षिक वर्षा का औसत 1500 मिमी. से अधिक होता है, इसकी खेती के लिए अधिक उपयुक्त होते हैं। इसके पौधों की बढ़वार के लिए औसत तापक्रम 18-33^0 सेग्रेड उपयुक्त होता है। जूट की खेती सामान्यतया निचले स्थानों पर की जाती है, लेकिन इसकी सी. ओलीटोरियस (*C. olitorius*) प्रजाति को समुद्र की सतह से 2000 मीटर की ऊँचाई तक सफलता पूर्वक उगाया जा सकता है।

कृषि क्रियायें

जूट की बुआई के 30-35 दिन बाद घने उगे पौधों को निकाल दिया जाता है और उनकी पत्तियों को सब्जी के रूप में प्रयोग कर लिया जाता है। जहाँ पर जूट को केवल सब्जी के लिए उगाया जाता है, वहाँ इसकी पत्तियों की बार-बार तुड़ाई करते हैं। सामान्यतया सब्जी वाली प्रजातियों के पौधे बौने होते हैं।

जूट की सब्जी वाली प्रजातियों की पत्ती की उपज बंगलादेश और भारत में 50 कुन्तल प्रति हेक्टेयर है जबकि चीन, ताईवान और ब्राजील में

इसकी उपज बहुत कम (15-20 कुन्तल प्रति हेक्टेयर) प्राप्त होती है।

जननद्रव्यों का संग्रह एवं किस्मों का विकास

जूट की बहुत सी जंगली प्रजातियों को अफ्रीका में सलाद के लिए प्रयोग किया जाता है और इन प्रजातियों को एशियाई देशों में प्रवेशन (Introduction) की आवश्यकता है और ऐसे क्षेत्र जहाँ के लोगों का आहार मुख्य रूप से धान्य एवं कार्बोहाइड्रेट पर आधारित है वहाँ के लोगों के लिए जूट एक अच्छी पत्ती वाली सब्जी सिद्ध हो सकती है। अंतर्राष्ट्रीय पादप आनुवंशिकी शोध संस्थान (International Plant Genetic Research Institute) जूट की सब्जी वाली किस्मों के जननद्रव्यों के संग्रह एवं शोध पर काफी बल दे रहा है। इसकी कुछ सब्जी वाली किस्मों का संग्रह मिस्र, लिबिया, सुडान और जिम्बाबवे में किया गया है और उन्हीं नमूनों को ईटली, जर्मनी तथा भारत में भी संरक्षित किया गया है (टाल एवं वान स्टोलेन, 1982)। इसके अतिरिक्त अंतर्राष्ट्रीय जूट अनुसंधान संस्थान (International Jute Research Institute), ढाँका (बंगलादेश) में भी इसके जननद्रव्यों का संग्रह किया गया है। अफ्रीका में इसकी सब्जी वाली किस्मों का बड़े पैमाने पर संकलन उद्यान अनुसंधान संस्थान, नाइजेरिया द्वारा किया गया है (डेन्टान, 1993)।

जूट की सब्जी वाली किस्मों के विकास पर अभी बहुत अधिक बल नहीं दिया गया है। इसकी रेशे वाली प्रजाति की गुणसूत्र संख्या (2 एन) 14 है और अधिकांश प्रजातियाँ द्विगुणित (diploid) होती हैं लेकिन इसकी कुछ प्रजातियाँ चर्तुगुणित (tetraploid) एन = 28 होती हैं। इसकी जंगली प्रजातियों का अभी तक कोशानुवंशिकी (cytological) अध्ययन नहीं किया गेया है और इसकी उगाई जाने वाली किस्में स्वपरागित (self pollinated) होती हैं। जूट में संकरण एवं प्रजनन क्रियाओं (crossing and breeding behaviour) के बारे में विस्तृत अध्ययन बसक (1988) द्वारा किया गया है। इसकी सी. कैप्सुलेरिस (*C. capsularis*) किस्म में कड़ुवापन (bitterness) एक जीनीय वंशानुगत (monogenic inheritance) टी.एन-टी बी (Tn-tb) (bitter non bitter) से नियंत्रित होता है और यह पाया गया है कि कड़ुवापन के लिए जिम्मेदार जीन शाखाओं के निकलने के गुण से सम्बन्धित (linked) थे।

10. चेकुरमानस (Star Gooseberry)

स्थानीय नाम : तमिल-थवराई मुरंगाई; लेप्चा-सेगतुनग्रुंग; खासी-डियंग सोह पित

चेकुरमानस दक्षिण भारत की एक महत्वपूर्ण पत्ती वाली सब्जी है, जिसे केरल और तमिलनाडु में बहुतायत से उगाया जाता है । इसकी पत्तियों, मुलायम हटनियों एवं फल को सब्जी के रूप में प्रयोग किया जाता है। पकाने पर पत्तियों का गहरा हरा रंग बना रहता है और स्वाद खट्टा होता है। तमिलनाडु के कुछ भागों में इसकी पत्तियों को पशुओं के चारे के रूप में भी प्रयोग किया जाता है। चेकुरमानस की पत्तियों में प्रोटीन की मात्रा बहुत अधिक पाई जाती है। इसमें विटामिन ए, ई और के पर्याप्त मात्रा में पाई जाती है । इसी लिए इसे मल्टीविटामिन्स ग्रीन (multivitamins green) भी कहा जाता है (सनमुगावेलु, 1985)। इसका औषधीय महत्व भी है । इसके जड़ का काढ़ा बुखार एवं मूत्र संबंधी रोगों में बहुत ही लाभदायक होता है। महिलाओं में प्रसव के बाद इसका सेवन करने से उनमें दूध अधिक बनता है। जावा में इसकी खटासयुक्त पत्तियों का सूप बनाने में प्रयोग किया जाता है। इण्डोनेशिया में चेकुरमानस के पत्तियों का प्रयोग पेस्ट्री तथा किण्डवित चावल को हरा रंग प्रदान करने के लिए किया जाता है । इसमें पाये जाने वाले पोषक तत्वों को सारिणी (10.1) में दिया गया है ।

सारिणी (10.1) चेकुरमानस की पत्तियों का पोषक मूल्य (प्रति 100 ग्राम खाने योग्य भाग में)

पोषक तत्व	मात्रा
नमी	73.6 ग्राम
प्रोटीन	6.8 ग्राम
वसा	3.2 ग्राम
खनिज	3.4 ग्राम
रेशा	1.4 ग्राम
कार्बोहाइड्रेट्स	11.6 ग्राम
ऊर्जा	103 कि. कैलोरी
कैल्शियम	570 मिग्रा.
फास्फोरस	200 मिग्रा.
आयरन	28 मिग्रा.
कैरोटीन	5706 माइक्रों ग्राम
थाइमिन	0.48 मिग्रा.
राइबोफ्लेविन	0.32 मिग्रा.
नियासिन	2.6 मिग्रा.
विटामिन 'सी'	247 मिग्रा.

स्रोत : गोपालन एवं सहयोगी, 1999

उद्भव एवं वितरण

चेकुरमानस के वास्तविक उद्भव स्थल के बारे में ठीक तरह से ज्ञात नहीं है। इसके पौधे सिक्किम हिमालयन, खासी, अबोर एवं ऊँची पहाड़ियों पर 1200 मीटर की ऊँचाई तक देखे जा सकते हैं (रामचन्द्रन एवं सहयोगी, 1980)। केरल के पश्चिमी घाट में वाइनाड से उत्तर की ओर 300-1200 मीटर की ऊँचाई पर इसके पौधे मिलते हैं। चेकुरमानस के पौधों को सर्वप्रथम 1953 में मलेशिया से केरल लाया गया और मलयालम में इसे 'मधुरा चीरा' नाम दिया गया। चेकुरमानस के पौधे पश्चिमी घाट और केरल के ट्रेवेनकोर क्षेत्र में जंगली अवस्था में उगे हुए मिलते हैं (रामचन्द्रन एवं सहयोगी, 1980)।

वानस्पतिक विवरण

चेकुरमानस यूफारबियेसी (Euphorbiaceae) कुल का पौधा है। इसका बंश सारोपस (*Sauropus*) है और प्रजाति एन्ड्रोगाइनस (*S.*

androgynus Merill.) है। वंश सारोपस के अन्तर्गत हमारे देश में 11 प्रजातियाँ पाई जाती हैं। इसके पौधे सीधे, चिकने, 1.5 मी. ऊँचाई के बहुवर्षीय झाड़ी के रूप में होते हैं। इसकी पत्तियाँ 3-5 सेमी. लम्बी एवं एकांतर क्रम में लगी होती हैं। फूल छोटे, लाल रंग के एवं गुच्छे में आते हैं। फल 0.2 सेमी. व्यास के तथा हल्के गुलाबी रंग के होते हैं।

जलवायु एवं भूमि

चेकुरमानस को समुद्र की सतह से 1200 मीटर की ऊँचाई तक सफलता पूर्वक उगाया जा सकता है। इसके पौधे छायादार स्थान में सुगमता पूर्वक उगते हैं। यह अधिक वर्षा वाले क्षेत्रों में भी आसानी पूर्वक उगता है। चेकुरमानस के पौधे भारी मिट्टी में भी वृद्धि करते हैं। लेकिन ऐसी भूमि जिसकी उर्वरता अच्छी होती है और जल निकास का उचित प्रबन्ध होता है इसके लिए उपयोगी मानी जाती है।

प्रसारण

चेकुरमानस को बीज एवं वानस्पतिक दोनों विधियों द्वारा प्रसारण किया जा सकता है। बीज द्वारा उगाये गये पौधों की बढ़वार प्रारम्भिक अवस्था में धीमी गति से होती है। वानस्पतिक प्रसारण के लिए इसकी कलम जिसमें 5-6 पर्व होते हैं, तैयार की जाती है। कलमों को 50 पी.पी.एम. सांद्रण वाले नेफ्थलीन एसीटिक अम्ल पादप नियामक के घोल से उपचारित करने पर जड़ें शीघ्र आती हैं। कलम लगाने के 20-25 दिन बाद इसमें जड़े आना प्रारंभ होती हैं।

कलमों का रोपण

अच्छी तरह से तैयार कलमों के रोपण के लिए 30X30X30 सेमी. आकार के गड्ढे खोद लिए जाते हैं। प्रत्येक गड्ढे में 5 किग्रा. कम्पोस्ट खाद और यूरिया, सुपर फास्फेट एवं म्युरेट आफ पोटाश उर्वरकों की प्रत्येक की 25 ग्राम मात्रा लेकर मिला देते हैं। इस प्रकार से तैयार गड्ढों में अच्छी प्रकार से तैयार कलमों का रोपण किया जाता हैं। चेकुरमानस के पौधों पर गोबर को 48 घंटे पानी में भीगोकर उसे छनित द्रव का प्रयोग करने से बढ़वार शीघ्र एवं तेज गति से होती है (सनमुगावेलु, 1985)। रोपण के लिए एक पौधे से दूसरे पौधे के बीच का अन्तराल 1.20 मीटर रखते हैं।

तमिलनाडु एवं केरल में चेकुरमानस के पौधों को बाड़ के रूप में उगाया जाता है। गृह वाटिका में बाड़ के रूप में उगाया गया चेकुरमानस का पौधा गृह वाटिका को अच्छी शोभा प्रदान करता है और जब इसके पौधे की ऊँचाई 90 सेमी. तक हो जाती है, तब उसकी ऊपर से छटाई कर दी जाती है ।

किस्में

चेकुरमानस की अभी तक कोई उन्नत किस्म नहीं उपलब्ध है। कभी-कभी बड़ी पत्ती एवं छोटी पत्ती के रूप में इसके पौधों की पहचान की जाती है। यह अन्तर केवल पौधों में छाया के प्रभाव से आता है। छायादार स्थान में उगे पौधों की पत्तियाँ बड़ी हो जाती हैं, जबकि धूप में उगे पौधों की पत्तियाँ छोटी होती हैं।

पत्तियों की तुड़ाई

चेकुरमानस में पौधे लगाने के 4 महीने बाद पत्तियाँ तुड़ाई के लिए तैयार हो जाती हैं । मुलायम टहनियों एवं पत्तियों की समय-समय पर कटाई की जाती है। प्रत्येक बार पत्तियों की तुड़ाई के बाद कार्बनिक खाद या यूरिया का प्रयोग करने से पौधों की बढ़वार अधिक होती है तथा उपज भी अधिक मिलती है ।

पौध संरक्षण

चेकुरमानस के पौधे पर किसी विशेष

रोग एवं कीट का प्रकोप नहीं होता हैं। कभी-कभी स्केल कीट एवं माहूँ कीट का प्रकोप होता हैं। बचाव के लिए मैलाथियान दवा की 1 मिली. मात्रा को प्रति लीटर की दर से पानी में घोल कर छिड़काव करना चाहिए । ध्यान यह दिया जाए कि छिड़काव के तुरन्त बाद पत्तियों की तुड़ाई न की जाय ।

जननद्रव्यों का संग्रह एवं किस्मों का विकास

चेकुरमानस भारत की ही नहीं पूरे दक्षिण एशियाई देशों की महत्वपूर्ण पत्ती वाली सब्जी है। अत्यधिक पोषण एवं औषधीय महत्व होने के बाद भी इसके जननद्रव्यों के संग्रह एवं इसकी नई किस्मों के विकास पर अभी तक विशेष ध्यान नहीं केन्द्रित किया गया है। इसकी ऐसी किस्मों के विकास पर बल देने की आवश्यकता है जिसमें हाँनिकारक पोषक तत्व (anti nutritional factors) कम हों और प्रति इकाई क्षेत्र में उपज अधिक हो ।

11. गोगू
(Indian Sorrel)

स्थानीय नाम : अंग्रेजी-रोजेली, रेड सारेल, इण्डियन सारेल या जमैका सारेल; तेलगू-गोगूरा; बंगला-मेस्टपात; गुजराती-अमबाड़ी; मराठी-अमबाड़ी कन्नड़-पुंडी; उड़ीया-नलिते साग; तमिल-पुलिचै कीरई; असमी-चुकियार।

गोगू भिण्डी कुल का पौधा है जिसे हमारे देश के पंजाब, आन्ध्र प्रदेश, उत्तर प्रदेश, पश्चिम बंगाल, उड़ीसा, महाराष्ट्र एवं तमिलनाडु में मानसून के समय सब्जी वाली फसल के रूप में उगाया जाता है। इसकी मुलायम पत्तियों एवं टहनियों का सब्जी के रूप में प्रयोग करते हैं। इसकी पत्तियों का स्वाद खट्टा होने के कारण इसे रसम आदि जैसे दक्षिण भारतीय व्यंजनों के बनाने में प्रयोग किया जाता है। मुलायम पत्तियों के अतिरिक्त इसके वाह्य दल पुंज को सलाद के रूप में एवं कढ़ी आदि बनाने के लिए प्रयोग किया जाता है । इसकी पत्तियाँ आयरन, कैरोटीन और विटामिन 'सी' की अच्छी स्रोत होती हैं। इसकी पत्तियों में पाये जाने वाले पोषक तत्वों को सारिणी (11.1) में दिया गया है ।

सारिणी (11.1) गोगू की पत्तियों में पाये जाने वाले पोषक तत्व (प्रति 100 ग्राम खाने योग्य भाग में)

पोषक तत्व	मात्रा
नमी	86.4 ग्राम
प्रोटीन	1.7 ग्राम
वसा	1.1 ग्राम
खनिज	0.9 ग्राम
रेशा	-
कार्बोहाइड्रेट्स	9.9 ग्राम
ऊर्जा	56 कि. कैलोरी
कैल्शियम	172 मिग्रा.
फास्फोरस	40 मिग्रा.
आयरन	2.28 मिग्रा.
कैरोटीन	2898 माइक्रो ग्रा.
थाइमिन	0.07 मिग्रा.
राइबोफ्लेविन	0.39 मिग्रा.
नियासिन	1.1 मिग्रा.
विटामिन 'सी'	20 मिग्रा.

स्रोत : गोपालन एवं सहयोगी, 1999

गोगू की पत्तियाँ मैग्नीशियम, मैगनीज एवं सल्फर की भी अच्छी स्रोत हैं । इसमें पाये जाने वाले अन्य सूक्ष्म तत्वों को सारिणी (11.2) में दिया गया है ।

सारिणी (11.2) गोगू की पत्तियों में पाये जाने वाले अन्य सूक्ष्म तत्व (प्रति 100 ग्राम खाने योग्य भाग में)

सूक्ष्म तत्व	मात्रा
मैग्नीशियम	66 मिग्रा.
सोडियम	- मिग्रा.
पोटैशियम	- मिग्रा.
कॉपर	0.08 मिग्रा.
मैगनीज	0.03 मिग्रा.
मालिब्डेनम	-
जिंक	0.27 मिग्रा.
क्रोमियम	0.005 मिग्रा.
सल्फर	60 मिग्रा.
क्लोरीन	19 मिग्रा.

स्रोत : गोपालन एवं सहयोगी, 1999

गोगू की पत्तियाँ प्रोटीन की अच्छी स्रोत होती हैं जिसमें लगभग सभी आवश्यक एमीनों अम्ल पाये जाते हैं। इसमें पाये जाने वाले एमीनों अम्ल में लाइसिन की मात्रा अधिक होती है जिसकी वजह से इसे अन्य धान्य फसलों के साथ खाने से शरीर में प्रोटीन का अच्छा संतुलन बनता है। इसकी पत्तियों पाये जाने वाले एमीनों अम्ल को सारिणी (11.3) में दिया गया है ।

सारिणी (11.3) गोगू की पत्तियों में पाये जाने वाले एमीनों अम्ल

एमीनों अम्ल	मात्रा (मिग्रा. / नत्रजन)
आर्जीनिन	310 मिग्रा.
हिस्टीडिन	090 मिग्रा.
लाइसिन	400 मिग्रा.
ट्रिप्टोफान	40 मिग्रा.
फिनाइल एलेनिन	200 मिग्रा.
टाइरोसिन	-
मेथिओनिन	070 मिग्रा.
सिस्टीन	-
थ्रिओनिन	210 मिग्रा.
ल्यूसिन	440 मिग्रा.
आइसोल्यूसिन	320 मिग्रा.
वैलीन	240 मिग्रा.

स्रोत : गोपालन एवं सहयोगी, 1999

गोगू के वाह्य दल पुंज में 3.74 प्रतिशत साइट्रिक अम्ल और 3.19 प्रतिशत पेक्टिन पाया जाता है जिससे इसका उपयोग जेली आदि बनाने में किया जाता है । गोगू के वाह्य दल पुंज के रासायनिक घटकों को सारिणी (11.4) में दिया गया है।

सारिणी (11.4) गोगू के वाह्य दल पुंज का रासायनिक संघटन (प्रति 100 ग्राम खाने योग्य भाग में)

पोषक तत्व	मात्रा
नमी	88.26 %
क्रूड प्रोटीन	1.46%
ईथर एक्सट्रैक्ट	1.97
कार्बोहाइड्रेट्स	5.86
क्रूड रेशा	1.58 %
ऐश	0.87 %
कैल्शियम	0.018 %
फास्फोरस	0.052 %
आयरन	0.021 %

स्रोत : डब्लू. ओ. आई., 1969

गोगू के वाह्य दल पुंज में जो महत्वपूर्ण जल विलेय अम्ल उपलब्ध होते हैं उसमें प्रमुख रूप से साइट्रिक एसिड, डी. मैलिक एसिड, टारटेरिक एसिड और हिबिस्कस एसिड पाये जाते हैं। वाह्य दल पुंज में पर्याप्त मात्रा में म्यूसिलेज (गम), कैल्शियम साइट्रेट एवं एस्कार्बिक अम्ल पाया जाता है।

उद्भव एवं वितरण

गोगू की उत्पत्ति संभवत: अफ्रीका से हुई है जहाँ इसे मुख्य रूप से बीज के लिए उगाया जाता था। इसकी पत्तियाँ एवं कोमल तथा गूदेदार वाह्य दल पुंजों का प्रयोग 17 वीं शताब्दी में प्रारम्भ हुआ और तभी इसका अमेरीका एवं भारत में प्रवेश हुआ। यह पश्चिमी अफ्रीका के शुष्क क्षेत्रों की एक महत्वपूर्ण सब्जी है। मिस्र में इसे चाय के रूप में प्रयोग करते हैं। हमारे देश के अतिरिक्त इसे बंगलादेश, थाइलैण्ड एवं इण्डोनेशिया में उगाया जाता है।

वानस्पतिक विवरण

गोगू भिण्डी कुल अर्थात् मालवेसी (Malvaceae) का पौधा है। इसका वानस्पतिक नाम हिबिस्कस सैब्डरिफा (*Hibiscus sabdariffa* Linn.) है। इसकी गुणसूत्र संख्या 2 एन. = 4 एक्स = 72 है । गोगू एक वर्षीय झाड़ीदार या सीधे बढ़ने वाला पौधा है जिसका तना लाल या हरे रंग का होता है। सामान्यतया तने से शाखायें नहीं निकलती हैं या कभी-कभी आधारीय शाखायें निकलती हैं। तना चिकना या उस पर सफेद रोये पाये जाते हैं । पत्तियाँ आरदार तथा नीचे की पत्तियाँ बिना विभाजन की जबकि ऊपर पत्तियाँ 3-5 पिण्डों में विभक्त होती हैं । फूल बड़े, पीले रंग के या गुलाबी रंग के होते हैं। वाह्य दल पुंज संयुक्त होकर दलपुंज से जुड़े होते हैं। फल शंकुआकार जिसके अन्दर काले रंग के बीज भरे होते हैं ।

जलवायु एवं भूमि

गोगू अल्प प्रकाश अवधि (short day) का पौधा है और प्रकाश अवधि के प्रति बहुत ही संवेदनशील है। इसमें पुष्पन के लिए 12 से 12.30 घंटे प्रकाश अवधि की आवश्यकता होती है (बोनकर्ड एवं सहयोगी, 1993)। इसको विभिन्न प्रकार की भूमियों में सफलता पूर्वक उगाया जा

सकता है, लेकिन अच्छी उपज के लिए कार्बनिक पदार्थों से भरपूर मृदा अच्छी मानी जाती है। हमारे यहाँ इसे मुख्य रूप से खरीफ की फसल के रूप में उगाते हैं ।

प्रसारण

गोगू का प्रसारण बीज एवं तने की कलम द्वारा दोनों विधि से किया जाता है। व्यवसायिक स्तर पर इसे उगाने के लिए नर्सरी तैयार की जाती है और जब पौधे 3-4 सप्ताह के हो जाते हैं एवं उनकी ऊँचाई 10-15 सेमी. की हो जाती है तब उनका मुख्य खेत में रोपण किया जाता है । रोपण के लिए अच्छी तरह से तैयार खेत में 60X45 सेमी. के अंतराल पर पौधों की रोपाई की जाती है । रोपण के पश्चात् हल्की सिंचाई करना आवश्यक होता है ।

कटाई एवं उपज

इसकी पत्तियों की तुड़ाई करने के लिए जब पौधे 3-4 महीनें के हो जाते हैं तब शुरु की जाती है । बीज द्वारा उगाये गये घने पौधों को जड़ सहित उखाड़कर गट्ठर बाँधकर बिक्री के लिए तैयार किया जाता है । एक हेक्टेयर क्षेत्र से 8-10 कुन्तल पत्तियों की उपज प्राप्त होती है ।

प्रमुख रोग

1. पर्ण धब्बा रोग (Leaf spot)

यह रोग सर्कोस्पोरा हिबिस्की (*Cercospora hibisci*) नामक कवक के द्वारा होता है। प्रभावित पौधों की पत्तियों पर काले रंग के धब्बे बनते हैं। नियन्त्रण के लिए इण्डोफिल एम. 45 की 2 ग्राम दवा को प्रति लीटर की दर से घोलकर छिड़काव करें ।

प्रमुख कीट

गोगू की फसल पर कपास पर लगने वाला स्टेनर बग्स (*Dysdercus superstiosus*), बाल वर्म (*Earias biphaga, E. insulana*), और फ्ली बीटल (*Podagrica spp.*) का प्रकोप होता है। नियन्त्रण के लिए कीटनाशी दवाओं का प्रयोग किया जाय जिनका प्रभाव कम समय तक रहे। छिड़काव बराबर पत्तियों की तुड़ाई के बाद किया जाय।

किस्में

रंग के आधार पर गोगू को 4 उपजातियों में बाँटा जा सकता है । 1- रूबेर (Ruber) 2- एलबस (Albus) 3- इण्टरमिडिएस (Intermidius) तथा 4- भागलप्यूरियन्सिस (Bhagalpuriensis)। इसमें सब्जी की दृष्टि से रूबेर अच्छी मानी जाती है। फीलिपीन्स में इसकी 4 खाने वाली किस्में निर्धारित की गयी हैं । 1- विक्टर (Victor) 2- रिको (Rico) 3- आर्चर (Archer) एवं 4- टेम्प्रोनों (Temprono)

जननद्रव्य संग्रह एवं किस्मों का विकास

हमारे देश में गोगू के जननद्रव्यों का संग्रह एन. जी रंगा आन्ध्र प्रदेश कृषि विश्वविद्यालय, हैदराबाद में किया गया है। इसके अतिरिक्त जूट एंव एलाइड फाइबर क्राप रिसर्च इंस्टिच्यूट (Jute and Allied Fibre Crop Research Institute), बैरकपुर में किया गया है। हमारे देश के अतिरिक्त इसके जननद्रव्यों के संग्रह का कार्य आस्ट्रेलियन फारेज जेनेटिक रिसोर्स सेन्टर, सी. एस. आई. आर. ओ. (C.S.I.R.O.), क्वीन्सलैण्ड, आस्ट्रेलिया तथा अन्तर्राष्ट्रीय जूट संगठन (International Jute Organization), ढाका, बंगलादेश द्वारा किया जाता है। हमारे देश में गोगू के जननद्रव्यों में काफी विभिन्नता पाई जाती है जिसे एकत्र करके विभिन्न रासायनिक संघटनों एवं पोषक तत्वों के आधार पर गुणवत्ता की परखकर अत्यधिक वानस्पतिक बढ़वार वाली किस्मों के विकसित करने पर बल देने की आवश्यकता है ।

12. सरसों साग
(Mustard Leaves)

सरसों मुख्य रुप से तेलहनी फसल है, लेकिन जब इसके पौधे प्रारम्भिक अवस्था में छोटे रहते है और पत्तियाँ रसीली तथा मुलायम रहती है उसको सब्जी के रुप में प्रयोग किया जाता है । इसका साग पंजाब, दिल्ली, हरियाण और पश्चिमी उत्तर प्रदेश में बहुत ही चाव से खाया जाता है । सिंह एवं जोशी (1960) के अनुसार सरसों के साग को पंजाब एवं हरियाणा के विभिन्न भागों में मक्के की रोटी, मक्खन और मटढे के साथ खाया जाता है । उत्तरांचल के लोग इसे अपनी गृह वाटिका में प्रमुखता से उगाते हैं। अलग-अलग क्षेत्रों में इसकी अलग -अलग प्रजातिया उगाई जाती है । असम, पश्चिम बंगाल तथा उत्तर पूर्वीय पर्वतीय क्षेत्रों में लाही की खेती की जाती है और इसकी पत्तियों एवं रसीले डंढल को काटकर बाजार में बिक्री के लिए लाया जान है। हांगकांग में मूईच्वाय (*Brassica juncea* var. *sarepta*) को प्रमुख जाड़े वाली सब्जी के रुप में उगाया जाता है।

पोषण की दृष्टि से सरसों के साग का काफी महत्व है। इसमें पर्याप्त मात्रा में विटामिन सी, ई, रेशा, फोलेट, कैल्शियम, आयरन एवं पाटैशियम पाया जाता है। इसमें पाये जाने वाले कैल्शियम की जैव उपलब्धता (bioavail-ability) बहुत अधिक होती है। इसमें पाये जाने वाले पोषक तत्वों को सारिणी (12.1) में दिया गया है।

उद्भव एवं वितरण

सरसों की खेती भारत से लेकर उत्तरी अफ्रीका, मध्य एशिया से यूरोप और उत्तरी अमेरिका तक की जाती है। अतः इससे वास्तविक उद्भव स्थल के बारे में इंगित करना मुश्किल है, लेकिन इसकी एम्फीडिप्लायड प्रवृति के अनुसार इसकी उत्पत्ति वहीं हुई होगी जहाँ इसके पितृ प्रजातियाँ ब्रैसिका नाइग्रा (*Brassica nigra*) और ब्रैसिका रैपा (*Brassica rapa*) पाई जाती रही होगीं । यह स्थान संभवतः मध्य एशिया ही है। इसके प्राथमिक विविधता के स्थान है मध्य एशिया (उत्तरी पश्चिमी भारत जिसमें पंजाब और कश्मीर का भाग आता है)। जबकि द्वितीय विविधिता के क्षेत्र मध्य एवं पश्चिमी चीन का क्षेत्र, पूर्वी भारत, म्यांमार और एशिया माइनर (ईरान) का क्षेत्र है। ब्रैसिका जुंसिया के दो प्रमुख प्रकार विकसित हुए (1) तेल वाली (2) पत्ती वाली । तेल वाली किस्में हमारे देश के अतिरिक्त बंगलादेश और चीन में काफी प्रचलित हैं, जबकि पत्ती या सब्जी वाली किस्मों की एशियाई देशों में खेती की जाती है । हमारे देश के अतिरिक्त सरसों साग को इण्डोनेशिया, मलेशिया, फिलिपिन्स तथा थाईलैण्ड में प्रमुखता से उगाया जाता है ।

सारिणी (**12.1**) सरसों तथा लाही पत्ता का पोषक मूल्य (प्रति 100 ग्राम खाने योग्य भाग में)

पोषक तत्व	सरसों	लाही	
		डंठल	पत्ती

नमी (ग्राम)	89.8	91.4	84.9
प्रोटीन (ग्राम)	4.0	3.1	5.1
वसा (ग्राम)	0.6	0.1	0.4
खनिज (ग्राम)	1.6	1.4	2.5
रेशा (ग्राम)	0.8	-	1.2
कार्बोहाइड्रेट्स (ग्राम)	3.2	4.0	5.9
ऊर्जा (कि.कैलोरी)	34	29	49
कैल्शियम (मिग्रा.)	155	100	370
फास्फोरस (मिग्रा.)	26	100	110
आयरन (मिग्रा.)	16.3	1.2	12.5
कैरोटीन (माइ. ग्रा.)	2622	-	1380
थाइमिन (मिग्रा.)	0.03	-	0.01
राइबोफ्लेविन (मिग्रा.)	-	-	0.9
नियासिन (मिग्रा.)	-	-	0.9
विटामिन सी' (मिग्रा.)	33	-	65

वानस्पतिक विवरण

सरसों का वानस्पतिक नाम ब्रैसिका जुंसिया (*Brassica juncea*) है और यह क्रुसीफेरी (Cruciferae) कुल का सदस्य है । ब्रैसिका जुंसिया एक एम्फीडिप्लायड प्रजाति (amphidiploid species) है, जिसकी गुणसूत्र संख्या 2 एन - 36 है और यह काली सरसों (*B. nigra* , 2 एन - 36) और नीप (*B. rapa* , 2 एन - 20) के प्राकृतिक संकरण से उत्पन्न हुई है। यह एक पालीमार्फिक (polymorphic) प्रजाति है जिसको विभिन्न प्रजातियों एवं वानस्पतिक किस्मों के अन्तर्गत वर्गीकृत किया गया है तथा बहुत स्पष्ट नहीं है । इसकी कुछ वानस्पतिक प्रजातियों का वर्णन सारिणी (12.2) में दिया गया है।

सरसों का पौधा एक या द्विवर्षीय 50-150 से०मी० ऊँचा पौधा होता है। साधारणतया पौधे में शाखाऐं नहीं निकलती है। शाखाएँ चिकनी एवं सफेद रंग की होती हैं। पत्तियों के आकार में काफी विभिन्नता होती है। पत्तियों का डंठल हरा एवं चिकना होता है। अत्यधिक संख्या में पुष्प निकलते हैं। फली सिलुकुवा तथा एक फली में 10-20 छोटे काले रंग के दाने होते हैं।

सारिणी **(12.2)** सरसों की वानस्पतिक प्रजातियाँ एवं उनका विवरण

वानस्पतिक प्रजाति	विवरण
1. ब्रैसिका जुंसिया वार. क्रिस्पीफोलिया (*Brassica juncea var.* crispifolia)	इसकी पत्तियाँ आकर्षक कटी हुई या मुड़ी हुई होती है
2. ब्रैसिका जुंसिया वार . फोलिओसा (*Brassica juncea* var. foliosa)	इसकी पत्तियां काफी बड़ी, चिकने किनारे वाली होती है
3. ब्रैसिका जुंसिया वार . जैपोनिका (*Brassica juncea* var. japonica)	यह बी. जुंसिया वार . क्रिस्पीफोलिया के समान होती है
4. ब्रैसिका जुंसिया वार . मल्टीसेप्स (*Brassica juncea* var. multicepts)	इसमें बहुत से प्ररोह निकलते हैं ।
5. ब्रैसिका जुंसिया वार . नेपीफार्मिस (*Brassica juncea* var. napiformis)	इसमें फुली हुई जड़े बनती हैं ।
6. ब्रैसिका जुंसिया वार . रुगोजा (*Brassica juncea* var. rugosa)	इसमें पत्तागोभी के समान मोटी पत्तियां बनती हैं ।
7. ब्रैसिका जुंसिया वार . स्टूमेटा (*Brassica juncea* var. strumata)	इसमें खाने योग्य बड़े पत्तियों के डंठल निकलते है।
8. ब्रैसिका जुंसिया वार . टयूमिडा (*Brassica juncea* var. tumida)	इसमें मुख्य तना खाने योग्य एवं फूला हुआ होता है ।

जलवायु एवं भूमि

गोभी कुल की अन्य पत्तीवाली सब्जियों के विपरीत पत्तीवाली सरसों की यह प्रमुख विशेषता है कि यह उच्च तापक्रम तथा अधिक आर्द्रता में भी अच्छी प्रकार से उगती है। इसे देश के मैदानी क्षेत्रों में सितम्बर के अंतिम सप्ताह से लेकर नवम्बर मध्य तक बोया जा सकता है। पर्वतीय क्षेत्रो में बुआई मई से लेकर अगस्त तक की जाती है।

पत्ती वाली सरसों को सभी प्रकार की भूमियों में सफलता पूर्वक उगाया जा सकता है फिर भी अच्छी उर्वरता वाली दोमट भूमि जिसमें जल निकास की उचित सुविधा हो अच्छी मानी जाती है।

खाद एवं उर्वरक

अच्छी गुणवत्ता युक्त पत्ती वाली सब्जी के उत्पादन के लिए खेत की तैयारी करते समय 8-10 टन प्रति हेक्टेयर की दर से सड़ी हुई गोबर या कम्पोस्ट की खाद मिला देनी चाहिए। इसके अतिरिक्त बुआई के समय 80-100 किग्रा. नत्रजन, 60 किग्रा. फास्फोरस तथा 50 किग्रा. पोटैशियम तत्व के रुप में प्रति हेक्टेयर की दर से देना चाहिए। नत्रजन की एक तिहाई मात्रा बुआई के समय तथा शेष दो तिहाई मात्रा को दो बार 30 दिन के अंतराल पर टापड्रेसिंग के रुप में देना चाहिए।

बीज दर एवं बुआई

एक हेक्टेयर क्षेत्र में बुआई के लिए 6-7 किग्रा. बीज पर्याप्त होता है। सरसों के बीज बहुत छोटे होते हैं। अतः उनकी उथली बुआई (लगभग 1-2 सेमी. गहरी) की जाती है। बुआई का कार्य छिटकवा एवं पंक्तियों दोनों विधि से किया जा सकता है, लेकिन पंक्तियों में बुआई करने से अन्तः कृषि क्रियाओं तथा पत्तियों की तुड़ाई में सुविधा होती है। पंक्तियों में बुआई के लिए दो पंक्तियों के बीच 30 सेमी. का अन्तराल रखा जाता है तथा पौध से पौध के बीच की दूरी 15-20 सेमी. रखी जाती है। बुआई के 4-6 दिन के उपरांत अंकुरण हो जाता है। देश के पर्वतीय क्षेत्रों एवं उत्तर पूर्वी पर्वतीय राज्यों में लाही पत्ता की खेती मुख्य रुप से इसकी पौध उगाकर रोपण करके की जाती है। जब पौधशाला में इसके पौधे 3-4 सप्ताह के एवं 3-4 सत्य पत्ती वाले हो जाते है तब उनकी मुख्य खेत में रोपाई की जाती है।

सिंचाई एवं निराई -गुड़ाई

बुआई के समय खेत में पर्याप्त मात्रा में नमी रहती है तब अकुंरण के 3-4 सप्ताह बाद पहली सिंचाई की जाती है। इसके बाद 15-20 दिन के अन्तराल पर सिंचाई करने की आवश्यकता पड़ती है। रोपण की गयी फसल में रोपण के तुरन्त बाद एक हल्की सिंचाई करने से पौधे अच्छी तरह से खेत में स्थापित होते है। खेत में उगे खरपतवार को खुरपी की सहायता से निकाई करके निकाल देना चाहिए। रोपण की गयी फसल के बीच के अंतराल में उगे खरपतवार के पौधों को निकालकर गुड़ाई करके पौधों के पास मिट्टी चढ़ा देने से पौधों की बढ़वार पर अनुकूल प्रभाव पड़ता है। इससे पत्तियों की गुणवत्ता भी बढ़ती है।

कटाई एवं उपज

कुछ क्षेत्रों में पत्ती वाली सरसों के 20-30 सेमी. ऊँचे पौधे को जड़ सहित उखाड़ कर प्रयोग में लाया जाता है जबकि लाही पत्ता की नीचे की मांसल पत्तियों की तुड़ाई की जाती है और बीच के डंठल को बढ़ने दिया जाता है। बुआई के 25-30 दिन बाद पौधे कटाई के लिए तैयार हो जाते हैं। एक हेक्टेयर फसल से 100 कुन्तल हरी पत्तियों की उपज प्राप्त होती है। कटाई या पत्तियों की तुड़ाई के बाद उसे गीले कपड़े से ढकना आवश्यक होता है अन्यथा पत्तियाँ सूखने लगती हैं। उत्तर पूर्वी पर्वतीय क्षेत्रों में लाही पत्ता के छोटे -छोटे गट्ढरों में बाँधकर बेचने का अत्यधिक प्रचलन है।

पौध संरक्षण

पत्ती वाली सरसों के पौधों पर मुख्य

रुप से साफ्ट राट (*Erwinia carotovora*), मृदरोमिल आसिता (*Peronospora parasitica*), टर्निप मोजेक विषाणु (Tu Mv), क्लब रुट (*Alternaria brassicae* or *A. bras-sicola*) का प्रकोप होता है। नियंत्रण के लिए कुछ कवकनाशी रसायनों जैसे जिनेब, डाइथेन आदि का प्रयोग किया जा सकता है । खेत में चूने के प्रयोग करने से क्लब रुट रोग का प्रकोप कम होता है ।

पत्तीवाली सरसों पर मुख्य रुप से लगने वाला कीट हैं- डायमैण्डबैक माथ (*Plutella xylostella*) है। इसके अतिरिक्त एफिड्स और फ्ली बीटल का प्रकोप होता है । कीटों के नियंत्रण के लिए समन्वित कीट प्रबन्धन की विधियों तथा कुछ वानस्पतिक कीटनाशी रसायन प्रयोग किये जा सकते हैं।

बीज उत्पादन

सामान्य सरसों के बीज का उत्पादन मैंदानी क्षेत्रों में किया जा सकता है, लेकिन लाही पत्ता के लिए शीत एवं शुष्क जलवायु की आवश्यकता होती है । बीज के लिए पत्तियों की तुड़ाई के बाद मुख्य तने एवं कुछ प्रमुख शाखाओं को बीज के लिए छोड़ दिया जाता है । साधारणतया एक हेक्टेयर क्षेत्र से 10-12 कुन्तल बीज प्राप्त होता है ।

जननद्रव्य संग्रह एवं सुधार

चीन में पत्ती वाली सरसों के जननद्रव्यों का अच्छा संग्रह है । इसके अतिरिक्त हमारे देश के उत्तर पूर्वी पर्वतीय क्षेत्रों, उत्तरांचल, हिमाचल प्रदेश एवं जम्मू कश्मीर में इसके अच्छे जननद्रव्य हैं । हमारे देश के अतिरिक्त आस्ट्रेलिया, कनाडा, ताईवान, जर्मनी, जापान तथा यू.एस.ए में भी इसके जननद्रव्यों का संकलन किया गया है । पत्ती वाली सरसों की अच्छी सब्जी वाली प्रजातियों के विकसित करने पर अभी विशेष बल नही दिया गया है ।

राय एवं सहयोगी (1977) ने पत्ती वाली सरसों की ब्रैसिका रुगोजा (*Brassica rugosa*) के अल्मोरा के आस - पास के पर्वतीय क्षेत्रों से जननद्रव्यों को एकत्र करके सेलेक्शन 1 एवं सेलेक्शन 902 का चुनाव किया । सेलेक्शन -1 में 12.9 प्रतिशत ड्राई मैटर तथा 28.3 प्रतिशत कूड प्रोटीन पाया गया जबकि सेलेक्शन - 902 में 15 प्रतिशत ड्राई मैटर था एवं इसकी डाइजेस्टैबिलिटी 70 प्रतिशत थी ।

13. चना साग
(Bengal Gram Leaves)

स्थानीय नाम : बंगला- बट, छोला; गुजराती- चना, चनिया; कन्नड़- कदाले; मलयालम- कदाला, कदालक्का; मराठी- हरबरा; उड़िया- बूटो; संस्कृत- चनाका, हरिमंथा; तमिल- कदाली; तेलगू- सनागेलु

चना एक प्रमुख दलहनी वाली सब्जी है जिसे रबी की फसल के रूप में उगाया जाता है। प्रारम्भिक अवस्था में जब पौधे छोटे रहते हैं तब उनकी मुलायम पत्तियों एवं फुन्गियों (शीर्ष) को तोड़कर सब्जी के रूप में प्रयोग किया जाता है। कुछ लोग इसको बिना पकाये ताजे रूप में भी खाते हैं। इसकी पत्तियों एवं मुलायम शाखाओं में फ्लैओनायड्स क्वेरसेटिन (quercetin), आइसो-क्वेरसेटिन (iso-quercetin), ओनोनिन (ononin), कीमोफेराल (kaemoferol और इसके 3-ग्लूकोसाइड (3 gl-ucoside), 3 एपिओसिल ग्लूकोसाइड (3 api-osylgluco-side), 3-मैलोनिल ग्लूकोसाइड (3 malonylg-lucoside), 3-एपिओसिल मैलोनिलग्लूकोसाइड (3-apiosyl malon-ylglucoside), एस्ट्रागैलिन (astraga-lin), पापुलनिन (populnin), बाइओचैनिन ए-7-ग्लूकोसाइड (biochanin A-7-glucoside), आईसो रहेमनिटिन (isorhmnetin), प्रोटेन्सिन (prot-ensein) और गार्बेन्जाल (garbanzol) तथा इंजाईम कार्बनएनहाइड्रेज (carbonan-hydraze), तथा फिनोलिक यौगिक रूटिन एवं कैफेइक (rutin and caffeic), क्लोरोजेनिन (chlorogenin), प्रोटोकैटेचूयिक (protocatechuic), फेरुलिक (ferulic), अल्फा-रिसोसाइलिक (α. reso-cylic), पी. हाइड्राक्सी बेंजोइक (*p.*hydroxy-benzoic), पी. काउमेरिक (*p.* coumaric) तथा वैनिलिक अम्ल (vanillic acids) पाये जाते हैं। इसकी पत्तियों में पर्याप्त मात्रा में रेशा तथा आयरन (23.8 मिग्रा.प्रति 100 ग्राम) पाया जाता है। इसकी पत्तियों का औषधीय महत्व भी है। पौधे का प्रभाव शीतकारी है। पत्तियों में स्तंभक (astrin-gent) गुण होने के कारण अस्थमा रोगों (bron-chitis) में लाभकारी होती है। इसकी पत्तियों को ऊबालकर चोट एवं जोड़ों की हड्डियों को ठीक करने के लिए प्रयोग किया जाता है। इसके अतिरिक्त इसकी पत्तियों के रस को अपच, डाइरिया तथा डिसेन्ट्री में प्रयोग किया जाता है। इसकी पत्तियों के पोषक मूल्य को सारिणी (13.1) में दिया गया है।

सारिणी (13.1) चना की पत्तियों का पोषक मूल्य (प्रति 100 ग्राम में)

पोषक तत्व	मात्रा
नमी	73.4 ग्राम
प्रोटीन	7.0 ग्राम
वसा	1.4 ग्राम
खनिज	2.1 ग्राम
रेशा	2.0 ग्राम
कार्बोहाइड्रेट्स	14.1 ग्राम
ऊर्जा	97 कि. कैलोरी
कैल्शियम	340 मिग्रा.
फास्फोरस	120 मिग्रा.
आयरन	23.8 मिग्रा.

उद्भव एवं वितरण

चना का संस्कृत के ग्रन्थों में बहुत अधिक उल्लेख मिलता है, इससे यह प्रमाण मिलता है कि इसकी खेती प्राचीन काल से की जा रही है। वेविलोव के अनुसार भारत एवं मध्य पूर्व एशिया

सम्भवत: इसकी उत्पत्ति का क्षेत्र है। काबूली चने का प्रवेश हमारे देश में नया है।

चना मुख्य रूप से दो प्रकार का होता है- सिकुड़े बीजों वाला (wrinkled seeded) जिसे देशी चना कहते हैं तथा दूसरा काबुली चना जिसके बीज की गोल सतह (round seeded) होती है। दलहनी फसल के रूप में इसे हमारे देश में व्यापक स्तर पर उगाया जाता है। हमारे देश के अतिरिक्त इसे पाकिस्तान, म्यांमार और बंगला देश में भी व्यापक स्तर पर उगाया जाता है। इसके अतिरिक्त इसकी खेती इथोपिया, मैक्सिको, स्पेन, मोरक्को, तुर्की तथा ईरान में की जाती है।

वानस्पतिक विवरण

चना लेग्यूमिनोसी के उपकुल पैपिलिओनेसी (Papilionaceae) का सदस्य है इसका वानस्पतिक नाम साइसर एरीटिनम (*Cicer arietinum* Linn.) है। वंश साइसर (*Cicer*) के अंतर्गत हमारे देश में 4 प्रजातियाँ पाई जाती हैं, जिनमें साइसर एरीटिनम प्रमुख है। चना की देशी किस्में जिसके बीज भूरे रंग के होते हैं, उनकी गुणसूत्र संख्या 14 है, जबकि काबुली चना (सफेद रंग के बीच वाले) की गुणसूत्र संख्या (2 एन) 16 है।

चना के पौधे सीधे या रेंगकर बढ़ने वाले, 30-40 सेमी ऊँचे, शाकीय पौधे होते हैं। पूरे पौधे पर गाँठयुक्त (glandular) रोयें होते हैं जिसमें आक्जिलिक एवं मैलिक एसिड (oxalic and malic acids) पाया जाता है जिसके कारण इसकी पत्तियाँ खट्टी लगती हैं। पत्तियाँ संयुक्त विभाजित (pinnately compound) होती हैं जिसमें 9-17 पर्णफलक (leaflets) पाये जाते हैं। पत्तियाँ एक दूसरे से आमने-सामने या एकान्तर क्रम में लगी होती हैं। पुष्प सफेद या गुलाबी रंग के होते हैं। एक फली में एक या दो बीज बनते हैं। बीज गोल आकार के तथा चोच लिए होते हैं। बीज का आवरण पीले भूरे से लेकर सफेद तथा हरे रंग का होता है।

सस्य क्रियायें

चना को केवल साग के उद्देश्य से नहीं उगाया जाता है। इसे मुख्यतया रबी की दलहनी फसल के रूप में उगाते हैं। अत: इसको पत्तीदार सब्जी के रूप में उगाने की कोई विशेष विधि नहीं है। छोटे स्तर पर कभी-कभी गृह वाटिका में उगाया जाता है। उगाने के लिए इसके बीज की 75-80 किग्रा. मात्रा एक हेक्टेयर के लिए पर्याप्त होती है। बीज को अच्छी प्रकार से तैयार खेत में 30 सेमी के अन्तराल पर 6-10 सेमी. गहराई पर बुआई करते हैं। अंकुरण के लिए खेत में पर्याप्त नमी होनी चाहिए। अंकुरण के 15-20 दिन बाद सिंचाई करते हैं।

पत्तियों की तुड़ाई

फसल में फूल आने से एक महीने पूर्व तक इसकी 2-3 बार साग के लिए कटाई की जा सकती है। बाद की अवस्था में कटाई करने से उपज प्रभावित होती है।

14. कुसुम साग (Safflower Leaves)

स्थानीय नाम : बंगला- कुसुकफल, कुसुम; गुजराती- कासुम्बो, हिन्दी- करीह, कुसुम; कन्नड- कुसुम्बा, कुसुमे; मराठी, करडाई, कुरडी; संस्कृत- कुसुम्मा; तमिल- कुसुम्बा, सेथुरंगम; तेलगू-कुसुम्बाल।

कुसुम मुख्य रूप से तेल वाली फसल है जिसे उत्तर भारत के मैदानी क्षेत्रों में रबी की फसल के रूप में उगाया जाता है। इसके रंगीन फूलों से डाई भी तैयार की जाती है। प्रारम्भिक अवस्था में जब कुसुम के पौधे छोटे एवं वानस्पतिक अवस्था में रहते हैं तब उनकी पत्तियों एवं मुलायम तने को सब्जी के रूप में प्रयोग किया जाता है। इसकी मुलायम नई पत्तियों में पर्याप्त मात्रा में आयरन तथा कैरोटीन पाया जाता है। इसकी पत्तियों में पाये जाने वाले पोषक तत्वों को सारिणी (14.1) में दिया गया है।

सारिणी (14.1) कुसुम की पत्तियों का पोषक मूल्य (प्रति 100 ग्राम खाने योग्य भाग में)

पोषक तत्व	मात्रा
नमी	91.1 ग्राम
प्रोटीन	2.5 ग्राम
वसा	0.6 ग्राम
खनिज	1.3 ग्राम
रेशा	-
कार्बोहाइड्रेट्स	4.5 ग्राम
ऊर्जा	33 कि. कैलोरी
कैल्शियम	185 मिग्रा.
फास्फोरस	35 मिग्रा.
आयरन	5.7 मिग्रा.
कैरोटीन	3540 माइक्रोग्राम
थाइमिन	0.04 मिग्रा.
राइबोफ्लेविन	0.10 मिग्रा.
नियासिन	0
विटामिन 'सी'	15 मिग्रा.

स्रोत : गोपालन एवं सहयोगी, 1999

कुसुम की पत्तियों में अन्य खनिज लवण भी पाये जाते हैं। इसके प्रति 100 ग्राम खाने योग्य भाग में 51 मिग्रा मैग्नीशियम, 126.4 मिग्रा सोडियम, 181 मिग्रा पोटेशिम, 0.22 मिग्रा.कापर तथा 235 मिग्रा.क्लोरीन पाया जाता है (गोपालन एवं सहयोगी, 1999)। कुसुम की पत्तियाँ अन्य आवश्यक एमीनों अम्ल में भी काफी धनी होती हैं। इसमें पर्याप्त मात्रा में लाइसिन पाया जाता है, अत: धान्य पदार्थ जिसमें लाइसिन की कमी होती है उनके साथ इनके साग का सेवन आहार को पौष्टिक बनाता है। इसमें पाये जाने वाले आवश्यक एमीनों अम्ल को सारिणी (14.2) में दिया गया है।

सारिणी (14.2) कुसुम की पत्तियों में पाये जाने वाले आवश्यक एमीनो अम्ल

एमीनो अम्ल	मात्रा
आर्जीनिन	-
हिस्टीडीन	-
लाइसिन	610 मिग्रा. / 100 ग्राम
ट्रिप्टोफान	030 मिग्रा. / 100 ग्राम
फिनाइल एलेनिन	160 मिग्रा. / 100 ग्राम
टाइरोसिन	0
मेथिओनिन	060
सिस्टीन	-
थ्रीओनिन	170
ल्यूसिन	290
आइसोल्यूसिन	540
वैलीन	410.

स्रोत : गोपालन एवं सहयोगी, 1999

इसकी पत्तियों में ल्यूटिओलिन -7-ग्लूकोसाइड (luteoline-7-glucoside) भी पाया जाता है। कुसुम की हरी पत्तियों के अतिरिक्त इसकी पत्तियों के पावडर से दूध से दही तैयार करने में प्रयोग किया जाता है।

उद्भव एवं वितरण

उगाई जाने वाली कुसुम की उत्पत्ति संभवत: सेफरान थिसिल (*Carthamus lanatus*) या जंगली कुसुम (*C. oxycantha*) से हुई मानी जाती है। इथोपिया और अफगानिस्तान के पर्वतीय क्षेत्र प्राथमिक उत्पत्ति के केन्द्र तथा भारत और म्यांमार द्वितीयक उत्पत्ति के क्षेत्र माने जाते हैं। मिस्त्र के पिरामिड से मिले ममीज (mummies) के वस्त्रों के विश्लेषण से पता चलता है कि यह वस्त्र कुसुम के पुष्पों से निकाले वर्णकों से रंगे गये हैं। इसके अतिरिक्त कुसुम के बीज के चिन्ह कुछ पुराने गुम्बजों पर अंकित हैं, जिससे इस बात का पता चलता है कि इसका प्रयोग प्राचीन काल से होता रहा है।

वानस्पतिक विवरण

कुसुम का वानस्पतिक नाम कारथेंमस टिंकटोरियस (*Carthamus tinctorius* Linn.) है और यह कम्पोजिटी (Compositae) कुल का सदस्य है।

कुसुम के पौधे 45-60 सेमी ऊँचाई के होते हैं। तना शाकीय, पत्तियाँ नुकीली, आरदार रोयें युक्त, पुष्प समूह गुलाबी, सफेद या पीले रंग के होते हैं। फल एकीन, बीज पुष्ट एवं सफेद रंग के होते है। कुसुम के बीज में 13.9-32.5 प्रतिशत तेल पाया जाता है। इसके तेल में लिनोलिक अम्ल (linoleic acid) की मात्रा अधिक पाई जाती है। जिससे उच्च तनाव (hypertension) एवं हृदय रोगियों (heart patients) के लिए काफी लाभकारी है। इसके शोधित तेल को 150 दिनों तक बिना खराब हुए रखा जा सकता है। इसके तेल में बहु असंतृप्त वसा अम्ल (polyunsaturated fatty acid) अधिक होता हैं। अत: इसकी 5 प्रतिशत तक की मात्रा को वनस्पति तेलों में मिलाई जाती है। कुसुम के तेल को मुख्य रूप से खाने, जलाने एवं साबुन आदि तैयार करने में प्रयोग किया जाता है।

जलवायु एवं भूमि

कुसुम प्रकाश अवधि के प्रति उदासीन पौधा (day neutral plant) है। यह उन स्थानों पर जहाँ 500 मिमी. तक वर्षा होती है, भी उगाई जा सकती है। इसका पौधा प्रारम्भिक अवस्था में पाले के प्रति सहिष्णु होता है, लेकिन पुष्पन के समय पाले से क्षति होती है। इसकी खेती के लिए अच्छी प्रकार से उर्वर, नमीं संचित करने वाली एवं उपयुक्त जल निकास वाली भूमि की आवश्यकता होती है। इसकी खेती के लिए दोमट भूमि अच्छी मानी जाती है। महाराष्ट्र एवं कर्नाटक की काली मिट्टी में भी इसे सफलता पूर्वक उगाया जाता है। कुसुम के पौधे लवणता के प्रति सहनशील होते हैं।

किस्में

कुसुम की किस्मों को काँटे वाली एवं बिना काँटे की दो वर्गों में विभाजित करते हैं। काँटे वाली किस्मों को बीज के लिए तथा बिना काँटे वाली किस्मों को सब्जी, चारे एवं डाई आदि के लिए प्रयोग किया जाता है। इसकी को-1 बिना काँटे की किस्म है। जबकि भीमा, मालविया कुसुम, नीरा आदि इसकी अन्य प्रजातियाँ हैं।

कृषि क्रियायें

कुसुम मुख्य रुप से जाड़े के मौसम की फसल है, लेकिन इसे सब्जी के लिए वर्ष भर उगाया जा सकता है। बुआई से पूर्व बीज को 24 घंटे तक पानी में भीगोने से अंकुरण अच्छा होता है। सामान्यतया एक हेक्टेयर बुआई के लिए 8-10 किग्रा. बीज की आवश्यकता होती है। बुआई के लिए 30-40 सेमी. की दूरी पर बनी पंक्तियों में 5 सेमी. की गहराई पर बीज की बुआई की जाती है। प्रारम्भिक अवस्था (20-25 दिन तक) में पौधों को

खरपतवार से मुक्त रखना आवश्यक होता है। रासायनिक रूप से खरपतवार नियन्त्रण के लिए 1.5 किग्रा. एलाक्लोर प्रति हेक्टेयर की दर से प्रयोग किया जा सकता है। बुआई के समय 25-30 किग्रा. नत्रजन एवं 30-40 किग्रा. फास्फोरस की आवश्यकता होती है। नत्रजन की एक तिहाई मात्रा बुआई के समय तथा शेष दो तिहाई मात्रा एक महीने के अन्तराल पर कटाई के पश्चात् प्रयोग किया जाता है। पौधों को स्वस्थ एवं पत्तियों को मुलायम बनाये रखने के लिए 10-15 दिन के अन्तराल पर सिंचाई करना आवश्यक होता है।

पत्तियों की तुड़ाई

मुलायम पत्तियों को 4-5 दिन के अंतराल पर कटाई करके सब्जी के लिए प्रयोग किया जाता है। एक हेक्टेयर फसल से 100-125 कुन्तल हरी पत्तियों की उपज प्राप्त होती है।

15. बक व्हीट (Buck Wheat)

स्थानीय नाम : पंजाब- दरान, ओबुल, फफार; असम- दोरान; दार्जीलिंग- तीताफाफुर ।

बक व्हीट को मुख्य रूप से इसके दाने के लिए उगाया जाता है जिसका आटा तैयार करके ब्रेड, केक तथा पुरिज (porridge) बनाने में प्रयोग किया जाता है । इसके आटे को गेहूँ, चावल, मक्के, स्किम मिल्क, नमक एवं किण्डवित पदार्थों (leavening agents) के साथ मिलाकर विदेशों में बिकता है। हमारे देश में इसे गौड़ फसल के रूप में ऊँचाई वाले क्षेत्रों में विशेषकर कश्मीर एवं उत्तर पूर्वीय पर्वतीय क्षेत्रों जैसे- सिक्किम, मेघालय, मणिपुर एवं दक्षिण भारत में नीलगिरि की पहाड़ियों पर उगाया जाता है। बक व्हीट की मुलायम पत्तियों को सब्जी के रूप में प्रयोग किया जाता है। इसकी पत्तियाँ प्रोटीन एवं अन्य खनिज तत्वों की अच्छी स्त्रोत होती है। इसमें पाये जाने वाले पोषक तत्वों को सारिणी (15.1) में दिया गया है ।

सारिणी (15.1) बक व्हीट की पत्तियों का पोषक मूल्य

पोषक तत्व	मात्रा
नमी	57 प्रतिशत
प्रोटीन	25.1. प्रतिशत
वसा	3.3 प्रतिशत
खनिज	21.3 प्रतिशत
रेशा	7.7 प्रतिशत
कार्बोहाइड्रेट्स	36.0 प्रतिशत
ऊर्जा	278 प्रतिशत
कैल्शियम	2.12 प्रतिशत
फास्फोरस	574 मिग्रा./100ग्राम
आयरन	111 मिग्रा./100 ग्राम

स्त्रोत : चौरसिया एवं सहयोगी, 2000

बक व्हीट रूटिन ($C_{27}H_{30}O_{16}$) का अच्छा स्त्रोत है । रूटिन एक पीले रंग का क्रिस्टेलाइन पाउडर होता है जो पानी में कम घुलनशील और एल्कोहल, एसीटोन और क्षारीय विलयन (alkaline solution) अत्यधिक घुलनशील होता है। यह क्लोराफार्म में अघुलनशील होता है। इसका अम्लीय अपघटन (acidic hydrolysis) करने पर क्वेरसेटिन (quercetin), रेमनोज (rhamnose) और ग्लूकोज (glucose) देता है।

रूटिन का अत्यधिक चिकित्सकीय महत्व है और यह रक्त वाहिनियों (capillary) जिसके कमजोर होने के कारण मस्तिष्क की नसें फटने से एपोप्लेक्सी (apoplexy) या रेटिनाल हीमरहेज (retinol haemorrhage) की समस्या आती है, जिसमें नेत्र की रोशनी चली जाती है, उनमें रक्त वाहिनियों को यह मजबूती प्रदान करता है। इसके अतिरिक्त रूटिन का शरीर पर हाँनिकारक विकिरण (radiation) के प्रभाव को कम करने में बहुत बड़ा योगदान है और यह कहा जाता है कि यह परमाणुओं से निकले विकिरणों से शरीर को सुरक्षा प्रदान करता है ।

बक व्हीट के दाने में 11.3 ग्राम नमी, 10.3 ग्राम प्रोटीन, 2.4 ग्राम वसा, 2.3 ग्राम खनिज, 8.6 ग्राम रेशा, 65.1 ग्राम कार्बोहाइड्रेट, 323 किग्रा. कैलोरी ऊर्जा, 64 मिग्रा. कैल्शियम, 355 मिग्रा. फास्फोरस और 115.5 मिग्रा. आयरन पाया जाता है (गोपालन एवं सहयोगी, 1999)।

बक व्हीट के फूल मधु का अच्छा स्त्रोत होता है। इसके लिए इसे अमेरिका एवं सोवियत रूस में व्यसायिक स्तर पर उगाया जाता है। (डब्लू

ओ आई, 1970) एक परीक्षण में पाया गया कि एक एकड़ बक व्हीट की फसल से 40-50 किग्रा. मधु मिलती है। इससे प्राप्त मधु गहरे हरे रंग की एवं विशिष्ट सुगन्ध लिए होती है ।

उद्भव एवं वितरण

बक व्हीट की उत्पति संभवतः मध्य एशिया से हुई है और इसे विभिन्न देशों में खाद्य एवं चारे की फसल के रूप में उगाया जाता है। सोवियत रूस की यह मुख्य खाद्य पदार्थ है। हमारे देश में इसे सीमित क्षेत्र में मुख्य रूप से पर्वतीय क्षेत्रों में उगाया जाता है।

वानस्पतिक विवरण

बक व्हीट पालीगोनेसी (Polygonaceae) कुल का पौधा है और इसका वानस्पतिक नाम फैगोपाइरम एस्कुलेन्टम (*Fagopyrum esculentum* Moench) है। वंश फाइगोपाइरम एक छोटा वंश है, जिसकी उत्पत्ति मुख्य रूप से यूरोप एवं एशिया मानी जाती है।

बक व्हीट एक 3-5 फीट ऊँचा शाकीय पौधा है । इसकी पत्तियाँ एकान्तर क्रम में लगी होती हैं और 1-3 इंच लम्बी होती हैं, पत्तियों का सिरा नुकीला होता है। पुष्प डाइमार्फिक (dimorphic) एवं स्वबन्ध्य (self sterile) होते हैं। फल त्रिकोणीय एकीन (achene), भूरे से काले रंग के होते हैं ।

सस्य क्रियायें

उत्तरी भारत में बक व्हीट को खरीफ की फसल के रूप में उगाया जाता है। इसके लिए इसे जुलाई महीने में बुआई की जाती है और बीज के लिए फसल अक्टूबर महीने में तैयार हो जाती है। बुआई के लिए बराबर ताजे बीजों का प्रयोग करना चाहिए। पुराने बीजों के प्रयोग से अंकुरण प्रभावित होता है एवं पौधे कमजोर होते हैं (सिंह एवं जोशी, 1960)। एक एकड़ क्षेत्र में बुआई के लिए 25-30 किग्रा. बीज की आवश्यकता होती है। लद्दाख क्षेत्र में इसे उगाने के लिए दो बार बुआई की जाती है। प्रथम बार अप्रैल के पहले सप्ताह में और दूसरी बार शरद की फसल लेने के लिए पालीहाउस में सितम्बर महीने में बुआई की जाती है (चौरसिया एवं सहयोगी, 2000)। बीज के अंकुरण के लिए पर्याप्त मात्रा में नमीं होना आवश्यक होता है। बीज की बुआई छिटकवां विधि से की जाती है और अंकुरण के 15-20 दिन बाद पौधों का विरलीकरण कर दिया जाता है।

तुड़ाई एवं उपज

बुआई के 20 दिन बाद मुलायम टहनियों एवं पत्तियों की तुड़ाई करके सब्जी के लिए प्रयोग किया जा सकता है। लद्दाख क्षेत्र में इसकी हरी पत्तियों की उपज 75 कुन्तल प्रति हेक्टेयर प्राप्त की गयी है (चौरसिया एवं सहयोगी, 2000)।

16. सिलोसिया
(Silver Spiked Cockscomb)

स्थानीय नाम : बंगला- श्वेत मुर्गा; गुजराती- लम्बाडी, लपाडी; कन्नड़- अन्ने सोपू; मराठी- कुरडा, कुरडू; उड़िया- गंगाचुलिया; संस्कृत- पिटुना; तमिल- पन्ना कीरई; तेलगू- गुरुगू, पन्चेचेट्टू; असम- बोग्स कुकुरजोवा; गढ़वाल- गोगिया; पंजाब- सरपंखा, सरवाली ।

यह एक खरपतवार है जो मैदानी क्षेत्रों एवं समुद्र की सतह से 1500 मीटर की ऊँचाई वाले स्थानों पर उगता है। इसकी पत्तियों को सब्जी के रूप में प्रयोग किया जाता है। इसकी पत्तियाँ पोषण की दृष्टि से बहुत महत्वपूर्ण हैं। हमारे देश के अतिरिक्त नाइजेरिया में इसे बुआई के 5-7 सप्ताह बाद कटाई करके उपयोग में लाने का अत्यधिक प्रचलन है। इस अवस्था में इसमें क्रूड प्रोटीन और विटामिन 'सी' की मात्रा बहुत अधिक होती है । इसकी पत्तियों के पोषक मूल्य को सारिणी (16.1) में दिया गया है ।

सारिणी (16.1) सिलोसिया की पत्तियों का पोषक मूल्य

पोषक तत्व	मात्रा	
	1	2
नमी	85.7 ग्राम	88.0 ग्राम
प्रोटीन	3.3 ग्राम	2.0 ग्राम
वसा	0.8 ग्राम	0.7 ग्राम
खनिज	2.7 ग्राम	2.0 ग्राम
रेशा	-	1.5 ग्राम
कार्बोहाइड्रेट्स	7.5 ग्राम	5.8 ग्राम
ऊर्जा	50 कि. कैलोरी	38 कि. कैलोरी
कैल्शियम	322 मिग्रा.	323 मिग्रा.
आयरन	16.8 मिग्रा.	-

(1) गोपालन एवं सहयोगी, 1999

(2) वेल्थ आफ इण्डिया, 1969

इसके अतिरिक्त इसकी पत्तियाँ विटामिन 'बी-1' एवं विटामिन बी-6 में धनी होती हैं। आन्ध्र प्रदेश में किये गये एक परीक्षण में शुष्क भार के आधार पर इनकी पत्तियों में विटामिन की मात्रा निम्न प्रकार पाई गयी जिसे सारिणी (16.2) में दिया गया है।

सारिणी (16.2) सिलोसिया की पत्तियों में विटामिन्स की मात्रा (प्रति 100 ग्राम में)

विटामिन्स	मात्रा
विटामिन बी-1	29 मिग्रा.
विटामिन बी-2	5.4 मिग्रा.
विटामिन बी-6	18.2 मिग्रा.
नियासिन	7.7 मिग्रा.

नाइजेरिया में पाये जाने वाले इसके कुछ जनन द्रव्यों में विटामिन सी की मात्रा बहुत अधिक (553 मिग्रा./100 ग्राम) पाई जाती है । इसमें हाइड्रोसाइनिक अम्ल (2 मिग्रा./100 ग्राम, शुष्क भार के आधार पर) और आक्जेलिक अम्ल (11.3%, शुष्क भार के आधार पर) पाया जाता है ।

इसका औषधीय महत्व भी बहुत अधिक है । इसका लेप बिच्छू के डंक मारने पर प्रभावी पाया गया है। इसका फूल खूनी दस्त एवं थूक के साथ रक्त आने वाले विकार मिनौरैजिया (menorrhagia) में लाभप्रद होता है। इसके पौधे के अर्क का सेवन यूरिनरी स्टोन (urinary stone) को दूर करता है और इसके बनने को रोकता है। इसके बीज के अर्क का प्रभाव भी मूत्रल (diuretic) होता है। इसके अतिरिक्त इसके बीज को रक्त सम्बन्धी रोगों, ट्यूमर, मुँह के छालों एवं नेत्र रोगों में लाभकारी होता है।

वानस्पतिक विवरण

सिलोसिया एमेरेंथेसी (Amaranthaceae) कुल का पौधा है और इसका वानस्पतिक नाम सिलोसिया अर्जेन्टीया (*Celosia argentea* Linn.) है । पौधे लगभग 1 मीटर की ऊँचाई के होते हैं। तना कठोर एवं कई शाखाओं में विभाजित होता है। पत्तियाँ पतली एवं संपूर्ण होती हैं। पुष्प सफेद रंग के, स्पाइक पंख में जड़ी होती है। फल कैप्सूल एवं बीज चमकदार होते हैं। देश के विभिन्न भागों से एकत्र जनन द्रव्यों की कोशकीय अध्ययन (cytological studies) में पाया गया कि यह चर्तुगुणित (tetraploid) तथा अष्टगुणित (octoploid) होता है । इसकी चर्तुगुणित किस्में सामान्य रूप से पाये जाने वाले अष्टगुणित प्रजाति सिलोसिया क्रिस्टेटा (*Celosia cristata*) में आसानी से संकरित हो जाती हैं। अष्टगुणित प्रजाति में वानस्पतिक रूप से एकरूपता पाई जाती है और इसकी रोग प्रतिरोधी एवं अत्यधिक शाखाओं के उत्पन्न होने के गुण को चतुर्गुणित (tetraploid) किस्म में स्थानान्तरित कर अच्छी किस्में विकसित की जा सकती हैं।

17. जंगली पालक
(*Rumex dentatus* Linn.)

स्थानीय : हिन्दी- अम्बावाह, अमरूल

यह मुख्य रूप से शीतोष्ण क्षेत्र का पौधा है। हमारे यहाँ हिमालयन क्षेत्र के 300 मीटर की ऊँचाई वाले क्षेत्रों में पाया जाता है। इसके अतिरिक्त यह मैदानी क्षेत्रों में असम से लेकर दक्षिण भारत तक पाया जाता है। इसकी पत्तियों को सब्जी के रूप में प्रयोग किया जाता है और यह कैल्शियम, बीटा कैरोटीन तथा विटामिन 'सी' में काफी धनी होती हैं। इसकी पत्तियों के पोषक मूल्य को सारिणी (17.1) में दिया गया है।

सारिणी (17.1) जंगली पालक का पोषक मूल्य

पोषक तत्व	मात्रा
नमी	89.3 प्रतिशत
प्रोटीन	3.5 प्रतिशत
रेशा	0.7 प्रतिशत
कार्बोहाइड्रेट्स	4.1 प्रतिशत
ऐश	2.0 प्रतिशत
कैल्शियम	611.5 मिग्रा.
फास्फोरस	53.8 मिग्रा.
आयरन	3.4 मिग्रा.
विटामिन 'सी'	115 मिग्रा.
विटामिन 'ए'	11700 अ.इ.

स्रोत : डब्लू.ओ. आई., 1969

वानस्पतिक विवरण

जंगली पालक का वानस्पतिक नाम रुमेक्स डेन्टेटस (*Rumex dentatus* Linn.) है और यह पालीगोनेसी (Polygonaceae) कुल का सदस्य है। इसके पौधे सीधी बढ़वार वाले, 30-100 सेमी. ऊँचे होते है। पौधों के तने पर खाँचे बने होते है। पत्तियाँ 7.5-10.0 सेमी. लम्बी, लम्बोत्तर आकार की या गोल अथवा हृदयाकार होती हैं। पुष्प द्विलिंगी (bisexual) तथा हरे रंग के होते हैं, फल (नट) भूरे रंग के और तिकोने आकर के होते हैं। पौधों की जड़ें लाल रंग की होती हैं। जड़ में क्राइसोफैनिक अम्ल (chrysophanic acid) और इमोडिन (emodin) पाया जाता है। इसकी जड़ें त्वचा रोगों में औषधी के रूप में प्रयोग की जाती हैं।

जंगली पालक की पत्तियों में लाइसिन (lysine) एमीनो अम्ल की मात्रा कच्चे तथा उबले हुए भाग में प्रति ग्राम नत्रजन क्रमश: 225 एवं 209 मिग्रा. पाई जाती हैं (डब्लू. ओ. आई., 1969)। इसमें पाये जाने वाले फ्लैओनायड्स में मुख्य रूप से रुटिन (rutin), एवीकुलेरिन (avicularin), क्वेरसेटिन (quercetin) तथा क्वेरसिट्रिन (quercitrin) पाया जाता है।

18. माउन्टेन सारेल
(Mountain Sorrel)

स्थानीय नाम- पंजाब- अमलू, चोहाहक, लद्दाख- लमान्चु

यह एक बहुवर्षीय शाकीय पौधा है जो मुख्य रूप से जम्मू कश्मीर, हिमाचल प्रदेश एवं लेह लद्दाख के अल्पाइन क्षेत्रों में उगता है। लद्दाख में इसे सब्जी के लिए प्रयोग किया जाता है। इसकी पत्तियों में अच्छा खट्टा स्वाद होने के कारण इसे सलाद एवं चटनी के रूप में भी प्रयोग किया जाता है। यह विटामिन 'सी' का अच्छा स्रोत है और इसमें पर्याप्त मात्रा में खनिज एवं आयरन पाया जाता है। इसमें पाये जाने वाले पोषक तत्वों को सारिणी (18.1) में दिया गया है।

सारिणी (18.1) माउन्टेन सारेल का पोषक मूल्य

पोषक तत्व	मात्रा
नमी	7.9 प्रतिशत
प्रोटीन	18.3 प्रतिशत
वसा	3.4 प्रतिशत
खनिज	29.8 प्रतिशत
रेशा	10.8 प्रतिशत
कार्बोहाइड्रेट्स	29.8 प्रतिशत
ऊर्जा	223कि. कैलोरी
कैल्शियम	4.29 प्रतिशत
फास्फोरस	274 मिग्रा/100ग्राम
आयरन	120 मिग्रा / 100 ग्राम

स्रोत : चौरसिया एवं सहयोगी, 2000

वानस्पतिक विवरण

माउन्टेन सारेल पालीगोनेसी (Polygonaceae) कुल का सदस्य है और इसका वंश आक्जिरिया (*Oxyriya*) एवं प्रजाति डाइजिना (*O. dygina*) है। वंश आक्जिरिया के अन्तर्गत मुख्य रूप से बहुवर्षीय शाकीय पौधे आते हैं जिनका वितरण उत्तरी गोलार्द्ध (northern hemisphere) के अल्पाइन क्षेत्रों में है। इसकी एक प्रजाति डाइजिना हमारे यहाँ पाई जाती है।

माउन्टेन सारेल एक चिकना एवं रसीला शाकीय पौधा है। इसकी पत्तियाँ गोल या हृदयाकार होती है। इसका प्रसारण बीज एवं वानस्पतिक दोनों तरह से होता है। इसे लद्दाख में बीज के द्वारा उगाया जाता है (चौरसिया एवं सहयोगी, 2000)। इसके पौधे हिमालय क्षेत्र में कश्मीर से लेकर सिक्किम तक समुद्र तट से 3000 से 6000 मीटर की ऊँचाई तक देखे जा सकते हैं। इसके पौधे इस क्षेत्र की पथरीली एवं चट्टान में उगने के लिए काफी अनुकूलित हैं। चौरसिया एवं सहयोगी (2000) ने इसे लद्दाख में उगाकर 68.50 कुन्तल प्रति हेक्टेयर हरी पत्तियों की उपज प्राप्त की है। लद्दाख क्षेत्र में इसकी पत्तियों की उपलब्धता अप्रैल से जून तक रहती है।

19. माउण्टेन स्पिनाच
(Orach)

स्थानीय नाम : मराठी- उसतहक, अंग्रेजी- माउण्टेन स्पिनाच, फ्रेंच स्पिनाच, सी पर्सलेन

यह एक पत्ती वाली सब्जी है जिसे छोटे स्तर पर महाराष्ट्र, कर्नाटक एवं आन्ध्र प्रदेश में उगाया जाता है। इसे जाड़े की फसल के रूप में जम्मू कश्मीर में भी उगया जाता है (चौहान, 1992)। माउन्टेन स्पिनाच की मुलायम पत्तियों एवं डंठल को सब्जी के रूप में प्रयोग किया जाता है। इसकी पत्तियाँ प्रोटीन एवं खनिज तत्वों में काफी धनी होती हैं। इसकी पत्तियों से क्लोरोफिल विहीन प्रोटीन प्राप्त की जा सकती है। कार्लसन (1980) ने 400 किग्रा प्रति हेक्टेयर की दर से नत्रजन का प्रयोग कर 14-15 सप्ताह में माउन्टेन स्पिनाच की 1200 किग्रा / हेक्टेयर शुद्ध प्रोटीन प्राप्त किया। विलायती पालक की तुलना में माउन्टेन स्पिनाच में क्रूड प्रोटीन (crude protein) तथा नाइट्रेट नत्रजन (Nitrate N) की मात्रा अधिक होती है साथ ही इसमें सैपोनिन तथा फिनोलिक यौगिक की मात्रा अधिक होती हैं (कार्लसन एवं हालक्विस्ट, 1981)।

उद्भव एवं वितरण

माउन्टेन स्पिनाच की उत्पत्ति उत्तरी भारत माना जाता है। सर्वप्रथम ग्रीक लोगों द्वारा इसे औषधी पौधों के रूप में प्रयोग किया गया। माउन्टेन स्पिनाच का सर्वप्रथम भू-मध्य रेखीय क्षेत्र से फ्रांस में प्रवेशन हुआ। इसके पश्चात यह इंग्लैण्ड एवं अमेरिका में पहुँचा। अब यह अमेरिका के मध्य पश्चिमी एवं पर्वतीय क्षेत्रों में प्रचलित है क्योंकि यहाँ उस समय भी उगाया जा सकता है जबकि विलायती पालक नहीं उगाई जा सकती। क्योंकि विलायती पालक में जल्दी से बोल्टिंग होने लगती है।

वानस्पतिक विवरण

माउन्टेन स्पिनाच बथुआ कुल अर्थात चिनोपोडिएसी (Chenopidiacea) का पौधा है। इसका वंश एट्रिप्लेक्स (*Atriplex*) एवं प्रजाति हार्टेन्सिस (*A. hortensis*) है। इसकी अन्य प्रजातियाँ जो खर-पतवार के रूप में उगती हैं उसमें प्रमुख हैं- ए. पैटुला (*A. patula*), ए. प्रोस्ट्रेटा (*A. prostratra*), रोजीया (*A. rosea*), ए. आबलांगीफोलिया (*A. oblongifolia*), ए. हेटेरोस्परमा (*A. heterosperma*), ए. सब्सपिकेटा (*A. subspicata*) एवं ए. अर्जेन्टीया (*A. argentea*)। वंश एट्रिप्लेक्स (*Atriplex*), चिनोपोडियम (*Chenopodium*) से भिन्न होता है। इसमें पुष्प एक लिंगी (unisexual) एवं ब्रैक्टीओल्स (bracteoles) से घिरे होते हैं (बसेट एवं सहयोगी, 1983)। डी.एन.ए. संकरण तकनीक (DNA hybridization technique) के जरिए इनकी विभिन्न प्रजातियों के बीच संबंध जानने का प्रयास किया गया और यह ज्ञात हुआ कि इसकी 4 प्रजातियों में काफी समानता है (स्ट्रांग एवं थाम्पसन, 1975)।

माउन्टेन स्पिनाच की गुणसूत्र संख्या (2 एन) = 18 है जिसमें 6 युगल आइसोब्रैकियल (isobrachial) एवं 3 युगल हेटेरोब्रैकियल (het-robrachial) गुणसूत्र होते हैं जिनका आकार 1-4 mμm होता है। गुणसूत्री विभाजन (meiosis) के

समय गुणसूत्र अव्यस्थिति होते हैं और प्रत्येक गुणसूत्र में 9 बाइवैलेन्ट (bivalents) होते हैं (नसर एवं सहयोगी, 1973)। इसकी हरी पत्तियों में 2.6 - 31.6 प्रतिशत क्लोरोप्लास्ट डी.एन.ए. और 0.3-3.8 प्रतिशत माइट्रोकांड्रियल (mitochondrial) डी.एन.ए. होता है (पालमर एवं थाम्पसन, 1980)।

माउन्टेन स्पिनाच का पौधा 2-3 मी. ऊँचा होता है। इसकी पत्तियाँ लम्बी एवं गोल आकार की 10-12 सेमी. हृदयाकार होती है।

जलवायु एवं भूमि

माउन्टेन स्पिनाच ठंड मौसम की फसल है और इसके पौधे 3^0से ग्रेड तापक्रम पर भी अंकुरित हो जाते हैं। इसके साथ यह उच्च तापक्रम के प्रति भी सहनशील है। माउन्टेन स्पिनाच 3 कार्बन चक्र प्रकार पौधा (C_3 Plant) है और कम प्रकाश गहनता (low light intensity) तथा अधिक पानी की उपलब्धता में पौधे की बढ़वार अच्छी होती है (ओजतुर्क एवं सहयोगी, 1981)। यह काफी सहिष्णु पौधा है और इसे क्षारीय तथा लवणीय भूमि में भी सफलता पूर्वक उगाया जा सकता है। बिलर्ड एवं सहयोगी (1982) के अनुसार माउन्टेन स्पिनाच एक लवण प्रतिरोधी पौधा (salt resistant plant) है और अपने बाह्य भागों में सोडियम (Na^+) का संचयन करता है। लवणता बढ़ने पर पौटैशियम (K^+) का स्तर भी बढ़ता है (विलसन एवं सहयोगी, 2000)।

सस्य क्रियायें

माउन्टेन स्पिनाच को बीज के द्वारा बुआई करके उगाया जाता है। एक हेक्टेयर बुआई के लिए 5-6.25 किग्रा बीज की आवश्यकता होती है। माउन्टेन स्पिनाच के बीज को एथरेल के घोल से 3-4 घंटे उपचारित करके 40 घंटे तक हवा में सुखाने से पौधों की बढ़वार अच्छी पाई गयी (सरस्वथमा 1979)। बीज को जमीन में 1.25-2.50 सेमी गहराई पर बोया जाता है। बुआई के लिए पंक्ति से पंक्ति की दूरी 30-45 सेमी रखी जाती है। बुआई के पश्चात हल्की सिंचाई करना आवश्यक होता है।

कटाई एवं उपज

जब पौधे 10-15 सेमी ऊँचाई के हो जाते हैं तब उनकी कटाई की जाती है। प्रारम्भिक अवस्था में यदि पौधे घने उगे होते हैं तब उनको जड़ से उखाड़कर सब्जी के रूप में प्रयोग कर लिया जाता है और इससे पौधों के बीच समुचित अंतराल भी विकसित हो जाता है। जैसे ही पौधा बड़ा हो जाता है उसकी डंठल से लगी ऊपर की पत्तियों की तुड़ाई करके सब्जी के रूप में प्रयोग किया जाता है। एक पूर्ण विकसित पौधे से 1.5 किग्रा उपज प्राप्त होती है। इस प्रकार एक हेक्टेयर फसल से 75-100 कुन्तल हरी पत्तियों की उपज प्राप्त होती है।

जननद्रव्यों का संग्रह एवं किस्मों का विकास

माउन्टेन स्पिनाच की खेती सीमित स्तर पर अथवा गृह वाटिका तक सीमित होने के कारण इसके जनन द्रव्यों के संग्रह एवं किस्मों के विकास पर समुचित ध्यान अभी तक केन्द्रित नहीं किया गया है। इसके कुछ जननद्रव्यों का संग्रह वेवीलोव इस्टिट्यूट ऑफ प्लांट इंडस्ट्री (Vavilov Institute of Plant Industry), रसियन फेडरेशन में किया गया है (गिरेंको, 1980)। थाम्पसन एवं केली (1957) ने इसकी 4 किस्मों ट्रिम्फ (Triumph), जेल्बी (Gelbe), ली जायण्ट (Lee Giant) और डीप ब्लड रेड (Deep Blood Red) का वर्णन किया है। कोल्हे (1961) ने इसकी दो किस्में नं. 8 एवं नं. 11 चयनित कर इसमें क्रमशः 95.9 एवं 86.8 मिग्रा. प्रतिग्राम विटामिन सी की मात्रा ज्ञात किया। जबकि स्थानीय किस्मों में विटामिन सी की

मात्रा कम पाई गयी। माउन्टेन स्पिनाच में 4 प्रकार के बीज बनते हैं जिनका रंग काला या पीला भूरा होता है। बीज ब्रैक्ट युक्त या ब्रैकट विहीन होते हैं। काले रंग की बीजों का अंकुरण नहीं होता है। इनको कम सांद्रण वाले नाइट्रिक अम्ल से उपचारित किया जाय तो बीज अंकुरित होते हैं। एक हेक्टेयर बीज की फसल से 7.5-8.5 कुन्तल बीज की उपज प्राप्त होती है।

20. मकोय
(Black Night Shade)

स्थानीय नाम : संस्कृत- कका माँची; हिन्दी- मकोय; बंगला- काकामाची, तुलीड्न; गुजराती- पिलुदी; तेलगू- काँचीपुन्डु, काची, कमंची; तमिल- मुनाता कली; पंजाब- मको, कामबेदी, कचमच; असम- पीचकटी; मुम्बई- कामुनी, घटी, माको

मकोय आलू कुल (Solanaceae) का एक शाकीय खरपतवार है जो समान्यतया नम एवं छायादार स्थानों पर उगता है। इसकी कोमल टहनियों एवं पत्तियों का सब्जी के रूप में प्रयोग करते हैं। देश के विभिन्न भागों में इसे ड्राप्सी (dropsy) की बीमारी को दूर करने के लिए प्रयोग किया जाता है। इसके पके फलों का मुरब्बा एवं जाम आदि प्रसंस्कृत पदार्थों को बनाने में उपयोग किया जाता है। मकोय की पत्तियाँ राइबोफ्लेविन (riboflavin) की अच्छी स्रोत होती हैं। पत्तियों का काढ़ा तंत्रिका वर्धक (neuro tonic) के रूप में प्रयोग किया जाता है। यह उच्चरक्त दबाव (blood pressure) को भी कम करता है। चीन में इसकी पत्तियों का लेप कटे एवं जली त्वचा पर मरहम के रूप में किया जाता है। फिलीपीन्स में इसकी पत्तियों का लेप कटे एवं जलने से त्वचा में आये वर्णक की कमी को पुन: उत्पन्न करने के लिए दिया जाता है। इसके फल वर्धक (tonic) के रूप में एवं हृदय रोगों में लाभकारी होते हैं। इसके फल का घरेलू स्तर पर ज्वर, डाइरिया, अल्सर एवं नेत्र रोगों को दूर करने में औषधि के रूप में प्रयोग किया जाता है। पत्तियों में रेचक गुण होने के कारण इसका काढ़ा गैस एवं अपच को दूर करता है। पत्तियों का ताजा सत्त (fresh extract) यकृत विसंगतियों (liver cirrhosis) को दूर करता है (डब्लू. ओ. आई., 1969)।

मकोय के अपरिपक्व फलों में चार प्रकार के स्टेरायडल ग्लाइकोएल्केलायड्स (steroidal glycoalkaloids), सोलेमार्जिन (solamargin), सोलेसोनिन (solasonin) और अल्फा और बीटा सोलेनाइग्रिन (α & β solanigrine) पाया जाता है। इसकी पत्तियों में भी सोलेमार्जिन (solamargine) एवं सोलेसोनिन (solasonine) पाया जाता है। मकोय की पत्तियों का पोषक मूल्य सारिणी (20.1) में दिया गया है।

सारिणी (20.1) मकोय की पत्तियों का पोषक मूल्य (प्रति 100 ग्राम खाने योग्य भाग में)

पोषक तत्व	मात्रा
नमी	82.1 ग्राम
प्रोटीन	5.9 ग्राम
वसा	1.0 ग्राम
खनिज	2.1 ग्राम
रेशा	-
कार्बोहाइड्रेट्स	8.9 ग्राम

उद्भव एवं वितरण

मकोय (black nightshade) की उत्पत्ति संभवत: दक्षिण अमेरिका में हुई है। वर्तमान में यह विश्व के सभी उष्ण एवं उपोष्ण भागों में पाया जाता है। हमारे देश में इसके पौधें समुद्र तल से 2100 मीटर की ऊँचाई तक पाये जाते हैं।

वानस्पतिक विवरण

मकोय आलू कुल अर्थात सोलेनेसी (Solanaceae) का पौधा है। इसका वंश सोलेनम

(*Solanum*) एवं प्रजाति नाइग्रम (*S. nigrum* Linn.) है। इसके विभिन्न विभेद (2 एन 12, 24 एवं 36) हैं और इनमें एक दूसरे से वानस्पतिक वाह्य संरचना (morphology) में बहुत कम अन्तर होता है। इसकी कोशानुवंशिकी अध्ययन से पता चलता है कि इसकी चर्तुगुणित (tetraploid) किस्म सोलेनम ल्यूटियम (*Solanum luteum*) से संबंधित है। इसकी षटगुणित किस्म (hexaploid $2n = 72$) सामान्यतया शीतोष्ण भागों में पाई जाती है।

मकोय एक एकवर्षीय शाकीय पौधा है। पौधे की ऊँचाई 40-50 सेमी. होती है। पत्तियाँ लम्बवत एवं दोनों सिरों पर पतली एवं शीर्ष पर नुकीली होती हैं। डंठल पर पत्तियाँ एक दूसरे के आमने-सामने निकलती हैं। पुष्प सफेद रंग के 3-8 के गुच्छों में निकलते हैं। फल प्रारम्भिक अवस्था में हरे रंग के बाद में चमकीले काले या बैंगनी रंग के होते हैं। पकने पर फल (बेरी) लाल या पीले रंग की हो जाती है। बीज चमकीले एवं सफेद रंग के होते हैं; इसके बीज का शत प्रतिशत अंकुरण होता है और पौधों में 8 सप्ताह में फूल आ जाता है।

21. गिरिया साग
(Common Indian Saltwort)

स्थानीय नाम : मराठी एवं गुजराती- मोरास, लाना, लैनी, लैनो; तेलगू- इलाकूरा, रवाकडा; तमिल- वेलई कीरई, नरीमुरई, ऊपूकीरई, उड़िया- गेरिया ।

गिरिया साग के पौधे उत्तरी भारत एवं पूर्वी तथा पश्चिमी घाटी के नम एवं खारी चिकनी मिट्टी में बहुतायत से उगते हैं। राजस्थान एवं गुजरात के कुछ भागों में इसकी पत्तियों को सब्जी के रूप में प्रयोग करते हैं। राजस्थान एवं पाकिस्तान में इसे ऊँट के चारे के रूप में बहुत पसन्द किया जाता है। इसकी पत्तियाँ प्रोटीन तथा आयरन की अच्छी स्रोत हैं। इसके अतिरिक्त इसमें विटामिन 'ए' एवं विटामिन 'सी' भी पर्याप्त मात्रा में पाई जाती है। इसकी पत्तियों के पोषक मूल्य को सारिणी (21.1) में दिया गया है ।

सारिणी (21.1) गिरिया साग का पोषक मूल्य (प्रति 100 ग्राम खाने योग्य भाग में)

पोषक तत्व	मात्रा
नमी	89.3 ग्राम
प्रोटीन	2.0 ग्राम
वसा	0.4 ग्राम
खनिज	3.8 ग्राम
रेशा	0.9 ग्राम
कार्बोहाइड्रेट्स	3.6 ग्राम
ऊर्जा	26 कि. कैलोरी
कैल्शियम	150 मिग्रा.
फास्फोरस	79 मिग्रा.
आयरन	1.6 मिग्रा.
कैरोटीन	2100 माइक्रोग्राम
थाइमिन	0.01 मिग्रा.
राइबोफ्लेविन	0.05 मिग्रा.
नियासिन	0.2 मिग्रा.
विटामिन 'सी'	13 मिग्रा.

स्रोत : गोपालन एवं सहयोगी, 1999

गिरिया साग का हमारे देश के अतिरिक्त जावा में भी सब्जी के लिए प्रयोग किया जाता है (सिमोनस्मा एवं पिलुएक, 1993)। गिरिया साग के पौधों को लवणीय मृदाओं को सुधारने के लिए प्रयोग किया जाता है। इसके लिए जब इसकी पत्तियों एवं डंठल में पूर्ण रूप से लवणों का शोषण हो जाता है तब उन्हें स्वत: जमीन पर गिरने से पहले काट लिया जाता है। इसके पौधों को समुद्र के किनारे बालू को जमने के लिए उगाया जाता है। इसके लिए ऐसे स्थान पर जहाँ पर बहुत अधिक कटाव होता है इसके बीजों को 3 मीटर के अंतराल पर बुआई की जाती है। बहुत कम अवधि में इसके पौधे फैलकर एक अच्छा आवरण प्रदान करते हैं, जिससे कटाव कम होता है।

वानस्पतिक विवरण

गिरिया साग का वानस्पतिक नाम सुएडिया मैरिटिमा (*Suada maritima* (L.) Dum. Syn. *S. nudiflora* Moq.) है। यह चिनोपोडिएसी (Chenopodiaceae) कुल का पौधा है। वंश सुएडिया (*Suada*) के अन्तर्गत 3 प्रजातियाँ हमारे देश में पाई जाती हैं जो मुख्य रूप से रेगिस्तानी क्षेत्रों एवं समुद्र के तटवर्तीय भागों में उगती हैं।

गिरिया साग के पौधे एक वर्षीय या बहुवर्षीय, 45-60 सेमी. ऊँचे एवं अत्यधिक शाखाओं में विभाजित होते हैं । पत्तियाँ 1-4 सेमी. लम्बी, पतली, मोटी एवं पकने के समय लाल रंग की हो जाती हैं। पुष्प घने एवं गुच्छे में आते हैं। बीज चिकने एवं चमकदार काले रंग के होते हैं ।

22. सुसनी साग
(Marsilea)

स्थानीय नाम : बंगला- सुसनीशाक; तेलगू- मुडुगो तमरा; चिक- लिन्टाकुरा; तमिल- अराई कीरई; कन्नड़- चिटिगिना सोपु; कश्मीर- पफ्लु, पंजाब- त्रिपत्रा, गोधी ।

यह एक शाकीय पौधा है जो खरपतवार के रूप में तालाब, पानी की नालियों या नम स्थानों में उगता है । इसका प्रसारण राइजोम या स्पोर्स (rhizome or spores) के द्वारा होता है। इसकी डंठल एवं पत्तियों का सब्जी के रूप में प्रयोग किया जाता है । इसकी पत्तियों में पाये जाने वाले पोषक तत्वों को सारिणी (22.1) में दिया गया है ।

सारिणी (22.1) सुसनी साग का पोषक मूल्य (प्रति 100 ग्राम खाने योग्य भाग में)

पोषक तत्व	मात्रा
नमी	86.9 ग्राम
प्रोटीन	3.7 ग्राम
वसा	1.4 ग्राम
खनिज	2.1 ग्राम
रेशा	1.3 ग्राम
कार्बोहाइड्रेट्स	4.6 ग्राम
ऊर्जा	46 कि. कैलोरी
कैल्शियम	53 मिग्रा.
फास्फोरस	91 मिग्रा
आयरन	-

वानस्पतिक विवरण

सुसनी साग का वानस्पतिक नाम मार्सिलिया माइनूटा (*Marsilea minuta* Linn.) है और यह मार्सिलिएसी (Marsilea-ceae) कुल का पौधा है। वंश मार्सिलिया (*Marsilea*) के अन्तर्गत 9 प्रजातियाँ हमारे देश में पाई जाती हैं, जो मुख्य रूप से उपोष्ण एवं शीतोष्ण प्रदेशों में अनुकूलित हैं। कुछ वानस्पतिकविद् मार्सिलिया माइनूटा की भारतीय प्रजाति को मार्सिलिया क्वाड्रिफोलिया (*Marsilea quadrifolia* Linn.) के रूप में पहचान करते हैं जो मुख्य रूप से कश्मीर में पाई जाती है (डब्लू. ओ. आई., 1969)।

23. गोखरू
(Land Caltrops)

स्थानीय नाम : संस्कृत गोकस्नू, इक्क्षुगंधा; बंगला एवं उड़िया- गोखरू, गोकस्रा; मराठी-लेहगोखू, मीठा गोखरू, नहन गोखरू; तेलगू-चिन्नी पलेरू, चिकपलेरू; तमिल एवं मलयालम नीरूजी, नेरिनजी काई, ।

गोखरू बरसात के मौसम का खरपतवार है जो सामान्य रूप से खाली जगह, सड़क के किनारे, नदियों एवं बंजर जमीन पर उगता है । इसकी मुलायम पत्तियाँ एवं कोमल टहनियों का कुछ आदिवासी एवं गरीब लोगों द्वारा सब्जी के रूप में प्रयोग किया जाता है। इसके फल के आटे को रोटी के रूप में प्रयोग किया जाता है। इसकी पत्तियों में कैल्शियम की पर्याप्त मात्रा पाई जाती है जबकि अपेक्षाकृत आयरन कम होता है। इसकी पत्तियों का औषधी महत्व भी है। पत्तियों के सेवन से पेट की बहुत सी बीमारियाँ दूर होती हैं। इसकी पत्तियों का सेवन पथरी की बीमारी को दूर करता है। इसकी जड़ों को दस्तावर एवं वर्धक के रूप में प्रयोग किया जाता है। आयुर्वेदिक दवाओं में इसका प्रयोग दशमूलारिस्ट और अमृत प्रसाघृता बनाने में प्रयोग किया जाता है। इसके फलों का उपयोग मूत्र रोगों को दूर करने में किया जाता है। इसकी पत्तियों में हरमैन (harman), एल्कलायड जबकि बीज में हरमिन (harmine) एल्कलाइड पाया जाता है (डब्लू. ओ. आई., 1969)। इसमें पाये जाने वाले पोषक तत्वों को सारिणी (23.1)में दिया गया है।

सारिणी (23.1) गोखरू का पोषक मूल्य (प्रति 100 ग्राम खाने योग्य भाग में)

पोषक तत्व	मात्रा
नमी	79.1 ग्राम
प्रोटीन	7.2 ग्राम
वसा	0.5 ग्राम
खनिज	4.6 ग्राम
रेशा	-
कार्बोहाइड्रेट्स	8.6 ग्राम
ऊर्जा	68 कि. कैलोरी
कैल्शियम	1550 मिग्रा.
फास्फोरस	82 मिग्रा.
आयरन	9.2 मिग्रा.
विटामिन 'सी'	41 मिग्रा.

वानस्पतिक विवरण

गोखरू का वानस्पतिक नाम ट्रिबुलस टेरेस्ट्रिस (*Tribulus terrestris* Linn.) है और यह जाइगोफाइलेसी (Zygophyllaceae) कुल का पौधा है। इस कुल के पौधे विश्व के उष्ण एवं उपोष्ण भागों में पाये जाते हैं। गोखरू की गुण सूत्र संख्या (2एन) 6 है । इसमें बहुगुणिता (2 एन - 24, 36 एवं 48) भी पाई जाती है (डब्लू. ओ. आई., 1969)। इसके पौधे समुद्रतल से 5400 मीटर की ऊँचाई तक पाये जाते हैं। गोखरू के पौधों की ऊँचाई 90 सेमी. तक होती है। पत्तियाँ संयुक्त, 5-8 पर्णफल, फूल पीले रंग का, फल 5-12, चुभने वाले काँटे होते हैं । जड़ें पतली, बेलनाकार, रोयेंयुक्त, 10-15 सेमी. लम्बी, हल्के भूरे रंग की कुछ सुगन्ध लिए होती हैं। पौधों में उगने के 25-35 दिन बाद फूल आना प्रारम्भ हो जाता है और निषेचन के 14 दिन बाद फल पक जाते हैं।

24.पानीरक
(Sonchal Sag)

स्थानीय नाम : पंजाब, गोसी साग, नना, सुप्रा,

यह एक रोयेंदार शाकीय पौधा है, जो बहुत अधिक संख्या में मैदानी क्षेत्रों में उगता है। इसकी पत्तियों को साग के रूप में प्रयोग किया जाता है। इसके फल भी खाये जाते हैं। मेक्सिकों में इसको पालक जैसे उबाल कर साग के रूप में प्रयोग किया जाता है (डब्लू. ओ. आई., 1969) । इसमें कैल्शियम, आयरन और कैरोटीन पर्याप्त मात्रा में पाया जाता है । इसके अतिरिक्त इसके प्रति 100 ग्राम खाने योग्य भाग में 680 मिग्रा. सोडियम तथा 0.39 मिग्रा. कॉपर पाया जाता है (गोपालन एवं सहयोगी, 1999) । इसका सेवन रेचक माना जाता है। दक्षिण अफ्रीका में इसकी पत्तियों का रस स्नायुवर्धक (nerve tonic) के रूप में किया जाता है। इसकी पत्तियों का जलन से उत्पन्न घाव एवं फोड़े पर पुल्टिस के रूप में प्रयोग किया जाता है। इसके बीज का भी औषधीय महत्व है। यह कफ को रोकता है और पेट के अल्सर को दूर करता है। उत्तरांचल के कुमांयू क्षेत्र में इसकी जड़ों को बालों एवं ऊनी कपड़ों को साफ करने में प्रयोग किया जाता है। इसके बीजों में 18 प्रतिशत तेल पाया जाता है जिसमें माल्वालिक अम्ल (malvalic acid) होता है। पत्तियों में पाये जाने वाले पोषक तत्वों को सारिणी (24.1) मे दिया गया है ।

सारिणी (24.1) पानीरक का पोषक मूल्य (प्रति 100 ग्राम खाने योग्य भाग में)

पोषक तत्व	मात्रा
नमी	86.2 ग्राम
प्रोटीन	4.3 ग्राम
वसा	0.6 ग्राम
खनिज	2.1 ग्राम
रेशा	1.2 ग्राम
कार्बोहाइड्रेट्स	5.6 ग्राम
ऊर्जा	45 कि. कैलोरी
कैल्शियम	300 मिग्रा.
फास्फोरस	60 मिग्रा.
आयरन	19.5 मिग्रा.
कैरोटीन	2490 माइक्रो ग्राम
थाइमिन	-
राइबोफ्लेविन	-
नियासिन	0.2 मिग्रा.
विटामिन 'सी'	7.5 मिग्रा.

वानस्पतिक विवरण

पानीरक भिण्डी कुल अर्थात् मालवेसी (Malvaceae) का पौधा है और इसका वंश मालवा (*Malva*) है तथा प्रजाति पार्वीफ्लोरा (*M. parviflora*)। वंश माल्वा की 5 प्रजातियाँ हमारे देश में पाई जाती हैं। पानीरक 15-45 सेमी. ऊँचा पौधा है । पत्तियाँ गोलाकार या हृदयाकार होती हैं। इसमें गुलाबी या सफेद रंग के पुष्प आते हैं। फल गोल, चपटे एवं बीज काले रंग के एवं बिना रोयें के होते हैं।

25. स्वीट बेलाडोना (Indian Poke)

स्थानीय नाम : कन्नौर- जोरबो; पंजाब- लुबर रिन साग; कुमांयू- जरक एवं जिरियोग ; असम- जैआंग

स्वीट बेलाडोना एक बहुवर्षीय शाकीय पौधा है, जिसकी मुलायम पत्तियों एवं टहनियों की स्वादिष्ट सब्जी बनती है। इसका पौधा इण्डियन बेलोडोना से थोड़ा भिन्न होता है। इण्डियन बेलाडोना की पत्तियों को खाने के काम में नहीं लाया जाता है। हिमाचल के किन्नौर क्षेत्र में इसे गृह वाटिका में उगाया जाता है। इसकीं पत्तियों का निद्राकारी (narcotic) गुण होने के कारण इसे उबालकर प्रयोग किया जाता है। किन्नौर के स्थानीय लोग इसे जुलाई के अंत तक उपयोग में लाते हैं। स्वीट बेलाडोना को हमारे देश के अतिरिक्त इसे वियतनाम में भी उगाया जाता है।

उद्भव एवं वितरण

स्वीट बेलाडोना के पौधे कश्मीर से लेकर दक्षिण पश्चिम चीन, ताईवान एवं जापान तक पाये जाते हैं।

जलवायु एवं भूमि

समुद्र तट से 1500 - 3000 मीटर की ऊँचाई तक स्वीट बेलाडोना के पौधों को सरलतापूर्वक उगाया जा सकता है। स्वीट बेलाडोना के पौधे जंगली अवस्था में स्वत: उगते हैं। इसे विभिन्न प्रकार की भूमियों में आसानी पूर्वक उगाया जा सकता है। लेकिन अच्छी तरह से पौधों की बढ़वार के लिए दोमट भूमि उपयुक्त मानी जाती है।

वानस्पतिक विवरण

स्वीट बेलाडोना का वानस्पतिक नाम फाइटोलैका एसीनोसा (*Phytolacca acinosa* Roxburgh) है और यह फाइटोलैकेसी (Phytolaccaceae) कुल का पौधा है। वंश फाइटोलैका के अन्तर्गत पी. एसीनोसा (*P. acinosa*) के अतिरिक्त 3 और प्रजातियाँ- फाइटोलैका अमेरिकाना (*Phytolacca ameri-cana* L.), पी. एस्कुलेन्टा (*P. Phytolacca esculaenta* Van Houtte) और फाइटोलैका आक्टेन्ड्रा (*Phytolacca octandra* L.) पाई जाती हैं। इन प्रजातियों का भी सब्जी के लिए प्रयोग किया जाता है।

स्वीट बेलाडोना का पौधा इण्डियन बेलाडोना (*Atropa acuminata* Royle) से भिन्न होता है। इण्डियन बेलाडोना का पौधा विषकारी (poisonous) होता है और इसके पौधे सीधी बढ़वार लिए होते हैं और उनकी पत्तियाँ कम चौड़ी होती हैं, जबकि स्वीट बेलाडोना के पौधे फैलने वाले होते हैं और पत्तियाँ अपेक्षाकृत अधिक चौड़ी होती हैं। स्वीट बेलाडोना एक बहुवर्षीय शाकीय पौधा है। जिसके पौधे 4-5 फीट की ऊँचाई के होते हैं। पत्तियाँ लगभग 17 सेमी. लम्बी और 5 सेमी. चौड़ी होती हैं। पत्तियों का वर्ण विन्यास जालिकावत होता है। इसमें अगस्त के मध्य में सफेद रंग के फूल आते हैं और सितम्बर के अन्त तक बीज परिपक्व हो जाते हैं। बीज वृक्क आकार के होते हैं।

प्रसारण

स्वीट बेलाडोना का प्रसारण बीज एवं भुस्तारिकाओं (suckers) द्वारा किया जाता है। हिमाचल प्रदेश में इसकी सितम्बर-अक्टूबर महीने में नर्सरी तैयार की जाती है, जिसमें बीज मार्च तक

सुषुप्ता अवस्था में पड़ा रहता है। जब पौधे बड़े हो जाते हैं तब उनका मुख्य खेत में रोपण कर दिया जाता है। इसके लिए पौध अन्तराल 1×1 मीटर रखा जाता है। एक हेक्टेयर क्षेत्र में बुआई के लिए 1-1.5 किग्रा.बीज की आवश्यकता होती है। भुस्तारिकाओं द्वारा रोपण के लिए पहले से स्थापित पौधे से सकर्स निकालकर रोपण किया जाता है। सकर्स को थाले में 1×1 मीटर के अन्तराल पर लगाया जाता है।

खाद उर्वरक, सिंचाई एवं सस्य क्रियायें

स्वीट बेलाडोना को उगाने के लिए खाद एवं उर्वरक संबंधी विशेष परीक्षण नहीं किये गये हैं। इसकी अच्छी उपज के लिए 20 टन प्रति हेक्टेयर की दर से कम्पोस्ट खाद, 100 किग्रा. नत्रजन और 120 किग्रा. फास्फोरस देना चाहिए। कम्पोस्ट देने से पौधे सुगमतापूर्वक स्थापित होते हैं। सब्जी परीक्षण केन्द्र काल्पा पर किये गये परीक्षणों में पाया गया कि इसके पौधे पर रासायनिक उर्वरकों का प्रभाव अच्छा होता है (कनवर एवं सहयोगी, 1996)। स्वीट बेलाडोना के पौधों की अच्छी तरह से बढ़वार के लिए कम अन्तराल पर सिंचाई की आवश्यकता होती है। पत्तियों की तुड़ाई के बाद सिंचाई करना लाभप्रद होता है। स्वीट बेलाडोना के पौधे पर विशेष कीट एवं बीमारियों का प्रकोप नहीं होता है। अत: विशेष पौध संरक्षण उपायों की आवश्यकता नहीं होती है।

पत्तियों की तुड़ाई एवं उपज

स्वीट बेलाडोना एक बहुवर्षीय पौधा है। अत: इससे कई वर्षो तक पत्तियों की उपज मिलती रहती है। पौधों को स्थापित होने के बाद पौधों में पत्तियाँ निकलना आरम्भ हो जाती हैं। हिमाचल प्रदेश में मार्च में पौधे लगाने के बाद मई-जून में पत्तियों की तुड़ाई की जाती है। एक पौधे से 4-5 किग्रा. पत्तियों की उपज मिलती है और इस प्रकार एक हेक्टेयर क्षेत्र से 40-50 टन हरी पत्तियों की उपज प्राप्त होती है। एक पूर्ण विकसित पौधे से 8-10 तुड़ाई की जा सकती है।

26. चकवत
(The Sicklesenna)

स्थानीय नाम : हिन्दी- चकवत, चकुन्डा, पानेवर; कन्नड़- गंडुटोगाचे, तारागासी; मलयालम- चक्रमन, दाराकम, टकारा; मराठी- टकला, टंकली, टारोटा; उड़िया- चकन्डा; संस्कृत- चक्रभदी, ददमारी, प्रिश्न परनी; तमिल- सेनाउ टागाराई, विनडु तेलगू- चिन्नाक सिन्डा, टेला कसिन्डा

चकवत एक खरपतवार के रूप में उत्तर भारत के मैदानी क्षेत्रों में बरसात के समय उगता है। यह एक द्विबीज पत्री पौधा है जिसकी नई और मुलायम पत्तियों एवं टहनियों को सब्जी के रूप में प्रयोग किया जाता है। इसकी पत्तियों का कुमांयू के कुछ क्षेत्रों में चाय के रूप में प्रयोग किया जाता है। इसकी पत्तियों का औषधीय महत्व भी है और यह चर्म रोगों में काफी प्रभावकारी है। इसकी पत्तियों का पुल्टिस के रूप में घाव एवं फोड़े पर प्रयोग किया जाता है। अण्डे के साथ इसकी पत्तियों का प्रयोग हड्डियों को जोड़ने में लाभकारी पाया गया है। जाम्बियां में बच्चों को दाँत आते समय होने वाली पीड़ा को कम करने के लिए इसकी पत्तियों का काढ़ा देने का प्रचलन है। इसकी पत्तियों को दो सप्ताह तक किण्डवित करके सूखाकर मांस के विकल्प के रूप में सूडान के लोग प्रयोग करते हैं। इसमें 20 प्रतिशत प्रोटीन पाया जाता है (डिरार, 1984)। इसकी पत्तियों में विटामिन ए, बी $_2$ और सी अधिक होने के कारण इसे सेनेगल के लोग सब्जी के रूप में प्रयोग करते हैं। इसमें पाये जाने वाले पोषक तत्वों को सारिणी (26.1) में दिया गया है।

सारिणी (26.1) चकवत की पत्तियों का पोषक मूल्य (प्रति 100 ग्राम खाने योग्य भाग में)

पोषक तत्व	मात्रा	
	सूखी पत्ती	हरी पत्ती
नमीं	9.7 ग्राम	84.9 ग्राम
प्रोटीन	20.7 ग्राम	5.0 ग्राम
वसा	3.9 ग्राम	0.8 ग्राम
खनिज	11.8 ग्राम	1.7 ग्राम
रेशा	10.4 ग्राम	2.1 ग्राम
कार्बोहाइड्रेट्स	43.5 ग्राम	5.5 ग्राम
ऊर्जा	292 कि. कैलोरी	48 कि. कैलोरी
कैल्शियम	3200 मिग्रा.	520 मिग्रा.
फास्फोरस	292 मिग्रा.	39 मिग्रा.
आयरन	-	124 मिग्रा.
कैरोटीन	-	10152 मिग्रा.
थाइमिन	-	0.08 मिग्रा.
राइबोफ्लेविन	-	0.19 मिग्रा.
नियासिन	-	0.8 मिग्रा.
विटामिन 'सी'	-	82 मिग्रा.

स्रोत : गोपालन एवं सहयोगी, 1999

चकवत की पत्तियों के अतिरिक्त इसकी फलियों को उबालकर कुछ आदिवासी समुदाय द्वारा प्रयोग किया जाता है। इसके बीज का मिठाई बनाने एवं अन्य खाद्य सामग्री बनाने में भी प्रयोग किया जाता है। इसके बीज को भूनकर काफी के विकल्प के रूप में भी प्रयोग किया जाता है। इसके बीज में 7.65 प्रतिशत गोंद की मात्रा पाई जाती है जो ग्वार में पाये जाने वाले गोंद से अधिक होती है। इसके गोंद को टैबलेट आदि को चिपकाने के लिए प्रयोग किया जाता है और इसकी कैलोमेल (calomel), केओलिन (kaolin) एवं चाक (talc) को बाँधने की शक्ति अधिक होती है।

उद्भव एवं वितरण

चकवत का मूल स्थान दक्षिण अमेरिका

है। इसका वितरण विश्व के सभी उष्ण एवं उपोष्ण भाग में है। यह सड़क के किनारे, चारागाह एवं अन्य रिक्त स्थानों पर बहुतायत से उगता है।

वानस्पतिक विवरण

चकवत लेग्यूमिनोसी (Leguminosae) कुल का पौधा है और इसका वानस्पतिक नाम कैसिया तोरा (*Cassia tora* Linn; Baker) है।

चकवत एक सीधे बढ़ने वाला, हल्के काष्ठ के तने का पौधा है। पौधे 0.5 - 1.0 मी. ऊँचे होते हैं। इसकी जड़ मूसला होती है तथा अत्यधिक विभाजित होती हैं। पत्तियाँ संयुक्त, 8-12 सेमी. लम्बी तथा पर्ण फलक समान संख्या में और 3 जोड़ी होते हैं। पर्णफलक 2-4 सेमी. लम्बे, 1-2.5 सेमी. चौड़े होते हैं। पत्तियों के मसलने पर अलग तरह की सुगंध आती हैं। पुष्प संपूर्ण, कक्षीय, छोटे पुष्प वृन्त, पंखुड़ियां , पीले रंग की, पुंकेसर 7, फलियाँ हसिया के आकार की 15 - 25 सेमी. लम्बी, प्रत्येक फली में 25-30 बीज होते हैं। बीज चमकीले एवं पीले रंग के होते हैं। प्रकाश अवधि का इसके वृद्धि पर प्रभाव पड़ता है। जब प्रकाश अवधि 6 से 15 घंटे बढ़ जाती है तब पौधे अधिक वृद्धि करते हैं, लेकिन एक समान प्रकाश की अविध में पौधे छोटे आकार के होते हैं, लेकिन इसकी फलियाँ तभी बनती है जब इसे 8-11 घंटे प्रकाश मिलता है। इस प्रकार चकवत कम प्रकाश अवधि का पौधा (short day photoperiod plant) है (मिश्र, 1969)।

जलवायु एवं भूमि

चकवत के पौधे समुद्र की सतह से 1500 मीटर की ऊँचाई तक पाये जाते हैं (मिश्र, 1969)। यह उन सभी क्षेत्रों में उगता है जहाँ न्यूनतम 640 मिमी. और अधिकतम 4290 मिमी. वर्षा होती है। इसकी बढ़वार के लिए औसत तापक्रम 25^0 सेग्रेड की आवश्यकता होती और भूमि का पी.एच. मान 6.25 होना चाहिए (ड्यूक, 1979)। चकवत अम्लीय से लेकर क्षारीय भूमि (पी.एच.4.6 - 7.9 तक) में सुगमता पूर्वक उगता है (मुरेय एवं सहयोगी, 1976)। इसके बीज शुष्क अवस्था में भी उगते हैं और 10 बार ओसमेटिक दबाव (10 bar osmotic pressure) पर भी उगता है (होवलैण्ड एवं बुचनैन, 1973)। इसके बीज लगातार प्रकाश या अंधकार दोनों अवस्थाओं में समान रूप से उगते हैं (चवान एवं त्रिवेदी, 1962)। चकवत के बीज 13^0 सेग्रेड से कम और 40^0 सेग्रेड से अधिक तापक्रम पर नहीं उगते हैं। इसके अधपके या हरे कच्चे बीजों का अंकुरण ठीक ढंग से नहीं होता है (मिश्र, 1969)।

27. मोनोकोरिया
(Monochoria)

स्थानीय नाम : तेलगू- नीर तमरा; मलयालम- करिनकुवालम, कोला चेम्पू ।

मोनोकोरिया एक नम स्थान में उगने वाला बहुवर्षीय शाकीय पौधा है, जिसके मुलायम डंठल एवं पत्तियों को सब्जी के रूप में प्रयोग किया जाता है। दक्षिण एशिया के कुछ देशों में इसके फूल को भी सब्जी के रूप में प्रयोग किया जाता है। इसका अत्यधिक औषधीय महत्व है। इसका सेवन वर्धक (tonic) एवं ठंडी तासीर का कार्य करता है । इसकी पत्तियों के रस को चोट, फोड़े एवं घाव आदि पर लगाया जाता है। इसके जड़ों का अर्क पेट एवं यकृत की विसंगतियों को दूर करता है और अस्थमा तथा दांत दर्द में लाभकारी होता है। इसके पत्तियों का रस कफ रोग में भी लाभप्रद होता है। इसमें पाये जाने वाले पोषक तत्वों को सारिणी (27.1) में दिया गया है ।

सारिणी (27.1) मोनोकोरिया का पोषक मूल्य (प्रति 100 ग्राम खाने योग्य भाग में)

पोषक तत्व	मात्रा
नमी	88.6 ग्राम
प्रोटीन	1.0 ग्राम
वसा	0.2 ग्राम
कार्बोहाइड्रेट्स	3.8 ग्राम
विटामिन ए	1000 अ. इ.
विटामिन बी	0.08 मिग्रा.
विटामिन सी	30 मिग्रा.
कैल्शियम	80 मिग्रा.
फास्फोरस	45 मिग्रा.
आयरन	3.7 मिग्रा.
ऊर्जा	75 कि. कैलोरी

स्रोत : बुंकर्ड एवं सहयोगी, 1993

उद्भव एवं वितरण

मोनोकोरिया एक छोटे वंशज का पौधा है जिसके अन्तर्गत मात्र 8 प्रजातियाँ पाई जाती हैं। ये सभी प्रजातियाँ उष्ण कटिबंधी क्षेत्र की है, जिसमें 2 अफ्रीका, 4 एशिया तथा 2 आस्ट्रेलिया में फैली हुई हैं। वंश मोनोकोरिया (*Monochoria*) के अन्तर्गत दो प्रजातियाँ (1) एम. हैस्टाटा (*M. hastata*) तथा (2) एम. वेजिनेलिस (*M. vaginalis*) मुख्य रूप से हमारे यहाँ पाई जाती है। प्रजाति हैस्टाटा (*M. hastata*) का मूल स्थान संभवत: उपोष्ण दक्षिण एवं दक्षिण पूर्व एशिया से लेकर उत्तर आस्ट्रेलिया के मध्य हुआ माना जाता है ।

मोनोकोरिया वेजिनेलिस (*Monochoria vaginalis* Presl.) का मूल स्थान दक्षिण एशिया से लेकर दक्षिण पूर्व एशिया के साथ चीन, जापान, फीजी द्वीप समूह और उत्तर आस्ट्रेलिया तक माना जाता है। यह हवाई द्वीप समूह, कैलीफोर्निया और सोवियत रूस एवं ईटली के धान वाले क्षेत्रों में पाई जाती है एवं वहाँ के वातावरण के लिए अनुकूलित हो गयी है और यहाँ सब्जी के लिए उगाई भी जाती है।

वानस्पतिक विवरण

वंश मोनोकोरिया (*Monochoria*) पाण्टेडेरिएसी (Pontederiaceae) कुल का सदस्य है। इसकी सभी प्रजातियों में मूल गुणसूत्र संख्या (एक्स) नहीं होता है तथा सभी प्रजातियाँ बहुगुणिता (polyploidy) का प्रदर्शन करती हैं। मोनोकोरिया हेस्टाटा (*Monochoria hastata* Solms.) प्रजाति की गुणसूत्र संख्या (2 एन) 28 है जबकि मोनोकोरिया वेजिनेलिस (*Monochoria vaginalis* Presl.) की गुणसूत्र संख्या (2 एन) 52 है।

मोनोकोरिया हेस्टाटा एक बहुवर्षीय घनकंदीय (rhizomatous) पौधा है, जिसके तने बढ़ने वाले, सख्त, 30 सेमी. लम्बे होते हैं। पत्तियाँ अत्यधिक लम्बी और पर्णवृंत 3 फीट से भी अधिक लम्बे होते हैं । पत्तियाँ नीचे की तरफ लाल रंग की होती है और आकार 20 x15 सेमी. होता है। पुष्प बैंगनी रंग के होते हैं जिस पर लाल रंग के धब्बे पाये जाते हैं। फल छोटे एवं कैप्सूलनुमा होते हैं। प्रजाति मोनोकोरिया वेजिनेलिस (*Monochoria vaginalis* Presl.) के पौधों की ऊँचाई में काफी विभिन्नता पाई जाती है। इसके पौधे 3 सेमी. से लेकर 50 सेमी. तक ऊँचे होते हैं। इसमें एन्थेसिस (anthesis) की क्रिया सुबह होती है और दोपहर तक पुष्प संकुचित हो जाता है। निषेचन के बाद पुष्प का भाग नीचे की ओर चला जाता है। जिससे फल जल के अन्दर विकसित होता है। इसके बीज भी पानी के अन्दर अंकुरित होते हैं।

जलवायु एवं भूमि

मोनोकोरिया के पौधे तालाब के किनारे, कीचड़ वाले स्थानों, नाले एवं धान के खेत में खरपतावार के रूप में उगते हैं। मोनोकोरिया हेस्टाटा (*Monochoria hastata*) के पौधे समुद्र की सतह से 700 मीटर की ऊँचाई तक जबकि मोनोकोरिया वेजिनेलिस (*Monochoria vaginalis*) के पौधे समुद्र की सतह से 1500 मीटर की ऊँचाई तक पाये जाते हैं ।

प्रसारण

मोनोकोरिया का प्रसारण बीज के द्वारा होता है। इसके अतिरिक्त इसकी पार्श्व शाखाओं से भी पौधे विकसित होते हैं। कभी-कभी प्रतिकूल दशा आने पर पूरा पानी सूख जाने की स्थिति में भी इसके बीज सुषुप्ता अवस्था में बने रहते हैं और अनुकूल वातावरण मिलने पर पुन: अंकुरित हो जाते हैं ।

1. ब्रेड फ्रूट
(Bread Fruit)

ब्रेड फ्रूट कटहल के सदृश्य एवं उसी कुल का पौधा है जो मुख्य रूप से उपोष्ण आर्द्र क्षेत्रों में उगता है। हमारे देश में इसके पौधे दक्षिण भारत के उष्ण आर्द्र क्षेत्रों एवं अण्डमान निकोबार में बहुतायत से उगते हैं। इसके फल का उपयोग सब्जी में अपेक्षाकृत अधिक किया जाता है। इसके फल को छीलकर कोकोनट क्रीम या कोकोनट मीट मिलाकर उपयोग में लाया जाता है। इसके फल से चिप्स, विस्किट एवं प्रसंस्कृत पदार्थ तैयार किये जाते हैं। ब्रेड फ्रूट के पके फल में अत्यधिक कार्बोहाइड्रेट्स होने के कारण यह ऊर्जा का अच्छा स्रोत है। इसके अतिरिक्त इसमें फास्फोरस, आयरन, कैल्शियम, एस्कार्बिक अम्ल एवं राइबोफ्लेविन की बहुत अधिक मात्रा में पाई जाती है। इसके फल में कम पीला वर्णक पाये जाने के कारण यह विटामिन (ए) का अच्छा स्रोत नहीं है। (वूटम एवं टूमाली, 1984)। यद्यपि इसके बीज में प्रोटीन (8%) अधिक पाया जाता है जबकि अन्य नट फलों की अपेक्षा इसमें वसा कम (3-5%) पाई जाती है। इसके फल एवं बीज के पोषक मूल्य को सारिणी (1.1) में दिया गया है

सारिणी (1.1) ब्रेड फ्रूट के फल का पोषक मूल्य (प्रति 100 ग्राम खाने योग्य भाग में)

पोषक तत्व	मात्रा	
	फल	बीज
नमीं	69.1 ग्राम	61.9 ग्राम
ऊर्जा	121 के कैलोरी	156.0 के. कै.
प्रोटीन	1.3 ग्राम	7.94 ग्राम
कार्बोहाइड्रेट्स	28.1 ग्राम	38.2 ग्राम
वसा	0.4 ग्राम	4.68 ग्राम
कैल्शियम	23.2 मिग्रा	48.3 ग्राम
फास्फोरस	47.2 मिग्रा.	48.3 मिग्रा.
आयरन	0.63 मिग्रा.	0.13 मिग्रा.
थाइमिन	0.09 मिग्रा.	0.08 मिग्रा.
राइबोफ्लेविन	0.06 मिग्रा.	1.84 मिग्रा.
निकोटिनिक अम्ल	1.28 मिग्रा.	1.90 मिग्रा.
विटामिन सी	87 मिग्रा.	1.90 मिग्रा.

स्रोत : वूटम एवं टूमाली, 1984

उद्भव एवं वितरण

ब्रेड फ्रूट का वास्तविक उद्भव स्थल के बारे में कहना मुश्किल है। इसके आनुवंशिक विविधता के क्षेत्र इण्डोनेशिया से लेकर पापुआ न्यूगिनिया तक फैला है। संभवत: यह प्रशान्त एवं उपोष्ण एशिया का देशज है। यह पालीनेशिया का प्रमुख पौधा है। वर्तमान में इसके पौधे आर्द्र उपोष्ण क्षेत्रों में देखे जा सकते हैं।

वानस्पतिक विवरण

ब्रेड फ्रूट का वानस्पतिक नाम आर्टोकारपस एटिलिस [*Artocarpus atilis* (Parkinson) Fosbery] है और यह मोरेसी (Moraceae) कुल का पौधा है। इसकी गुण सूत्र संख्या (2 एन.) 27, 28, 56 (चर्तुगुणित) है।

ब्रेड फ्रूट का पौधा उभयलिंगी (monoecious) होता है। यह आर्द्र उपोष्ण क्षेत्रों में सदाबहार वृक्ष (evergreen tree) के रूप में जबकि मानसूनी क्षेत्रों अर्ध पर्णपातीं (semi deciduous) के रूप में उगता है। मुख्य तना सीधा 5-6 मीटर लम्बा, 0.6-1.8 मीटर व्यास का, टहनियाँ फैलने वाली, मोटी एवं अत्यधिक पत्तियों से आच्छादित; पत्तियाँ

एकांतर क्रम में, 20-60×20-40 सेमी. आकार की, प्राथमिक अवस्था में संपूर्ण, बाद में 5-11 पिण्डों में विभाजित, पत्तियाँ मोटी, गहरे हरे रंग की, ऊपरी पर्त चमकदार, नीचे की सतह हल्के रंग की एवं खुरदरी, पर्णवृंत 3-5 सेमी. लम्बा, पुष्पक्रम कक्षीय, पुष्प डंढल 4.8 सेमी. लम्बा, नरपुष्प लटकता हुआ, मुगदल के आकार का, 15-25×3-4 सेमी., स्पंज युक्त, पीला, पुष्प, छोटे आकार का, पुंकेसर एकल 1 मादा पुष्प सख्त, सीधे बढ़वार लिए, लम्बवत 8-10 सेमी. × 5-7 सेमी., हरे पुष्प संख्या अनन्त एवं रिसेप्टिकल से लगे हुए। वाह्यदल पुंज नलीय युक्त, अण्डाशय दो कक्षीय, वर्तिका सकरी, वर्तिकाग्र 2 पिण्ड वाला; फल 10-30 सेमी लम्बा, छिलका पीके रंग का जिसपर 4-6 कोण युक्त संरचना (काँटे)। अंदर का खाने योग्य भाग जूस युक्त गूदा। सामान्यतया उगाई जाने वाली किस्में बीज रहित होती हैं और इसकी बीज युक्त किस्मों को ब्रेड नट (Bread nut) कहा जाता है। पूरे पौधे में सफेद दूध जैसा चिपचिपा गोद (gummy latex) निकलता है।

जलवायु एवं भूमि

ब्रेड फ्रूड के लिए उष्ण आर्द्र जलवायु की आवश्यकता होती है और यह उपोष्ण क्षेत्रों के निचले भागों में उगाने के लिए काफी उपयोगी है। पौधों की बढ़वार के लिए 1500-2000 मिमी. वर्षा तथा 21.1-32.2 डिग्री सेंग्रेड तापक्रम उपयुक्त होता है। प्रारम्भिक अवस्था में पौधों की बढ़वार के लिए छाया की आवश्यकता होती है और जब पौधा पूरी तरह से विकसित हो जाता है उस अवस्था में खुली धूप की आवश्यकता होती है।

ब्रेड फ्रूट को विभिन्न प्रकार की भूमियों में सफलतापूर्वक उगाया जा सकता है, लेकिन अच्छी बढ़वार के लिए गहरी नम एवं अच्छे जलनिकास युक्त एल्यूवियल भूमि की आवश्यकता होती है। इसके पौधे खारे जल (brackih water) के प्रति सहिष्णु होते हैं।

प्रसारण

ब्रेड फ्रूट का प्रसारण मुख्य रूप से बीज के द्वारा होता है। ताजे बीज का अंकुरण 90-95 प्रतिशत तक होता है, लेकिन पुराने बीज की अंकुरण क्षमता बहुत घट जाती है। इसके बीज को रेफ्रीजेरेटर आदि में भण्डारित करने पर भी अंकुरण क्षमता में वृद्धि नहीं होती है। इसकी बीज रहित किस्मों का प्रसारण जड़ भुस्तारिकाओं (root suckers) द्वारा किया जाता है। जड़ की कलम बनाकर प्रसारण का कार्य सरलतापूर्वक किया जा सकता है। इसके लिए 20-25 सेमी. लम्बी एवं 2.5 सेमी. व्यास की कलमें तैयार करके अत्यधिक आर्द्रता वाले जगह में समानान्तर दबा दिया जाता है। इसमें से एक महीने पश्चात जड़े एवं नये प्ररोह प्रस्फुटित होते हैं। इसके पश्चात जड़ युक्त कलमों को अलग गमले आदि में लगाकर बढ़ने दिया जाता है।

जड़ भुस्तारिकाओं, जड़ कलम के अतिरिक्त एअर लेयरिंग (air layering), कलिकायन (budding) एवं ग्रेफ्टिंग (grafting) के द्वारा भी प्रसारण का कार्य किया जा सकता है। इस प्रकार वानस्पतिक प्रसारण के लिए इसकी बीज युक्त या वंश आर्टोकारपस की अन्य प्रजातियों को मूलवृंत (root stock) के रूप में चुनाव किया जा सकता है।

रोपण

रोपण के लिए पहले से तैयार 1×1×1 मीटर के गड्ढ़े में 1:1 के अनुपात में मिट्टी एवं गोबर या कम्पोष्ट की खाद मिलाकर रोपण किया जाता है। साधारणतया दो पंक्तियों के मध्य 6-12 मीटर का अंतराल दिया जाता है। अत्यधिक उपजाऊ

एवं बढ़ने वाली किस्मों के लिए रोपण अंतराल अधिक (12×8 मीटर) रखा जाता है।

सिंचाई एवं अन्तः सस्य क्रियायें

प्रारम्भिक अवस्था में जब पौधे छोटे रहते हैं सिंचाई की आवश्यकता पड़ती है जिससे पौधे अच्छी तरह स्थापित हो जाय। शुरु की अवस्था में पौधों के आस-पास खरपतवार को कम करने के लिए पलवार (mulch) का प्रयोग करना लाभप्रद रहता है। ब्रेड फ्रूट की फल की तुड़ाई के पश्चात रोग ग्रस्त एवं अनावश्यक रूप से क्रास करती हुई टहनियों की कटाई-छटाई करने से पौधों में सक्रिय वृद्धि होती है तथा उपज पर भी अनुकूल प्रभाव पड़ता है।

पौध संरक्षण

ब्रेड फ्रूट के पौधों में डाइबैक (die-back) की समस्या आती है, जिसमें सर्वप्रथम पौधे की ऊपरी शाखायें सूखना प्रारम्भ करती हैं बाद में इसका प्रभाव निचली शाखाओं पर आता है और अंततः पूरा पौध सूख जाता है। इसके अतिरिक्त ब्रेड फ्रूट फ्यूजेरियम (*Fusarium*), पिथियम (*Pythium*) एवं रोजेलिनिया (Roselinia), पिंक रोग (*Corticum*) एवं स्यूडोसरकोस्पोरा (*Pseudocercospora*), साफ्टराट (*Phytophthora*), फ्रूटराट (*Phytophthora phyllosticta*, Rhizopus), स्टेम इन्ड राट फामोप्सिस (*Phomopsis, Dothiorella and Phyllospora*), लीफ ब्लाच (*Pseudocerospora* and *Cercospora*), लीफ रस्ट (*Ureto artocarpi*) एवं जड़ गलन (*Phillinus noxius*) का प्रकोप होता है।

ब्रेड फ्रूट पर लगने वाले प्रमुख कीट है बग्स, स्केल्स, ट्विग बोरर (twig borer) एवं फल मक्खी (fruit fly)।

फल की तुड़ाई

ब्रेड फ्रूट के फल जब मुलायम एवं कच्ची अवस्था में रहते हैं तभी उनकी तुड़ाई की जाती है। तुड़ाई के समय फल के डंढल से बहुत अधिक दूध (latex) निकलता है। इसके लिए पौधों से इसके फल के डंढल को तेज चाकू से काटकर तुरंत डंढल वाले भाग को पानी में डुबो देना चाहिए। इससे दूध का रिसना बन्द हो जाता है और परिबहन एवं भण्डारण में सुविधा मिलती है। प्रति फल का औसत वजन 400-1200 ग्राम होता है। हमारे देश में प्रति पौध औसत फल की संख्या लगभग 200 है जबकि बारबाडास में एक हेक्टेयर क्षेत्र से प्रति वर्ष 160-300 कुन्तल उपज प्राप्त होती है (राजेन्द्रन, 1993)।

ताजे फलों को टोकरियों में रखकर छायादार स्थान में भण्डारित किया जाता है। इसके कच्चे फलों की भण्डारण क्षमता 7-10 दिन तक है जबकि पके फल 3-7 दिन में खराब होने लगते हैं। इसके फल को पालीथिन में लपेटकर 15 डिग्री. सेंग्रेड तापमान पर भण्डारित करने से 20 दिन तक सुरक्षित रखा जा सकता है। बहुत कम तापक्रम पर भण्डारित करने से शीत विकृति (chilling disorder) होता है।

जननद्रव्य संग्रह एवं सुधार

ब्रेड फ्रूट का अत्यधिक जननद्रव्य इसके विविधता वाले क्षेत्र में उपलब्ध है। इससे पादप आकार-प्रकार, फल की गुणवत्ता के अतिरिक्त जलवायु में अनुकूलन के प्रति भी विभिन्नता देखने को मिलती है। इसकी कुछ किस्मों को विशेष उद्देश्य जैसे ताजे हरे फलों के लिए या प्रसंस्करण के लिए चुनाव किया जाता है। पश्चिमी समोआ एवं कीवी में इसके जननद्रव्यों के संग्रह का कार्य किया गया है।

2. सब्जी केला
(Plantain)

विश्व के विभिन्न क्षेत्रों में केला के फूल, फल एवं इसके तने के आंतरिक भाग को सब्जी के रूप में प्रयोग किया जाता है। सामान्य अंग्रेजी शब्द प्लानटेन (plantain) सब्जी वाले केले के लिए प्रयोग किया जाता है लेकिन इसका भी काफी अपभ्रंश है। सब्जी के रूप में फूल के उन भाग को प्रयोग किया जाता है जो ब्रैक्ट (bract) से ढका रहता है या पूरा फूल एवं विशेषकर ऊपर की नर कलिकायें (male buds)। हमारे देश के अतिरिक्त इसके फूल का थाइलैण्ड में खाने का बहुत अधिक प्रचलन है, जहाँ इसे गर्म खट्टें सूप के रूप में प्रयोग किया जाता है। सामान्यतया केले की वह प्रजातियाँ जिसमें बीज होता है और जंगली अवस्था में उगती हैं उनके फूल को एकत्र करके सब्जी के काम में लाया जाता है। इसक कच्चे फल जिसको सब्जी के रूप में प्रयोग किया जाता है वह विटामिन का अच्छा स्रोत है और 60 डिग्री सेंग्रेड तापक्रम पर उबालनें पर भी उसकी विटामिन संरक्षित रहती है (सिंह, 1969)।

इसकी सब्जी वाली किस्म मोन्थन में शर्करा का रूप केवल ग्लूकोज ही होता है। शर्करा की मात्रा किस्म के ऊपर निर्भर करती है। नेन्द्रन किस्म में 26 प्रतिशत शर्करा, नेपूवन या सफेद बेलची में 27 प्रतिशत से अधिक जबकि बसराई में मात्र 15 प्रतिशत। नेन्द्रन में 0.4 प्रतिशत अम्ल पाया जाता है, जबकि कुछ किस्मों में 1.2 प्रतिशत से अधिक। फूल, फल के अतिरिक्त इसके तने को भी सब्जी के रूप में प्रयोग किया जाता है। केले के फूल, फल एवं तने में पाये जाने वाले पोषक तत्वों को सारिणी (2.1) में दिया गया है।

सारिणी (2.1) केले के फूल, फल एवं तने का पोषक मूल्य (प्रति 100 ग्राम खाने योग्य भाग में)

	पोषक तत्व की मात्रा		
पोषक तत्व	**फूल**	**फल (कच्चा)**	**तना**
नमीं (ग्राम)	89.9	83.2	88.3
प्रोटीन (ग्राम)	1.7	1.4	0.5
वसा (ग्राम)	0.7	0.2	0.1
खनिज (ग्राम)	1.3	0.5	0.6
रेशा (ग्राम)	1.3	0.7	0.8
कार्बोहाइड्रेट्स (ग्राम)	5.1	14.0	9.7
ऊर्जा (कि. कैलोरी)	34	64	42
कैल्शियम (मिग्रा.)	32	10	10
फास्फोरस (मिग्रा.)	42	29	10
आयरन (मिग्रा.)	1.6	6.27	1.1
कैरोटीन (मा. ग्राम)	27	30	0
थाइमिन (मिग्रा.)	0.05	0.05	0.02
राइबोफ्लेविन (मिग्रा.)	0.02	0.02	0.01
नियासिन (मिग्रा.)	0.4	0.3	0.2
विटामिन सी (मिग्रा.)	16	21	7

स्रोत : गोपालन एवं सहयोगी, 1999

उद्‌भव एवं वितरण

वंश म्यूसा (*Musa*) की उत्पत्ति दक्षिण एवं दक्षिण पूर्व एशिया मानी जाती है जबकि म्यूसा एक्यूमिनेटा (*Musa acuminata*) निश्चित रूप से दक्षिण पूर्व एशिया का ही देशज है। एम. बल्बीसियाना (*M. balbisiana*) की उत्पत्ति भारत के पूर्वोत्तर क्षेत्र से हुई है, लेकिन इसके पौधे पूरे दक्षिण पूर्वी एशियाई देशों में पाये जाते हैं। केला की सभी खाने वाली किस्में एम. एक्यूमिनेटा से उत्पन्न हुई है और उनको एम. (*M. paradisiaca*) के अंतर्गत रखा गया है। केले की दो जंगली प्रजातियों का वितरण काफी सीमित है। इसमें एम.

हेलाबेनेसिस (*M. halabenesis*) पश्चिमी सुमात्रा और एम. सैलासेंसिस (*M. sallaccensis*) सुमात्रा एवं जावा में पाई जाती हैं (नैसुटिआन, 1993)।

वानस्पतिक विवरण

केला एक बीज पत्री पौधा है और यह म्युसेसी (*Musaceae*) कुल का सदस्य है। केला की सामान्य रूप से उगाई जाने वाली प्रजातियाँ त्रिगुणित (*triploid*) हैं। इसकी सामान्य प्रजातियों में गुण सूत्र संख्या (2 एन.) 22 है, जबकि एम. सेलासेन्सिस (*M. sallaccensis*) की गुण सूत्र संख्या (2 एन.) = 22 है।

केला का पौधा शाकीय, बहुवर्षीय 2-9 मीटर ऊँचा होता हे और बाहरी तना (pseudostem) पत्तियों के आवरण से ढका होता है। इसकी जड़ झकड़ादार, बाहरी तने पर पत्तियों की पर्त (sheath) एक दूसरे के ऊपर चढ़ी रहती है। पत्तियाँ लम्बोत्तर 100-500 सेमी.× 25-100 सेमी. आकार की जिसमें मुख्य शिरा (midrib) काफी मोटी होती है। शिराविन्यास जालिकावत। प्रत्येक कार्म से एक शीर्ष पुष्पक्रम बाहरी तने से होकर आता है। इसमें पुष्पक्रम संयुक्त स्पाइक जो कई खण्डों में बटा होता है तथा लाल रंग के ब्रैक्ट से ढका रहता है। मादा पुष्प नीचे की तरफ जबकि नर पुष्प ऊपर बनते हैं। फल धारण के लिए परागण की आवश्यकता नहीं होती है। फल बेरी, अर्द्ध बेलन के आकार की, फल शीर्ष पर मुड़े हुए, सामान्य प्रजातिया बीज रहित जबकि जंगली प्रजातियाँ बीज युक्त होती है। इसकी कुछ प्रमुख प्रजातियों का संक्षिप्त वर्णन निम्न प्रकार है।

1. एम. एक्यूमिनेटा (*M. acuminata*) इसमें पुष्पक्रम सामान्यतया पेन्डुलम, नर पुष्प लाल रंग के नहीं होते हैं, बीज धसे हुए। इसके अंतर्गत 5 उपप्रजातियाँ निर्धारित की गयी हैं।

2. एम. बल्बीसियाना (*M. balbisiana*) पुष्पक्रम समानान्तर या पेंडुलम, पेंडकल चिकनी, नरपुष्प लाल रंग के, फल लम्बे, वृंतयुक्त, बीज अर्द्ध गोलाकार।

3. एम. हेलाबेनेसिस (*M. halabenesis*) काफी बड़े शाकीय पौधे 9 मीटर ऊँचाई तक, सभी भाग काफी बड़े केवल बीज छोटा 3-4 मिमी. × 9-12 मिमी. इसमें चिपकने वाला द्रव निकलता है। नर कलिका अण्डाकार 15-20 सेमी. × 9-12 सेमी. गहरे नीले रंग की।

4. एम. सैलासेन्सिस (*M. salaccensis*) इसके पौधे 3 मीटर से अधिक ऊँचे नहीं होते हैं तथा इसमें पुष्पक्रम सीधा होता है। इसमें फल दो पंक्तियों में न बनकर मात्र एक पंक्ति में आता है। बीज लट्टू के आकार के, नर कलिका अंडाकार 15×5-6 सेमी., हल्के गुलाबी नीले रंग की, स्वाद कड़ुआ।

जलवायु एवं भूमि

केला उपोष्ण-आर्द्र जलवायु का पौधा है, लेकिन इसके पौधे समुद्र तट से 1200 मीटर की ऊँचाई तक पाये जाते हैं। इसकी एम. एक्यूमिनेटा (*M. acuminata*) एवं एम. हेलाबेनेसिस (*M. halabenesis*) के पौधे 1800 मीटर की ऊँचाई तक पाये जाते हैं। जंगली रूप में इसके पौधे झरनों के किनारे, पहाड़ियों के नीचे एवं अन्य नम स्थानों में उगते हैं। ऐसे क्षेत्र जहाँ प्रति माह 2000 मिमी. वर्षा का औसत है। इसके पौधे अच्छी तरह उगते हैं। पौधों की बढ़वार के लिए 27 डिग्री सेंग्रेड तापक्रम उपयुक्त होता है और 15 डिग्री सेंग्रेड से तापक्रम को नीचे जाने पर एवं 35 डिग्री सेंग्रेड से अधिक होने पर वृद्धि पर प्रतिकूल प्रभाव पड़ता है।

केले के लिए भुरभुरी दोमट मिट्टी की आवश्यकता होती है। ऐसी मिट्टी जिसमें

जलधारण क्षमता अच्छी हो तथा पर्याप्त मात्रा में जीवांश की मात्रा, इसे उगाया जा सकता है। अच्छी बढ़वार के लिए मृदा में वायु संचार अच्छा होना चाहिए।

प्रसारण

इसकी जंगली प्रजातियों का प्रसारण बीज के द्वारा होता है। बीज के अंकुरित होने में 3-4 सप्ताह का समय लगत है। सामान्य किस्मों का प्रसारण इनकी भुस्तारिकाओं (suckers) के द्वारा किया जाता है। कार्म के टुकड़े से भी प्रसारण का कार्य किया जा सकता है।

सस्य क्रियायें

केवल फूल के उद्देश्य से कहीं इसको नही उगाया जाता। फूल जंगली (बीज युक्त) किस्मों से एकत्र किये जाते हैं। ऐसी प्रजातियाँ जिसमें फल एवं फूल दोनों को उपयोग में लाया जाता है जैसे एम बल्बीसियाना (*M. balbisiana*) तब उसमें केवल नर कलिकाओं को सब्जी के उद्देश्य से काट लिया जाता है।

प्रसारण कार्य विशेषकर स्वोर्ड सकर्स (sword suckers) द्वारा बरसात के मौसम में 30×30×30 सेमी. आकार के बने गड्ढों में किया जाता है प्रत्येक गड्ढे में 2-5 किग्रा. सड़ी हुई गोबर की खाद का प्रयोग किया जाता है।

किस्में

सब्जी हेतु इसकी प्रमुख किस्में निम्न प्रकार है- नेन्द्रन (Nendran) इसे रजेली (Rajeli) भी कहते हैं। यह दोनों उद्देश्य (पके फल खाने एवं सब्जी हेतु) के लिए उगाई जाती हैं। यह केरल की प्रमुख किस्म है। इसके फल लम्बे, कोण युक्त, मुड़े हुए होते हैं। इसमें पकने के बाद भी स्टार्च का अंश बचा रहता है। इसे सब्जी के अतिरिक्त बनाना फ्लोर, बनाना चिप्स एवं सूखाने के लिए प्रयोग किया जाता है।

2. मोन्थन (Monthan)

यह मुख्य रूप से सब्जी की किस्म है, इसके फल छोटे एवं सख्त होते हैं। इस किस्म के पौधे ठंढ के प्रति सहनशील होते हैं। इसे उत्तर प्रदेश के कुछ स्थानों में उगाया जाता है। बोन्था (Bontha) एवं बतीसा (Bateesa) अन्य सब्जी वाली किस्में हैं जिसमें केवल मादा पुष्प ही आते हैं।

जननद्रव्य संग्रह एवं सुधार

दक्षिण पूर्व एशिया केला की विविधता का प्रमुख केन्द्र है। हमारे देश में इसके जननद्रव्यों के संग्रह का कार्य राष्ट्रीय केला अनुसंधान केन्द्र, त्रिचुरापाल्ली, तमिलनाडु में किया गया है। फिलीपीन्स में ब्यूरो ऑफ प्लान्ट ईडस्ट्री, डेवो सिटी में, मलेशिया में एम. ए. आर. डी. आई., थाइलैण्ड में केसीटसर्ट (Kasetsart) यूनिवर्सिटी में, इण्डोनेशिया में एस.एच.ओर.आर.आई. (SHORI) में किया गया है। अधिकतर प्रजनन सम्बन्धी कार्य खाने वाली (dessert type) किस्मों पर केन्द्रित किया गया है। इनकी सब्जी वाली प्रजातियों को विकसित करने पर अभी कोई विशेष पहल नहीं की गयी है।

3. कैर
(Kair)

स्थानीय नाम : बंगाली- करील

कैर एक झाड़ीदार जंगली पौधा है जो राजस्थान एवं गुजरात के रूक्ष क्षेत्रों में उगता है। इसके फलों का सब्जी एवं अचार के रूप में प्रयोग किया जाता है। इसके फल से निर्मित अचार की अंतर्राष्ट्रीय स्तर पर माँग है। इसके पके फल मीठे लेकिन कसैले होते हैं जिसे बच्चे काफी चाव से खाते हैं। कैर के फल का बहुत अधिक औषधीय महत्व है। फल का उपयोग हृदय रोगों एवं पित्त सम्बन्धी दोषों को दूर करने के लिए किया जाता है। इसकी मुलायम पत्तियों एवं टहनियों का प्रयोग पेट की दर्द को दूर करने में लाभ प्रद होता है। इसके चबाने से दाँत का दर्द कम होता है। कैर की छाल को कफ, अस्थमा एवं अन्य रोगों में प्रयोग किया जाता है। इसके जड़ का प्रयोग नियादी ज्वर (intermittent fever) एवं जोड़ों की दर्द दूर करने में काफी प्रभावी है। इसके फल को राजस्थान में काटकर सूखा लिया जाता है और वर्ष के उन महीनों में जब इसकी उपलब्धता नहीं रहती है तब प्रयोग किया जाता है। कैर के फल में पर्याप्त मात्रा में प्रोटीन एवं खनिज पाया जाता है। इसके फल के पोषक मूल्य को सारिणी (3.1) में दिया गया है-

सारिणी (3.1) कैर के फल का पोषक मूल्य

पोषक तत्व	मात्रा
खाने योग्य भाग	55 प्रतिशत
नमीं	56 प्रतिशत
क्रूड-प्रोटीन	8.6 प्रतिशत
ट्रू-प्रोटीन	5.02 प्रतिशत
कुल शर्करा	1.8 प्रतिशत
रिड्यूशिंग शर्करा	1.1 प्रतिशत
फास्फोरस	0.057 प्रतिशत
पोटैशियम	1.026 प्रतिशत
कैल्शियम	0.055 प्रतिशत
मैग्नीशियम	0.055 प्रतिशत
एस्कार्बिक अम्ल	7.81 मिग्रा/100 ग्राम

स्त्रोत : खेड़ा एवं सिंह, 1975

उद्भव एवं वितरण

कैर मूल रूप से भारतीय मूल का पौधा है। इसके पौधे राजस्थान एवं गुजरात के शुष्क एवं रूक्ष क्षेत्रों में देखे जा सकते हैं। अत्यधिक ऊँचे तापक्रम एवं विषम परिस्थिति में उगने के प्रति सहनशीलता होने के कारण इसके पौधे थार के मरू क्षेत्र में सफलतापूर्वक उगते हैं।

वानस्पतिक विवरण

कैर का वानस्पतिक नाम कैपेरिस एफाइला (*Capparis apphylla Roth*) है और यह कैपेरिडेसी (Capparidaceae) का पौधा है। इसकी गुण सूत्र संख्या (एक्स) = 7, 8 है और यह बहुगुणित (polyploid) है। वंश कैपेरिस के अंतर्गत 270 प्रजातियाँ पाई जाती है जिसमें से लगभग 40 प्रजातियाँ हमारे देश में पाई जाती है। इसके पौधे अत्यधिक विभाजित शाखाओं वाला झाड़ीदार एवं बहुवर्षीय होता है। तना काँटेदार एवं सख्त होता है। पत्तियाँ छोटी एवं केवल नये प्ररोह पर ही आती है। पुष्प चमकीले लाल रंग के बरसात के महीने में आते हैं। फल बेरी, 1-1.5 सेमी. आकार के एवं हरे रंग के होते हैं जो पकने पर लाल हो जाते हैं।

जलवायु एवं भूमि

कैर शुष्क एवं रूक्ष जलवायु का पौधा है।

इसके पौधे राजस्थान एवं डेक्कन के पठारी क्षेत्र में सफलतापूर्वक उगते हैं। पौधों की बढ़वार के लिए उष्ण जलवायु अनुकूल होती है। यद्यपि उत्तर जीविता के लिए एवं प्रारम्भिक अवस्था में वृद्धि के लिए नमीं की आवश्यकता होती है। कैर के पौधों को विभिन्न प्रकार की अनुपयोगी एवं मरू भूमि में उगाया जा सकता है, लेकिन बलुई दोमट भूमि में पौधों की बढ़वार अच्छी होती है।

प्रसारण एवं देख-भाल

कैर का प्रसारण बीज एवं भुस्तारिकाओं (suckers) दोनों द्वारा किया जा सकता है। बीज द्वारा प्रसारण के लिए बरसात के पहले 3×3 मीटर के अंतराल पर गड्ढे तैयार कर लिये जाते हैं और इन्हीं गड्ढों में बीज की बुआई की जाती है। यद्यपि इसका नियमित रूप से रोपण का कार्य बहुत सीमित स्तर पर है।

पुष्पन एवं फलत

सामान्यतया 5 वर्ष की उम्र के पौधे पुष्पन एवं फलत की अवस्था में आते हैं। कैर में पुष्पन वर्ष में दो बार, प्रथम- मार्च-अप्रैल एवं दूसरी बार सितम्बर-अक्टूबर के महीने में होता है। मार्च-अप्रैल में पुष्पन के पश्चात अप्रैल महीने से इसके कच्चे फल तैयार हो जाते हैं और सितम्बर में आये फूल से अक्टूबर महीने में फल मिलने लगते हैं। इसके कच्चे फलों की तुड़ाई करके सब्जी एवं अचार बनाने में प्रयोग किया जाता है। पहली बार में फलत में आये पौधे से औसत 5 किग्रा. फल प्राप्त होता है।

जननद्रव्य संग्रह एवं सुधार

कैर के पौधे अर्द्ध जंगली अवस्था में मिलते हैं। अत: अभी तक इनके जननद्रव्यों के संग्रह, परीक्षण एवं मूल्यांकन पर कोई विशेष बल नहीं दिया गया है। यद्यपि इसमें फल के आकार गूदे की मात्रा एवं अन्य गुणों के प्रति काफी अधिक विभिन्नता पाई जाती है। इसके जननद्रव्यों का संग्रह करके ऐसी किस्में विकसित करने की आवश्यकता है जिसमें फल बड़े आकार के तथा बीज छोटे आकार के हों एवं फल में कसैलापन कम हो तथा प्रोटीन की मात्रा अधिक (चुन्दावत, 1990)।

4. लसोड़ा (Lasoda)

यह एक सामान्य पौधा है जो देश के सभी उपोष्ण एवं समशीतोष्ण क्षेत्रों में उगता है। इसमें सूखा सहन करने की बहुत अधिक क्षमता होती है जिसके कारण इस देश के उत्तरी-पश्चिमी क्षेत्रों एवं शुष्क तथा रूक्ष क्षेत्रों में सफलतापूर्वक उगाया जाता है। इसे सड़कों के किनारे एवेन्यू वृक्ष (avenue tree) के रूप में भी उगाते हैं। इसके कच्चे फलों को सब्जी एवं अचार के रूप में प्रयोग किया जाता है। आम के साथ इसका मिश्रित अचार अंतर्राष्ट्रीय गुणवत्ता का होता है। इसके पके फल में गोंद युक्त गूदा (mucilagenous pulp) होता है जो संपूर्ण फल का लगभग 70 प्रतिशत होता है। इसका फल शर्करा में काफी धनी होता है, लेकिन अम्ल मुक्त (acidless) होता है। इसके पके फलों को खाने एवं लिकर (liquor) बनाने में प्रयोग किया जाता है। इसके फल का अत्यधिक औषधीय महत्व है। इसका सेवन शामक (demulscent), कफनिस्सारक (expectorant) एवं कृमिनाशक (anthelmintic) होता है। इसके फल के पोषक मूल्य को सारिणी (4.1) में दिया गया है।

सारिणी (4.1) लसोड़ा के फल का पोषक मूल्य (प्रति 100 ग्राम खाने योग्य भाग में)

पोषक तत्व	मात्रा
नमीं	82.5 ग्राम
प्रोटीन	1.8 ग्राम
वसा	1.0 ग्राम
खनिज	2.2 ग्राम
रेशा	0.3 ग्राम
कार्बोहाइड्रेट्स	12.2 ग्राम
ऊर्जा	65 कि. कैलोरी

उद्भव एवं वितरण

लसोड़ा भारतीय मूल का पौधा है। इसके पौधे देश के सभी उपोष्ण क्षेत्रों में पाये जाते हैं। इसको लाख कीट पालने के लिए भी उगाया जाता है। इसकी लकड़ी काफी अच्छी होती है जिसे तलवार की खोल (sheath) बनाने में प्रयोग किया जाता है। लसोड़ा के पौधे उत्तर प्रदेश बिहार, राजस्थान, गुजरात, एवं मध्य प्रदेश में बहुतायत से देखे जा सकते हैं। यद्यपि इसका नियमित रूप से वृक्षारोपण नहीं किया जाता है।

वानस्पतिक विवरण

लसोड़ा का वानस्पतिक नाम कार्डिया मिक्सा (*Cordia myxa* Roxb.) है और यह बोरेजिनेसी (Boraginaceae) कुल का पौधा है। इसकी गुणसूत्र संख्या (2 एन.) 14 या 16 है। वंश कार्डिया के अंतर्गत कई प्रजातियाँ पाई जाती है जिसमें कार्डिया घराफ (*Cordia gharaf*) का काफी महत्व है (चुन्दावत, 1990)।

लसोड़ा का पौधा मध्यम ऊँचाई का होता है और इसका शीर्ष भंगुर (broken) होता है अर्थात पूर्ण रूप से विकसित नहीं होता है। पत्तियाँ बड़ी, साधारण, 3-5 शिराओं वाली एवं एकान्तर क्रम में लगी होती हैं। पुष्प सफेद एवं कक्ष में गुच्छे में आते हैं। फल 0.5-1.0 सेमी आकार के, कच्चे फल गहरे हरे रंग के, ड्रुप प्रकार के, फल भूरे एवं काले रंग के। फल पकने पर गूदा स्टोन के ऊपर सफेद पारदर्शी रूप में चिपका होता है। फल खाने योग्य, मीठे एवं लिसलिसे (mucilagenous) होते हैं।

जलवायु एवं भूमि

लसोड़ा के पौधे उपोष्ण एवं समशीतोष्ण क्षेत्रों में भली-भाँति उगते हैं। इसके पौधे समुद्र तट से 5000 फीट की ऊँचाई तक देखे जा सकते हैं। पौध के बढ़वार के लिए उष्ण जलवायु की आवश्यकता होती है। इसके पौधे शुष्क एवं रूक्ष क्षेत्रों में उगने के लिए काफी उपयोगी है। यह पाले के प्रति संवेदनशील होता है। इसे विभिन्न प्रकार की भूमियों में उगाया जा सकता है। लसोड़े के पौधे उन क्षेत्रों में भी उगाये जा सकते हैं जहाँ की मृदा में लवण की मात्रा अधिक है।

प्रसारण

लसोड़ा के पौधो का प्रसारण बीज एवं वानस्पतिक दोनों विधियों द्वारा किया जा सकता है। बीज द्वारा प्रसारण के लिए इसके ताजे बीजों को प्रयोग में लाया जाता है। इसके लिए अप्रैल-मई के महीने में ताजे बीजों से नर्सरी तैयार कर ली जाती है जिसका बरसात के मौसम में रोपण किया जाता है। रोपण के लिए पहले से ही 60×60×60 सेमी. आकार का गड्ढा तैयार किया जाता है। इन गड्ढों में 1:1 के अनुपात में मिट्टी एवं खाद भर कर छोड़ दिया जाता है। बरसात में इन्हीं गड्ढों में पौधों का रोपण किया जाता है। रोपण के लिए पंक्तियों के मध्य 6 मीटर का अंतराल एवं इतना ही अंतराल दो पौधों के मध्य रखा जाता है।

वानस्पतिक विधि से प्रसारण के लिए कलिकायन (budding) विधि का प्रयोग किया जाता है। इसके लिए एक वर्ष पुराने बीजू पौधों पर जुलाई-सितम्बर माह में बडिंग की जाती है। मूल वृत के रूप में इसकी सी. घराफ (*C. gharaf*) प्रजाति का भी चुनाव किया जा सकता है।

खाद एवं उर्वरक

लसोड़ा के पौधो का विस्तृत स्तर पर रोपण का कार्य संपादित नहीं किया गया है। इसी लिए इसके पौधों की पोषक तत्व सम्बन्धी आवश्यकता का विशेष परीक्षण कार्य नहीं किया गया है। सामान्यतया प्रति वर्ष प्रति पौध 25 किग्रा. सड़ी हुई गोबर की खाद एवं 500 ग्राम नत्रजनधारी उर्वरक का मानसून के समय प्रयोग करने से पौधों की बढ़वार पर अनुकूल प्रभाव पड़ता है (चुन्दावत, 1990)।

सिंचाई

पौधों के रोपण के पश्चात गड्ढे में उपयुक्त नमीं बनाये रखने के लिए सिंचाई की आवश्यकता होती है। वृद्धि काल के प्रारम्भिक अवस्था में सिंचाई की जानी चाहिए जिससे पौधे अच्छी तरह से स्थापित हो जाय। जब पौधे बड़े हो जाते हैं तब विशेष सिंचाई की आवश्यकता नहीं होती है। उपोष्ण क्षेत्रों में सिंचाई के प्रयोग से इसमें पुष्पन एवं फलत को नियमित (regulate) किया जा सकता है।

पुष्पन एवं फलत

वानस्पतिक रूप से बडिंग द्वारा लगाये गये पौधे 4-5 वर्ष की उम्र में फलत में आ जाते हैं। पुष्पन मार्च-अप्रैल में होता है तथा फल जुलाई तक उपलब्ध रहते हैं। सब्जी एवं अचार के लिए जब इसके फल छोटी अवस्था में रहते हैं तभी तुड़ाई की जाती है। फलों की तुड़ाई पूरे गुच्छे के साथ की जाती है। एक वृक्ष से 100-125 किग्रा. फल मिलता है।

जननद्रव्य संग्रह एवं सुधार

लसोड़ा के फलों के आकार गूदे की मात्रा एवं गुणवत्ता के प्रति काफी विभिन्नता पाई जाती है। इसकी अच्छी किस्मों के चुनाव के लिए जिनके फल बड़े आकार के हो तथा प्रसंस्करण हेतु अच्छी गुणवत्ता हो, के लिए जननद्रव्यों के संकलन

मूल्यांकन एवं चुनाव की महती आवश्यकता है। गुजरात में इसके बड़े आकार के फल वाले आनुवंशिक प्रारूप पाये जाते हैं जिसे पारस गोन्डा कहा जाता है।

5. गुलर
(Witd fig)

गुलर मोरेसी (Moraceae) कुल का पौधा है और इसके पौधे देशभर में पाये जाते हैं। गुलर के पौधे विशेषकर नम स्थानों, झरनों के किनारे, घाटियों एवं पहाड़ियों के दर्रों में बहुतायत से देखने को मिलते हैं। इसके पौधे काफी के बागान में छायादार वृक्ष (shade tree) के रूप में उगाया जाता है। इसकी पत्तियाँ जब पतझड़ के समय जमीन पर गिरती है तो एक अच्छी पलवार (mulch) का कार्य करतीं है। इसकी पत्तियाँ 0.915 प्रतिशत नत्रजन, 0.163 प्रतिशत फास्फोरस, 5.57 प्रतिशत लाइम (Cao) पाया जाता है (डब्ल्यू.ओ.आई. 1969)। इसकी पत्तियों को पशुओं के चारे के रूप में एवं विशेष रूप से हाथी के चारे के लिए प्रयोग किया जाता है। इसकी पत्तियों में शुष्क भार के आधार पर 12.36 प्रतिशत क्रूड प्रोटीन, 2.75 प्रतिशत ईथर शत्त (ether extract), 13.03 प्रतिशत क्रूड फाइबर, 58.89 प्रतिशत नत्रजन मुक्त शत्त (free extract), 71.91 प्रतिशत सम्पूर्ण कार्बोहाइड्रेट्स एवं 12.98 प्रतिशत ऐश पाई जाती है।

गुलर के कच्चे फलों को सब्जी एवं भर्ता बनाने के काम में लाया जाता है। इसके पके फलों में अच्छी सुगन्ध होती है। इसके फल का बहुत अधिक औषधीय महत्व है। इसके फल का सेवन शीतलता प्रदान करता है तथा कृमिनाशक एवं पेट दर्द निवारक है। इसके दूध को बवासीर एवं पेचिस में दवा के रूप में प्रयोग किया जाता है। इसके फल के पोषक मूल्य को सारिणी (5.1) में दिया गया है।

सारिणी (5.1) गुलर के फल का पोषक मूल्य

(प्रति 100 ग्राम खाने योग्य भाग में)

पोषक तत्व	मात्रा
नमीं	13.6 प्रतिशत
एल्बूमिनायड्स	5.6 प्रतिशत
कार्बोहाइड्रेट्स	4.9 प्रतिशत
कलरिंग पदार्थ	8.5 प्रतिशत
रेशा	17.9 प्रतिशत
ऐश	6.5 प्रतिशत
सिलिका	0.25 प्रतिशत
फास्फोरस	0.91 प्रतिशत

स्रोत : डब्ल्यू.ओ.आई., 1968

गुलर के छाल में 14 प्रतिशत टैनिन पाया जाता है। यह शीतप्रद होती है और इसको पानी में उबालकर घाव को धोने के लिए प्रयोग किया जाता है।

उद्भव एवं वितरण

गुलर मुख्य रूप से भारतीय मूल का पौधा है। इस वृक्ष का वर्णन पुराने ग्रंथों, पुस्तकों एवं पुराणों में विकता है। इसके पौधे देश के सभी उपोष्ण एवं समशीतोष्ण क्षेत्रों में देखे जा सकते हैं।

वानस्पतिक विवरण

गुलर का वानस्पतिक नाम फाइकस ग्लोमेराटा (*Ficus glomerata* Roxb. Syn. *Ficus racemosa* Linn.) है। यह मोरेसी (Moraceae) कुल का पौधा है। इसकी उगाई जाने वाली प्रजाति फाइकस कैरिका (*Ficus carica*) है। इसकी अन्य नजदीकी प्रजातियाँ फाइकस बेंगालेंसिस (*Ficus bengalensis*), फाइकस रेलिजिओसा (*Ficus religiosa*) फाइकस इलास्टिका (*Ficus elastica*), फाइकस हिस्पिडा (*Ficus hispida*) एवं फाइसक राक्स बरघाई (*Ficus roxburghii*) है।

गुलर के पौधे मध्य रूप से बढ़वार वाले होते हैं। अण्डाकार, शिरा नुकीला एवं गहरे हरे रंग की होती है, कच्चे फल हरे रंग के गुच्छे में निकलते हैं, पके फल लाल रंग के 2.5-5.0 सेमी. आकार के होते हैं। तने एवं पत्तियों से दूध निकलता है जिसमें 4.0-7.4 प्रतिशत काउटचाक (cautchouc) पाया जाता है। इसके लैटैक्स का गोगुलम ग्राउण्ड शीट एवं वाटर प्रूफ बान्डेड पेपर आदि बनाने के प्रयोग किया जाता है। इसकी लकड़ी कम शख्त होती है लेकिन जल के अन्दर काफी टिकाऊँ होती है।

गुलर के फल को वानस्पतिक रूप से सिन्कोनियम (synconium) कहते हैं। सिन्कोनियम शब्द की उत्पत्ति ग्रीक भाषा के शब्द स्काई आन (Skyon) से हुई है जिसका तात्पर्य रिसेप्टिकल की दीवार से पुष्पक्रम का उत्पन्न होना है (कोन्डिट, 1947)।

जलवायु एवं भूमि

गुलर के पौधे उष्ण एवं समशीतोष्ण दोनों प्रकार की जलवायु में भली भाँति उगते हैं। इसके पौधे उच्च तापक्रम 45 डिग्री सेंग्रेड एवं कम तापक्रम 4 डिग्री सेग्रड की अवस्था पर भी स्वस्थ्य बने रहते हैं। गुलर के पौधों को विभिन्न प्रकार की भूमियों में सफलता पूर्वक उगाया जा सकता है। जल निकास की कम सुविधा होने पर भी पौधे वृद्धि करते हैं। इसके पौधे लवणीयता को भी सहन करने में दक्ष्य होते हैं।

प्रसारण

गुलर का प्रसारण तना की कलम के द्वारा किया जाता है। इसके अतिरिक्त वानस्पतिक प्रसारण की अन्य विधियाँ जैसे एअर लेयरिंग, रिंग बडिंग एवं साइड ग्रेफ्टिंग का प्रयोग किया जा सकता है। चूंकि गुलर के पौधे पूरे देश भर में जंगली अवस्था में स्वत: उगे हैं। अत: इनके नियमित प्रसारण के ऊपर कोई विशेष ध्यान नहीं केन्द्रित किया गया है।

फलों की तुड़ाई

सब्जी एवं भर्ता बनाने के उद्देश्य से जब फल कच्ची अवस्था में रहते हैं तभी उनकी गुच्छे के साथ तुड़ाई की जाती है। तुड़ाई के शीघ्र पश्चात फलों को प्रयोग में लाना चाहिए क्योंकि इनकी भण्डारण क्षमता बहुत अधिक नहीं होती है।

पौध संरक्षण

गुलर का पौधा सामान्यतया रोग एवं कीट के प्रकोप से मुक्त होता है। इसके पौधे पर कभी-कभी फोलिएज रस्ट (*Cerotelium fici*) का प्रकोप होता है।

जननद्रव्य संग्रह एवं सुधार

गुलर के जननद्रव्यों के संग्रह एवं उन्नयन पर कोई ध्यान नहीं केन्द्रित किया गया है। यद्यपि इसमें फलों के आकार प्रकार एवं गुणवत्ता आदि के प्रति काफी विभिन्नता पाई जाती है। गुलर के पौधे निमेटोड के प्रति अवरोधी होते हैं जबकि व्यवसायिक रूप से लगाई जाने वाली अंजीर इसके प्रकोप के प्रति काफी संवेदनशील है। अत: गुलर के पौधों को अंजीर के लिए मूलवृंत (rootstock) के रूप में प्रयोग किया जा सकता है (नायक, 1954)।

6. महुआ
(Mahua)

महुआ एक पर्णपाती (decidous) वृक्ष है। इसके पौधे देश भर में पाये जाते है। सूखे के प्रति सहनशील होने के कारण इसके पौधे हमारे देश के महाराष्ट्र, आन्ध्र प्रदेश, मध्य प्रदेश,उत्तर प्रदेश में बुहुतायत से पाये जाते हैं। यह बहुत ही उपयोगी पौधा है। इसके फूल, फल, बीज के तेल सबका बहुत अधिक उपयोग है। इसका फूल वानस्पतिक रूप से पंखुड़िया (corolla) वसंत ऋतु (मार्च-अप्रैल) के साथ तैयार होकर जमीन पर गिरता है। यह क्रीम रंग का रसदार होता है। पंखुडियों में शर्करा की मात्रा बहुत अधिक होती है। इसके अतिरिक्त इसमें पर्याप्त मात्रा में विटामिन तथा कैल्शियम भी पाया जाता है। महुआ के फूल में पाये जाने वाले पोषक तत्वों को सारिणी (6.1) में दिया गया है

सारिणी (6.1) महुआ के फूल का पोषक मूल्य

पोषक तत्व	मात्रा
नमीं	18.6 प्रतिशत
प्रोटीन	4.4 प्रतिशत
वसा	0.5 प्रतिशत
कुल शर्करा	72.9 प्रतिशत
रेशा	1.7 प्रतिशत
ऐश	2.7 प्रतिशत
कैल्शियम	140 मिग्रा.
आयरन	39 अ.ड.
एस्कार्बिक अम्ल	7 मिग्रा.
थाइमिन	32 मिग्रा.
राइबोफ्लेविन	878 मिग्रा.
नियासिन	5.2 मिग्रा.

महुआ के फूल में मैग्नीशियम एवं कापर भी पाया जाता है। इसमें पाई जाने वाली शर्करा में मुख्य रूप से सुक्रोज, माल्टोज, ग्लूकोज, फ्रक्टोज, एरेबिनोज एवं रैमनोज होता है। फूल में संपूर्ण शर्करा की मात्रा उस समय सर्वाधिक होती है, जिस समय वह परिपक्व होकर गिरने की स्थिति में होते हैं। वृद्धि के समय फ्रक्टोज की मात्रा ग्लूकोज से अधिक होती है और पकने के समय दोनों की मात्रा लगभग बराबर होती है और जब फल गिरने की अवस्था में होता है उस समय सुक्रोज की मात्रा काफी बढ़ जाती है। महुआ के फल फोलिक अम्ल, पैन्टोथेनिक अम्ल (pantothenic acid), बाइ-ओटिन (biotin) एवं इनोसिटाल (inositol) भी पाया जाता है। एस्कार्बिक अम्ल की मात्रा फूलों को सुखाने के साथ घट जाती है। इसके फूल का विविध उपयोग हैं। इसको कच्चा या उबाल कर खाया जाता है। उबालकर इसके मीठे जूस से विविध प्रकार के मीठे व्यंजन जैसे हलवा, खीर आदि तैयार करने में किया जाता है। इसकी अच्छी तरह से तैयार की गयी मदिरा की तुलना आइरिश व्हिस्की (Irish whisky) से की जाती है। इसके फल गुच्छे में लगते हैं। कच्चे फलों को सब्जी एवं भर्ता के लिए प्रयोग किया जाता है। इसके फल बरसात के समय में उपलब्ध होते हैं, जिस समय अधिकांश हरी सब्जियों का अभाव रहता है। पके फल खाने में मीठे लगते हैं। महुआ के पके फल का पोषक मूल्य को सारिणी (6.2) में दिया गया हैत्र

सारिणी (6.2) महुआ के पके फल का पोषक मूल्य

पोषक तत्व	मात्रा
नमीं	73.6 प्रतिशत
प्रोटीन	1.37 प्रतिशत
वसा	1.6 प्रतिशत

काबोहाइड्रेट्रस	22.69 प्रतिशत
खनिज	0.69 प्रतिशत
कैल्शियम	45 मिग्रा.
फास्फोरस	22 मिग्रा.
आयरन	1.1 मिग्रा.
कैरोटीन	521 अ.इ.
एस्कार्बिक अम्ल	40.5 मिग्रा.

परिपक्वता के समय एकत्र किये गये फल में स्टार्च की मात्रा बहुत अधिक होती हैं फल के तोड़ने के 2-3 दिन बाद स्टार्च अपघटित होकर शर्करा में बदल जाता है। फल के गूदे को शर्करा के स्रोत के रूप में एल्कोहलिक किण्डवन (alcohalic fermentation) किया जाता है। बीज रहित 1 टन फल से लगभग 29 गैलन शुद्ध एल्कोहल मिलती है।

फूल तथा फल के अतिरिक्त महुआ के तेल की भी काफी महत्ता है। इसमें तेल की मात्रा तेल निकालने के यंत्र के उपर निर्भर करती है। घानी में गिरि के वजन के हिसाब से 20-30 प्रतिशत, एक्सपेलर में 34-37 प्रतिशत और रासायनिक विलायक से 40-43 प्रतिशत। महुआ के तेल को खाने के लिए भी प्रयोग किया जाता है। इसका कच्चा तेल गहरे रंग का अत्यधिक अम्लता एवं अवांछित गंध लिए होता है। तेल का उपयोग मुख्य रूप से साबुन बनाने में किया जाता है। इसके तेल के वसा अम्ल के संघटन को सारिणी (6.3) में दिया गया है।

सारिणी (6.3) महुआ के तेल का रासायनिक संघटन

संघटन	प्रतिशत
माइरिस्टिक (myristic)	1.2
पामिटिक (palmitic)	17.4
स्टीएरिक (stearic)	24.5
एरैसिडिक (arachidisk)	3.0
ओलिक (oleic)	14.6
लिनोलिक (linoleic)	9.3

स्रोत : डब्लू. ओ. आई., 1972

महुआ के तेल का अत्यधिक औषधीय महत्व है। यह त्वचा रोगों, हड्डी के जोड़ एवं सिर दर्द में लाभप्रद है। यह रेचक (laxative) होता है एवं पाइल्स तथा अन्य पेट सम्बन्धी विकारों को दूर करने में लाभप्रद होता है।

उद्भव एवं वितरण

महुआ का वंश मधुका (*Madhuca*) के अंतर्गत पाई जाने वाली प्रजातियों का वितरण भारत, आस्ट्रेलिया एवं पालीनिशिया में है। हमारे देश में इसकी 4 प्रजातियाँ पाई जाती हैं। महुआ के पौधे पूरे देश भर में समुद्र की सतह से 1200 मीटर की ऊँचाई वाले क्षेत्रों पाये जाते हैं।

वानस्पतिक विवरण

महुआ का वानस्पतिक नाम मधुका इंडिका (*Madhuca indica* Syn. *Madhuca latifolia* Mach., *Bassia latifolia* Roxb.) है। अभी हाल में महुआ के नामकरण को वानरोयन द्वारा इसकी टैक्जोनामिक पोजीशन को पुनः निर्धारित किया गया। इसकी एम. इंडिका (*M. indica* J.F. Gmel) एवं एम. लाँगीफोलिया [*M. longifolia* (Koeing) Mach.] दोनों को एक प्रजाति एम. लाँगीफोलिया के अंतर्गत वर्गीकृत करके वार. लौंगीफोलिया एवं वार. लैटीफोलिया में स्थान दिया गया है।

महुआ का पौधा मध्यम आकार का पर्णपाती (deciduous) वृक्ष होता है। इसकी छाल भूरे रंग की फटी हुइ होती है; पत्तियाँ टहनियों के शीर्ष पर गुच्छे में निकलती हैं, पत्तियों 7.5-23×3.8-115 सेमी. आकार की, जब पत्तियाँ नई रहती हैं तब उन पर रोयें रहते हैं, बड़ी होने पर पत्तियाँ चिकनी सतह की हो जाती है; पुष्प टहनियों के शीर्ष पर गुच्छे में आते हैं। पुष्प का वाह्य दल पुंज भुरपुरा, पंखुड़ियाँ (corolla) रसीली, फूली हुई, 1.5 सेमी. लम्बी, सुगन्धित एवं स्वतः गिरनेवाली;

फल गोलाकार, बेरी, 5 सेमी. लम्बा, हरे रंग का, पकने पर पीलारंग का संतरे के रंग; बीज संख्या 1-4, भूरे रंग का, गोलाकार, चमकीला 2.5-3.75 सेमी. लम्बा तथा बीज में तेल पाया जाता है।

जलवायु एवं भूमि

महुआ उष्ण एवं उपोष्ण जलवायु का पौधा है। इसके पौधे समुद्र तट से 1200 मीटर की ऊँचाई वाले क्षेत्रों तक भली-भाँति उगते हैं। इसकी बी. मालाबेरिका (*B. malabarica*) प्रजाति पश्चिमी घाट में केनारा (Kenara) से लेकर ट्रैवेनकोर एवं हिमालयन क्षेत्र तक उगती है।

महुआ को विभिन्न प्रकार की भूमियों में उगाया जा सकता है। इसके पौधे लवणीय अवस्था के प्रति सहनशील होते हैं। यद्यपि पौधे से अच्छी उपज प्राप्त करने के लिए उचित जल निकास युक्त गहरी दोमट भूमि अच्छी मानी जाती है।

प्रसारण

महुआ का बीज द्वारा प्रसारण करने पर इसके पौधे 15-20 वर्ष तक के पश्चात फलतः में आते हैं। वानस्पतिक प्रसारण का कार्य विनियर ग्रेफ्टिंग (veneer grafting) से करने पर 90 प्रतिशत तक सफलता मिलती है। इसके लिए बीज की बुआई करके नर्सरी तैयार की जाती है और बीजू पौधों को मूलवृंत (rootstock) के रूप में प्रयोग किया जाता है। महुआ के बीज में सुषुप्तावस्था (dormancy) नहीं होती है। ताजे बीज को 5-6 दिन तक कमरे के तापक्रम पर भण्डारित करने से 80 प्रतिशत अंकुरण होता है। बीजों को जमीन से उठी हुई क्यारियों में या पालीथिन की थैलियों 1:1 के अनुपात में मिट्टी एवं सड़ी हुई गोबर की खाद डालकर बीज की बुआई की जाती हें बीज 10-15 दिन में अंकुरित हो जाते हैं। पूर्ण रूप से तैयार पौधों का मुख्य खेत में रोपण किया जाता है। ग्रेफ्टिंग के लिए मातृ-पौधों (mother-plant) से सांकुरडाली (scion) का चुनाव करके जुलाई के महीने में ग्रोफ्टिंग की जाती है। ग्रेफ्टिंग के दो महीने बाद सितम्बर माह तक पौधा रोपण के लिए तैयार हो जाता है। महुआ के बीज में बहुभ्रूणिता (polyembryony) पाई जाती है, जिसके कारण इसमें 15-20 प्रतिशत न्युसेलर पौधे (nucellar seed lings) उत्पनन होती है।

रोपण

महुआ के बीज पौधों का रोपण 10 मीटर के अंतराल पर जबकि ग्रेफ्टिंग से तैयार पौधों की 8 मीटर के अंतराल पर रोपाई की जाती है। रोपण के लिए 1×1×1 मीटर आकार के गड्ढे खोद लिये जाते हैं और उसमें ऊपर की मिट्टी के साथ 25 किग्रा. सड़ी हुई गोबर की खाद मिलाकर जमीन की सतह से 5 सेमी. ऊपर तक भर लिया जाता है। जिससे पानी भरने पर गड्ढे की सतह जमीन के बराबर हो जाय। इस प्रकार से तैयार गड्ढे में जुलाई से सितम्बर तक रोपण का कार्य किया जा सकता है। एक हेक्टेयर क्षेत्र के लिए 100 बीजू पौधे एवं 150 ग्रेफ्टेड पौधों की आवश्यकता होती है।

खाद एवं उर्वरक

महुआ के 1 वर्ष के पुराने पौधों को 100 ग्राम नत्रजन, 50 ग्राम फास्फोरस एवं 75 ग्राम पोटैशियम देना चाहिए। पौधे की उम्र के हिसाब से इसी मात्रा को गुणित अनुपात से हर वर्ष बढ़ाते रहना चाहिए और जब पौधा 10 वर्ष की उम्र का हो जाय तो 10वें वर्ष दी गयी मात्रा को हर वर्ष दिया जाय। इस प्रकार 10 वर्ष के पौधे के लिए 100 किग्रा सड़ी हुई गोबर की खाद, 1 किग्रा. नत्रजन 0.5 किग्रा. फास्फोरस एवं 0.75 किग्रा. पोटैशियम दिया जाय। गोबर या कम्पोस्ट की खाद को जुलाई-अगस्त के महीने में दिया जाता है, जबकि नत्रजन एवं पोटाश

की आधी मात्रा एवं फास्फोरस की पूरी मात्रा पुष्पन के एक महीने पहले देना चाहिए और शेष नत्रजन एवं पोटेशियम की आधी मात्रा को फल धारण के बाद देना चाहिए। खाद एवं उर्वरक के प्रयोग के पश्चात सिंचाई करनी चाहिए। साडिक मृदा में उगाये गये महुआ के पौधों में जिंक की कमीं के लक्षण आते हैं। अत: जिंक सल्फेट का प्रयोग किया जाय। सिंचाई का कार्य सुषुप्ता अवस्था में तथा पुष्पन के समय नहीं करनी चाहिए। फल धारण के पश्चात सिंचाई करने से फलों के विकास पर अनुकूल प्रभाव पड़ता है।

काट-छाट एवं सधाई

महुआ के पौधों में निश्चित आधार विकसित होने के लिए ट्रेनिंग बहुत आवश्यक है। प्रारम्भिक अवस्था में लकड़ी आदि का सहारा देकर पौधों को सीधे बढ़ने दिया जाता है और जमीन की सतह से 60-90 सेमी. की ऊँचाई पर 4-6 शाखायें विकसित होने दिया जाता है। महुआ के पौधों विशेष काट-छाट की आवश्यकता नहीं होती है। रोग ग्रस्त टहनियाँ एवं एक दूसरे पर चढ़ी हुई शाखाओं को काटकर निकाल दिया जाता है।

फल की तुड़ाई एवं उपज

महुआ के सब्जी योग्य फल उत्तर भारत के मैदानी क्षेत्रों में जून-जुलाई के महीने में तैयार हो जाते हैं। फलों की गुच्छे के साथ तुड़ाई की जाती है। एक 10 वर्ष के पौधे से 15-20 किग्रा. फल मिलता है। उम्र के साथ फलत में वृद्धि होती है एवं अधिक उपज प्राप्त होती है।

पोध संरक्षण

महुआ के पौधे पर रस्ट [*Scopella echinulata* (Niessol) Mains Syn. *Uromyces chinulatus* Niessol] का प्रकोप होता है। इसके अतिरिक्त व्हाइट सपंजी राट (*Polystictus steinheilianus* Berk. & Lev.), हार्ट राट (*Fomes caryophilli* (Racib) Bres. एवं रूट तथा बट राट (*Polyporus gilvus* Schw.) का प्रकाप होता है। इसकी पत्तियों पर एकीया जैनेटा (*Achaea janata* Linn.), अनुगा मल्टीप्लीकैन्स (*Anuga multiplicans* Wlk.), बाम्बोटेलिया नूगाट्रिक्स (*Bambotelia nugatrix* Guen) मेटानैस्ट्रिया हिरटैका (*Metanastria hyrtaca* Gram.) का प्रकोप होता है। इसके तने की छाल को सफेद चीटें (*Odontotermes obesus* Ramb.) एवं बार्क बोरर (*Xyloctonus scolytoides* Romb.) के द्वारा क्षति पहुँचती है।

जननद्रव्य संग्रह एवं सुधार

महुआ के जननद्रव्यों में काफी विभिन्नता देखने को मिलती है। सिंह एवं सहयोगी (2006) ने उसके 20 प्रमुख जननद्रव्यों को एकत्र करके प्रजनन सम्बन्धी (reproductive biology) विस्तृत अध्ययन किये हैं। जीनोटाइप एम.एच. 2 में सर्वाधिक पुष्प (42.00) एवं फल (9.50) प्रति गुच्छ समूह (fascicle) पाया गया जबकि एम.एच. 15 में न्यूनतम संख्या दर्ज की गयी। सभी वंशक्रमों में परागोदवन (anthesis) अर्द्ध रात्रि से आरम्भ होकर सुबह तक रही। परागोदवन से 2-4 दिन पूर्व ही परागकोष स्फुटित हो गया था। विभिन्न वंशक्रमों में पुष्पवृंत की लम्बाई, मोटाई, कलिका की लम्बाई एवं मोटाई क्रमश: 4.2-5.5 मिमी. 2.0-3.0 मिमी.। 1.3-1.8 सेमी. एवं 1.0-1.2 सेमी. दर्ज की गयी। अण्डाशय एवं वर्तिका की लम्बाई क्रमश: 4.5-6.2 मिमी. एवं 25.0-35.0 मिमी. पाई गयी। परागकण की जननक्षम्यता (viability) एवं अंकुरण सर्वाधिक 90-98.5 एवं 26.5-40.2 प्रतिशत एम.एच. 2 में पाया गया। नरेन्द्र देव कृषि एवं प्रौद्योगिक विश्वविद्यालय, फैजाबाद से इसकी एन.एम. 2, एन.एम. 4, एन.एम. 7 एवं एन.एम. 8 किस्मों का चुनाव किया गया है।

1. याम बीन
(Yam Bean)

सामान्य नाम- हिन्दी मिश्रीकन्द : अंग्रेजी-याम बीन, पोटैटो बीन

याम बीन की खेती हमारे देश में बिहार, पश्चिम बंगाल, असम एवं पूर्वी उत्तर प्रदेश में की जाती है। इसकी शर्करा युक्त कंदिल जड़ों को ताजे, सलाद के रूप में, पकाकर या अन्य सब्जियों कें साथ मिश्रित रुप में प्रयोग किया जाता है। इसकी कंदिल जड़ों को प्रसंस्कृत करके विभिन्न प्रकार के प्रसंस्कृत पदार्थ तैयार किये जाते हें जिसका स्नैक आदि के रूप में प्रयोग किया जाता है (मुदहर एवं जेन, 1991)। इसकी जड़ों से अच्छे गुणों का आटा भी तैयार किया जाता है। पौधें में फलियाँ भी लगती हैं जिनकी मुलायम अवस्था में सब्जी के रूप में प्रयोग किया जाता है, क्योंकि परिपक्व होने पर उसमें प्रतिकारी पोषकतत्व (anti nutritional factor) की मात्रा बढ़ जाती है जिसके सेवन से डाइरिया आदि की शिकायत होती है। मेक्सिकन याम बीन की जड़ में दो अम्लीय ग्लूको प्रोटीन्स (acidic glucoproteins) पाये जाते है जो इसमें पाये जाने वाले कुल विलेय प्रोटीन का 70 प्रतिशत होता है। याम बीन की जड़ में अन्य खनिज तत्वों के साथ विटामिन सी की मात्रा काफी अधिक होती है। इसमें पाये जाने वाले पोषक तत्वों को सारिणी (1.1) में दिया गया है।

सारिणी (1.1) याम बीन के कंउ का पोषक मूल्य (प्रति 100 ग्राम खाने योग्य भाग में)

पोषक तत्व	मात्रा
नमीं	87.0 प्रतिशत
प्रोटीन	1.3 ग्राम
लिपिड्स	0.2 ग्राम
कार्बोहाइड्रेट्स	9.9 ग्राम
स्टार्च	7.5 ग्राम
रिड्यूशिंग सुगर	2.4 ग्राम
रेशा	0.7 ग्राम
ऐश	0.5 ग्राम
कैल्शियम	15.7 मिग्रा.
फास्फोरस	16.8 मिग्रा.
आयरन	0.63 मिग्रा.
कापर	0.43 मिग्रा.
सोडियम	6.0 मिग्रा.
पोटैशियम	175 मिग्रा.
थाइमिन	0.06 मिग्रा.
राइबोफ्लेविन	0.03 मिग्रा.
एस्कार्बिक अम्ल	17.7 मिग्रा.
नियासिन	0.2 मिग्रा.
ऊर्जा	39.2 कि. कैलोरी

याम बीन की कंदिल जड़ों का अचार, चटनी एवं दूध के साथ खीर बनाने में भी प्रयोग किया जाता है। मलेशिया में इसके ताजे कंद को काटकर अन्य फलों के साथ खाने का प्रचलन है। यहाँ की यह एक प्रचलित डिश है जिसे रूजक (rujak) कहते हैं (सहदेवन, 1987; हूफ एवं सोरेनसन, 1989)। थाईलैण्ड में इसकी फलियों को फ्रेन्चबीन के विकल्प के रूप में प्रयोग किया जाता है (रत्नादिलोक एवं थनिस्वामी यंग कुरा, 1994)। पोषण की दृष्टि से इसकी फलियाँ अन्य दलहनी फलियों के समान गुण वाली होती है। इसकी अपरिपक्व फली के पोषक मूल्य को सारिणी (1.2) में दिया गया है-

सारिणी (1.2) याम बीन की फली का पोषक मूल्य (प्रति 100 ग्राम खाने योग्य भाग में)

पोषक तत्व	मात्रा
नमीं	87.0 प्रतिशत
प्रोटीन	0.3 ग्राम
कार्बोहाइड्रेट्स	10.0 ग्राम
रेशा	2.9 ग्राम

ऐश	0.7 ग्राम
कैल्शियम	121 मिग्रा.
फास्फोरस	39 मिग्रा.
आयरन	1.3 मिग्रा.
रेटिनाल	575 अ.इ.
थाइमिन	0.11 मिग्रा.
राइबोफ्लेविन	0.09 मिग्रा.
एस्कार्बिक अम्ल	10.56 मिग्रा.
नियासिन	0.8 मिग्रा.
ऊर्जा	45 कि. कैलोरी

अन्य दलहनी फसलों की अपेक्षा याम बीन की दाल में प्रोटीन, लिपिड्स, आयरन और कैल्शियम की मात्रा काफी अधिक होती है। इसके प्रोटीन में ग्लूटेलिन्स (glutelins) एवं ग्लोबूलिन्स (globulins) की मात्रा अधिक होती है। इसके बीज से हाँनिकारक रोटीनोन (rotenone) को निकालकर प्राप्त तेल को मूँगफली या काटन आयल के विकल्प के रूप में प्रयोग किया जा सकता है। इसके बीज में 20-28 प्रतिशत तेल पाया जाता है जिसमें कुल वसा अम्ल का 25-30 प्रतिशत पालमिटिक (palmitic) अम्ल, 21-29 प्रतिशत ओलिक (oleic) अम्ल और 35-40 प्रतिशत लिनोलिक (linoleic acid) अम्ल होता है (ग्रूने वर्ग एवं सहयोगी, 1999)। मैक्सिको में इसके पौधे को चारे के लिए हे (hay) तैयार करने में प्रयोग किया जाता है। इसके लिए आवश्यक है कि इसकी लताओं की बराबर कटाई-छटाई होती रहे जिससे हाँनिकारक तत्व रोटीनान (rotenone) की मात्रा में वृद्धि न हो। याम बीन की बीज एवं कंद का अत्यधिक औपधीय महत्व है। इसके बीज को त्वचा रोगों में प्रयोग किया जाता है (इस्कोबार, 1943)। इसके कंद का सेवन ज्वर, त्वचा के कटने तथा खुजली आदि में लाभप्रद है। इसके तेल को जुलाब (purgative) के रूप में प्रयोग किया जाता है। क्यूबा में इसके कंद से प्राप्त आटे को पेचिस में उपचार के लिए प्रयोग किया जाता है (राइजीमिसा, 1988)। चीन में ज्वर रोगियों को इसके कंदों को सुबह-शाम सेवन करने का परामर्श दी जाती है।

उद्भव एवं वितरण

याम बीन मैक्सिको या मध्य अमेरिका का वंशज है। इसकी जंगली प्रजातियों मेक्सिकों, ग्वाटेमाला एवं मध्य अमेरिका में मिलती हैं (स्टैण्डले, 1930)। मालीकुलर अध्ययनों से ज्ञात होता है कि मेक्सिकन और मध्य अमेरिकी विभेदों (strains) की उत्पत्ति अलग-अलग स्थानों से हुई है। इसका प्रवेश दक्षिण एशियाई देशों एवं दक्षिणी चीन में फिलीपीन्स से हुआ माना जाता है। थाइलैण्ड में संभवत यह वियतनाम से लाई गयी। वर्तमान में इसकी खेती मध्य एवं दक्षिणी अमेरिका फिली-पीन्स, चीन, वियतनाम, इण्डोनेशिया और साउथ पैसिफिक आइसलैण्ड तथा अफ्रीका में की जाती है।

वानस्पतिक विवरण

याम बीन का जेनेरिक नाम पैचिरहिजस (*Pachyrhizus*) है जिसकी उत्पत्ति ग्रीक शब्द से हुई है। पैचिस (Pachys) माने मोटा (thickened) और राइजा (rhiza) अर्थात रूट (root)। इस शब्द का प्रयोग सर्वप्रथम एल.सी.एम. रिचर्ड द्वारा किया गया। यह लेग्यूमिनोसी कुल के उपकुल पेपिलि-ओनेसी (Papilionaceae) का पौधा है। वंश पैरिचरहिजस के अंतर्गत 5 प्रजातियाँ निर्धारित की गयी हैं (सोरेनसेन, 1988)। इसमें 3 प्रजातियों को उनकी खाने योग्य जड़ों के लिए उगाया जाता है जबकि 2 प्रजातियाँ जंगली अवस्था में है। इसमें पी. इरोसस (*P. erosus*) जिसे मेक्सिकन याम बीन कहते हैं, प्रमुखता से उगाई जाती है।

वंश पैचिरहिजस लतायुक्त शाकीय पौधा है, पत्तियाँ संयुक्त, 3 फलक वाली, स्टीप्यूल्स, पुष्पक्रम रेसीम, पुष्प नीले रंग के, वाह्य दलपुंज ट्यूबुलर, पेपिलिओनेसियस (papilionaceous)

दलपुंज, अण्डाशय के नीचे डिस्क, वर्तिका तंतु जैसी और वर्तिकाग्र की निचली सतह गोलाकार, फलियाँ बीज के पास उभरी एवं दबी हुई, बीज गोल आकार के या चपटे, रंग हरा या काला या सफेद, जड़े कंदीय स्टार्च युक्त। इसकी अन्य प्रजातियों का वर्णन निम्न प्रकार है-

1) **पी. इरोसस (*P. erosus*)** मध्य अमेरिका की वंशज, शाकीय लता, पत्तियाँ नुकीली से हस्ताकार। इसकी पंखुड़ियां रोयें रहित, संयुक्त रेसीम, पुष्पक्रम की लम्बाई 8-45 सेमी., फलियाँ 6-13 सेमी. लम्बी, मोटाई 8-17 मिमी., बीज का रंग ओलिव ग्रीन से भूरा, आकार चपटा या वृक्क के आकार की, कंदिल जड़े भूरे रंग की।

2) **पी. ट्यूबरोसस (*P. tuberosus*)** उष्ण अमेरिका की वंशज, लता 3-6 मीटर, पत्तियाँ पूर्ण; पुष्प बैंगनी रंग के, रेसीम सघन, फलियाँ 20-25 सेमी. लम्बी, मुलायम फलियों को सब्जी के रूप में प्रयोग किया जाता है, लेकिन बीज खाने योग्य नहीं, जड़े खाने के लिए प्रयोग की जाती हैं। लीओन (1987) के अनुसार पेरू के लोगों को इसकी कंदिल जड़ों की खेती के बारे में ईसा से 12,200-8500 वर्ष पूर्व जानकारी थी। इसे सर्वप्रथम पेरूवियन एन्डीज में उगाया गया।

3) **पी. एहिपा (*P. ahipa*)** यह उष्ण एवं समशीतोष्ण घाटियों के लिए अनुकूलित है और यह समुद्र तल से 1800-2600 मीटर की ऊँचाई तक उगाई जाती है। इसका प्रयोग पी. इरोसस में सुधार के लिए किया जा सकता है क्योंकि यह प्रकाश अवधि के प्रति उदासीन है और तैयार होने की अवधि मात्र 5 महीने है। इसे बोलविया की एन्डियन घाटी में उगाया जाता है।

जलवायु एवं भूमि

याम बीन को उष्ण एवं उपोष्ण जलवायु के औसत वर्षा वाले क्षेत्रों में सफलता पूर्वक उगाया जा सकता है। ऐसे स्थान जहाँ वर्षा का औसत 500-1500 मिमी. है, इसकी फसल अच्छी होती है। इसे समुद्र तट से 500-900 मीटर की ऊँचाई वाले क्षेत्रों में सफलता पूर्वक उगाया जा सकता है। पौधों की बढ़वार के लिए दिन-रात का तापक्रम क्रमशः 30 एवं 20 डिग्री सेग्रेड के मध्य होना चाहिए।

याम बीन की खेती के लिए हल्की बलुई दोमट या दोमट भूमि की आवश्यकता होती है। इसके लिए मृदा का पी.एच. मान 6-7 के मध्य होना चाहिए। श्रीवास्तव एवं सहयोगी (1973) के अनुसार इसे भारी मिट्टी में भी उगाया जा सकता है, लेकिन जलनिकास की अच्छी सुविधा होनी चाहिए।

प्रसारण

याम बीन को बीज द्वारा उगाया जाता है। इसकी, 7-15 सेमी. लम्बी फलियों में 8-10 भूरे-पीले या लाल रंग के बीज होते हैं। इसके पौधे को रैतून फसल जैसा पिछले वर्ष की जड़ से भी उगाया जा सकता है। लेकिन सामान्यतया इस विधि को हमारे यहाँ नहीं अपनाया जाता है। बीज दर पौध अंतराल पर निर्भर करती है। सामान्यतया 20-60 किग्रा बीज की एक हेक्टेयर के लिए आवश्यकता होती है।

हमारे देश के उत्तर पूर्वी क्षेत्रों में बीज की बुवाई जून-जूलाई में मानसून आने पर करते हैं। बीज की बुआई के लिए खेत की 2-3 बार मिट्टी पलटने वाले हल से गहरी जुताई करके बाद में देशी हल से जुताई एवं पाटा लगाकर भूमि को अच्छी प्रकार से तैयार किया जाता है। खेत की अच्छी तरह से तैयारी करने से उसमें नमीं काफी देर तक संचित रहती है। उड़ीसा में याम बीन की बुआई जून-जुलाई

के महीने में की जाती है (देशप्रभु, 1966)। महाराष्ट्र में इसे मेड़ों पर जून-जुलाई के महीने में लगाया जाता है और जड़ों की खुदाई दिसम्बर-जनवरी में करते हैं (भागमल एवं कवालकर, 1982)। इसकी देर से उगाई जाने वाली फसलों में कन्दों के फटने की समस्या नहीं आती है।

पौध अंतराल

मेड़ों पर बुआई के लिए 30×30 सेमी. का अंतराल रखा जाता है। सामान्यतया 60 सेमी. के अंतराल पर बनी पंक्तियों में 45 सेमी. के अंतराल पर बीज की बुआई की जाती है। कभी-कभी इसकी बुआई 0.75-1.0 मीटर के अंतराल पर बने थालों में की जाती है। इस प्रकार से बने थाले में 3-5 बीज को एक जगह बुआई करते हैं।

खाद एवं उर्वरक

याम बीन की अच्छी उपज के लिए खेत में कार्बनिक पदार्थ की भरपूर मात्रा होना चाहिए। इससे भूमि की जलधारण क्षमता में भी वृद्धि होती है। सामान्यतया एक हेक्टेयर क्षेत्रफल में 10-20 टन सड़ी हुई गोबर की खाद या कम्पोस्ट का खेत की तैयारी के समय प्रयोग करते हैं। उत्तरी बिहार में इसकी खेती के लिए 80:40:80 किग्रा/हेक्टेयर की दर से नत्रजन, फास्फोरस एवं पोटास की संस्तुति की गयी है (चड्ढा, 2000)। फास्फोरस एवं पोटास की पूरी मात्रा का जबकि नत्रजन की आधी मात्रा बुआई के समय प्रयोग किया जाता है। शेष नत्रजन की आधी मात्रा का बुआई के 40-45 दिन बाद टापड्रेसिंग के रूप में प्रयोग करके मेड़ चढ़ा दी जाती है। पश्चिम बंगाल में सेन एवं मुखोपाध्याय (1989) ने सर्वाधिक उपज 120 किग्रा. नत्रजन तथा 80 किग्रा पोटाश प्रति हेक्टेयर की दर से देकर प्राप्त किया सारिणी (1.3) में दिया गया है

सारिणी (1.3) याम बीन की कन्द की उपज पर नत्रजन एवं पोटाश उर्वरक का प्रभाव

नत्रजन एवं पोटाश की मात्रा/हेक्टेयर (किग्रा)	उपज (कुन्तल/हेक्टेयर)
नत्रजन	
40	257.8
80	306.6
120	329.9
क्रांतिक अंतर (0.05)	20.88
पोटाश	
40	284.4
80	306.2
120	302.2
क्रांतिक अंतर	20.88

स्रोत : सेन एवं मुखोपाध्याय (1989)

नत्रजन संचयन

अन्य दलहनी फसलों जैसा इसमें भी वायुमण्डल से नत्रजन संचित करने वाले जीवाणु (bacteria) रहते हैं। ग्रुम एवं सहयोगी (1998) ने पाया कि इसकी जड़ों के ग्रंथियों के निर्माण में 75 प्रतिशत ब्रैडीराइजोबियम (*Bradyrhizobium*) जीवाणु तथा 25 प्रतिशत राइजोबियम (*Rhizobium*) जीवाणु थे। नत्रजन के संचयन में ब्रैडीराइजोबियम के उपचार एवं नत्रजन तथा फास्फोरस के प्रभाव का विस्तृत अध्ययन क्रुज एवं सहयोगी (1997) द्वारा किया गया और यह पाया गया कि फास्फोरस शुष्क पदार्थ के निर्माण, ग्रंथियों की संख्या एवं मात्रा, नाइट्रोजिनेज (nitrogenase) क्रिया और फास्फोरस तथा नत्रजन के ग्रहण (uptake) में काफी प्रभावी था। कैस्टेलेनास एवं सहयोगी (1997) ने ज्ञात किया कि पी. एहिपा (*P. ahipa*) द्वारा 50-80 किग्रा. और पी. एरोसेस (*P. erosus*) द्वारा 162-215 किग्रा नत्रजन प्रति हेक्टेयर संचित किया जाता है।

अन्तः सस्य क्रियायें

बुआई की समय के अनुसार जून से अगस्त

तक खरपतवार का बहुत अधिक प्रकोप होता है। इसके लिए पहली बार निकाई बुआई के 40 दिन बाद और दूसरी बार पहली निकाई के 30 दिन बाद की जाती है। सामान्यतया याम बीन में बुआई के 75 दिन बाद फूल आना प्रारम्भ होता है। इसके कन्दों की अच्छी उपज के लिए आवश्यक है कि फूल को तोड़ दिया जाय जिससे फलियाँ न बनने पायें। इसमें फलियों के निर्माण एवं कन्द की उपज में ब्युतनात्मक सम्बन्ध (negative correlation) होता है। सामान्य रूप से पुष्प की कलिकाओं को हाथ द्वारा तुड़ाई की जाती है। रासायनिक रूप से फूलों को नष्ट करने के लिए 2, 4-D के 50 पी. पी. एम. का प्रयोग किया जा सकता है। इससे कन्द की बढ़वार भी अधिक होती है।

लताओं को सहारा देना

उत्तरी बिहार में याम बीन को मक्के के साथ उगाया जाता है जहाँ मक्के के पौधों को लताओं को सहारा देने के काम में लाया जाता है। लेकिन देश के अन्य भागों में लताओं को सहारा देने का प्रचलन नहीं है।

सिंचाई

साधारणतया याम बीन को असिंचित फसल के रूप में उगाया जाता है, लेकिन नवम्बर-दिसम्बर के महीने में एक या दो बार सिंचाई करने से उपज में वृद्धि होती है। बेलफोर्ड एवं सहयोगी (2001) ने ज्ञात किया कि कटाई-छटाई किये गये पौधों पानी की कमीं करने से पत्तियों की जल क्षमता (leaf water potential) पर कोई अंतर नही था। पानी के अभाव में फलियों की उपज में कमी हुई जबकि कंद के उपज में वृद्धि हुई।

जड़ों की खुदाई एवं भण्डारण

बाजार में माँग के अनुसार इसकी अगेती या देर से खुदाई की जाती है। छोटे आकार के कन्दों की खुदाई बुआई के 100 दिन बाद की जा सकती है अन्यथा खेत में इसे 140 दिन तक बढ़ने के लिए छोड़ दिया जाता है। पारम्परिक रूप से इसे सरस्वती पूजा के समय खुदाई करने का प्रचलन है क्योंकि उस समय इसकी बाजार में काफी माँग होती है। देर से खुदाई करने पर गूदे में रेशे बनने लगते हैं और जड़े फटने लगती है। खुदाई से पूर्व इसके वानस्पतिक भाग को काट कर अलग कर दिया जाता है। खुदाई के समय सावधानी बर्तने की आवश्यकता होती है जिससे कंद कटे नहीं और उन पर चोट आदि न लगे।

साधारणतया स्थानीय किस्मों की उपज 12-20 टन प्रति हेक्टेयर है जबकि उन्नत किस्मों की उपज 28-40 टन प्रति हेक्टेयर है। उपज पर कंद के आकार का प्रभाव पड़ता है। अमेरिका में 600-1200 ग्राम के वजन वाले कंद की माँग होती है, जबकि मैक्सिको में इससे बड़े आकार के कंद पसन्द किये जाते हैं। भारत में इसकी औसत उपज 140-186 कुन्तल प्रति हेक्टेयर है (रामास्वामी एवं सहयोगी, 1980)। याम बीन के बीज की औसत उपज 0.6-1.0 टन प्रति हेक्टेयर है।

खुदाई के पश्चात कन्दों को अच्छी तरह से पानी से साफ कर लिया जाता है। आकार के अनुसार इनकी श्रेणी बना ली जाती है। कन्दों को 3-5 दिन तक बिना खराब हुए रखा जा सकता है, लेकिन लम्बी अवधि तक रखने पर कन्द का रंग भूरा हो जाता है और इसके वजन में कमीं हो जाती है तथा अत्यधिक मीठा हो जाता है। याम बीन के कंदों के भण्डारण के लिए उचित तापक्रम 12.5-17.5 डिग्री सेग्रेड है। कैण्टवेल एवं सहयोगी (1992) ने कंदों को साफ करके क्लोरीन के घोल में डुबोकर स्टेरिलाइज्ड एवं ब्लान्च्ड (blanched) करने की सलाह दी है। इनका लम्बी अवधि तक भण्डारण करने पर स्टार्च : शर्करा का अनुपात बदल जाता है।

पाल एवं चेन (1988) ने पाया कि 3 महीने तक 12.5 डिग्री सेंग्रेड तापक्रम पर भण्डारित करने पर सुक्रोज की मात्रा 3 गुनी बढ़ गयी और 1/6भाग स्टार्च केवल शेष रहा।

याम बीन की बीज की फसल के लिए सूखी फलियाँ एकत्र कर ली जाती है और फलियों को तोड़कर उससे बीज एकत्र कर लिया जाता है।

प्रमुख रोग

i. बीन कामन मोजेक विषाणु (Bean common mosaic virus) यह विषाणु सामान्यतया सिनकाना मोजेक विषाणु (sincana mosaic virus SMV) जैसा होता है। इससे प्रभावित पौधों की पत्तियों पर अनियमित रूप से पर्ण हरित्मा (chlorosis) होती है। नये प्ररोह कमजोर हो जाते हैं एवं बीज का आकार छोटा हो जाता है। परागकण की क्रियाशीलता घटकर 10 प्रतिशत रह जाती है। इसके प्रकोप से कंदों की उपज में 20-40 प्रतिशत की कमी हो जाती है।

ii. बीन हेलो ब्लाइट (Bean halo blight) इस रोग का मुख्य कारण स्यूडोमोनास सिंरिगी (*Pseudomonas syringae* Burkn.) कवक है। इस रोग का प्रकोप मेक्सिकों में अधिक देखा गया है।

iii. जड़गलन (Root rot) इस रोग का प्रकोप चीन में अधिक पाया गया है। यह कवक जनित रोग है जिसका कारण है पिथियम एफेनिडरमैटम (*Pythium aphani dermatum*)। इससे प्रभावित पौधों की जड़े गल जाती हैं और पौधा सड़कर समाप्त हो जाता है (यू एवं सहयोगी, 1945)।

iv. लीफ स्पाट (Leaf spot) इस रोग का प्रकोप सर्कोस्पोरा कैनीसेन्स (*Cercospora canes-cens* Ellis et. Martin) कवक द्वारा होता है। प्रभावित पौधों की पत्तियों पर धब्बे बनते हैं (मोहन्ती एवं बेहेरा, 1961)।

v. डाइब्रोतिका (Diabrotica) इसका प्रकोप आर्द्रस्थानों में बहुतायत से होता है। रोग से पौधो की पत्तियाँ सर्वाधिक प्रभावित होती हैं।

प्रमुख कीट

याम बीन पर ब्रूकस (bruchids) का बहुत अधिक प्रकोप होता है। यह कीट बीज भण्डारण के दौरान 80 प्रतिशत से अधिक क्षति पहुँचाता है। सामान्यतया दो ब्रूकस का प्रकोप होता है- (i) एकैन्थोसिलाइड्स सैनफोर्डी (*Acanthosa-elides sanfordi* Johnson) और (ii) ए. टोबोग (*A. toboga* Johnson)

जनन द्रव्यों का संग्रह एवं सुधार

हमारे यहाँ याम बीन की दो प्रकार की किस्में उपलब्ध हैं- स्थानीय किस्में एवं मैक्सिकन। मैक्सिकन किस्मों के कंद बड़े आकार के (500-700 ग्राम) होते हैं जबकि स्थानीय किस्मों के कंद छोटे आकार (200-300 ग्राम) के। स्थानीय किस्मों की तुलना में मैक्सिकन किस्में कम मीठी होती हैं तथा मैक्सिकन किस्मों के कंदों की फटने की समस्या है। स्थानीय किस्मों के कंद के गूदे सफेद रंग के होते हैं और उसमें रेशा नहीं होता है। स्थानीय किस्मों से चयन करके राजेन्द्रा कृषि विश्वविद्यालय से इसकी राजेन्द्र मिश्री कंद-1 किस्म विकसित की गयी है जो बिहार में काफी प्रचलित है। यह 110-140 दिन में तैयार हो जाती है। इसकी औसत उपज 40-55 टन प्रति हेक्टेयर है। इसकी एक अन्य किस्म एल. 19 (L-19) है जिसको बिहार के अतिरिक्त पश्चिम बंगाल एवं उड़ीसा में उगाया जाता है। इसकी अधिकांश मैक्सिकन एवं इंडियन किस्मों को चयन द्वारा विकसित किया गया है। संकरण द्वारा एन्डीयन याम बीन के लघु प्रकाश उष्मा संवेदनशीलता का गुण (character of reduced photothermal sensivity) तथा अमेजोनियन प्रजाति के ओज (vigour) तथा मैक्सिकन किस्मों के अधिक उपज के गुण को समाहित करने की आवश्यकता है। वंश पैचिरहिजम (*Pachyrhizus*) की 5 प्रजातियों में से 4 में संकरण संभव है। मैक्सिकों में इसके 600 संकर का परीक्षण कार्य किया जा रहा है (सोरेनसन एवं सह योगी, 1993; ग्रूम, 1994; हेरेडिया, 1994)। उत्परिवर्तन प्रजनन (mutation breeding) में विकिरण द्वारा याम बीन के बीजों को 10, 20 एवं 25 के राड गामा द्वारा उपचारित करके एवं एथिलमिथेन सल्फोनेट के 0.5, 0.75 1.0 एवं 1.25 से उपचारित करके पौधों को बोने, सीधे एवं रेंगकर फैलने वाले पौधों के समूह में वर्गीकृत किया गया। गामा विकिरण द्वारा उपचारित पौधा में कंदों की संख्या अधिक थी। एथिल मिथेन सल्फोनेट के 1.25 प्रतिशत से उपचारित पौधों की संततियों में कंदो की लम्बाई (20 सेमी.) और वजन (367-6 ग्राम) तथा प्रोटीन की मात्रा (5.31 प्रतिशत) अधिक थी, लेकिन शर्करा की मात्रा थोड़ी कम थी (नायर एवं अब्राहम, 1985)।

2. क्वीन्सलैण्ड एरोरूट (Queensland Arrowroot)

क्वीन्सलैण्ड एरोरूट जिसे आस्ट्रेलियन एरोरूट भी कहते हैं, एक बहुवर्षीय कैना (*Canna*) वंश का पौधा है जिसको विश्व के उपोष्ण जलवायु वाले क्षेत्रों इसकी कंदीय जड़ों के लिए उगाया जाता है। इसके कंद को उबालकर खाने के काम लिया जाता है। कन्द में 25 प्रतिशत स्टार्च पाया जात है जिसे साफ एवं निछाल करके अलग कर लिया जाता है। इसका स्टार्च काफी सुपाच्य होता है और यह अम्लीय नहीं होता है। इस प्रकार यह बच्चों एवं बीमार लोगों के लिए काफी लाभप्रद होता है। इसको कृत्रिम मधु एवं साबूदाना बनाने में भी प्रयोग किया जाता है। खाने के अतिरिक्त औषधी उद्योग, टेक्सटाइल्स और चिपकाने की सामग्री एवं पेण्ट उद्योग में भी इसका प्रयोग किया जाता है। इसकी कंदीय जड़े कार्बोहाइड्रेट का अच्छा स्रोत होने के साथ खनिज पदार्थों में काफी धनी होती है। इसके कंद के पोषक मूल्य को सारिणी (2.1) में दिया गया है।

सारिणी (2.1) क्वीन्सलैण्ड ऐरोरूट का पोषक मूल्य (प्रति 100 ग्राम खाने योग्य भाग में)

पोषक तत्व	मात्रा
खाने योग्य भाग	73 प्रतिशत
नमीं	73 ग्राम
प्रोटीन	1.1 ग्राम
वसा	0.4 ग्राम
कार्बोहाइड्रेट्स	24 ग्राम
रेशा	0.5 ग्राम
खनिज	1.0 ग्राम
कैल्शियम	20 मिग्रा.
फास्फोरस	25 मिग्रा
आयरन	0.8 मिग्रा.
थाइमिन	0.06 मिग्रा
राइबोफ्लेविन	0.06 मिग्रा.
नियासिन	1.7 मिग्रा.
विटामिन सी	5 मिग्रा
ऊर्जा	104 कि. कैलोरी

उद्‌भव एवं वितरण

क्वीन्सलैण्ड एरोरूट पेरू देश का वंशज है जिसे खाद्य फसल के रूप में दक्षिणी अमेरिका, एशिया और पैसिफिक आइसलैण्ड में उगाया जाता है। व्यवसायिक स्तर पर इसे स्टार्च के लिए आस्ट्रेलिया में उगाया जाता है।

जलवायु एवं भूमि

क्वीन्सलैण्ड एरोरूट उपोष्ण जलवायु का पौधा है। इसे हमारे देश में 900 मीटर समुद्र तल की ऊँचाई वाले क्षेत्रों जैसे उत्तरांचल के दून घाटी में; बंगलौर और दक्षिण भारत के वाइनाड क्षेत्र में प्रमुखता से उगाया जाता है। पौधों की बढ़वार के लिए 25-22 डिग्री सेग्रेड तापक्रम उपयुक्त होता है। इसकी खेती के लिए उदासीन पी.एच. वाली मृदा जिसमें जीवांश की मात्रा अधिक रहती है एवं जल निकास की उचित सुविधा होती है, अच्छी मानी जाती है।

वानस्पतिक विवरण

क्वीन्सलैण्ड एरोरूट का वानस्पतिक नाम कैना एडुलिस (*Canna edulis* Ker. Gawl) है और यह कैनेसी (Cannaceae) कुल का पौधा है। वंश कैना (*Canna*) के अंतर्गत हमारे देश में 15 प्रजातियाँ पाई जाती हैं जिसमें कैना एडुलिस (*Canna edulis* Ker. Gawl), कैना ग्लौका (*C. glauca* Linn.) के राइजोम को खाने के काम में

लाया जाता है जबकि कैना जिगेंटीया (*Canna gigantea* Dest.) और कैना वार्सजेविसिजाई (*Canna warszewicizii* Rosc.) को औषधी प्रयोजन हेतु उपयोग में लाया जाता है।

क्वीन्सलैण्ड एरोरूट का पौधा बहुर्षीय, शाकीय एवं लाल भूरे रंग का होता है। इसका तना 1-3.5 मीटर लम्बा, मोटा एवं गूद्देदार होता है। इसका राइजोम कई खण्डों में बटा होता है। कंद सफेद या पीले रंग का 2.5-3.5 सेमी. मोटाई का होता है। पौधों की पत्तियाँ काफी लम्बी एवं पीले रंग की होती है। पत्तियों का डंढल (पर्णवृंत) काफी लम्बा और इसके चारों तरफ पत्ती लगी होती है। शीर्ष पर लाल रंग के जोड़े में पुष्प आते हैं। कैप्सूल अण्डाकार, बीज सख्त एवं गोल आकार के होते हैं।

सरय क्रियायें

इसका प्रसारण मुख्य रूप से राइजोम के शिर्ष टुकड़ों द्वारा किया जाता है। राइजोम को मेड़ों पर बरसात के मौसम में या मई-जून के महीने में लगाया जाता है। रोपण के लिए पंक्तियों के बीच 1.0 मीटर तथा पौधों के मध्य 0.5 मीटर की दूरी रखी जाती है। रोपण के समय खेत में कार्बनिक खादों के प्रयोग से पौधों की वृद्धि अच्छी होती है। सिंचाई की कोई विशेष आवश्यकता नहीं होती है, लेकिन वर्षाकाल में लम्बे अंतराल या मृदा में कम नमीं की अवस्था में सिंचाई करनी चाहिए।

खुदाई एवं उपज

रोपण के 8 महीने बाद इसके कन्दों की खुदाई की जा सकती है। एक हेक्टेयर क्षेत्र से 30-40 टन कन्द प्राप्त होते हैं। कन्दों के भण्डारण पर विशेष ध्यान देना चाहिए अन्यथा वे सख्त हो जाते हैं।

कन्दो से स्टार्च का निष्कर्षण

कंद में 25 प्रतिशत स्टार्च पाया जाता है जिसे साफ करके एवं स्ट्रेनिंग (straining) द्वारा अलग किया जाता है। इसके लिए कंद को छील कर एवं अच्छी तरह से धुलाई करके पीस लिया जाता है। इनके पश्चात इसको छिद्रयुक्त (perforated) सिलिण्डर से पार किया जाता है। प्राप्त स्टार्च को एक टैंक में एकत्र कर लिया जाता है। जहाँ पर वह जमा (settle) होता है। प्राप्त स्टार्च क्रिस्टल युक्त, चमकदार एवं क्रीम के रंग का पावडर होता है (जोसेफ एवं पीटर, 1985)।

3. जायण्ट ग्रेनेडिला
(Giant Granadilla)

जायण्ट ग्रेनेडिला एक तलायुक्त पैसिफ्लोरी कुल का पौधा है। कच्चे फलों को सब्जी के रूप में प्रयोग किया जाता है। इसके गूदे का अन्य फलों के साथ मिलाकर सलाद के रूप में प्रयोग किया जाता है। पके फल के जूस को संतरा, पपीता और अमरूद के साथ मिलाकर प्रयोग किया जाता है। इसके रस से तैयार कार्बोनेटेड पेय पदार्थ में एक विशेष प्रकार की सुगंध आती है। जमैका में इसके कंदीय जड़ों को आलू की भाँति प्रयोग करते हैं (कुमार एवं सहयोगी, 2005)। इसके गूदे में पेसीफ्लोरीन (passiflorine) नामक यौगिक पाया जाता है। इसमें बहुत से औषधीय गुण पाये जाते हैं। इसकी पत्तियों, छिलकों और अपरिपक्व बीजों में साइनोजेनिक ग्लूकोसाइड (cyanogenic glucoside) पाया जाता है। इसके फल के पोषक मूल्य को सारिणी (3.1) में दिया गया है-

सारिणी (3.1) जायण्ट ग्रेनेडिला के फल का पोषण मूल्य (प्रति 100 ग्राम खाने योग्य भाग में)

पोषक तत्व	मात्रा
नमीं	93.7 प्रतिशत
प्रोटीन	0.7 प्रतिशत
वसा	0.2 प्रतिशत
कार्बोहाइड्रेट्स	0.7 प्रतिशत
रेशा	0.4 प्रतिशत
ऐश	0.4 प्रतिशत
ऊर्जा	41 कि.कैलोरी
कैल्शियम	22 मिग्रा.
विटामिन ए	70 अ.इ.
राइबोफ्लेविन	0.11 मिग्रा.
नियासिन	2.7 मिग्रा.

स्रोत : कुमार एवं सहयोगी, 2005

उद्भव एवं वितरण

इसकी उत्पत्ति दक्षिणी अमेरिका से हुई है। यहाँ से इसका सर्वप्रथम प्रवेश कैरेबियन द्वीप में हुआ फिर वहाँ से यह भारत, अफ्रीका और आस्ट्रेलिया पहुँचा। जायण्ट ग्रेनेडिला के पौधों को विश्व के सभी उपोष्ण क्षेत्रों के निचले स्थानों में देखा जा सकता है। इसे सीमित स्तर पर दक्षिणी एशिया एवं आस्ट्रेलिया के नमीं वाले क्षेत्रों में बहुतायत से उगाया जाता है।

वानस्पतिक विवरण

जायण्ट ग्रेनेडिला का वानस्पतिक नाम पेसीफ्लोरा क्वाड्रैन्गुलेरिस (*Passiflora quadrangularis* L.) है और यह पैसीफ्लोरेसी (Passifloraceae) कुल का सदस्य है। इसकी गुण सूत्र संख्या (2 एन)- 18 है। जायण्ड ग्रेनेडिला का पौधा लतायुक्त, बहुवर्षीय शाकीय पौधा होता है, जड़ कन्दीय, गूदेदार, तना 4 सतह वाला, पत्तियाँ एकान्तर क्रम में, 5-8 सेमी. लम्बी, पत्तियों पर 3 जोड़ी शिरायें किनारे से निकलती हैं। तंतु (टेन्ड्रिल) कक्षीय, 20-30 सेमी. लम्बे, पुष्प कक्षीय, सुगन्ध लिए, 10-12 सेमी. आकार में आकर्षक, वाह्यदलपुंज लम्बवत,पंखुड़िया 5, पुकेसर 5, परागकोष बड़े, वर्तिका 3-5, वर्तिकाग्र दीर्घ, फल गूदायुक्त बेरी, 10-30×10-18 सेमी. आकार के हरे पीले रंग के, चपटे, गहरे भूरे रंग के।

जलवायु एवं भूमि

जायण्ट ग्रेनेडिला उपोष्ण जलवायु का पौधा है। यह समुद्र तट से 200-300 मीटर की ऊँचाई वाले क्षेत्रों में अच्छी तरह से फलत करता है।

पौधे के अच्छे विकास के लिए दिन-रात के तापक्रम में अधिक उतार-चढ़ाव नहीं होना चाहिए। पौधों की अच्छी तरह से वृद्धि के लिए अधिक आर्द्रता की आवश्यकता होती है। जाइण्ट ग्रेनेडिला की यह प्रजाति (*P. quadrangularis*), पैसीफ्लोरा इडुलिस एफ.फ्लैवीकार्पा (*Passiflora edulis* f. flavicarpa Degenes) की अपेक्षा ठंड के प्रति कम सहनशील है। इसकी खेती उन सभी भूमियों में की जा सकती है जिसमें जीवांश की मात्रा अधिक होती है और जल निकास की समुचित सुविधा। प्राय नमीं वाली भूमियों में इसकी वृद्धि अच्छी होती है।

प्रसारण

जायण्ट ग्रेनेडिला का प्रसारण बीज एवं वानस्पतिक दोनों विधियों से किया जा सकता है। बीज 2-3 सप्ताह में अंकुरित होते हैं और जब पौधे 15-30 सेमी. की ऊँचाई ग्रहण कर लेते हैं तब उनका मुख्य खेत में रोपण किया जाता है। वानस्पतिक विधि से प्रसारण के लिए इसके तने से कलमें तैयार की जाती है। जब कलमें प्रस्फूटित हो जाती हैं तब उनका मुख्य स्थान पर रोपण किया जाता है। रोपण के लिए 3-3.5 मीटर की दूरी पर्याप्त होती है।

खाद एवं उर्वरक

पौधे की अच्छी बढ़वार एवं फलत के लिए कार्बनिक खाद का प्रयोग आवश्यक होता है। नत्रजन एवं फास्फोरस की कमीं से पौधों की वृद्धि प्रभावित होती है। रासायनिक उर्वरकों का प्रयोग प्रत्येक 4 माह बाद करते हैं जिससे पौधों में बराबर वृद्धि एवं पुष्पन का कार्य होता है।

कटाई-छटाई एवं सहारा देना

इसके लताओं की काँट-छाँट करते हैं। इससे पौधों में बराबर नई शाखायें निकलती हैं। पौधे की लता जब एक महीने की हो जाती है तब उसे मचान बनाकर चढ़ाते हैं। मचान बाँस या तार से तैयार किये जाते हैं।

पुष्पन एवं फलत

लगाने के 8-9 महीने बाद पौधे में फूल आना प्रारम्भ होता है और पके फल पुष्पन के 60-80 दिन बाद तैयार हो जाते हैं। इण्डोनेशिया एवं क्वीन्सलैण्ड में वर्षभर फलत आती है और एक पौधे से 20-25 फल प्राप्त होते हैं। सब्जी के लिए जब फल चमकीलें एवं पारदर्शी लगते हैं तब उनकी तुड़ाई की जाती है।

पौध संरक्षण

जायण्ट ग्रेनेडिला के पौधे पर विषाणु जनित उडीनेस (woodiness) का प्रकोप होता है। इसके अतिरिक्त ग्रीज स्पाट (grease spot) स्यूडोमोनास पार्वीफ्लोरा (*Pseudomonas parviflora*) के द्वारा एवं बैक्टीरियल स्पाट (bacterial spot) जैन्थोमोनास पैसीफ्लोरा (*Xanthomonas passiflora*) द्वारा और ब्राउन स्पाट (brown spot) अल्टरनेरिया पैसीफ्लोरी (*Alternaria passiflorae*) द्वारा उत्पन्न होता है। बचाव के लिए समय से पौधों की काँट-छाँट एवं सहारा देने की आवश्यकता होती है। कुछ रासायनिक दवाओं का छिड़काव भी किया जा सकता है।

जननद्रव्य संग्रह एवं सुधार

जायण्ट ग्रेनेडिला एक बहुवर्षीय लता है, जिस पर खाने योग्य फल लगते हैं जिसका सब्जी में प्रयोग किया जाता है। इसके उत्पादन सम्बन्धी विस्तृत सस्य परीक्षण की आवश्यकता है। फल की तुड़ाई उपरांत सम्भलाव के लिए भी अनुसंधान की आवश्यकता है। इसके जननद्रव्यों का समुचित संकलन एवं अच्छी गुणवता वाले वंशक्रम की पहचान, इसके आनुवंशिक सुधार की अन्य प्राथमिकतायें हैं।

4. बम्बू शूट
(Bamboo Shoot)

बम्बू शूट या मुलायम बाँस के तने (करील) को खाने का उत्तर पूर्वी राज्यों में विशेषकर असम, मेघालय, मणिपुर, मिजोरम, अरूणांचल प्रदेश, त्रिपुरा, सिक्किम में बहुत अधिक प्रचलन है। हमारे देश के अतिरिक्त इसके मुलायम शूट को चीन एवं अन्य दक्षिण पूर्वी एशियाई देशों में खाने का बहुत अधिक प्रचलन है। हमारे देश में इसकी डिब्बा बंदी भी की जाती है। इसके मुलायम तने को सब्जी, सूप, पकौड़े आदि विविध प्रकार के व्यंजन बनाने में प्रयोग किया जाता है। इसका ताजा खाने वाला भाग कुल भाग का 18 प्रतिशत होता है। इसके ताजे शूट में होमोजेनटिसिक अम्ल (homogentisic acid) होता है, जिसके कारण अवांछनीय गंध आती है। यद्यपि इसकी मात्रा बहुत कम 100-250 माइक्रोग्राम प्रति 100 ग्राम ताजे भार के आधार पर होती है। सामान्यतया होमोजेनटिसिक अम्ल की मात्रा पहले तैयार हुए शूट में अधिक पाई जाती है और बाद में कम हो जाती है। ताजे शूट में थोड़ा स्पंदन (acridity) होती है जिसे उबालकर दूर किया जा सकता है। इसके ताजे शूट जब गंध से मुक्त हो जाते हैं तब खाने में वे बहुत स्वादिष्ट एवं कुरकुरे लगते हैं। इसमें पाये जाने वाले पोषक तत्वों को सारिणी (4.1) में दिया गया है।

सारिणी (4.1) ताजे बम्बू शूट का पोषक मूल्य (प्रति 100 ग्राम खाने योग्य भाग में)

पोषक तत्व	मात्रा
नमीं	88.8 ग्राम
प्रोटीन	3.9 ग्राम
वसा	0.5 ग्राम
खनिज	1.1 ग्राम
रेशा	-
कार्बोहाइड्रेट्स	5.7 ग्राम
ऊर्जा	43 कि. कैलोरी
कैल्शियम	20 मिग्रा.
फास्फोरस	65 मिग्रा.
आयरन	0.1 मिग्रा.
कैरोटीन	0
थाइमिन	0.08 मिग्रा.
राइबोफ्लेविन	0.19 मिग्रा.
नियासिन	0.2 मिग्रा.
विटामिन सी	5 मिग्रा.

स्रोत : गोपालन एवं सहयोगी (1999)

इसके प्ररोह में बीटा सिस्टेराल (β–sisterol), कैम्पेस्टराल (campesterol), स्टिग्मैस्टेराल (stigmasterol), 4- हाइड्राक्सी बेन्जाइलडिहाइड (4- Hydroyy benzyldehyde), एल- एस्पैराजिन (L. asparagine) एवं साइएनोजेनिक योगिक टैक्जीफाइलिन (taxiphyllin) पाया जाता है। बढ़वार के समय सूर्य के प्रकाश की उपस्थिति में साइएनोजेनिक की मात्रा बढ़ जाती है जिसके कारण इसका स्वाद कड़वा हो जाता है। (यामागुच्ची, 1983)।

उद्भव एवं वितरण

विश्व में बाँस के बारे में सर्वाधिक प्राचीन अभिलेख चीन में मिलते हैं जो कई सौ वर्ष पुराने हैं। दक्षिणी पश्चिमी युनान प्रांत चीन का सर्वाधिक विविधता वाला क्षेत्र है जहाँ बाँस की 28 आदिम (primitive) प्रजातियाँ पाई जाती हैं। इसके अतिरिक्त 5 प्रजातियाँ सीमित रूप से आदिम (semi primitive) प्रकृति की हैं। इससे यह प्रमाण मिलता है बाँस का उद्भव स्थल चीन ही है।

इसके अतिरिक्त मलेशिया, इण्डोनेशिया, दक्षिणी अमेरिका को विविधता या उद्भव क्षेत्र माना जाता है। बाँस के जंगल विश्व के सभी उपोष्ण एवं शीतोष्ण क्षेत्रों में फैले हैं। चीन में विश्व के बाँस क्षेत्रफल का 20 प्रतिशत हिस्सा है।

वानस्पतिक विवरण

बाँस एक बीज पत्री (monocot) का पौधा है। इसका कुल पोएसी (Poaceae Syn. Gramineae) है। बम्बू शूट के उद्देश्य इसके प्रमुख वंश हैं- फाइलोस्टैचिस (*Phyllostachys*), बम्बूसा (*Bambusa*), एवं डेन्ड्रोकैलेमस (*Dendrocalamus*)। इसकी सब्जी हेतु शूट के प्रयोग में आने वाली प्रमुख प्रजातियाँ निम्न प्रकार हैं

(1) फाइलोस्टैचिस डल्सिस (*Phyllostachys dulcis*)
(2) पी. एडुलिस (*P. edulis*)
(3) पी. बम्बुसोआयड्स (*P. bambusoidos*)
(4) पी. प्यूबीसेन्स (*P. pubescens*)
(5) पी. न्यूडा (*P. nuda*)
(6) पी. विरडिस (*P. virdis*)
(7) बाम्बुसा बिचेयीना (*Bambusa beecheyana*)
(8) ब. वल्गरीज (*B. vulgaris*)
(9) डेन्ड्रोकैलेमस स्ट्रिक्ट्स (*Dendrocalamus strictus*)
(10) डेन्ड्रोकैलेमस लेटीफ्लोरस (*Dendrocalamus latiflorus*)

बाँस का पौधा लकड़ी युक्त, सदाबहार एवं बहुवर्षीय होता है। इसका तना पर्व से जुड़ा होता है जिसे कल्म्स (culms) कहते हैं। इसका तना नीचे राइजोम से विकसित होता है। सभी उपोष्ण क्षेत्रों की प्रजातियाँ सीधी बढ़वार लिए होती है, जबकि शीतोष्ण क्षेत्र की प्रजातियाँ रेंगकर बढ़ती है। इसकी कुछ प्रजातियों की यह प्रमुख विशेषता है कि यदि उनके कन्द के टुकड़े लेकर विविध स्थान पर लगाये जाय तो सभी स्थानों पर एक समान रूप से पुष्पन (synchronomous flowering) होता है। इसकी कुछ प्रजातियों में सम्पूर्ण जीवन अवधि में मात्र एक बार फूल आता है और पूरा पौधा समाप्त हो जाता है। इसके बीज को दुर्भिक्ष के दिनों में खाने के काम में लाया जाता है।

जलवायु एवं भूमि

बाँस की प्रजातियाँ उपोष्ण एवं शीतोष्ण दोनों क्षेत्रों में उगती है। यद्यपि बम्बू शूट के उद्देश्य उपोष्ण आर्द्र जलवायु की आवश्यकता होती है। बम्बू शूट के उद्देश्य से मृदा का चुनाव करते समय यह ध्यान रखना चाहिए कि मिट्टी भुरभुरी एवं छिद्र युक्त (porous) हो जिससे बाँस के नवजात प्ररोह सुगमतापूर्वक निकल सकें। इसके वृद्धि के लिए पर्याप्त सूर्य के प्रकाश की आवश्यकता होती है।

प्रसारण

बाँस के प्रसारण का कार्य विविध प्रकार जैसे राइजोम के टुकड़े, तने के टुकड़े एवं बीज के द्वारा किया जाता है। व्यवसायिक रूप से इसका प्रसारण राइजोम द्वारा किया जाता है।

खेत की तैयारी एवं रोपण

रोपण के पूर्व खेत की अच्छी प्रकार से तैयारी की जाती है। इसके लिए जमीन की सतह से 30 सेमी. गहरी जुताई की जाती है। सामान्यतया बाँस के प्ररोह अपने मातृ-कंद (mother-rhizome) से 10-20 सेमी. की परिधि में निकलते हैं। एक हेक्टेयर क्षेत्र में रोपण के लिए 13, 500-15,000 राइजोम के टुकड़े की आवश्यकता होती है।

पोषक तत्व

अत्यधिक उत्पादन के लिए कार्बनिक एवं रासायनिक दोनों उर्वरकों का प्रयोग किया जा सकता है। यह कार्य वर्ष में 4 बार करना चाहिए। एक हेक्टेयर क्षेत्र के लिए 30 : 40 : 50 किग्रा. नत्रजन : फास्फोरस : पोटाश का प्रयोग किया जा सकता है।

पलवार का प्रयोग

बम्बू शूट के उत्पादन में पलवार (mulch) का प्रयोग बहुत ही महत्वपूर्ण है। इसके लिए बाँस की पत्तियाँ, पूआल या गन्ने की पत्तियों का प्रयोग किया जा सकता है। पलवार का प्रयोग करने से मृदा का तापक्रम बढ़ जाता है, जिससे राइजोम से प्ररोह निकलने की प्रक्रिया तेज हो जाती है। पलवार के प्रयोग से इसके शूट 30-40 दिन पहले बाजार में भेजकर लाभ अर्जित किया जा सकता है। कार्बनिक पलवार के अभाव में प्लास्टिक मल्च का भी प्रयोग किया जा सकता है।

कटाई

इसमें खाने वाला भाग नवजात प्ररोह होता है जिसे रेशा विकसित होने के पहले ही काट लिया जाता है। यह प्ररोह मात्र-कंद (mother-rhizome) पर स्थित अदृश्य कलिकाओं से विकसित होता है। काटने के पश्चात ठंडे वातावरण में इसे रखकर शीघ्र प्रयोग में लाना चाहिए अन्यथा इसकी गुणवत्ता खराब हो जाती है।

जननद्रव्य संग्रह एवं सुधार

हमारे देश के उत्तर पूर्वी क्षेत्र के राज्यों असम, मेघालय, मणिपुर, नागालैण्ड, मिजोरम एवं अरूणांचल प्रदेश में खाने योग्य बम्बू की प्रजातियों में काफी अधिक विभिन्नता देखने को मिलती है। इसकी स्थानीय मांग एवं निर्यात में उच्च कीमत को ध्यान में रखते हुए इसके व्यापक जननद्रव्यों को एकत्र करके अच्छी गुणवत्ता एवं प्रसंसकरण के लिए उपयुक्त प्रजाति की पहचान करने की आवश्यकता है।

5. सब्जी नागफनी
(Vegetable Cactus)

हमारे देश के कुछ शुष्क क्षेत्रों में आदिवासियों द्वारा नागफनी के पैड को सब्जी के रूप में प्रयोग किया जाता है। इसके पैड को विविध प्रकार के मांसाहारी एवं शाकाहारी व्यंजन बनाने में प्रयोग किया जाता है। इसके पैड को प्याज, टमाटर, या कुछ दालों के साथ मिलाकर मिश्रित सब्जी के रूप में प्रयोग किया जाता है। हमारे देश के अतिरिक्त इसे दक्षिणी अफ्रीका, मैक्सिको एवं टेक्साज में सब्जी के लिए प्रयोग किया जाता है। कैक्टस में शर्करा, विटामिन्स, खनिज और एमीनों अम्ल पर्याप्त मात्रा में पाया जाता है। औषधीय प्रयोग की दृष्टि से इसका उपयोग रक्त शर्करा और कोलेस्टेराल को कम करता है। यूरोपीय देशों में कैक्टस को एक महत्वपूर्ण खाद्य सामग्री माना जाता है। मैक्सिको, इटली, दक्षिण अफ्रीका और ग्रीक इसके निर्यातक देश हैं। कैक्टस के पैड को विभिन्न प्रकार के प्रसंस्कृत पदार्थ जैसे जाम, सिरप, एल्कोहलिक पेय आदि में भी प्रयोग किया जाता है।

सब्जी नागफनी में लगभग 92 प्रतिशत जल, 46 प्रतिशत कार्बोहाइड्रेट्स, 1-2 प्रतिशत ोटीन और पर्याप्त मात्रा में विटामिन ए एवं सी भी ाई जाती है। नागफनी के पौधों में क्रैसुलेसियन ृसिड उपापचय (Crossulacean acid metabo-sm) की क्रिया होती है जिसके कारण नये पैड में ार्बनिक अम्ल की मात्रा में सुबह एवं शाम में अंतर ता है। सुबह पी.एच. मान 4.4 और शाम को 5.2 ता है इसी प्रकार मैलिक अम्ल की मात्रा सुबह).5 प्रतिशत एवं शाम 4 बजे 10.1 प्रतिशत होती (कैंटवेल, 1991; नेरी, 1991)। इसमें विटामिन सी की मात्रा फ्रेन्च बीन, सलाद, गाजर से अधिक होती है। अधिकांशत: सब्जियों में स्टार्च मुख्य कार्बोहाइड्रेट्स होता है जबकि नागफनी में स्टार्च के अतिरिक्त म्यूसिलेज भी होता है (सटन एवं सहयोगी, 1981)। म्यूसिलेज का मानव शरीर में लाइपोप्रोटीन स्तर (lipoprotein level) एवं कोलेस्टेराल स्तर (cholesterol) को कम करने में महत्वपूर्ण भूमिका है। दूसरा महत्वपूर्ण पहलू है कि नागफनी में बहुत अधिक मात्रा में कैल्शियम पाया जाता है (नोबेल, 1983)। नागफनी के पैड के पोषक मूल्य को सारिणी (5.1) में दिया गया है-

सारिणी (5.1) सब्जी नागफनी का पोषक मूल्य (प्रति 100 ग्राम खाने योग्य भाग में)

पोषक तत्व	मात्रा
नमीं	95 प्रतिशत
पी.एच.	4.6
प्रोटीन	1.5 प्रतिशत
वसा	0.4 प्रतिशत
रेशा	1.54 प्रतिशत
संपूर्ण कार्बोहाइड्रेट्स	5.00 प्रतिशत
संपूर्ण क्लोरोफिल	15.5 माइक्रोग्राम/ग्राम
विटामिन सी	22.0 मिग्रा.
बीटा कैरोटीन	31.00 माइक्रोग्राम.
नियासिन	0.46 मिग्रा.
थाइमिन	0.14 मिग्रा.
राइबोफ्लेविन	0.6 मिग्रा.
कैल्शियम	110 मिग्रा.
फास्फोरस	20 मिग्रा.
आयरन	1.95 मिग्रा.

स्रोत : पिमेन्टा-बैरिअस, 1993

कैक्टस को चारे के रूप में भी प्रयोग किया जाता है। चारे के रूप में इसे पशुओं को देने से उनके दूध में विशेष प्रकार की खुशबू आती है

और मक्खन तथा दूध की गुणवत्ता भी अच्छी होती है। चारे के रूप में प्रयोग करने के लिए इसके काटो को जला दिया जाता है। मैक्सिकों एवं दक्षिण पश्चिम टेक्साज में इसके काँटे को जलाने के लिए प्रोपेन स्टार्च का प्रयोग किया जाता है। कैक्टस में यद्यपि प्रोटीन की मात्रा कम होती है, लेकिन स्थूल चारे के रूप में (roughages) के रूप में इसकी काफी उपयोगिता है। उत्तर पूर्वी ब्राजील में काफी बड़े क्षेत्र में कैक्टस को चारे के रूप में उगाया जाता है।

उद्भव एवं वितरण

मैक्सिको का अर्द्ध शुष्क क्षेत्र नागफनी का सर्वाधिक विविधता वाला क्षेत्र माना जाता है, जहाँ पर इसकी खेती मिसो-अमेरिकन सभ्यता (Meso-American civilization) से पहले की जाती रही है। यहाँ पर इसकी ओपुंसिया फाइकस-इंडिका (*Opunia ficus-indica* (L.) Miller) इसकी प्रचलित प्रजाति है जिसे 16वीं शताब्दी में मैक्सिकों से उत्तरी अफ्रीका लाया गया और अब यह प्रजाति भूमध्य क्षेत्र एवं विश्व के अन्य भागों में बहुतायत से उगाई जाती है। इसे विश्व के कई क्षेत्रों में चारे के रूप में उगाया जाता है। उत्तरी अफ्रीका में लगभग 2 लाख हेक्टेयर क्षेत्रफल में इसकी खेती चारे एवं साबुन उद्योग के लिए की जाती है। इसके फल को भी उपयोग में लाया जाता है। इसकी इनर्मिस (Inermis) किस्म काँटेरहित (spineless) है तथा इसके अंतर्गत अधिक क्षेत्रफल है।

वानस्पतिक विवरण

सब्जी नागफनी कैकटेसी (Cactacece) कुल का पौधा है और इसका वंश ओपुनशिया (*Opuntia*) है तथा प्रजाति फाइकस-इडिंका (*ficus-indica*)। कैकटेसी कुल के अंतर्गत 130 वंश एवं 1500 प्रजातियाँ आती हैं और यह सभी प्रजातियाँ मूल रूप से नई दुनियाँ की वंशज है। विश्व के तमाम देशों में कैकटस के पैड को सब्जी के रूप में प्रयोग किया जाता है। मैक्सिको में कैक्टस के पैड की सब्जी मार्केट लगती है। इसकी परंपरागत व्यंजन बनाने के लिए बहुत माँग है। ओपुंशिया की प्रजातियाँ जिन्हें विशेष रूप से सब्जी के रूप में प्रयोग किया जाता है उनमें प्रमुख है- ओपुंशिया फाइकस इंडिका (*Opuntia ficus indica*) क्योंकि यह काटे रहित (spineless) होती है। इसके अतिरिक्त अन्य प्रजातियाँ हैं- ओपुंशिया रोबस्ता (*Opuntia robusta*), ओपुंशिया स्ट्रेप्टाकैंथा (*O. Streptacantha*), ओपुंशिया ल्यूकोट्रिका (*Opuntia leucotricha*), ओपुंशिया हिप्टीएकैंथा (*Opuntia hiptiacantha*) व ओपुंशिया शेवीना (*Opuntia chavena*)

कैक्टस में कार्बन संश्लेषण की एक विशिष्ट प्रक्रिया क्रैसूलेसियन एसिड मेटाबालिज्म (crasslucean acid metabolism) की एक विशिष्ट प्रक्रिया होती है जिसके कारण यह कार्बन चक्र-4 (C_4) पौधों की अपेक्षा 4-5 गुना अधिक जल से शुष्क पदार्थ को बदलने में सक्षम होते हैं। जलदक्ष होने के कारण ये पौधे शुष्क एवं अर्द्धशुष्क क्षेत्रों में उगाने के लिए बहुत उपयोगी होते हैं।

जलवायु एवं भूमि

कैक्टस की शुष्क क्षेत्र में उगने की अद्भुत क्षमता होने के कारण इसे उन सभी क्षेत्रों में सफलता पूर्वक उगाया जा सकता है जहाँ वर्षा कम होती है और सिंचाई की सुविधा नहीं है। ऐसे क्षे जहाँ वर्षा का औसत 800 मिमी. से अधिक है वह इसे उगाने के लिए प्राथमिकता नहीं दी जानी चाहि क्योंकि इन क्षेत्रों में कीट व्याधियों का प्रको अधिक होता है। पौधे की बढ़वार की दृष्टि से ग

दिन एवं ठंडी रात अच्छी मानी जाती है, लेकिन तापक्रम 0-5 डिग्री सेंग्रेड से कम नहीं होना चाहिए।

कैक्टस को बलुई एवं बलुई दोमट भूमि में अच्छी प्रकार से उगाया जा सकता है। लेकिन इसे भारी मिट्‌टी जिसमें जल निकास की उचित सुविधा हो, उगाया जा सकता है। ऐसी हल्की क्षारिय भूमि जिसमें कैल्शियम एवं पोटैशियम की मात्रा अधिक होती है, उसमें भी इसे सफलता पूर्वक उगाया जा सकता है।

रोपण

कैक्टस में स्व एवं पर-परागण दोनों होता है। इसका प्रसारण बीज एवं वानस्पतिक दोनों विधियों से किया जा सकता है। इसमें मुख्यतया 1 वर्ष पुरानी पत्तियों (पैड) के माध्यम से रोपण किया जाता है और पत्तियों के कटे भाग को 1/3 हिस्सा जमीन में गाड़ देते हैं और दो तिहाई हिस्सा खुला छोड़ देते हैं। पत्तियों की रोपण से पूर्व आंशिक छाया में 4-6 सप्ताह सुखा लेना चाहिए। सुखाने के पश्चात इसे कवकनाशी घोल में डुबो देना चाहिए। इससे मृदा जन्य रोगों का प्रकोप नहीं होता है। रोपण के शीघ्र पश्चात 8-10 लीटर पानी प्रति पौध देना चाहिए और पानी देने का क्रम तब तक जारी रखा जाय जब तक उसमें नई वृद्धि नहीं आ जाती है। नागफनी को मेड़ों पर रोपण करना अच्छा माना जाता है, क्योंकि इसकी अधिकांश जड़े जमीन की ऊपरी सतह (30 सेमी.) पर होती हैं। रोपण के समय यह आवश्यक है कि मृदा की ऊपरी सतह को अच्छी प्रकार से भुरभुरी हो।

रोपण का समय

रोपण का कार्य वर्ष में किसी समय किया जा सकता है, लेकिन सितम्बर-अक्टूबर और फरवरी-मार्च का समय अच्छा माना जाता है। रोपण के लिए 80-100 सेमी. की अंतराल पर बनी पंक्तियों में 30-40 सेमी. की दूरी पर रोपाई की जाती है। इस प्रकार एक हेक्टेयर क्षेत्र में 25 से 40 हजार पौधे समाहित किये जा सकते हैं।

खाद एवं उर्वरक

मैक्सिको एवं दक्षिणी टेक्साज में कैक्टस की उत्पादन की उच्च सस्य तकनीकी विकसित की गयी है। इसके सूक्ष्म तत्वों के प्रयोग से क्लेडोड का उत्पादन ठंढे मौसम में भी किया जाता है जबकि बाजार में इसकी आमद कम होती है और मूल्य अधिक होता है। इसके लिए इसका नियंत्रित अवस्था (controlled conditions) में उत्पादन किया जाता है। साधारणतया रोपण के समय 100 टन प्रति हेक्टेयर की दर से कार्बनिक खाद का प्रयोग किया जाता है। नत्रजन की अधिक मात्रा देने से क्रूड प्रोटीन की मात्रा बढ़ती है। ऐसी फसल जिसे चारे के लिए प्रयोग किया जाता है उसमें 22.4 किग्रा. नत्रजन प्रति हेक्टेयर की दर से दिया जाता है। 112 किग्रा. प्रति हेक्टेयर की दर से फास्फोरस का प्रयोग करने से इसमें फास्फोरस तत्व की मात्रा में वृद्धि होती है। सामान्यतया नागफनी में फास्फोरस की मात्रा कम होती है।

सिंचाई

नागफनी के पौधों में सूखा सहन करने की अद्भुत क्षमता होती है। अत: इसे उन स्थानों पर भी सफलता पूर्वक उगाया जा सकता है जहाँ वर्षा का औसत 300-600 मिमी. होता है। यदि वर्षा बिल्कुल नहीं होती है तब 2-3 सिंचाई की आवश्यकता पड़ती है। फल धारण करते समय इसकी सिंचाई की क्रांतिक अवस्था होती है। उस समय सिंचाई करना बहुत आवश्यक होता है। ऐसे क्षेत्र जहाँ की भूमि समतल नहीं होती है और पानी का अभाव होता है वहाँ स्प्रिंकलर विधि से सिंचाई करना लाभ प्रद होता है।

कटाई-छटाई

वेजिटेबुल कैक्टस की खेती में कटाई-छटाई महत्वपूर्ण क्रिया होती है। प्रकाश की उपलब्धता, चारो तरफ से वायु संचार, उत्पाद की गुणवत्ता आदि को नियंत्रित करने के लिए कटाई-छटाई का कार्य बहुत ही महत्वपूर्ण है। इसके लिए नीचे की पुरानी पत्तियों को काट कर निकाल देना चाहिए , लेकिन यह ध्यान रखना चाहिए कि कटाई-छटाई का कार्य उस समय न संपादित किया जाय जिस समय उसमें सक्रिय वृद्धि की अवस्था हो।

कटाई एवं उपज

पौधे लगाने के 2-3 महीने बाद ही कटाई के लिए तैयार हो जाते हैं। एक हेक्टेयर की औसत उपज 40-50 टन है। क्लेडोड की उस समय कटाई की जाती है जब वह मुलायम एवं रसीले हों। साधारणतया 20-25 सेमी. लम्बे क्लेडोड जिनका औसत वजन 90-100 ग्राम होता है उसकी कटाई की जाती है। पुराने क्लेडोड में लिग्नीफिकेशन (lignification) आरम्भ हो जाता है। व्यवसायिक रूप से किये गये रोपण में पहले दो वर्षों में मात्र 30-50 कुन्तल उपज प्राप्त होती है, लेकिन तीसरे वर्ष के बाद प्रति हेक्टेयर 400 कुन्तल तक उपज प्राप्त होती है। एक जगह पर रोपण किये गये पौधे 15 वर्ष तक अच्छी उपज देते हैं।

भण्डारण

ताजे कटाई किये गये क्लेडोड की भण्डारण क्षमता बहुत कम (10 दिन) होती है, लेकिन 10 डिग्री सेंग्रेड से कम तापक्रम पर भण्डारित करने से उसमें शीतक्षरण (chilling injury) होती है। प्राय: यह देखा गया है कि 5 डिग्री सेंग्रेड तापक्रम पर भण्डारित करने से ऊतकों में अम्लता बढ़ती है और 20 डिग्री सेंग्रेड से अधिक तापक्रम पर भण्डारित करने से ऊतकों की अम्लता घटती है (कैन्टवेल, 1991)।

जननद्रव्य संग्रह एवं सुधार

हमारे देश में राजस्थान एवं गुजरात को शुष्क क्षेत्रों में सब्जी नागफनी की खेती करने की असीम सम्भावनाएं हैं। इसकी सब्जी के अतिरिक्त चारे व अन्य औषधी महत्व को ध्यान में रखते हुए स्थानीय जननद्रव्यों का एकत्रीकरण एवं परीक्षण करके प्रभावी प्रजातियों की विकसित करने की आवश्यकता है।

9. संदर्भ
(References)

Abdalla MMF (1979). The origin and evolution of *Vicia faba* L. in Proc. 1st Mediterranean Conf. Genet. 713.

Adesina SK, Olatunji OA Bergenthal, D and Reisch J (1988). New biogenetically significant constituents of *Clausena anisata* and *Murraya koenigii.* Pharmazie, 43(3): 221-222.

Agarwal PK and Roy RP (1976). Natural polyploids in Cucurbitaceae I. Cytogenetical studies in triploid *Momordica dioica* Roxb. Caryologia,29(1): 7-13

Ahmad T, Shukla PT, Chovatia VP, Makati JP and Ahmad T (1992). Propagation of kantola (*Momordica dioica* Roxb.) through cuttings by use of indole butyric acid. Gujarat Agri. Univ. Res. J., 17(2): 99-101.

Ali M and Srivastava V (1998). Characterization of phytoconstituents of fruits of *Momordica dioica.* Indian J. Pharm. Sci., 60(5): 287-289.

Ali M, Okubo H and Fujieda K (1991). Techniques for propagation and breeding of kakrol (*Momordica dioica* Roxb.). Scientia Horticulturae, 47 (3&4): 335-343.

Ali SL and Mazumdar BC (1991). Protein and fat content of water chest nut (*Trapa bispinosa*). Indian Agric. 35 (4): 259-260.

Ambasta SP (2000). The useful plants of India. NISCOM, CSIR, New Delhi, pp. 364-365.

Anjaneyamurthy JN and Regupathy A (1989). Insecticidal control of fruit fly *Gitona* sp. Leaf caterpillar, *Noorda blitealis* Walk and aphid, *Aphis craccivora.* Koch on annual Moringa. South Indian Horti.. 37(2): 84-93.

Anonymous (1979). Tropical Legumes. Resources for future. National Academy of Science, Washington, DC.

Anonymous (1981). The winged bean- a high protein crop for the tropics. Second Edition. National Academy Press, Washington DC.

Antoszewski R, Dabydeen S and Lolla A (1989). Photosynthetic activity of chloroembryos of a few selected tropical plants. Pl. Cell and Envriron.12(7): 759-763.

Aora RK (1981).Native Food Plants of North Eastern Tribes.

Arima S Daigoho M and Hoque MA (1999). Flower development and anthesis behaviour in water chestnut (*Trapa* spp.). Bull. Facul. Agri.,

Saga Univ. 84: 83-92.

Arima S, Harada J, Tanaka N and Oka S (1993). Growth and yield performance of water chestnut (*Trapa bispinosa* Roxb.) V. Effects of photoperiodic treatment on the distribution pattern of flower buds and growth of leaves. Japanese J. Crop Sci. 62(2): 222-227.

Arima S, Tanaka N and Matsumoto K (1989). Studies on growth and production of water chestnut 7. The effect of nitrogen application on the growth and yield of *Trapa bispinosa* Roxb. Rept. Kyushu Branch Crop Sci. Soc. Japan, 56: 92-96.

Arima S, Tanaka N, Harada J, Matsumoto K and Kubota F (1992). Growth and yield performance of water chestnut (*Trapa bispinosa* Roxb.) I. Relationship among yield, yield components and change of rosettes. Japanese J. Crop Sci., 61(2): 223-228.

Arora SK and Basra VK (1992. Guar ki phasal se jyada labh kaise (Hindi). Phal Phul. July-Sept. pp. 29-30.

Awasthi LP and Maurya DM (1996). Singhare ki kheti. Phal Phul, April-June, pp. 11-13.

Awasthi LP and Maurya DM (1996). Youn milege bharpoor makhana. Phal Phul. Jan. March. pp 30-31.

Ban TN (1993). Enhydra fluctuans Loureiro In: PROSEA. Plant Resources of South East Asia 8. Vegetables (Eds. JS Siemonsma and Kasem Piluek). Pudoc Scientific Publishers, Wageningen.

Barooah S and Mohan NK (1985). Assamiya palang spinach - a perennial leafy vegetable. Indian Hort. 30 (2): 23.

Baruah GKS, Shadeque A and Talukdar P (1993). Variability and heritability studies in sweet gourd (*Momordica cochinchinensis* Spreng.). Horti. J. 6(2): 109-113.

Bassett IJ, Crompton CW, Mc Neill J and Taschereau PM (1983). The genus *Atriplex* (Chenopodiaceae) in Canada. Monograph Communication Branch Agriculture, Canada No. 31, 1972.

Basu RK and Datta SK (1977). Effect of X ray and colchicines on pollen of *Trichosanthes anguina* (Cucurbitaceae). Grana 16: 105-109.

Belford EJD, Karim AB and Sierra Leone (2001). J. App. Bot. 75:31-38.

Bhadra S and Sen SK (2001). Standardization of harvest maturity indices of water chestnut type green. J. Interacad., 5(1): 29-32.

Bhagmal and Kawalkar TG (1982). Maharashtra farmers can try yam bean. Indian Farm. 31(10):13-14.

Bhalla IN, Singh SP, Singh N and Bhargava KP (1983). A clinical trial of an indigenous drug *Moringa oleifera* (Sahjan) on hypertensive patients. Abstr. II. World Conference on Clinical Pharmacology and Therapeutics, Washington, p. 95.

Bhandari M.M (1978). Flora of the Indian desert. Scientific Publishers, Jodhpur.

Bharathi LK, Naik G, Pandey V and Dora DK (2006). Melothria[*Solena amplexicaulis* (Lam)Gandhi] a rare vegetable crop deserves attention. Abstr. Of Nat. Symp. on Underutilized Horticultural Crops held at IIHR, Bangalore, and 8-9 June. 2006. p. 104.

Bhattacharya L, Roy SK and Chakraborty DP (1982). Structure of the carbozole alkaloid isomurrayazoline from *Murraya koenigii* (Stembark). Phytochem.21 (9): 2432-2433.

Bhuyan AK, Pattnaik S and Chand PK (1997). Micro-propagation of curry leaf tree (*Murraya koenigii* (L.) Spreng.). By auxiliary proliferation using intact seedlings. Pl. Cell Rept. 16(11): 779-782.

Billard JP, Binet P and Bouchud J (1982). Electlrophoretic modifications of the soluble leaf proteins of *Suadea maritima* var. macrocarpa, *Atriplex* hortensis and Phaseolus vulgaris in relation to the concentration of NaCl in the culture medium. Canadian J. Bot. 60(9): 1590-1595.

Bohidar K and Behura BK (1983). Effect of aggregation on the biology of the lotus aphid *Rhopalosiphum nymphaeae* Lin. Pranikee, 4:28-35.

Boonkerd T, Na Sangkhala and Thepnuttee W (1993). *Hibiscus sabdariffa* L. In: PROSEA. Plant Resources of South East Asia 8. Vegetables (Eds. JS Siemonsma and Kasem Piluek). Pudoc Scientific Publishers, Wageningen.

Boonkerd T, Na Songkhla B and Thephutte W (1993). *Coccinia gandis* (L.) Voigt. In: PROSEA. Plant Resources of South East Asia 8. Vegetables (Eds. JS Siemonsma and Kasem Piluek). Pudoc Scientific Publishers, Wageningen.

Boonkerd T, Songkhla BN and Thephuttee W (1993). *Solanum torvum* Swartz .In: PROSEA. Plant Resources of South East Asia 8. Vegetables (Eds. JS Siemonsma and Kasem Piluek). Pudoc Scientific Publishers, Wageningen.

Brain KR (1976).Accumulation of L-DOPA in culture from *Mucuna pruriens*. Pant Sci. Cell.7(3):157-161.

Brandis D (1874). The forest flora of north-west and central India, London.

Brandis D (1906). Indian Trees. Bishan Singh &Mahendra Pal Singh. Dehradun.

Brown GB, Deakin JR and Wood MB (1969). Identification of *Cucumis* species by paper chromatography of flavonoids. J. Amer. Soc. Hort. Sci. 94: 231-234.

Browne FG (1968). Pest and diseases of forest plantation trees. Clarendon Press, Oxford.

Burkart A (1976). A monograph of the genus *Prosopis* (Leguminosae, subfam. Mimosoidae). J. Am. Ar. 6. 57(3/4):215-245.

Burkill JJ (1935). Dictionary of Economic Products of Malaya Peninsula Vol. 2: 2402 pp.

Caceres A, Freire V, Giiron LM, Aviles O and Pacheco G (1991). *Moringa oleifera* (Moringaceae): Ethnobotanical studies in Guatemala. Econ. Bot. 45(4): 522-523.

Candolle A, De (1967). Origin of cultivate plants, 2nd end. Reprint. 1967, Hofner, New York 1986.

Cantwell M (1991). Calided fisiological postcosecha de tunasy nopalitos, Memorias des Sumposium Internacional de Nopal Y tuna, Lagos de Moreno, Jalisco, Mexico, October, 1991.

Cantwell M, Orozco W, Rubatzky V and Hermandez L (1992). Post harvest handling and storage of jicam roots. Acta Horticulture Specialty and Exotic Veg. Crops. 318:333-343.

Carlquist S (1967). The biota of long distance dispersal: V. Dispersal to Pacific Islands Bull Torrey Bot. Club 94: 129-162.

Carlsson R (1980). Quantity and quality of leaf protein concentrate from *Atriplex hortensis* L., *Chenopodium quinova* Willd. and *Amaranthus caudatus* L. grown in Southern Sweden. Acta Agricul. Scandinavica, 30 (4): 418-426.

Carlsson R and Hallq vist CW (1981). *Atriplex hortensis* L. revival of spinach plant. Acta Agri. Scandinavica, 31(3): 229-234.

Castellanos JZ, Zapata F, Badiilo V, Penna Cabriales JJ, Jensen ES and Heredia Garcia E (1997). Soil Biol. Biochem. 29:973-981.

Chadha KL (2000).Handbook of Horticulture. ICAR, New Delhi.

Chakraborty DP and others (1970). Structure of *Murraya zolidine:* The Ist pentacyclic carbazole alkaloid. Chem. Ind. Lond.

Chakraborty DP, Bhattacharya P, Islam A and Roy S (1974). Structure of Murrayacinine : a new carbozole alkaloid from *Murraya koenigii* Spreng. Chem. Ind. 165-166.

Chakraborty DP, Ganguly SN, Maji PM, Mitra AR, Das KC and Weinstein B (1973). Murrayazoline: a carbozole alkaloid from *Murraya koenigii*

Spreng. Chem. Ind. 7: 322-323.

Chakravarthy HL (1959). Monograph on Indian Cucurbitaceae. Taxonomy and distribution. Records of the Botanical Survey of India. 17: 98-112.

Chattopadhyay TK (1977). Response of *Basella alba* to source and doses of nitrogen nutrition. Prog. Hort. 9(2): 71-75.

Chaudhary JN (2000). Developmental possibilities of makhana in North Bihar. ICAR News p.18.

Chaudhury BK and Chakraborty DP (1971). Mukoic acid, the first carbazole carboxylic acid from a plant source. Phyto Chem.10(8): 1961-1970.

Chauhan DVS (1992). Vegetable Production in India. Ram Prasad and Sons, Agra.

Chaurasia OP, Singh N and Singh Brahma (2000). Potential wild leafy vegetables from Ladakh. Indian Hort. 45 (2): 4-5.

Chavan H and Trivedi P (1962). Seed germination in some weeds. Indian Forester, 88: 436-439.

Chen Gang and Chen G (1999). Techniques for intercropping lotus in wheat fields. J. Henan Agri. Sci.5:40.

Choudhury B (1976). Vegetables. National Book Trust, New Delhi, pp. 170-171.

Chowdhury SR, Anand PSB, Reddy GP, Sahoo N and Verma HN (2002). Stomatal distribution, leaf anatomy and leaf age dependent photosynthesis behaviour of water chestnut (*Trapa bispinosa*) leaves. Orissa J.Hort.30 (1): 76-79.

Chundawat BS (1990). Arid Fruit Culture. Oxford and IBH Publishing Co. Pvt. Ltd., New Delhi, pp. 187-189.

Chundawat BS, Patel GL and Jikka SDS (1981). Variability, correlation and path coefficient analysis of yield in winged bean (*Psophocarpus tetragonolobus*). 2nd Inter. Symp. On developing the potentials of winged bean held during 1991 at Colombo, Sri Lanka.

Chung H, Youn S and Chei YJ (1997). Effect of root stock on yield, quality and components of tomato fruits. J.Korean Soc. Hort. Sci. 38(6):603-607.

Chung KS, Yun Choi HS, Suh YB, Hahn YH, Song YS and Ryu JC (1998). Analysis of higenamine contents in plants with HPLC and GC/MSD. Korean J. Pharm. 29(2):129-135.

Condit IJ (1947). The Fig. Univ. of California, Riverside.

Cour B La, Molgaard P, Yi-Z and La.Cour B (1995). Traditional Chinese medicine in treatment of hyperlipidaemia. J. Ethnopharm. 46 (2):125-129.

Cru ZGN, Stamford NP, Silva JAA and Chamber PM (1997). Tropical Grassland. 31:538-542.

Cubero JJ (1974). On the evolution of Vicia faba L. Theor. Appl. Genet. 45:47.

Darlington CD and Wylie AP (1955). Chromosome atlas of flowering plants. Allen and Unwin Ltd., London.

Das DK, Kumar S, Singh AK, Sahay, GR and Prasad US (1992). Starch sugar transformation in seed development and germination in water chestnut (*Trapa bispinosa* Roxb.). Seed Res. 20(2): 115-119.

Datta OP (1994). Genetic diversity in cucurbits chow- chow. Indian Horti. 38(4): Inside cover page & 36.

Datta S and Biswas K (1970). Germination regulating mechanism in aquatic angiosperm. I. *Ipomoea aquatica*. Brotoria. Serie Trimestral Ciencias Naturais, Lisbon, 37: 175-185.

Datta S and Biswas K (1973). Autechological studies. Weeds of West Bengal. V. *Ipomoea aquatica.* Bull Bot. Soc. Bengal, 27: 7-14.

Datta SK (1977). Studies on X ray induced yellow fruit mutant on *Trichosanthes anguina* L. Transaction of Crop Improvement. 14: 182-184.

Datta SK and Basu RK (1978). Cytomorphological, biochemical and polynological studies in *Trichosanthes anguina* and *T. cucum-erina.* Cytologia. 43: 103-117.

De N, Sigh KP and Rai M (2004). Under utilized Vegetables. The Bull. IIVR, Varanasi.

Demidov AS, Khrzhanvskii Ya V, Shaidorov Yu I and Geodakyan RO (1991). Growing of *Basella rubra* L. as salad crop. Rostite'l nye Resursy. 27(3): 124-129.

Dent FJ (1980). In priorities for alleviating soil related constraints to food production in the tropics, 79-107, IRRI.

Denton RI (1993). Vegetable Jute (Corchorus) In: Under utilized crops. Pulses and vegetables (Ed) J.T. Williams. Chapman and Hall. London. pp. 167-174.

Deshmukh SK, Jain PC and Agrawal SC (1986). A note on mycotoxicity of some essential oils. Fitoterpia, 57(4): 295-297.

Deshprabhu SB (1966). *Pachyrhizus* spp. Pp. 208-210 in. The Wealth of India: Raw Material, Vol. 7. Publ. Inf. Dir. Counc. Sci. Ind. Res., New Delhi.

Despandey AA, Bankapur VM and Venkata Subbaiah, K.A. (1980). Study on floral biology of snake gourd (*Trichosanthes anguina* L.) and ash gourd (Benincasa hispida (Thunb.) Cogn.). Mysore J.Agri. Sci. 14:8-10.

Dirar H (1984). Kawal, meat substitute from fermented *Cassia obtusifolia* leaves. Econ. Bot. 38: 342-349.

Dubey AK and Gaur GS (1990). Biochemical studies of four strains of kakrol (*Momordica dioica* Roxb.). Veg. Sci. 17(1): 31-37.

Duke J (1979). Ecosystemic data on economic plants. Quart. J. Crude Drug Res. 17: 91-110.

Dutta RN, Jha SNand Jha UN (1986). Plant contents and quality of makhana *Euryale ferox*. Plant and Soil, 96(3):429-432.

Dutta RN, Jha UN and Jha SN (1986). Relationship of biomass yield of makhana *(Euryale ferox*) with soil properties and water quality. Plant and Soil, 95(3):345-350.

Dwivedi AK, Shekhar R and Sharma SC (1995). Ultra structural studies of *Euryale ferox* leaf infected by *Alternaria alternata*. Indian Phyto. 48(1): 61-65.

Dymock W, Warden CJH and Hooper, D (1980) *Mucuna*. Pharmacographia, 477-500.

Edmonds JM (1990). Herbarium Survey of African *Corchorus* L. species, systematic and Ecogeographical studies on crop gene pools, 4. IBPGR IJO, Rome, Italy. pp. 284.

Engles, JMM and Jeffery,C (1993). *Sechium edule*(Jacq.)Swartz. In PROSEA. Plant Resources of South East Asia 8. Vegetables. (Siemosma KS and Piluek K (Eds.). Pudoc Scientific Publishers Wageningen. pp246-248.

Erskine W (1980). Measurements of the cross pollination of winged bean in Papua New Guinea. Soc. Adv. Breed. Res. Asia- Oceana J.12:11-13.

Escobar R (1943). Jicama Pp 442-444. In encyclopedia Agricola Y de Conocimientos Afines. Vol. 2. Escuela Particular de Agriculture. Cd. Juarez, Chihuahua, Mexico.

Felker P, Cannel GH, Clark PR, Osborn GF and Nash P (1981). Screening of *Prosopis* species for bio-fuel production on semi arid lands. Final Report to US DOE. NTIS, Springfield, V.A.

Fiebig M, Pezzuto JM Soejarto DD and Kinghorn AD (1985). Koenoline- a further cytotoxic carbazole alkaloid from *Murraya koenigii*. Phytochem. 24 (12): 3041-3043.

Ganju K and Puri B (1959). Bioflavonoid from Indian vegetables and fruits. Indian J. Med. Res. 47: 563.

Gautam MP and Purohit RM (1974). Antimicrobial activity of the essential oil of the leaves of *Murraya koenigii* (L.) Spreng. (Indian Curry Leaf). Indian J. Pharm.36 (1): 11-12.

Ghosh SP and Kalloo G (2001). Genetic Resources of Indigenous Vegetables and their uses in South Asia. Tech. Bull. 4, Indian Instt Veg. Res.

Varanasi.

Gildemacher BH, Jonsen GJ and Chaya M aritK (1993). *Trichosanthes* L. In PROSEA. Plant Resources of South East Asia 8. Vegetables. (Siemosma KS and Piluek K (Eds.). Pudoc Scientific Publishers Wageningen. pp271-274.

Girenko MM (1980). Collection of minor species of vegetables crops as breeding materials.Byulleten - Vsesoyuznogo- Ordena- Lenina-i- Ordena-Druzhy- Narodov Institute. Resteni-evodstva- Imeni N.I. Vavilova 101:14-18.

Gogoi P and Rajgopal A (1986). Effect of shading and nitrogen levels on the leaf yield of 3 varieties of *Basella*. South Indian Hort. 34(4): 271-273.

Gopalan, G.; Rama Sastri, B.V.; Balasubramanian SC, Rao BSN, Deosthale YG and Pant KC (1999). Nutritive value of Indian Foods. National Institute of Nutrition, ICMR, Hyderabad, India.

Goswami RK and Sharma S (1997). Effect of phosphorus and potash on growth, yield and quality of spine gourd (*Momordica dioica* Roxb.). Horti.J. 10(2): 101-106.

Goudra KHB and Madalgeri BB (1992). Effect of nitrogen nutrition and yield components of curry leaf (*Murraya koenigii* Spreng.). Indian Cocoa, Areca nut and Spices J. 16(2): 66-67.

Gowda HPR, Shivasankara KT and Seenappa K (1990). Effect of pruning and fertilizer levels on curry leaf yield. Curr. Res.19 (10): 175-176.

Goyal AK and Tewari NC (2002). Makhana Ke Vyavasayik Kheti. Phal-Phul. July-Sept. 3-5&17.

GRAIN (1994): Biodiversity in Agriculture : Some Policy Issues. IFOAM. Ecology and Farming. Jan. 14.

Grum M (1994). Breeding of new Yam bean (*Pachyrhizus* Rich ex. DC) cultivars in Tonga involving inter-specific hybrids. Pp. 315-320. In proceed. 1st Inter.Symp. On Tuberous Legumes (M. Sorenson Ed.) Guadeloupe, FWI, April 21-24.1992 Jordbrugs Forlaget, Copenhagen, Denmark.

Grum M, Sorensen M and Rios Ruiz SA (1998). Proc. Of the 2nd International Symposium on tuberous legume, Celay, Guanajuato, Mexico, August 5-8, 1996. pp. 523-531.

Gruneberg WJ, Coffiman FD and Velasco L (1999). J. Amer. Oil Chem.Soc. 76:1309-1312.

Guo LH, Ling LJ, Shi HX and Zhamg ZH (1968). Grafting culture of and freeze resistance of winter spring cucumber in greenhouse. Acta Hort. 2:443-447.

Hadar MG and Nath RP (1987). Chemical control of Alternaria leaf blight of makhana, (*Euryale ferox*) Nat. Acad.Sci. Indian Sci. Lett. 10(9): 301-302.

Haq N and Smart J (1973). Tropical Grain Legume Bulletin.15:35-38.

Harder D, Pene O, M BuTu Lolema and Tshisand MC (1990). Uses, nutritional composition and eco-geography of four species of *Psophocarpus* in Zaire. Econ. Bot. 44:391-409.

Harihar Ram (1992). Sabzi Prajnan Vigyan, Directorate of Publication. G. B. Pant Univ. Agri Tech.Pantngar.

Heredia GE (1994). Observation de materials Segreguntes Y evaluation de germ plasma de jicama (*Pachyrhizus* Rich ex. DC) on Mexico. Pp. 273-282. In proceedings of the 1st Inter.Symp. on Tuber and Legumes (M. Sorenson Ed.) Guadeloupe, FWI, April 21-24.1992 Jordbrugs Forlaget, Copenhagen, Denmark.

Hohmann B (1971). Microscopy of curry leaves. The leaves of *Murraya koenigii.* Zeitschriftfur Lebensmitte Luntersuchung und forschung, 145 (2): 100-104.

Hoof WCH Van and Sorensen M (1989). *Pachyrhizus erosus* (L.) Urban. Pp. 213-215. In: Plant Recourses of South East Asia: a selection (E. Westphal and PCM, Jansen, Eds.). Pudoc. Wageningen. The Netherlands.

Hooker JD (1879). Flora of British India. L. Reeve and Co. Ltd. U.K. Vol. 11: 619-620.

Hooker JD (1885). Flora of British India, Vol. II. R. Reeve and Co. London, pp. 625-626.

Hossain MA, Islam M and Ali M (1996). Sexual crossing between two genetically female plants and sex genetics of kakrol (*Momordica dioica* Roxb.). Euphytica, 90(1): 121-125.

Hoveland C and Buchanan G (1973). Weed seed germination under stimulated drought. Weed Sci. 21: 322-324.

Huizing HT, Wijnsma R, Batterman S, Malingre TM and Wichers, HJ (1985). Production of L-DOPA by cell suspention culture of *Mucuna pruriens.* Plant CellTissue Organ Cult. 4(1):61-63.

Hutchings A, Scott AH, Lewis G and Conningham AB (1996). Zulu medicinal plants, an inventory. University of Natal Press. Pietermaritzburg.

Ishimaru K, Kubota F, Saitou K and Nakayama M (1999). Photosynthetic response and carboxylation activity of enzymes in leaves and roots of water chestnut (*Trapa bispinosa* Roxb.). J. Facul. Agri. Kyushu Univ. 41(1&2): 57-65.

Iyer R.J, Nayar PK and Sirkar (1981). Auxin in *Moringa pterygosperma* fruits. Indian J. Experi. Biol. 19 (5): 487-489.

Jahn SAA (1996). On the introduction of tropical multipurpose tree to China. Traditional and potential utilization of *Moringa oleifera* Lam. Senckenbergiana Biol. 75 (1/2): 243-254.

Jaipuria S and Kumar A (1994). Bahu upyogi singhare ke kheti kaise karen. Phal- Phul, Jan-March, pp. 29-30 & 39.

Jansen PCM, Siemonsma IS and Narciso JO (1993). *Brassica oleracea* L. In: PROSEA. Plant Resources of South East Asia. 8. Vegetables (Eds. JS Siemonsma and Kasem Piluek). Pudoc Scientific Publishers, Wageningen.

Jeffery C (1978). Cucurbitaceae. Flora Zambesiaca. 4: 419-429.

Jha SN and Prasad S (1990). Makhana processing. Agriculture at Engineering Today. 14(3&4): 19-22.

Jha UC and Roy RP (1989). Hermaphrodite flowers in dioecious Momordica dioica Roxb. Curr.Sci. 58(22): 1249-1250.

Jha V, Sarswati KC, Mishra S and Basak PK (1994). Plants in Mithila rituals. Ethnobiology in Human Welfare. Abstracts of Ethnobiology, Lucknow India, Nov. 17-21, P.192.

Joseph S and Peter KV (1985). Queensland arrow root. Indian Horti.29 (4): 11 & 28.

Joseph S and Peter KV (1985). Curry leaf (*Murraya koenigii*)- a perennial nutritious leafy vegetable. Econ. Bot.39 (1): 68-73.

Kalloo G and Pandey AK (1997).Vision - 2020, PDVR, Perpective Plan. Project Directorate of Vegetable Research, Varanasi.

Kalloo G and Pandey SC (1993). Hyacinth bean *(Lablab purpureus* L. Sweet). In: Genetic Improvement of Vegetable Crops. Pergamon Press Ltd. England, pp 387-389.

Kanwar HS, Koul BL and Negi CP (1996). Sweet belladonna a perennial leafy vegetable in Kashmir. Indian Horti. Jan-March. pp. 8-9.

Kaur C and Kapoor HC (2002). Antioxidant activity and total phenolic content of some Asian vegetables. International J. food Sci.Technol.37 (2):153-161.

Kawamura N, Watanabe H and Oshio H (1988). Saponins from roots of *Momordica cochinchinensis*. Phytochem. 27(11): 3585-3591.

Kay DE (1979). Hyacinth bean .In Food and Legumes Crop Products Digest No.3. Tropical Products Institute, London.

Ke X, Zhang W, Zhang H, Xu D and Jiang Z (1987). Experiments in the use of honeybees, for the pollinations of lotus seed crops .J. Fujian Agri.Coll.16 (2):169-171.

Khan T N (1975). Comparison of winged bean and other tropical legumes. Science in New Guinea. 3(2):108-109.

Khan T N (1976). Papua New Guinea- a centre of genetic diversity in winged bean (*Psophocarpus tetragonolobus*). Euphytica, 25:693-706.

Khera AP and Singh JP (1975). Indian Hort. 20(2):10.

King G (1869). The famine foods of Marwar Proc. Asiatic Soc. Bengal. 38: 116-122.

Kirtikar KR and Basu BD (1975). Indian Medicinal Plants. 4 Vols. 2nd ed. Jayyed Press, New Delhi.

Koch HP (1988). Purslane. Omega 3 fatty acids in an old medicinal plant. Dtsch. Apoth. Ztg. 128 (47): 93.

Kolhe AK (1961). Studies in vegetables of Maharashtrta; Puna Agril. College Magazine. 52 (1&2).

Kong YC, Ng GKH, Wat CKH and But PPH (1986). Pharmacognostic differentiation between *Murraya paniculata* (L.) Jack and *Murraya koenigii* (L.) Spreng. International J. Crude Drug Res. 24(3): 167-170.

Kumar KS, Suresh VR, Ngacher SV and Singh TR (2002). Tree bean -a potential multipurpose tree. Indian Horti. Oct-Dec. pp.10-11.

Kumar L, Singh SP and Pahuja SS (1985). Studies on vegetative reproduction rate of water hyacinth and water chestnut. Indian J. Agric. Res.19 (1):54-58.

Kumar TP, Peter, KV and SAjithababu (2005).Giant granadilla-a crop for the future.Indian Horti. 50(2):35-36.

Kuritha M (1939). Geschlechts chromosomen bei *Trichosanthes multiloba* Miq. and chromosomen Zahlen bei einegen anderen Arten von cucurbitaceae. Bot. Maga. Tokyo, 53: 505-510.

Kurup AM (2000). Indigenous knowledge and intellectual property rights of tribal: A case study, Yojana 44 (4): 5-9.

Ladizinisky G (1975). On the origin of the broad bean (*Vicia faba* L.) Ire. J. Bot. 24:80.

Lagenberg JP, Jjaden UR, De Vogel EM and Langerak DI (1986). Determination of phylloquinone (Vitamin K1) in raw and processed vegetables using reversed phase HPLC with electroflurometric detection. Acta Aliment. 15 (3): 187.

Lal J (1980). Foliar Pharmacognosy of *Portulaca quadrifida* Linn. Bull. Med. Ethnobot. Res. 1, 46-54.

Lal J and Khan AM (1962). Pharmacognosy of the stems of *Portulaca quadrifida* and *P. olerocea* Proc. Indian. Acad. Sci. Plant Sci. 91, 235-240.

Lee JC, Eun, JB, Lee Jung myung, Gross KC, Watada AE and Lee Seungkoo (1999). Inhibition of enzymatic browning in precut lotus (*Nelumbo nucifera* Gaertn.). Roots by browning inhibitors and vacuum packaging. Proceedings of the International Symposium on quality of fresh and fermented vegetables .Seoul Korea, Republic.27 -30 October, 1997.Acta Horti.483:349-356.

Lee JM (1994).Cultivation of grafted vegetable. 1. Current status, grafting method and benefits. Hort. Sci. 29:235-239.

Lee JM, Bomg HJand Ham H (1998). Grafting of vegetables. J. Japanese Soc. Hort. Sci. 67(6): 1098-1104.

Lemmens RHMJ, Jansen PCM, Siemonsma JS and Stavast FM (1989). Plant Resources of South East Asia. Basic list of species and commodity grouping, PROSEA Project, Wageningen, Netherlands.

Leon J (1987). Botanica de Pos cultivars tropicales, 2nd edn. Servicio Editorial IICA, San. Costa Rica.

Li Biaguang, Lu Yuhua and Song Yue Dong (2000). The studies on the germination of purslane seeds. China Veg. 6: 9-11.

Li LJ and Zhao YW (1998). Rapid propagation of plantlets cultured from lotus shoot tips. J.Nanjing. Agril. Univ. 21(1):113-115.

Li LJ, Li SJ, Chao PS and Zhao YW (1998). Current situation and prospects of research on stiff lotus. (*Nelumbo nucifera* Gaertn.). Adv. Hort. 2:642-644.

Liebig HP (1985). Model of cucumber growth and yield I. Raising the crop under low temperature regime. Acta Horti. 156:127-131.

Lin BN, WU, XM and HU J (1997). The characteristics of polyphenol oxidase and control of browning in pear (*Pyrus pyrifolia* Nakai) and lotus (*Nelumbo nucifera* Gaertn.). J. Zhejiang Agri.Univ. 63-67.

Lisboe (1886). Gazeteer of Bombay Presidency. Pp. 190-209.

Liu MT, XU, RF, WU, QS and Chang QX (1998). Controlling nematodes by grafting cucumber. China Veg. 5:36.

Low K and Lee C (1979). Effect of car exhausts on lead contamination in vegetable grown adjacent to Kuala Lumpur high way in Malaysia. Pertunika 2: 148-151.

Macleod AJ and Pieris NM (1982). Analysis of the volatile essential oils from *Murraya koenigii* and *Pandanus latifolius*. Phytochem. 21 (7): 1653-1657.

Madalgeri BB and Gowda PHR (1987). First report on polyembrony in curry leaf (*Murraya koenigii*). Curr. Sci.. 56(24): 1286-1287.

Madalgeri BB, Dharmatti PR, Bhagavanthgoudra KH, Patil VR and Halamani NC (1994). Innovations on curry leaf

(*Murraya koenigii* Spreng.) Karnataka J.Agri. Sci. 7(2): 150-153.

Madalgeri BB, Dharmatti PR, Madalgeri MB, Bhagvantgoudra KH and Hulamani NC (1998). Productivity of curry leaf in relation to growing degree days. Karnataka J.Agri. Sci. 11(4): 1129-1130.

Maharana T, Sahoo PC, Tripathi P (1995). Floral biology of *Momordica* species. Adv. Hort. Forest. 4:143-151.

Main MAK, Morokuma M, Agata W and Kubota F (1992). Photosynthetic activities in grafted *Momordica dioica*. Adv. Hort. Forest. 4:143-151.

Mathew KM, Rao YS, Kumar KP, Sallykutty J, Lakshman R and Madhusoodan KJ (1999). Micropropagation of curry leaf (*Murraya koenigii*). J. Spices Aromatic Crops, 8(1): 77-79.

Matjeka V (1987).On the origin and climate requirement of the winged bean. Agriculture Tropica et Subtropica, 20:35-45.

Mazumdar BC and Jana S (1977). Physico-chemical analysis of water chestnut (*Trapa bispinosa*) fruits. Sci. Cul. 43(8): 361-362.

Meksongsee L and Sripen KS (1987). Anthocyanin of *Trapa* spp. Proc # XI Asian Pacific Weed Science Society Conference No. 1: 349-359.

Mercadenate AZ and Rodriguez Amaya DB (1990). Carotenoid composition and vitamin A value of some native Brazilian green leafy vegetables. Int. J. Food Sci. Technol. 25: 213.

Mian MAK, Morokuma M, Agata W and Kubota F (1992). Photosynthetic activities in grafted *Momordica dioica* Roxb. Photosynth. 26(2):247-252.

Minamikawa T, Maeda Y and XU BM (1995). Ancient lotus seeds preserve activity of starch phosphorylase. Nature Wissenschaften 82(8):375-376.

Mini Raj N, Prasanna KP and Peter KV (1993). Snake gourd. In Genetic Improvement of Vegetable Crops (Kalloo, G. and Bergh, B.O. Eds.) Pergamon Press, England, pp. 259-264.

Mishra KC and Sahu RP (1983). Large scale cultivation of small bitter gourd -problems and possibilities. Indian Horti.28 (3): 5-8.

Mishra KC, Sahu RP and Jha UC (1988). Kakrol: a nutritious vegetable with useful medicinal properties. Indian Horti. April-June, pp. 15 & 17.

Misra R (1969). Ecological studies of noxious weeds, common to India and America, which are becoming and increasing problem in the upper Gangetic plains. Final Tech. Rept. Agric. Res. Programme Public Law No. 480. Grant No. FG In 213, Project No. 47 - CR 106, USDA II.: 372-408.

Miura H, Yamazaki H and Nishijima T

(1997). Post sown priming with a potting mixture to improve emergence of Malabar Spinach (*Basella alba*). J. Jap. Soc. Hort. Sci. 66(3/4): 513-517.

Mohan L, Bose MSC and Nagalakshmi S (2000). Pepino - a new introduction to India. Indian Horti.42 (2): 6-7.

Mohanty CR, Maharana T, Tripathy P and Senapati N (1994). Interspecific hybridization in *Momordica* species. Mysore J. Agri. Sci.28 (2): 151-156.

Mohanty NN and Behera BC (1961). Leaf spot of *Pachyrizus angulatus* Rich. Sci. Nat. 27(5):54.

Morales PP and Curl C (1986). A physiological method for total saponin determination in quinoa samples. Re. Boliv. Quim. 6 (1): 13.

Morton JF (1984). The curry leaf tree (*Murraya koenigii* Spreng) is attracting attention in Florida. Proceed. Florida State Hort. Soc. 97: 314-317.

Muadhar GS and Jen JJ (1991). Texture of raw and canned Jicama (*Pachyrhizus tuberosus*) and Chinese water chestnut (*Eleocharis dulcis*). J.Food Sci. 56(4): 977-980.

Mukherjee M, Mukherjee S, Shaw AK and Ganguly SN (1983). Mukonicine, a carbazole alkaloid from leaves of *Murraya koenigii*. Phytochem.22 (10): 2328-2329.

Murray D, Thurlow D and Buchanan G (1976). Sicklepod in the South East. Weeds Today, 7 (2): 12-14.

Nagar PK, Iyer RI and Sircar PK (1982). Cytokinins in developing fruits of *Moringa pterygosperma* Gartn. Physiol. Pl. 55(1): 45-50.

Naidu K, RAjendra G and Das, V (1980). Dark respiration of leaves in selected C4and C3 tropical weed species. Zeitschrift fur Pflanzenphysiolgie, 99:85-88.

Naik KC (1954). South Indian Fruits and their Culture. R. Vardhachary and Co. Ltd.

Nair SG and Abraham S (1989). Variation in inflorescence and floral characters following irradiation in yam bean (*Pachyrhizus erosus* Linn.) Curr. Sci. 54 (15) 761-762.

Nakajima G (1937). Cytological studies in some dioecious plants. Cytologia Vol. 282-292.

NAS (1980a). Firewood crops. Shrubs and tree species for energy production. Nat. Acad. Sci.Washington DC

Nassar NM, Sahrigy MA and Rakha FA (1973). Karyotype analysis of three chenopodial species. Alexandria J Agric. Res. 21: 253-260.

Nasution RE (1993). *Musa* L. In PROSEA .Plant Resources of South East Asi .8 Vegetables. (Eds) Siemonsma J.S. and Piluek, K. Pudoc Scientifi Publisher. Wageningen pp. 215-217.

Nath P (1976). Vegetables for the Tropic

Regions. ICAR Book Series No. 2, New Delhi.

Nath P, Brhmachari VS and Singh D (1996). Sabzi Vigyan. ICAR, New Delhi.

Natrajan S, Shannugavelu KG, Nambisan KMP and Krishan BM (1985). New varieties of horticultural crops released by Tamil Nadu Agricultural University Coimbatore during 1985. South Indian Hort.33: 454.

Naudin C (1859). Reuve des Cucurbitaces cultivees au Museum en. Ann. Sci. Nat. Ser. 4 Bot. 12: 79-164.

Neri LC (1991). Cambios fistdogicos durante el proceso, de senescenica en cladodious jpvenes de nopal (*Opuntia ficus indica* (L.) Miller), Tesi de Licenciatura, Universidad da Guadalajara.

Ng TB, Lin W and Yeung HW (1986). A steryl glucoside fraction with hemolytic activity from tubers of *Momordica cochinchinensis*. J.Ethnopharm. 18(1): 55-61.

Nienhuis J, Lower RL and Pharr DM (1979). Interspecific grafting to promote flowering in *Cucumis hardwickii*. Cucurbit Genet. Coop. 2:11-12.

Nishibe S, Tsukamoto H, Kinoshita H, Kitagawa S and Sakushima S (1986). Alkaloid from embryo of the seed of *Nelumbo nucifera*. J.Nat. Prod. 49 (3):547-548.

Nobel PS (1983). Nutrient levels in cacti in relation to nocturnal acid accumulation and growth. Am. J. Bot. 70(8): 1244-1253.

Nohara S and Kimura M (1997). Growth characteristics of *Nelumbo nucifera* Gaertn. in response to water depth and flooding. Ecol. Res. 12(1):11-20.

Oda, M. (1993). Present status of vegetable production using grafted plants in Japan Agric. Hort. 68:442-446.

Oliviera JS and Carvalho MF (1975). Nutritional value of some edible leaves used in Mozambique. Econ. Bot. 29: 255-263.

Omara-Alwda TR, Mebrhatu DE, Prior and Ezekwe, MO (1991). Omega three fatty acids in purslane (*Portulaca oleracea*) tissues. J. Am. Oil Chem. Soc. 63(3): 198.

Ozturk M, Rehder H and Ziegler H (1981). Biomass production of C3 and C4 plants species in pure and mixed culture with different water supply. Oncologia ,50 (1):73-81.

Pal BP, Sikka SM and Singh HB (1956). Improved Pusa vegetables. Indian J. Hort. 13(2): 64-73.

Palanisamy V, Balakrishnan K, Karivaratharaju TV and Arumugam R (1995). Influence of seed treatments and containers on the viability of annual moringa seeds. South Indian Horti. 43(1/2): 42-43.

Palanisamy V, Kumarsen K, Jayabharathi M and Karivartharaju TV (1985). Studies on seed development and maturation in annual moringa. Veg. Sci. 12(2): 74-78.

Palmer JD and Thompson WF (1980). Studies on higher plant chloroplast and mitochondrial DNA. Ann. Rept. Deptt. Pl. Biol. Carnegie Inst. pp. 120-123.

Pan RS, Singh AK, Kumar S, Sharma JP and Rai M (2006). Evaluation and utilization of horticultural diversity in lablab bean (*Lablab purpureus* L. Sweet). In: Abst. of Book. Nat. Symp. on Underutilized crops. Held at IIHR Bangalore on 8-9 June, 2006, p 109.

Panda JM, Mohapatra U, Das GC and Sahu A (1994). Effect of chemicals on breaking dormancy of spine gourd. Orissa J.Agric. Res. 7: 97-98.

Pandey AK (1998). Bharath Mei Sabzi Utpadan: Pramukh kisme evam vikas ki taknike. Vikram Mudralaya, Varanasi.

Pandey AK (2003). Grih Vatika Evam Hamara Swasth. A.K. Prakashan, Varanasi.

Pandey AK (2005). Patti Vali Sabziya. Resarch Co. New. Delhi.

Pandey AK (2005). Prospects of Under Utilized Vegetables. Souvenir, National Symposium on Recent Advances in Integrated Management of Brinjal Shoot and Fruit Borer, held at Indian Institute of Vegetable Research, Varanasi, 3-4 Oct., 2005, pp. 48-54.

Pandey AK and Pandita ML (2002). Hi. Tech transplant production in vegetables. Proceed. Int. Conf. Veg. Bangalore, pp. 155-206.

Pandey AK and Rai Mathura (2003). Prospects of grafting in vegetables: an appraisal. Veg. Sci. 30(2) 101-109.

Pandey AK and Ram D (2000). Effect of IBA, NAA and node number in regeneration of pointed gourd (*Trichosoanthes dioica Roxb.*) by stem cuttings. Progressive Horticulture. 32 (2) 172-175.

Pandey AK and Shukla RP (1993). Vegetables production in Mizoram. Yojana, July 15, 1993, 24-25.

Pandey AK, Ram D, Rai M, Rai N, Pandey S, Mishra RK and Singh TK (2006). Regenaration of Indian spinach (*Basella rubra*) through stem cutting with the aid of NAA and IBA In: Abstracts of Nat. Symp. on Underutilized Horticultural Crops, held on 8-9 June at IIHR, Bangalore, p. 126.

Pandey RP, Chandra A, Mehta AK, Naidu AK and Verma BK (1996). Vegetable crops varieties. Bulletin JNKVV, Jabalpur.

Pareek OP (2002). For nutritive and quality pods- top working wild khejri trees. Indian Horti. Agril- June, pp. 11-12.

Pareek OP and Samadia, DK (2002). For Arid Zone Farmers- Promising Indigenous Cucurbit Varieties. Indian Horti. July-Sept. pp. 15-18.

Parmar C and Kaushal MK (1982). Wild fruits of the sub-Himalayan Region. Kalyani Publishers, New Delhi.

Paroda RS, Kapoor P, Arora RK and Bhagmal (1988). Life Support Plant Species: Diversity and Conservation. National Bureau of Plant Genetic Resources, New Delhi.

Parthasarathy VA (1990).Cluster bean (in) Vegetable Crops in India. Eds. T. K. Bose. and M. G. Som. Naya Prokash, Kolkatta.

Parthasarathy VA (1990).Winged bean (in) Vegetable Crops in India. Eds. T. K. Bose. and M. G. Som. Naya Prokash, Kolkatta.

Parthasarathy VA and Sambandam CN (2005). Taxonomy of *Cucumis callosus* (Rottl.) Cogn. - The Wild Melon of India. Cucurbit Genet. Co-op. Rept. 3: 66-67.

Paul RE and Chen NJ (1988). Compositional changes in yam bean during storage. Hort Sci. 23(1):194-196.

Peter KV (1998). Genetic and Breeding of vegetables, ICAR, New Delhi.

Peter KV and Devdas YS (1989). Leafy vegetables. Indian Hort. 33 & 34 (4&1): 8-11.

Philip A (1984). Genetic variability and correlation studies in winged bean (*Psophocarpus tetragonolobus*). M. Sc. Thesis Kerala Agril Univ., Vellanikkara.

Philip J (1981). Curry leaf and its uses. World Crops, 33(6): 125-127.

Philip J and Peter KV and Gopalakrishnana PK (1981). Curry leaf - a mineral sacked leafy vegetable. Indian Horti.25(4): 2, 27.

Pillai AAO, Velukutty B and Jaypal R (1979). PKM-I, a new snake gourd (*Trichosanthes anguina* L.). South Indian Horti. 27: 133-134.

Pimienta Barrios E (1993). Vegetable cactus (*Opuntia*) In: Pulses and Vegetables Ed. JT Williams. Chapman and Hall London, pp. 177-191.

Pokle YS and Deshmukh NN (1971). Anthesis and pollination in garden bean *Dolichos lablab* (L.) Nagpur College of Agriculture Magazine 44:17.

Prakash D, Nath P and Pal M (1993). Composition variation of nutritional contents of leaves, seed protein, fat and fatty acid profile in *Chenopodium* species. J. Sci. Food Agric. 62: 203.

Prakash O and Chaudhary JN (1994). A study on marketing of makhana in Bihar.Bihar J. Agric.Marke.2(3):217-225.

Prakash R (1953). Better varieties of snake gourd from intervarietal hybridization. Allahabad Farmer, 27: 28-30.

Price TV (1980). Diseases of the winged bean. In: the winged bean. Paper presented in the Ist International Symposium on developing the potentials of the winged bean. January, 1978 Manila.

Puri GS, Jain SK, Mukherjee SK Sarup S and Kotwal NN (1964). Flora of Rajasthan. Rec. Bot. Surv. India, 19: 1-139.

Purseglove JW (1968). Tropical crops. Dicotyledons J. John Wiley, New York. Pp 273-276.

Pushapaltha PB, Narayanankutty C and Kochurani K (2006). Evaluation of snapm elon (*Cucumis melo* var. Momordica) types for nutritive value and product development. In: Abstracts of Nat.Symp. on Underutilized Horticultural Crops held on 8-9 June at IIHR, Bangalore, p. 120.

Pushpa G, Nayar KMD and Hanumanthappa HS (1975). Induced polyploidy in Indian spinach. Curr. Sci. 44(9): 327-328.

Puste AM, Das DK and Galloway JN (2001). Optimization of aquatic terrestrial ecosystem in relation to soil nitrogen status for the cultivation of fish and aquatic food crops of the Indian subtropics. Proceed. 2nd Int. Conf. Sci.Policy. MD, USA, 14-18 October, 2001.

Ragumoorthi KN and Arumugam R (1992). Control of moringa fruitfly *Gitona* sp. and leaf caterpillar, *Noorda blitealis* with insecticides and botanicals Indian J. Pl. Pro. 20(1): 61-65.

Rahman A, Laidi R and Firdous S (1988). NMR Studies on Mahanine. Fitoterpia, 59(6): 594-595.

Rahman MM, Wahed MA and Akbar Ali M (1990). Beta carotene losses during different methods of cooking of green leafy vegetables in Bangladesh. J. Food. Comp. Anal. 3 (1): 147.

Rai B, Tyagi DVS and Verma RB (1977). *Brassica* selection for leafy vegetables. Indian Hort. 22 (3): 12-13.

Rai M, Pandey S, Ram D, Kumar S and Singh M (2005) Cucurbits Research in India: an over view. In Souvenir of Nat. Sem. Cucurbits. Held at G. B. Pant Univ. of Agri. and Tech. Pantnagar on 22-23Sept.2005. Pp45-54.

Rai N, Sanwal SK, Yadav RK and Phukan, R (2006). Genetic diversity - chow -chow (*Sechiun edule*). Indian Hort. 51(2): 11-12.

Rajendra K and D Souza L (1998). Direct organogenesis from internodal segments of mature *Murraya koenigii*. Phyto Morphol. 48(4): 427-431.

Rajendran R (1991). *Artocarpus altilis*

(Parkinson)Fosberg.In: PROSEA. Plant Resources of South East Asia. 2. Edible Fruits and Nuts (eds) Verheij, EWM and Coronel, RE. Pudoc . wgeningen, pp 83-86.

Rajmohan K, Gopalakrishanan PK and Peter KV (1982). Winged bean -a vegetable of promise. World Crops, 34(5):179-180.

Rajpur JC, Palve SB, Konade VM and Wagh RG (1994). Konkan Bhushan - A dwarf hyacinth bean. Indian Horticulture. 38(4):7.

Rajvanshi A and Srivastava MM (1991). Evaluation of particulate pollution around the limekilns and its impact on plants. Environ. Ecol.9 (1): 141-144.

Ram Chandran C, Peter KV and Gopalakrishnan(1980). Chekurmanis -a multi-vit leafy vegetable. Indian Horti.April -June, pp. 12-13.

Ram D and Pandey AK (1998). Hari sabzi ke liye kundru ugaye. Phal Phul, 21(2): 30-32.

Ram D, Kalloo G and Banerjee MK (2002). Popularizing kakrol and kartoli: the indigenous nutritious vegetables. Indian Horiti. Oct.-Dec., pp. 6-9.

Ram D, Rai Mathura, Pandey S, Singh B, Lal Hira and Pal AK (2003). An under exploited species Bankunari [*Solena amplexiculis* (Lamk.)Gandhi] its exploration and preliminary evaluation. Indian J. Gen. Res. 16(3): 267-268.

Ram PR, Prasad YE, Devi IB and Sadyanarayana G (1992). Curry leaf cultivation - a lucrative proposition. Agricultural Situation in India, 47(3): 197-199.

Ramachandran, G, Peter KV and Gopalakrishnan PK (1980). Drumstick (*Moringa oleifera*): multi-purpose Indian vegetables. Econ. Bot. 34: 276-283.

Ramaswamy N, Muthukrishnan CR and Shamnugavelu KG (1980). Varietal performance of mishrikand (*Pachyrhizus erosus* Linn.) Urban Pp 199-200. In National Seminar on Tuber crops Production Technology, 21-24 Nov. 1980. Faculty of Horticulture, TNAU, Coimbatore.

Ramji and Batnagar A (2000).Employment of tribals and sustainable development of non wood forest. Yojana, 44(4):10-17.

Randhawa KS, Singh Mohan, Arora SK and Singh Pushpinder (1983). Varietal variation in physical characters and chemical constituents of ash gourd (*Benincasa hispida* (Thunb.) Cogn. J. Res. PAU. 20: 251-254.

Randhawa NS (1988). Concept of life support species for emergency and extreme environmental conditions: In proceedings; Life Support Plant Species (eds.). Paroda RS, Kapoor P, Arora R.K. and Bhagmal NBPGR,

New Delhi, p. 108.

Rao AVR, Bhide KS and Majumdar KB (1980). Mahanimbinol. Chem. Ind. 17: 697-698.

Rastogi RP and Dhawan BN (1982). Research on medicinal plants at the Central Drug Research Institute, Lucknow (India), Indian J. Med. Res. 76 : 27-45.

Ratanadilok N and Thaniaisawanrya angkura S (1994). Yam bean (*Pachyrhizus erosus* (Linn.)Urban) status and its cultivation in Thailand. Pp 305-In Pro. of the First International Symposium on tuber and legumes Gua eloupe, FWI, 21-24 April, 1992. Jordbrugs for laget, Kobenhavn.

Rathi RS, Fauqat BS and Sharma GD (2002). Madhumeh mei labhkari sabzi-kokona. Phal Phul, Jan.-March, pp. 6-7.

Reddy NS, Anjanappa M, Murali K, Krishpppa KS and Nagraj H (1998). Effect of biochemical constituents on rooting of curry leaf (*Murraya koenigii* S.) stem cuttings. South Indian Horti. 46(3/6): 326-329.

Reisch J, Abedajo AC, Aladesanmi, AJ, Adesina KS, Bergenthal D and Meve U (1994). Chemotypes of *Murraya koenigii* growing in Sri Lanka. Pl. Medica, 60(3): 295-296.

Rifai MA (1993). *Talinum triangulare* (Jacq.) Willd. In: PROSEA. Plant Resources of South East Asia. 8. Vegetables. (Eds) Siemonsma, J.S. and Piluek, K. Pudoc. Scientific Publishers. Wageningen.

Rifai MA and Reyes MEC (1993). *Benincasa hispida* Thunberg ex Murray Cogniaux. In PROSEA Plant Resources of South East Asia 8. Vegetables. (Eds) Siemonsma, J.S. and Piluek, K. Pudoc Scientific Publisher. Wageningen pp. 95-97.

Risi JC and Golwey NW (1984) The Chenopodium grains of the Andes. Inca Crops for modern agriculture. Adv. Appl. Biol. 10:142

Roigy Mesa JJ (1988). Plants medicinales, Aromatics O Venenosas de Cuba. (Is ed. 1945). Editorial Cientifico Tecnica La Habana.

Roxas VP (1993). *Cucurbita ficifolia* Bouch. In: PROSEA. Plant Resources of South East Asia. 8. Vegetables. (Eds) Siemonsma, J.S. and Piluek, K. Pudoc. Scientific Publishers. Wageningen.pp. 165-167.

Roy RP (1972). Cytological investigation in the cucurbitaceae. USDA, PL-480 Res. Proj. (Final Rept.) Patna Univ., 263 pp.

Roy S, Gosh S and Chakraborty DP (1979). Structure of mahanimboline, Chem. Ind. 19: 669-670.

Royal AK and Tewari NC (2002). Makhane Ke Vyavasayik Kheti. Phal

Phul. July-Sept. 3-5 &17.

Rudramurthy and Madalgeri BB (1998). Proliferation of root suckering in curry leaf cultivar 'Suvasini': Karnataka J. Agri. Sci. 11(4): 1131-1132.

Sahadevan N (1987). Yam bean Pp 208-209. In Green Fingers (N. Sahadevan).

Sahu KC, Maharana T, Tripathy P and Parhi G (1995). Effect of type of cutting and node number of spine gourd.Curr. Res. UAS.Bangalore, 24 (11): 197-198.

Saikia A and Shadeque A (1994). Ceylon spinach - a leafy vegetable growing wild in Assam. Indian Horti. 38(4): 10-11.

Salgalkar S and Shonie K (1965a). Effect of feeding field bean hemagglutinin A on rat growth. J. Food Technol.3:79

Salgalkar S and Shonie K (1965b). Hem agglutinins of field bean *Dolichos lablab* isolation purification and properties of hemagglutinin. Indian J. Biophys. 2:193.

Sambandam CN and Chelliah S (1972). Scheme for the evaluation of cantaloupe and muskmelon varieties for the resistance to the fruit fly (*Dacus cucurbitae* C.). USDA Pl-480. Res. Project Annamalai Univ. 67. pp.

Sanchez-Marroquin A (1983) Dos cultivosde Importanoia Agroindustrial. El AmarantoY la Quinoa, Arch Latinoamerica. Nutr.33(1):13

Saraswathamma DN (1979). The effect of pre-sowing hardening and foliar application with growth regulator in orach (*Atriplex hortensis* L.). Curr. Sci. 48 (8): 537-539.

Sastrapradja S, Lubis SHA and Lubis J (1980). Pollination and pod setting in winged bean (*Psophocarpus tetragonolobus*). Annl. Bogorienses, 7(2): 89-95.

Satpathy B and Pradhan K (1996). By grafting get a disease free tomato crop. Indian Horti. 40(4) 31.

Savithrimma DL (1987). Studies on induced mutagenesis in winged bean (*Psophocarpus tetragonolobus*) through ethylmethane sulphate. Mysore J.Agri. Sci. 21:93.

Sen H and Mukhopadhyay SK (1989). Effect of nitrogen and potassium on tuber yield and quality of yam bean (*Pachyrhizus erosus*). J. Root Cr. 15(1):33-37.

Sen R (1976). Cytogenetic investigation in some Indian cucurbits. Ph.D. Thesis Univ. of Kalyani, W.B.

Shanmugavelu KG (1985). Production Technology of Vegetable Crops. Oxford and IBH Pub. Co., New Delhi, pp. 330.

Sharma P (2003) Parmparik gyan ki chori ka hal T.K.D.L. Vigyan Pragati, C. S.I.R., New Delhi.52(12):9-19,

Shen Wai Qiao and Shen WQ (2000). The

radiation sterilization technique applied to the powder of *Nelumbo nucifera*. J.Zhejiang Univ. Agri. Life Sci. 26 (5): 537-539.

Shen, Miller J. (2002). Sacred lotus, the long living fruits of China Antique. Seed Sci. Res. 12(3): 131-143.

Shivshankar G and Kulkarni RS (1989). Field bean (*Dolichos lablab* Linn. Var. Lignolus Prain). Indian Hort. Jan. -June. Pp. 24-27.

Shivshankar, Kulkarni RS, Shoshidhar HE and Manishi DM (1993). Improvement of field bean. Advance in Horticulture Vol. 5. Vegetable Crops. Eds. Chadha, K. L. and Kalloo, G. Malhotra Publishing House, New Delhi. Pp 277-286.

Shivsubramanian P, Annappuran RS, Iyemperumal S, Shreeramgoshamy SR and Pandiyan M (1989). Co.10-a dual purpose lablab. Madras Agric.J. 76:411-412.

Shou SY, Cao XZ and Dong WM (1995). Characteristics of fine vegetable varieties of lotus in Zhejang province; China Veg. 4:21-23.

Shyu YT, Liu-SY, Lu, HY, Liu-Hi (1994). Effect of water depth on the agronomic characters, yield and quality of *Euryale ferox* Salisbury. J.Agric. Res.China, 43 (4): 402-411.

Siddiqui Jo, Bhupinder D, Peerzada SHK, Iqbal M and Dhir B (2001). Angiospermeus seeds of medicina importance. J. Econ.Taxonom. Bot 25(1):99-123.

Siemonsma JS and Piluek K (1993). Plan Resources of South-East Asia. No. 8 Vegetables. Pudoc Scientific Publishers, Wageningen.

Simopoulos AP and Salem N Jr (1989). N-3 fatty acids in egg from range fed Greek chickens. New Engl. J. Med 321 (20): 1412.

Simopoulos AP, Norman HA, Gillaspy JE and Duke JA (1992). Common purslane: a source of omega-3 fatty acids and antioxidants. J. Am. Coll Nutr. 11(4): 374.

Singh A, Srivastava VK and Singh V (1987). A note on income from inter cropping in late grown cauliflower a Hisar. Haryana J. Hort. Sci. 1 (34):301-303.

Singh AK and Roy RP (1973). Karyological studies in *Cucumis*. Caryologia 27: 153-160.

Singh BM, Srivastava VK, Kidwai MA Gupta V. And Gupta R. *Mucuna pruriens*.In Advances in Horticulture.Eds Chadah, KL and others. Malhotra Publishers, New Delhi.

Singh DB, Attri BL, Mehdi RP, Sharm TVRS and Suryanarayana MA (2000). Unexploited fruits of Andman and Nicobar Islands. Indian Horti. 42(2 Cover Page inside pp. 24.

Singh G and Fleker P (1998). Cactus: new world foods. Indian Hort April-June, pp. 26-29.

Singh H (1978). Parthenocarpy in *Tricho santhes dioica* Roxb. and Momordica dioica Roxb. Curr. Sci. 47(19): 135.

Singh HB (1998). For arid and semi arid regions Buffalo gourd - a potential vegetable. Indian Horti. Jan.-March, pp. 26-28.

Singh HB and Arora RK (1976). Wild edible plants of India. ICAR, New Delhi.

Singh HB and Joshi BS (1960). Our leafy vegetables. Farm Bull. 56. Pub. of Farm Info. Unit. Ministry of Food and Agri. Govt. of India, New Delhi.

Singh HB and Mital SP (1966). New bred varieties fetch better results. Indian Horti. 10 (2):11-16.

Singh HB and Vawra LC (1988). Powdery mildew of *Momordica cochinchinensis.* Curr. Sci.57 (10): 552-553.

Singh LB, Damodaran V and Mehdi RP (2006). Biodiversity status of under utilized leafy vegetables in Andaman and Nicobar Islands. Abstracts of Nat.Symp. on Under Utilized Horticultural Crops, held at IIHR, Bangalore on 8-9 June 2006, pp. 106.

Singh M, Singh U and Jyoti K (2001). Studies on some aquatic medicinal (Ayurvedic) plants of Vaishali District. Neo. Botanica, 9:1-2.

Singh Nempal and Joshi P (1993).Khira Vargiya Sabziya. ICAR, New Delhi.

Singh Punjab and Gupta JN (1988). Life support species used by rural people under extreme environmental conditions. In Proceedings: Life support Plant Species (eds.) Paroda, R.S., Kapoor, P., Arora, R.K. and Bhag Mal, NBPGR. 165-172.

Singh R, Sakar P and Ghosh A (1983) Tolerance of rice weeds for natural flood water submergence. Inter. Rice Res. Newsl. 8(5):19-20.

Singh Ranjit (1969). Fruits. National Book Trust, New Delhi.

Singh RK, Tiwari R and Kumar R (1983). Studies on the pollen viability and storage of drumstick (*Moringa oleifera* Lam.). Haryana J. Hort. Sci. 12(1/2):30-35.

Singh S, Joshi HK, Singh AK, Bagle BG and Dhandar DG (2006). Reproductive biology of Mahua (*Bassia latifolia*). In: Abstracts of Nat. Symp. on Underutilized Horticultural Crops, held on 8-9 June at IIHR, Bangalore, p. 60.

Singh SP (1994). Adhik aay ke liye paustik mukuna ugaye. Phal -Phul. October. Dec. pp.33-34.

Singh SP and Yadav DS (1991) Kai upyog hai virksheey sem ke. Phal Phul. Pp.8&10.

Singhal RS and Kulkarni PR (1998). Leafy vegetables. In: Handbook of

Vegetable Science (Salunkhe, D.K. and Kadam, S.S. Eds.). Marcel Dekker, Inc. New York, Basel, Hong Kong.

Sinha P, Arora VK, Ansari MS and Wahi SP (1984). Pharmacognostical studies of the leaf of Alternanthera sessilis R. Br. J. Sci. Res. Plant Med. 5, 41-47.

Sinnadurai S, Abu JF and Amuti SK (1971). The effect of day length on some tropical crops. J. West African Sci. Assoc. 16 (1): 1-4.

Sirohi PS (1999). Bathua ke Sudhri Kism Ugayen. Phal-Phul. 22 (1): 9-10.

Smart J (1976). Tropical Pulses. Longman, London.

Smith PM (1976). Evolution of crop plants Ed. NW Simmonds, Longman, London and New York.

Sorensen M (1988). A taxonomic revision of the genus *Pachyrhizus* Rich. ex DC. nom. Cons. Nord. J.Bot. 8(2):167-192.

Sorensen M, Grum M, Paul RE, Vaillant V, Venthw Dumaine A and Zinsou C (1993). Yam bean (*Pachyrhizus* species). Pp 59-102 in underutilized crops: Pulses and vegetables (JT Williams ed.). Chapman & Hall, London, Newyork.

Squire (1894). Squire's companion to British Pharmacopeia, London, p. 204.

Srivastava GS, Shukla DS and Awasthi DN (1973). We can grow Sankalu in plains of Uttar Pradesh. Indian Farm.23 (9):32.

Srivastava K, Jain GK, Sarin JPS, Khanna NM, Liedholm P, Asteolt B and Bhadu B (1980). Effect of *Boerhaavia diffusa* and d-amino caproic acid on fibrinolytic activity. In: IUD Pathology and Management, Vol. III, Eds. E.S.E. Hafez and W.A.A. Van O.S. M.T.P. Press Ltd., Lancaster, England, p. 121.

Srivastava LS and Verma RN (1987). Leaf spot of *Euryale ferox* Salisbury. A new disease record. Int. J. Trop.Pl. Dis. 5(2):217.

Standley PC (1930). Flora of Yucatan. Publ. Field Mus. Nat. Hist. Bot. Ser. 279, 3(3):157- 492.

Stephenson RA (1980). Field studies on winged bean growth and yield. In: the winged bean paper presented in the Ist Int. Symp. on developing the potentials of winged bean. January, 1978.

Strong HG and Thompson WF (1975). DNA hybridization studies in *Atriplex* species. Carnegie-institution-Year- Book, 74:789-791

Su JD (1993). Studies on rapid determination of vitamin E and its application on natural food stufts. J.Food Drug Anal. 1(1):61-70.

Suckcharoen S (1972). Mercury accumulation in *Ipomoea aquatica* near a caustic soda factory in Thailand. Water Air Soil Pollution, 10: 451-454.

Susiarti S (1993). *Portulaca* L. In: PROSEA. Plant Resources of South East Asia 8 Vegetables (Siemonsma J.S. and Piluek K eds). Pudoc Scientific Publishers, Wageningen.

Sutton CB, Ting IP and Sutton R (1981). Carbohydrate metabolism of cactus in a desert environment. Plant Physiol. 68: 784-787.

Swaminathan MS (2000). Biodiversity : Equity in benefit sharing. The Hindu, Survey of the Environment, 2001, pp. 45-50.

Takahashi K (1984). Injury by continuous cropping in vegetables: various problems in the cultivation using grafted plants. Yasaishikenjo Kenkyu Shiryo, 18:87-89.

Teotia MS, Berry SK, Kulkarni, SG and Kaur S (1988). Nitrate and nitrite content in vegetables. J. Food. Sci. Techonol.25 (5):272.

Tewari NC and Chandra V (1985). Water-spinach- its varieties and cultivation. Indian Hort., July -Sept., pp. 23-24.

Thakur GK (1973). A natural tetraploid in the genus *Trichosanthes* from Bihar. Proceedings of 60th Indian Science Congress, Chandigarh, pp. 324.

Thakur NSA and Sharma YP (1988). Tree tomato cultivation in Meghalaya. Indian Farm. p. 3.

Thompson HC and Kelly WC (1957). Vegetable crops. Tata Mc. Graw Hill Pub. Co. Ltd. New Delhi, pp. 230-255.

Tiwari Anamika and Tiwari A (2001). *Sclerotium rolfsii*- a devastating threat to chestnut (*Trapa bispinosa*) cultivation a new record from Madhya Pradesh. J. Mycol. Pl.Pathol. 31(2): 262.

Toll J and Van Stolen DH (1982). Directory of germplasm collection 4. Vegetables, IBPGR, Rome.

Tripathy P, Maharana T, Nandi A and Dora DK (1993). Effect of cutting, node number and fertilizer on spine gourd (*Momordica dioica*). Indian J.Agric. Sci. 63(7): 432-435.

Trivedi A Mishra P and Srivastava MP (1980). Pharacognostical investigation of the starches from the rhizomes of *Canna indica* and *Nelumbo nucifera* Gaertn. East Pharm. 23 (272), 185-186.

Trivedi HV (2000). Maharashtra Model and tribal development. Yojana, 44 (4): 25-30.

Tsambankis (1984). Grafting Cucumber hybrids on the rootstock of *Cucurbita ficifolia*. Proceed 3rd Cong. Protected Vegetable and Flowers. pp. 28.

Uchiyamma Y, Yoshinatsu K and Jguchi T (1977). Studies on the epidermic browning of lotus rhizome J. The brown substances and their seasonal changes. J. Jap. Soc.Hort.Sci .46 (3): 369-374.

Ustimenko Bakumovsky GV (1982). Plant

growing in the tropics and sub-tropics. pp. 145-146. Translated by MK Vikto Rova Mir Publisers, Moscow.

Valicer P, Halva B and Moan NV (1987). Results of a variety trial with winged bean. Agriculture Tropica et Subtropica, 20:47-57.

Vallia RA, Patil VK and Patel ZN (1993a). Effect of soil ESP on the growth and chemical composition of drumstick (*Moringa oleifera* Lamk). South Indian Horti. 41(2): 84-90.

Vallia RZ, Patil VK, Patel ZN and Kapadia PK (1993b). Physiological response of drumstick (*Moringa oleifera* Lamk) to varying levels of ESP. Indian J. Pl. Physiol. 36 (4):261-262.

Vanky K (2001). *Duassansiopsis euryalis* sp. Nov. (Ustilaginomycets). Mycotaxon, 79:231-233.

Vavilov NI (1931). Mexico and Central America as the principal centres of origin of cultivated plants of the new world. Bull. Appl. Bot. and Pl. Breed. 16: 135-199.

Veeraswamy R, Kunjomaharshi VK, Palaniswamy GA and Rajshekaran VPA (1973). Development of lablab Co-6, Co-7, Co-8. Three short term varieties for all seasons. Madras Agric. J. 60:1339-1341.

Veltkamp HJ and Samson JA (1973). Influence of CCC on growth of *Basella alba* L. Landbouw, 21(1): 28-34.

Verdcourt B and Halliday PA (1978). A revision of *Psophocarpus* (Leguminosae-Papilionoidae-Phaseoleae). Kew. Bulletin 33(2):191-227.

Verghese BM (1973). Studies on cytology and evolution of South Indian Cucurbitaceae. Ph-D. Thesis Kerala Agril. Univ., Trivandrum.

Verma SC (1973). Studies on the factors affecting seed germination of moringa. Pl. Sci. 5: 64-70.

Vijay OP, Jalikop SH, Nath P and Prem Nath (1977). Studies on the floral biology in kokrol (*Momordica cochinchinensis* Spreng.).Indian J. Horti.34 (3):284-288.

Vijs APM and Den (1981). The effect of grafting on growth and early production of cucumbers at low temperature. Acta Horti. 118:57-63.

Vuumans J and Grubben GJH (1977). Effects of nitrate application on yield and composition of seven tropical leafy vegetables. Vegetables for the Hot, Humid Tropics, 2: 40-43.

Waltz H (1891).Fluckiger. Pharmacognosis des Pflanzenreichs 3rd ed.

Wang QZ, Liu HC and Sun J (1997). Study on browing degree (BD) and polyphenol oxidase (PPO) activity of lotus rhizome during storage. China Veg. 3:4-6.

Wassel G, Saeed A, Ibrahim N, EL- Eraqu W (1996). Flavonoids of *Nelumbo nucifer* Gaertn and biological evaluation. Egyptian J.Pharm. Sci. 37(1-6): 585-595.

Watson RT and Heywood VH (1995). Global Biodiversity Assessment: Summary for Policy Makers. Cambridge University Press.

Watt JM and Breyer Brandwijk MG (1962). Medicinal and poisonous plants of Southern and Eastern Africa. Edn. 2 Livingstone, Edinburgh & London.

Watts RL and Watts GS (1952). The Vegetable Growing Business. Orange Judd. Pub. New York, pp. 249-268.

Wealth of India (1968). Raw Materials. Publication and Information Directorate CSIR, New Delhi.

Wealth of India (1972). Raw Materials. Vol. IX. Publication and Information Directorate CSIR, New Delhi.

Wei PH, Chen WP and Chen RY (1994). Study on the karyotype analysis of Nymphaeaceae and its taxonomic position. Acta Phytotaxonomic Sinica 32(4) 292-360.

Westphal E (1993). *Ipomoea aquatica* Forsskal In: PROSEA. Plant Responses of South-East Asia. 8. Vegetables. Siemonsmma, J.S. and Piluek, K. Eds. Pudoc Scientific Publishers, Wageningen.

Wichers HJ, Wijnsma R,Wisser, JF, Malingre TM and Huizing HT(1985) Production of L-DOPA by cell suspension culture of *Mucuna pruriens.* Plant Cell Tissue Organ Cult. 4(1):75-82.

Wilson C, Lesch SM and Grieve CM (2000). Growth stage modulater salinity tolerance of New Zealand spinach (*Tetragonia tetragonoides* Pall.) and red Orach (*Atriplex hortensis* L.). Annals. Bot. 85 (4): 501-509.

WOI. The Wealth of India (1948-1976). Council of Scientific and Industrial Research, New Delhi.

Woo Cx, Deng ZQ and Huang HS (1991). Study on radio disinfestations of lotus seed .Henongxue Tongbao J. Nuclear Agri. Sci .12 (1):23-25.

Wootom M and Tumaalii (1984) Bread fruit production, utilization and composition : a review. Food Technol. (Australia) 36 : 464

Xu HQ (1986).Studies on fertilization and embryogenesis in Indian Spinach (*Basella rubra* L.). Acta Bot.Sinica. 28(4): 361-367.

Yadav HS and Gargav VP (1988). Chemical control of singhara beetle, *Galerucella birmanica* Jacoby. Indian J. Pl. Protect. 16(2): 159-162.

Yang JR, Zheu FY, Rubatzky VE, Hang Chen and Peron JY (1998). Studies on heterosis utilization of Chinese seed lotus. Third Inter.Symp.on diversification of vegetable crops. Beijing,

China 24-27 Sept. 1996. Acta Hort. 467:97-102.

Yu TF Chiu, WF, Chong NT and TT (1945). Studies on *Pythium aphanidermatum* (Edson) Fitz. In China. Lignan Sci. J.21 (1-4):45-62.

Zhao HR, Zhao Sx, Guillaume D and Sun CQ (1994). New cerebrocides from *Euryale ferox*. J. Natural Prod. 57(1): 138-141.

Zhou JQ, Jhang JP, Zhou GY, Liu SZ and Chen BQ (1983). Culture of auxiliary buds of Nanhu Singhara nut. Plant Physiology Communications Zhiwu - Shenglixue - Tongxum. Vol. 31.

Zhujun Z, Miao Ying, Jiang You Tiao (1994). Effect of N supply level and light intensity on the metabolic pool of nitrate reduction in leaves of *Basella alba*. Adv. Hort. 1: 502 505